安徽省钢结构建筑适宜技术指南

Suitable Technical Guidelines for Steel Structure Constructions in Anhui Province

王静峰　主编

合肥工業大學出版社

内 容 摘 要

本书为“安徽省住房和城乡建设厅建筑产业现代化课题研究成果”之一。本书全面深入地介绍了安徽省钢结构建筑的产业化政策、推进机制、适宜技术、工程案例等，图文并茂，阐明了每项技术措施的基础理论、适用范围和技术要点，对指导安徽省钢结构建筑产业现代化发展起到重要的技术支撑作用。此外，本书还系统介绍了国家和安徽省钢结构建筑相关政策法规和标准。本书应用性强，适用面宽，可作为从事建筑产业现代化工作人员的学习材料，也可供从事装配式建筑设计、施工、科研、工程管理和监理人员参考学习。

图书在版编目(CIP)数据

安徽省钢结构建筑适宜技术指南/王静峰主编．—合肥：合肥工业大学出版社，2017.12
ISBN 978-7-5650-3684-2

Ⅰ.①安…　Ⅱ.①王…　Ⅲ.①钢结构—建筑工程—工程技术—安徽—指南
Ⅳ.①TU758.11-62

中国版本图书馆 CIP 数据核字(2017)第 288376 号

安徽省钢结构建筑适宜技术指南

王静峰　主编　　　　责任编辑　陆向军　刘　露

出　版	合肥工业大学出版社	版　次	2017 年 12 月第 1 版
地　址	合肥市屯溪路 193 号	印　次	2018 年 1 月第 1 次印刷
邮　编	230009	开　本	787 毫米×1092 毫米　1/16
电　话	综合编辑部：0551-62903028	印　张	18.75
	市场营销部：0551-62903198	字　数	465 千字
网　址	www.hfutpress.com.cn	印　刷	安徽昶颉包装印务有限责任公司
E-mail	hfutpress@163.com	发　行	全国新华书店

ISBN 978-7-5650-3684-2　　　　定价：58.00 元

编　委　会

主　编　王静峰

副主编　于竞宇　叶长青　潘学蓓

编　委　肖亚明　朱　华　张晓阳　王　珺
周昌农　李　璐　许　康　程　钢
王　波　贾莉莉　郭　磊　张龙雨
王新乐　郭　翔　李贝贝　王贯鑫
沈奇罕　汪皖黔

主　审　完海鹰　项炳泉

前　言

推进钢结构建筑产业现代化建设是贯彻党中央、国务院关于推进供给侧结构性改革和新型城镇化发展的重要举措，也是推进建筑业转型升级、实现建筑产业现代化发展的重要手段，是提高建筑物抗震性能、减少地震灾害损失的重要途径，是消化钢铁过剩产能、形成钢材战略储备的重要渠道，也是推进墙材革新、带动传统建材产业升级换代的重要抓手。

“十二五”以来，我省以长江三角洲城市群和合肥市、芜湖市、蚌埠市、马鞍山市、滁州市等六个建筑产业现代化综合试点城市为重点推进地区，其他城市为积极推进地区，大力发展钢结构建筑产业现代化。至“十二五”末，合肥工业大学、安徽杭萧钢结构有限公司、安徽鸿路钢结构(集团)股份有限公司、安徽富煌钢构股份有限公司等十六家单位入选“安徽省建筑产业现代化示范基地”，企业类型包括科研、设计、生产、施工、生产加工和部品(件)供应等，基本覆盖了建筑产业现代化全产业链，对促进建筑业转型升级起到了积极作用。

2013 年，安徽省住房和城乡建设厅出台《关于促进建筑业转型升级加快发展的实施意见》，积极推进建筑工业化，加快全省建筑业改革发展的步伐。2014 年，安徽省人民政府办公厅印发《关于加快推进建筑产业现代化的指导意见》，明确以工业化生产方式为核心，以钢结构、预制构配件和部品部件、全装修等为重点，推进安徽省建筑产业现代化建设。2016 年，安徽省住房和城乡建设厅出台《关于加快推进钢结构建筑发展的指导意见》，提出在全省城乡建设中大力推广钢结构建筑，把安徽省的钢结构建筑产业打造成中部领先、辐射周边的新兴建筑产业的目标。2017 年，安徽省人民政府办公厅印发《关于大力发展装配式建筑的通知》，明确提出到 2020 年装配式施工能力大幅提升，力争装配式建筑占新建建筑面积的比例达到 15%；到 2025 年力争装配式建筑占新建建筑面积的比例达到 30%的要求。2017 年，合肥工业大学、安徽富煌钢构股份有限公司、安徽鸿路钢结构(集团)股份有限公司、安徽建工集团、安徽省建筑设计研究院入选国家第一批装配式建筑示范基地，标志着我省装配式建筑产业化发展达到新的高度。

为了加快推进钢结构建筑的发展，促进建筑产业转型升级，加强对钢结构建筑的政策宣贯，为各地钢结构建筑建设提供技术指导，安徽省住房和城乡建设厅委托合肥工业大学组织编制了《安徽省钢结构建筑适宜技术指南》。在政策方面，本书从钢结构建筑的内涵、发展现状入手，详细归纳分析国家及地方对钢结构建筑的宣贯政策，着重解读安徽省钢结构建筑产业化发展的政策方向。在技术方面，本书从钢结构建筑的概念、分类、设计与计算、适用范围等方面入手，详细介绍了各类钢结构体系的应用技术。希望能为各级政府、主管部门、相关行业以及从业人员共同推进安徽省钢结构建筑产业化发展提供指导和帮助。

“十三五”期间，是实现 2020 年全面建成小康社会目标的重要阶段，建筑产业现代化是安徽省新型工业化、城镇化和城乡一体化融合发展的巨大机遇，是推进产业转型升级战略的重要内容，是实施创新驱动发展的必然选择。我们要牢固树立和贯彻落实“创新、协调、绿色、开发、共享”的发展理念，将钢结构建筑在建筑业与信息化及工业化深度融合、培育新产业新动能、推动化解过剩产能、助力调转促等方面的潜能释放出来，开创全面建成小康社会新局面。

合肥工业大学土木与水利工程学院
安徽省建筑节能与科技协会
2017 年 12 月

目　　录

政　策　篇

技　术　篇

案　例　篇

政 策 篇

第1章 概 述

1.1 钢结构建筑的内涵

1.1.1 建筑产业现代化的发展历程

我国从新中国成立初期就提出了建筑工业化的概念，历经了半个多世纪的发展。新中国成立后，国家重视工业化发展，为了推动国民经济的快速增长，提出用工业化的方式建造房屋。1956年，国家出台了《国务院关于加强和发展建筑工业的决定》，提出了逐步实现建筑工业化的目标，以应对将来更加繁重的基本建设任务，这开启了我国建筑工业化的发展之路。

改革开放初期，我国逐步从计划经济向市场经济转型，提出了商品货币化，并在20世纪90年代提出了住宅商品化。在此背景下，我国从1994年开始提出了“住宅产业化”的概念，1999年国务院转发了建设部等八个部门提出的《关于推进住宅产业现代化提高住宅质量的若干意见》，提出促进住宅产业化和坚持可持续发展战略的指导思想，明确了住宅产业化的发展目标、任务、措施等。同时，发布了《关于在住宅建设中淘汰落后产品的通知》，对技术落后、不符合产业政策的产品和部品实行强制淘汰；颁布了《商品住宅性能认定管理办法》和《住宅性能评价方法与指标体系》等配套文件，在全国范围开始试行住宅性能认定制度，引导各地不断提高新建住宅的性能。

经过改革开放三十多年的不断发展，我国经济总量实现了大幅度的增长，但同时也带来了严重的环境问题。为了实现可持续发展，国家将绿色发展和低碳环保确定为经济发展的首要条件。2013年，全国政协围绕“建筑产业现代化”进行协商座谈，明确了制定和完善推进建筑产业现代化的相关政策法规要求。同年12月，全国住房城乡建设会议提出“加快推进建筑节能工作，促进建筑产业现代化”。2014年5月，国务院印发了《2014—2015年节能减排低碳发展行动方案》，明确指出“以住宅为重点，以建筑工业化为核心，推进建筑产业现代化”，显示出推进建筑产业现代化在节能节水、降低污染、提高效率等方面的重要性。

从2015年开始，国家和地方政府加快推进装配式建筑的发展。2015年发布了《工业化建筑评价标准》，决定加大推广装配式建筑，并取得突破性进展。2015年11月，住房和城乡建设部出台《建筑产业现代化发展纲要》，计划到2020年装配式建筑占新建建筑的比例达20%以上，到2025年装配式建筑占新建建筑的比例达50%以上。2016年2月，国务院出台《关于大力发展装配式建筑的指导意见》，要求要因地制宜发展装配式混凝土结构、钢结构和现代木结构等装配式建筑，力争用10年左右的时间，使装配式建筑占新建建筑面积的比例达到30%。2016年3月，《政府工作报告》提出要大力发展钢结构和装配式建筑，提高建筑工程标准和质量；2016年9月，国务院召开常务会议，提出要大力发展装配式建筑，推动产业结构调整升级。

“十三五”规划期间，国务院、发改委、住建部将全面推动以新型建筑工业化作为主要任务。2016 年，国务院办公厅印发《关于大力发展装配式建筑的指导意见》，提出“力争用 10 年左右时间，使装配式建筑占新建建筑的比例达到 30%”的发展目标。2017 年，住建部出台《“十三五”装配式建筑行动方案》，确定了装配式建筑的工作目标：“到 2020 年，全国装配式建筑占新建建筑的比例达到 15%以上，其中重点推进地区达到 20%以上，积极推进地区达到 15%以上，鼓励推进地区达到 10%以上。计划到 2020 年，培育 50 个以上装配式建筑示范城市，200 个以上装配式建筑产业基地，500 个以上装配式建筑示范工程，建设 30 个以上装配式建筑科技创新基地，充分发挥示范引领和带动作用。”

表 1.1.1 为我国建筑产业现代化发展历程。

表 1.1.1　我国建筑产业现代化发展历程

阶段	时间	标志政策	重点内容
初期	1956 年	《国务院关于加强和发展建筑工业的决定》	有计划地实行工厂化和机械化施工，向建筑工业化过渡
	1978 年	国务院〔1979〕33 号文件	以“三化一改”为重点，加速建筑业技术改造，实现建筑工业化
起伏期	1995 年	《建筑工业化发展纲要》	肯定了建筑工业化是我国建筑业的发展方向
	1996 年	《建筑技术政策纲要》	提出发展钢结构、合理使用钢材的要求
	1999 年	《关于推进住宅产业现代化提高住宅质量的若干意见》	提出建筑工业化发展的主要目标、保障措施等
加速期	2011 年	《建筑业“十二五”规划》	提出“钢结构比例增加”以实现建筑节能目标
	2013 年	《绿色建筑行动方案》	将推动建筑工业化作为推行绿色建筑的重点任务，提出发展建筑产业
	2014 年	《国家新型城镇化规划(2014—2020 年)》	大力发展绿色建材，推行建筑工业化
		《2014—2015 年节能减排低碳发展行动方案》	以住宅为重点，以建筑工业化为核心，推进建筑产业现代化
	2015 年	《建筑产业现代化发展纲要》	提出装配式建筑占新建建筑比例目标
	2016 年	《关于深入推进新型城镇化建设的若干意见》	提出积极推广应用绿色新型建材、装配式建筑和钢结构建筑
		《关于进一步加强城市规划建设管理工作的若干意见》	提出“力争用 10 年左右时间，使装配式建筑占新建建筑的比例达到 30%，积极稳妥推广钢结构建筑”
		十二届全国人大四次会议政府工作报告	提出要将“积极推广绿色建筑和建材，大力发展钢结构和装配式建筑”作为 2016 年重点工作内容
		《关于大力发展装配式建筑的指导意见》	力争用 10 年左右时间，使装配式建筑占新建建筑的比例达到 30%
	2017 年	《国务院办公厅关于促进建筑业持续健康发展的意见》	推进建筑产业现代化，推广智能和装配式建筑，大力发展装配式钢结构建筑
		《建筑节能与绿色建筑发展“十三五”规划》	大力发展装配式建筑，积极发展钢结构、现代木结构等建筑结构体系，完善相关政策、标准及技术体系

（续表）

阶段	时间	标志政策	重点内容
加速期	2017 年	《“十三五”装配式建筑行动方案》	到 2020 年，全国装配式建筑占新建建筑的比例达到 15%以上，其中重点推进地区达到 20%以上，积极推进地区达到 15%以上，鼓励推进地区达到 10%以上

1.1.2 建筑产业现代化

当前，我国高消耗、高污染、低效率的传统“粗放”建造模式在住宅和其他房屋建设中仍较为普遍。同时，建筑建造技术水平不高、劳动力供给不足、高素质建筑工人短缺，以及社会对于建筑质量要求不断提高，使得传统的发展模式和建造方式越来越难以为继。借鉴西方发达国家的经验，随着全社会生产力发展水平的不断提高，建筑业必然要走集成集约、绿色低碳、产业高效的道路。发达国家的产业化建筑比重一般高达 60%以上。然而，我国建筑产业现代化处于较低水平，正处于发展的转折期上，必须通过整个产业的转型升级，使建设领域节约能源资源、促进节能减排、转变发展方式、提升质量效益等发展战略目标得以实现。

关于产业化(Industrialization)的概念，联合国经济委员会的定义为生产的连续性(Continuity)，生产物的标准化(Standardization)，生产过程的集约化(Integration)，工程建设管理的规范化(Organization)，生产的机械化(Mechanization)以及技术生产科研一体化(Research & Development)。

建筑产业现代化通常是指“通过现代化的制造、运输、安装和科学管理的大工业的生产方式，来代替传统建筑业中分散的、低水平的、低效率的手工业生产方式”。它的主要标志是“以构件预制化生产、装配式施工为主要生产方式，以设计标准化、构件部品化、施工机械化为特征，通过信息化手段能够整合设计、生产、施工等整个产业链一体化，实现建筑产品节能、环保、全生命周期价值最大化的可持续发展的新型建筑生产方式”(图 1.1.1)。

(1)建筑设计与体系的标准：包括建筑设计的标准化、建筑体系的定型化、部品部件的通用化和系列化。建筑设计标准化要求在建筑产业现代化的过程中，采用标准的设计方案、部品部件、建筑体系，按照一定的模数标准规范构件和产品，形成标准化、系统化的建筑，从而减少设计中的随意性，简化施工手续。

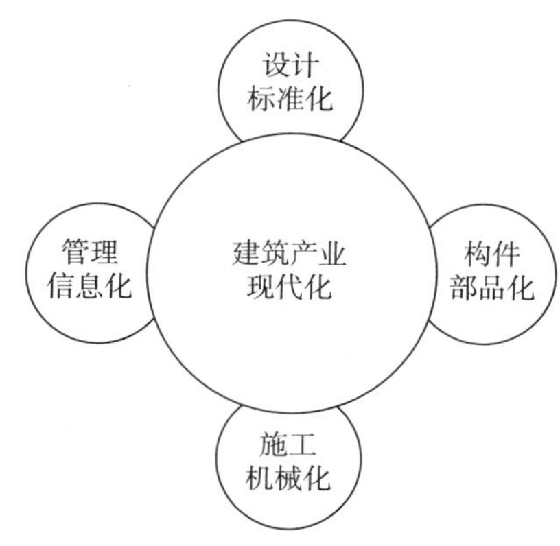

图 1.1.1 建筑产业现代化的特征

(2)部品部件生产工业化，使用大规模生产的方式生产建筑产品，是建筑产业现代化的基础和前提。通过工业化生产提高部品部件的质量和生产能力，减少现场的湿作业，简化建造程序，改善工作条件和环境，以利于现代化管理手段的实施，提高建筑质量和性能，降低劳动强度，提高劳动生产率。

(3)现场施工机械化，指减少现场人工作业，实现构件生产工厂化、施工建造机械化。采用机械化程度和自动化程度高的设备、合理的作业组织方式，达到减轻工人劳动强度、有效缩短工期的目的。通过新技术、新工艺和新装备的使用，提高作业的效率、提高工程精度和质量、降低工程消耗。

(4)管理信息化，依靠集约化管理，加强信息技术在装配式建筑中的应用，推进基于BIM的建筑工程设计、生产、运输、装配及全生命期管理，促进工业化建造。通过建立基于BIM、物联网等技术的云服务平台，实现产业链各参与方之间在各阶段、各环节的协同工作，初步建成一体化行业监管和服务平台。

推进建筑产业现代化，是传统建筑行业转型的必经之路，是国家城镇化发展和可持续战略实施的重大举措。通过建筑产业现代化的推进，是建筑生产走上科技含量高、经济效益好、资源消耗低、环境污染少、人才资源发挥优势的新型发展道路。因此，推进建筑产业现代化有以下几点意义。

(1)推进建筑产业现代化，是建设先进生产力的发展方向。建筑产业现代化的实质是通过科技创新和先进适用成套技术的集成和推广，加速对传统建筑行业的改造，实现建筑行业的集约化发展，有效提高劳动生产率，全面提高建筑质量。其根本途径是要以模数化、标准化为基础，推动建筑工业化、社会化、规范化发展，从而健全和完善现代化的建筑体系、部品部件体系、技术保障体系等，因此建筑产业现代化的发展代表了先进生产力的发展方向。

(2)推进建筑产业现代化，是提高建筑行业劳动生产率的根本出路。建筑产业现代化的根本作用是促进建筑生产从劳动密集型到技术密集型、从无序型到有序型的转变，提高建筑产业技术的系列化、成套化水平，提高建筑的综合质量和建设的劳动生产率。

(3)推进建筑产业现代化，是坚持可持续发展、合理利用资源的有效途径。可持续发展是国家重要战略举措，建筑行业要走可持续发展道路，必须在建造和使用过程中发展节约能源、节约土地、节约水资源和各种原材料的先进实用技术。然而现在的建筑行业没有形成现代化的产业体系，墙体、门窗和供热方式的改革，原材料的循环利用等工作相对滞后，其根本原因是替代产品和技术跟不上，制约了建筑行业的可持续发展。因此，要推进建筑产业现代化，优化建筑生产过程，加快建筑产品的更新换代，坚持可持续发展道路。

(4)推进建筑产业现代化，是加快实现城镇化的重要举措。建筑产业现代化的推进，加快资源优化配置，扩大生活就业范围，促进农村剩余生产力向非农业生产和城镇转移。同时建筑产业现代化的发展将加快建筑行业劳动生产率，增加建筑的有效供给，是发展城镇化的重要动力。

1.1.3 钢结构建筑

钢结构建筑是一种新型的节能环保的建筑体系，被誉为21世纪的“绿色建筑”。钢结构主要由钢材组成，是主要的建筑结构类型之一。结构主要由型钢和钢板等制成的钢梁、钢柱、钢桁架等构件组成，各构件或部件之间通常采用焊缝、螺栓或铆钉连接。因为钢结构具有轻质、高强、抗震性能好、便于工业化生产、施工安装工期短等优点，属于典型的节能环保型结构类型，符合发展循环经济和可持续发展的要求，是国家大力推广应用的建(构)筑物结构形式。

钢结构建筑，完全符合“标准化设计、工厂化生产、装配化施工以及一体化装修”的建筑产业现代化发展思路。发展钢结构建筑是我国告别现场手工砌筑时代，促进建筑生产方式变革，推动建筑转型升级和可持续发展的有效途径。“建筑设计标准化”，钢结构技术规程完善、设计软件齐备，而且钢结构构件尺寸精确，因此易于实现“建筑部品模数与尺寸相协调”，从而提高设计和施工效率。“构(部)件生产工厂化”，由于钢结构建筑大部分部品和构件在工厂标准化精确预制。其加工精度和品质较传统现场操作极具优势。“现场施工装配化”，钢结构建筑全部构件在工厂预制完成，施工现场将构件通过螺栓、焊接等可靠方式连接、组装及装配成整体；各种工序可立体交叉作业，提高施工效率，缩短建设周期 1/3 以上；施工场地占用少，大幅减少现场作业量，现场建筑工人转变为装配工人，降低工人劳动强度，质量更加有保障。大量干式作业取代湿法作业，现场施工的作业量大幅减少，污染排放也明显减少，一般节材率 20%以上，节水率 60%以上。墙体采用轻钢龙骨结构体系，便于管线预埋，易于实现建筑装修一体化解决方案；而集成嵌入式一体化装修技术，全面提升建筑装修品质，提升房屋品质和舒适感，改善传统住宅墙体渗漏、开裂等质量通病，墙体隔声性能得到有效改善，并且减少资源和材料浪费。

在抗震减灾上，钢结构建筑整体性强，承载力高、抗震性能好。钢结构具有良好的材料延性和韧性，抗震、抗风性能优越。通过耐火、防腐工艺处理的钢梁和钢柱，其抗腐蚀、耐火性满足标准规定要求，易于拆卸、更换或加固，特别采用高强螺栓连接，可有效抵御风雪和地震等自然灾害，在棚户区改造和地震多发地区的民居建设上更具有优势。在一些发达国家和地区，钢结构住宅都是作为高端的品质住宅。

在资源有效利用上，钢结构建筑从设计阶段就对整栋建筑全部构件进行拆分设计，按照工艺要求对设计—生产—施工—使用—维护等全寿命周期采用计算机管理，有利于工厂合理、精确下料，机械化切割、流水线生产，减少浪费。钢结构住宅的 70%～90%建筑构件材料可回收再利用，节约资源。据测算，钢结构建筑基本不采用模板和脚手架及砂浆等辅助工具、材料，资源耗用可节约 70%，实现循环发展目标。据统计显示，建造钢结构住宅 CO_2 排放量约为 480 kg/m^2，比传统混凝土排放量 740.6 kg/m^2 降低 35%以上；高层钢结构自重为 900～1000 kg/m^2，传统混凝土为 1500～1800 kg/m^2，其自重减轻约 40%；钢结构住宅施工过程中无须木模板和脚手架，若其市场份额增长 5%，则可减少木材砍伐相当于 9000 公顷森林，建筑自重减轻，还节省约 30%的地下桩基；配套墙体具有良好的自保温功能，为传统砖墙保温性能的 3 倍，大大降低运行能耗；钢结构是高层建筑主要的结构类型之一，可提高单位面积土地的使用效率；户内得房率增加 5%～8%，地下车库停车位可增加 10%～20%；建筑拆除时，钢结构建筑的主体结构材料回收率在 90%以上，比传统混凝土垃圾排放量减少约 60%。

对绿色建材业拉动方面，“钢结构＋ 绿色建材＋系统集成＋工业化装配”是钢结构建筑的特征，必然带动与钢结构配套的绿色围护板材生产、门窗业、新型装饰材料、整体厨卫产品等相关产业链企业的共同发展，逐步淘汰黏土砖和现场砌筑等落后的建筑材料和施工工艺。钢结构建筑最适合装修一体化、整体厨卫体系和雨水收集、太阳能、地热源等智能化集成技术的运用，带动相关光伏、电子和智能通信技术的产业升级。钢结构建筑在我国已经有多年的发展经验，技术上比预制混凝土结构和木结构更加成熟。但是，因为钢结构建筑造价稍高、人们对传统现浇混凝土建筑的观念根深蒂固等原因，前些年钢结构并没有在我国得到大面积应用，绝大多数已建成的钢结构工程仍然属于“大(跨度大)、高(高度高)、特(用途特殊)、重(荷载重)”的大型工程。目前建筑业面临的环境发生了巨大的变化：如近年内国内钢铁产量迅速增加、钢铁产能已经出现过剩，多年经济发展中积累的环境污染、资源紧缺问题变成社会经济发展的主要矛盾，经济发展的红利消失等。近年来在国家产业政策的指导和支持下，钢结构建筑的发展呈现出前所未有的繁荣景象。在重大工程、标志性工程，如高层及超高层建筑、工业厂房、市政设施、体育场馆、展览会馆、铁路公路桥梁、电厂以及众多公共设施建筑中，钢结构建筑均得到普遍应用和发展，如图 1.1.2 所示。

(a) 合肥新桥机场

(b) 安徽广电中心

(c) 马鞍山长江大桥

(d) 蚌埠体育中心（在建）

图 1.1.2　安徽省钢结构的代表性工程应用

1.2　国际钢结构建筑的发展现状

二战后到 20 世纪 60 年代，钢结构建筑遍及欧洲各国，并扩展到美国、加拿大、日本等经济发达国家。钢结构建筑的建设从数量发展向质量提高转变。进入 20 世纪 80 年代，随着社会经济和文化的发展，人们对居住环境的要求不断提高，钢结构建筑开始转向注重建筑功能和多样化的方向发展，建筑体系由专用体系向通用体系转变。总体来看，发达国家低层独立式建筑已成为居住建筑的主流，还有很多高层钢结构建筑应用实例。

1.2.1　美国钢结构建筑的发展现状

美国在 20 世纪 70 年代能源危机期间就开始实施配件化施工和机械化生产。美国城市发展部出台了一系列严格的行业标准规范，一直沿用至今，并与后来的美国建筑体系逐步融合。美国城市建筑结构基本上以工厂化、装配式混凝土和钢结构为主，降低了建设成本，提高了工厂通用性，增强了施工的可操作性。

美国钢结构建筑市场发育完善，不仅实现了钢结构建筑结构构件的通用化，也形成了部品件市场供应体制。构件和部品的标准化、系列化、专业化、商品化、社会化程度很高，各种施工机械、设备、仪器等租赁化非常发达。在美国，工程设计、构件制作、部品配套、施工安装大多由同一企业完成，建筑的整体性好，质量高，生产效率高，成本低。

美国住宅多建于郊区，以低层住宅为主。早先的美国住宅多以木结构建造，随着钢结构应用技术日趋成熟，鉴于经济性、安全性及耐久性的综合考虑，越来越多的房屋开发商转而经营钢结构住宅，钢结构住宅的价值得到普遍认可。美国高层和多层建筑广泛采用钢结构体系，作为住宅用途主要开发的是采用轻钢体系的 2～3 层别墅和采用交错桁架体系的 6～8 层群体住宅建筑。

近年来，美国的钢结构制造企业在坚持构配件的标准化、模数化、系列化的基础上，更加注重建筑的个性化、多样化发展，以经济实用为原则向多样化方向发展，注重高科技在建筑中的应用，注重建筑的节能环保。

1.2.2 欧洲钢结构建筑的发展现状

二战后，为解决房荒问题，欧洲各国采用对建筑的构、配件进行工厂化生产，形成了标准化、通用化、系列化的钢结构建筑构、配件供应体制。进入 20 世纪 80 年代，随着社会经济、文化的发展，人们对居住空间的要求逐渐提高，建筑开始向注重节能环保和多样化的方向转变。

1891 年，法国就开始建设装配式混凝土建筑，迄今已有 120 多年的历史。法国建筑工业化以混凝土体系为主，钢、木结构体系为辅，多采用框架或板柱体系，并逐步向大跨度发展。近年来，法国建筑工业化呈现的特点是：(1)焊接连接等干法作业；(2)结构构件与设备、装修工程分开，减少预埋，使得生产和施工质量提高；(3)采用预应力装配式混凝土框架结构体系，装配率达到 80%，脚手架用量减少 50%，节能可达到 70%。为发展建筑通用体系，法国于 1977 年成立工业化建筑协会，作为推动建筑工业化的调研和协调中心。同年，法国住房部提出以推广“标准化构件目录”作为向通用建筑体系过渡的一种手段。如今，法国的装配式建筑体系由住宅向学校、办公楼、医院、体育及俱乐部等公共建筑发展。

德国的装配式建筑主要采取叠合板、混凝土剪力墙结构体系，剪力墙板、梁、柱、楼板、内隔墙板、外挂板、阳台板等均为装配式构件。德国作为世界上建筑能耗降低幅度发展最快的国家，近几年提出零能耗的被动式建筑，将发展装配式建筑与节能建筑相互融合。

瑞典和丹麦早在 20 世纪 50 年代开始就已有大量企业开发了装配式混凝土建筑部、品件。目前，新建建筑中通用部件占到了 80%，既满足多样性的需求，又达到了 50%以上的节能率。瑞典是世界上建筑工业化最发达的国家之一，也是当今世界上最大的轻钢结构建筑制造国，其 80%的住宅采用以通用部件为基础的住宅通用体系，轻钢结构住宅预制构件达 95%，瑞典的定制住宅热销欧洲多国。

芬兰的钢结构住宅主要采用两种结构体系：一种是采用 Tremor 龙骨的轻钢龙骨结构体系，另一种是普通钢框架体系。芬兰在 20 世纪 80 年代建造了 20 万栋单体别墅，同时还建造了大量的钢结构城市公寓。芬兰发展钢结构住宅的重点主要放在结构形式的选择、龙骨及节点的标准化设计和加工制作上。

1.2.3 日本钢结构建筑的发展现状

日本于1968年提出建筑工业化的概念，1990年开始采用部件化、工厂化生产方式，建筑内部结构可变，适应多样化的需求。日本装配式建筑的结构体系以轻钢结构为主，轻钢结构住宅占装配式建筑的80%左右。同时，日本也建造了一定数量的高层钢结构住宅，如芦屋浜高层钢结构住宅。在日本，常用的建筑体系为：6层以下的低层建筑采用纯钢结构；6～16层采用型钢混凝土结构；16层以上的底部采用型钢混凝土结构，上部采用纯钢结构。

20世纪70年代，日本的装配式建筑由数量向数量与质量并重方向发展。日本建筑中心制定了一系列关于实施装配式建筑的保障制度，装配式建筑的质量与性能得到明显提高，形成了盒子住宅、单元建筑、大型壁板式建筑等多种装配式建筑形式，采用工业化方式生产的建筑占新建建筑总数的10%左右。

20世纪80年代中期，日本开始推行建筑部品化、集成建筑。至2000年，日本钢结构建筑实现了建筑部品的通用化，形成了完整的建筑部品市场供应体系，其中1418类部品取得了优良建筑部品认证，30%的建筑是通过工业化生产方式生产的。这一时期是钢结构建筑发展的成熟阶段。

总体来看，日本钢结构建筑的发展经历了从标准化、多样化、工业化，到集约化、信息化的发展过程。大型建筑产业集团的形成是钢结构建筑成熟的标志，由此形成了完整的建筑产业现代化链条，设计、加工、生产、安装、装修、售后服务一体化。日本著名的建筑产业集团有大和房屋集团、积水化学工业、米撒瓦住宅、永大产业、松下电工等。这些大型产业集团在科研、生产、技术创新等方面具有绝对的优势。1995年日本最大的十家建筑产业集团的建筑产销量已占全部工业化建筑产销量的90%。

1.3 国内钢结构建筑的发展现状

我国钢结构的发展过程可划分为节约钢材、合理使用以及大力推广使用三个阶段。新中国成立至改革开放前，炼钢技术不够成熟，钢产量不足，钢结构技术队伍不完善，钢结构的利用与发展被限制，这一时期国家实行节约使用钢材的政策。改革开放后，在以经济建设为中心、大力发展生产力的环境下，我国钢结构技术队伍迅速成长，钢材产量稳步增加。1996年我国粗钢产量突破一亿吨大关，同年，建设部出台《1996—2010年建筑技术政策》，提出发展钢结构、合理使用钢材的要求。20世纪90年代中后期至今，我国钢材产量极速增长，2000年粗钢产量1.28亿吨，跃居世界第一。由于钢结构具有多方面优点，我国出台多项政策，大力推广使用钢结构。

1996年，建设部编制了《1996—2010年建筑技术政策》，提出合理使用钢材、发展钢结构、开发钢结构制造和安装施工新技术。

2000年5月，建设部、国家冶金工业总公司建筑用钢协调组在北京召开了全国建筑钢结构技术发展研讨会，讨论了国家建筑钢结构产业“十五”计划和2010年发展规划纲要建筑钢结构工程技术政策，提出“2005”和“2010”年建筑钢结构用材分别达到全国钢材总产量的3%和6%。

2007年，建设部颁布《“十一五”期间我国钢结构行业形势及发展对策》，提出“十一五”

期间继续坚持对发展钢结构鼓励支持的正确导向与相关政策、措施，进一步推广与扩大钢结构的应用，促进建筑钢结构应用推广和持续发展；发挥钢结构重量轻、强度高、抗震性能好的优势，到2010年，建筑钢结构的综合技术水平接近或达到国际先进水平；钢结构产量目标达到全国钢产量的10%。

2009年，国务院发布《钢铁产业调整和振兴规划》，提出尽快完善建筑领域工程建设标准体系，结合提高抗震标准，研究出台扩大工业厂房、公共建筑、商业设施等建筑物钢结构使用比例的规定，修改提高地震多发地区建筑物、重点工程、建筑物基础工程等用钢标准及设计规范。

2010年，住建部发布《建筑业十项新技术》，钢结构技术包括：深化设计技术、厚钢板焊接技术、大型钢结构滑移安装施工技术、钢结构与大型设备计算机控制整体顶升与提升安装施工技术、钢与混凝土组合结构技术、住宅钢结构技术、高强度钢材应用技术、大型复杂膜结构施工技术、模块式钢结构框架组装、吊装技术等。

2011年，住建部发布《建筑业“十二五”规划》，提出钢结构工程比例增加，推动重大工程、地下工程、超高层钢结构工程和住宅工程关键技术的基础研究。

2013年，国务院1号文件《绿色建筑行动方案》，提出推广适合工业化生产的预制装配式混凝土、钢结构等建筑体系。

2013年10月6日，国务院发布〔2013〕41号文《关于化解产能严重过剩矛盾的指导意见》，提出：“扩大国内有效需求。适应工业化、城镇化、信息化、农业现代化深入推进的需要，挖掘国内市场潜力，消化部分过剩产能。推广钢结构在建设领域的应用，提高公共建筑和政府投资建设领域钢结构使用比例，在地震等自然灾害高发地区推广轻钢结构集成房屋等抗震型建筑；推动建材下乡，稳步扩大钢材、水泥、铝型材、平板玻璃等市场需求。优化航运运力结构，加快淘汰更新老旧运输船舶。着力改善需求结构，强化需求升级导向，实施绿色建材工程，发展绿色安全节能建筑，制修订相关标准规范，提高建筑用钢、混凝土以及玻璃等产品使用标准，带动产品升级换代。推动节能、节材和轻量化，促进高品质钢材、铝材的应用，满足先进制造业发展和传统产业转型升级需要。加快培育海洋工程装备、海上工程设施市场。”

2013年末召开的全国建设工作会议明确提出，深化建筑业改革要把“加快促进建筑产业现代化”作为工作重点。会议指出“建筑产业现代化”命题的定位较为科学，既符合党和政府早就提出的实现我国社会主义“四个现代化”的总目标，又符合新时期全面深化改革的总要求，有利于建筑业在推进新型城镇化、建设美丽中国、实现中华民族伟大复兴的历史进程中，进一步强化作为国民经济基础产业、民生产业和支柱产业的重要地位，发挥带动相关产业链发展的先导和引领作用。

2014年国务院办公厅发布《关于转发国家发展和改革委员会、住房和城乡建设部绿色建筑行动方案的通知》，明确推动建筑工业化：住房和城乡建设部等部门要加快建立促进建筑工业化的设计、施工、部品生产等环节的标准体系，推动结构构件、部品、部件的标准化，丰富标准件的种类，提高通用性和可置换性。推广适合工业化生产的预制装配式混凝土、钢结构等建筑体系，加快发展建设工程的预制和装配技术，提高建筑工业化技术集成水平。支持集设计、生产、施工于一体的工业化基地建设，开展工业化建筑示范试点。积极推行住宅全装修,鼓励新建住宅一次装修到位或菜单式装修,促进个性化装修和产业化装修相统一。

建筑产业现代化是落实党中央国务院决策部署的重要举措。《国家新型城镇化规划(2014—2020)》也明确提出了"强力推进建筑工业化,提高住宅工业化比例"的要求;2016年下半年以来,中央领导多次批示要加强以住宅为主的建筑产业现代化法规政策标准的研究并积极推进。随着建筑业体制改革的不断深化和建筑规模的持续扩大,建筑业发展较快,物质技术基础显著增强,但从整体看,劳动生产率提高幅度不大,质量问题较多,整体技术进步缓慢。确保各类建筑最终产品特别是建筑的质量和功能,优化产业结构,加快建设速度,改善劳动条件,大幅度提高劳动生产率,使建筑业尽快走上质量效益型道路,成为国民经济的支柱产业。在研究和吸取我国几十年来发展建筑工业化的历史经验以及国外的有益经验和做法的基础上,考虑到我国建筑业技术发展现状、地区差距以及劳动力资源丰富的特点,大力发展建筑产业现代化已势在必行。

2014年4月8日,住建部发布〔2014〕45号文,批准部分钢结构企业开展房建总承包试点。同年5月27日,批准《绿色建筑评价标准》为国家标准,自2015年1月1日起实施,标志着中国的绿色建筑开始进入2.0时代。

2015年9月30日,住建部、工信部印发《促进绿色建材生产和应用行动方案》,从"钢结构和木结构建筑推广行动"等10个方面部署了相关任务。其中要求:"发展钢结构建筑和金属建材。在文化体育、教育医疗、交通枢纽、商业仓储等公共建筑中积极采用钢结构,发展钢结构住宅。工业建筑和基础设施大量采用钢结构。在大跨度工业厂房中全面采用钢结构。推进轻钢结构农房建设。鼓励生产和使用轻型铝合金模板和彩铝板。"

2015年11月4日,李克强总理主持召开国务院常务会议,部署推进工业稳增长、调结构,促进企业拓市场、增效益。会议认为,我国工业正处在转型升级的关键时期,当前要着力稳定工业增长,优化产业结构,提高企业效益,这对稳住就业、巩固经济向好基础,意义重大。会议确定:一是促进创新。整合财政专项资金,重点支持《中国制造2025》关键领域、企业技术改造、城市危化品和钢铁企业搬迁改造等。利用"互联网+",建设大企业、高校、科研院所与中小企业、创客等对接的工业创新平台。二是拓展市场。大力促进与群众需求密切相关的日用消费品等升级发展。结合棚改和抗震安居工程等,开展钢结构建筑试点。扩大绿色建材等使用范围,推广应用重大应急装备和产品,支持农机、船舶等更新,加快铁路、通信等高端装备走出去步伐。三是深化改革。加快推进"僵尸企业"重组整合或退出市场,加大支持国企解决历史包袱,大力挖潜增效。四是加大扶持。鼓励金融机构对有市场、有效益的企业加大信贷投放,推广大型制造设备、生产线等融资租赁服务。研究设立国家融资担保基金,缓解小微企业融资难题。

2015年12月24日,住建部发布《关于北京东方诚国际钢结构工程有限公司等27家钢结构企业开展建筑工程施工总承包试点的通知》,探索解决钢结构专业承包企业在承揽工程过程中的相关问题。

在2015年底召开的"2015中国工程建设项目管理发展大会"上,住建部新型建筑工业化集成建造工程技术研究中心相关负责人透露,《建筑产业现代化发展纲要》(以下简称《发展纲要》)目前已经完成征求意见,有望于近期发布;《发展纲要》明确提出,到2020年,装配式建筑占新建建筑的比例达20%以上,到2025年,装配式建筑占新建建筑的比例达50%以上，新建公共建筑优先采用钢结构，明确地将钢结构绿色建筑作为主要建筑形式之一，培育一批龙头企业。

2016年，国发〔2016〕6号文《关于钢铁行业化解过剩产能实现脱困发展的意见》提出："在近年来淘汰落后钢铁产能的基础上，从2016年开始，用5年时间再压减粗钢产能1亿～1.5亿吨。扩大市场消费。推广应用钢结构建筑，结合棚户区改造、危房改造和抗震安居工程实施，开展钢结构建筑推广应用试点，大幅提高钢结构应用比例。"

2016年，国发〔2016〕8号文《关于深入推进新型城镇化建设的若干意见》提出："对大型公共建筑和政府投资的各类建筑全面执行绿色建筑标准和认证，积极推广应用绿色新型建材、装配式建筑和钢结构建筑。"

2016年2月21日，中共中央国务院公布《关于进一步加强城市规划建设管理工作的若干意见》第十一条提出："力争用10年左右时间，使装配式建筑占新建建筑的比例达到30%，积极稳妥推广钢结构建筑。"

2016年3月5日，李克强总理在第十二届全国人民代表大会第四次会议上做政府工作报告时提出要将"积极推广绿色建筑和建材，大力发展钢结构和装配式建筑，提高建筑工程标准和质量"作为2016年的重点工作内容之一，这是在政府工作报告中首次提出发展钢结构建筑。

2016年9月27日，国务院办公厅印发《关于大力发展装配式建筑的指导意见》，提出"健全标准规范体系、创新装配式建筑设计、优化部品部件生产、提升装配式施工水平、推进建筑全装修、推广绿色建材、推行工程总承包、确保工程质量安全"的任务，总的来说，八项任务明确了标准体系、设计、施工、部品部件生产、装修、工程总承包、推广绿色建材、确保工程质量等八方面的要求。

2017年2月，国务院出台《关于促进建筑业持续健康发展的意见》，提出从四个方面推进建筑产业现代化，包括推广智能与装配式建筑、提升建筑设计水平、加强技术研发应用以及完善工程建设标准。

2017年3月，住建部为深入贯彻《国务院办公厅关于大力发展装配式建筑的指导意见》和《国务院办公厅关于促进建筑业持续健康发展的意见》，制定了《"十三五"装配式建筑行动方案》，明确到2020年，全国装配式建筑占新建建筑的比例达到15%以上，其中重点推进地区达到20%以上，积极推进地区达到15%以上，鼓励推进地区达到10%以上。到2020年，培育50个以上装配式建筑示范城市，200个以上装配式建筑产业基地，500个以上装配式建筑示范工程，建设30个以上装配式建筑科技创新基地，充分发挥示范引领和带动作用。

从以上政策文件的实施来看，我国建筑产业现代化的政策法规和标准体系正在逐步完善，从中央到地方相继制定了建筑产业现代化行动方案，同时装配式建筑的标准体系也逐步走向专业化。建筑产业现代化的推广成绩显著，但是值得注意的是，建筑产业现代化基地主要分布在东部沿海以及西南发达地区，西藏、新疆等地区发展缓慢，全国发展不均衡。另外，建筑产业现代化的发展以预制混凝土为主，而钢结构建筑的发展较慢，钢结构建筑的政策相对较少。截至2017年3月，全国仅安徽、云南、重庆、河北、天津、甘肃、河南七个省出台了推进装配式钢结构建筑发展的政策指导意见。

1.4 安徽钢结构建筑的发展现状

1.4.1 安徽建筑业发展概况

安徽省东西宽约 450 km，南北长约 570 km，总面积 13.94 万 km^2，约占全国总面积的 1.45%，居华东第 3 位，全国第 22 位，是我国东部襟江近海的内陆省份，跨长江、淮河中下游，东连江苏、浙江，西接湖北、河南，南邻江西，北靠山东。长江、淮河横贯省境，分别流经我省长达 416 km 和 430 km，将全省划分为淮北平原、江淮丘陵和皖南山区三大自然区域。安徽省矿产资源丰富，已探明工业储量的矿产 67 种，矿区 11 处，其中煤、铁、铜、硫铁矿、水泥用灰岩和明矾石的探明储量居多。安徽省铁矿保有储量约 30 亿吨，居全国第 5 位，成为安徽省发展钢结构建筑得天独厚的优势矿产资源。

近年来安徽省经济平稳健康快速发展，社会和谐稳定。2016 年，全省生产总值(GDP)达 24117.9 亿元，比上年增长 8.7%。2016 年全省就业人员 4361.6 万人，比上年增加 19.5 万人。2016 年，传统产业面临调整以及煤炭、钢铁行业去产能压力的局势下，安徽省坚持稳中求进的工作总基调，扎实推进工业领域供给侧结构性改革，加快培育发展新动能，全省工业运行呈现稳中有进、进中向好的良好态势。2016 年末，全省规模以上工业企业 19382 户，比上年净增 1413 户。全年规模以上工业增加值比上年增长 8.8%，实现利润 2078.9 亿元，增长 12.3%。六大高耗能行业增加值 2606.3 亿元，增长 8.1%，比全部工业低 0.7 个百分点，比上半年、上年分别回落 0.3 和 0.5 个百分点，增加值占比由上年的 26.2%回落至 25.9%。其中，石油加工炼焦和核燃料加工业、黑色金属冶炼和压延加工业分别由上年增长 3.2%和 10.1%转为下降 13.9%和 4.1%，非金属矿物制品业增长 5.8%、比上年回落 4 个百分点。主要产品中，钢材产量由上年增长 0.2%转为下降 3.8%；粗钢增长 1.4%，比上年回落 0.9 个百分点；烧碱增长 3.5%，回落 9.7 个百分点。

2016 年，我省基础设施投资和房地产开发投资稳步增长，建筑业生产稳中有进。2016 年固定资产投资 26758.1 亿元，比上年增长 11.7%。其中，工业及信息化产业技术改造投资 6363.2 亿元，增长 10.5%；基础设施投资 5285.9 亿元，增长 26%；民间投资 18375.4 亿元，增长 6.5%。分区域看，皖江示范区投资 18438.4 亿元，增长 11.7%；皖北六市投资 7017.8 亿元，增长 13%。

2016 年房地产开发投资 4603.6 亿元，比上年增长 4%。商品房销售面积 8499.7 万 m^2，增长 37.7%；商品房销售额 5035.5 亿元，增长 49.4%。年末商品房待售面积 2401.4 万 m^2，下降 4.3%。建成各类保障性安居工程住房 30.2 万套。

2016 年共安排亿元以上重点项目 4796 个，当年完成投资 13025.3 亿元。开工建设引江济淮工程、江巷水库、合安高铁、郑阜高铁、合肥康宁 10.5 代玻璃基板等 2205 个项目，建成投产投运郑徐客专、望东长江公路大桥、青弋江分洪道、合肥轨道 1 号线、马鞍山圆融 LED 芯片、池州普洛康裕制药、芜湖奇瑞 1.0L 发动机、六安大别山旅游扶贫快速通道等 1529 个项目。

2016 年，全省有资质等级的建筑业企业(包括总承包和专业承包)3037 户，比上年同期增长 5.9%；全年完成建筑业产值 6047.1 亿元，增长 6.2%，增幅比上年同期提高 2.3 个百分点；实现增加值1783.5亿元，增长5.0%，比上年同期提高1.3个百分点。分行业看，房屋建筑业、土木工程建筑业、建筑安装业完成产值3507.4亿元、1938亿元和388.2亿元，分别增长2.8%、14.0%和5.8%，建筑装饰和其他建筑业完成产值213.5亿元，下降1.2%。分类别看，建筑工程产值4882.7亿元，增长3.6%，占全部建筑业总产值的85.7%；安装工程产值435.5亿元，下降0.9%，占7.7%；其他产值377.7亿元，增长15.1%，占6.6%。

安徽省建筑业虽然平稳增长，但建筑施工规模减小。2016年，全省建筑企业房屋施工面积40126.4万m^2，下降3.3%，其中：新开工面积16180.8万m^2，下降3.4%；房屋竣工面积14590.7万m^2，下降6.2%；房屋建筑面积竣工率36.4%，比上年回落1.1个百分点；房屋竣工价值1911.9亿元，下降4.6%。安徽省建筑业发展与发达邻省差距较大。从规模上看，我省建筑业产值只占全国的3.1%，只及江苏省(25791.8亿元)的23.4%、浙江省(24989.4亿元)的24.2%。从省外产值看，我省建筑企业省外产值1392.5亿元，占全部产值的23%，比全国、北京、浙江、上海分别低11.3、44.9、28.4和25.7个百分点。另外，安徽省建筑业发展区域不平衡问题明显。从总量上看，合肥、芜湖、蚌埠建筑业总产值分别为3152.4亿元、454.6亿元和436.7亿元，稳居全省前三位，占全省的66.9%。从增速上看，亳州、宿州、滁州分别增长31.0%、17.9%和15.3%，居全省前三位，而淮北下降23%。

纵观安徽省经济局势以及国内外经济态势，“十三五”时期，安徽省对交通、水利、环保等行业投入进一步加大，给建筑业带来发展机遇，但面临建筑业结构调整困难、房地产调控持续收紧等因素影响，市场竞争更加激烈，企业发展更具挑战。因此，加快装配式建筑发展，推动钢结构建筑发展的进程，对提升安徽省建筑业增长以及保持经济平稳较快发展都有重要意义。

从建筑业企业来看，安徽省大型建筑业企业(指资产总额和主营业务收入均大于或等于8亿元的建筑业企业)40家，占全部总承包和专业承包建筑企业的1.6%，较上年增加1家；完成施工产值1508.7亿元，同比增长13.9%，比全部企业低3.6个百分点，占全部企业的35.7%；资产合计1405.8亿元，增长17.5%，比全部企业低4.8个百分点，占全部企业的44.2%；实现利税总额96.9亿元，增长12.6%，比全部企业低3.9个百分点，占全部企业的34.8%。

安徽省大型建筑企业在健康发展的同时，还存在一些问题有待解决。一是龙头企业偏少，特级企业所占比重低于全国7.5个百分点；二是专业结构不尽合理，过度集中于房屋建筑业，其他大型专业施工队伍发展较慢，使建筑企业多方位承揽建设工程项目受到制约；三是区域发展不平衡，合肥占全省近四分之三，有9个市无大型建筑企业。合肥市大型建筑企业达29家，占全省大型企业总数的72.5%；实现产值1048.4亿元，占69.5%。其次是芜湖3家、蚌埠2家、马鞍山2家，淮南、淮北、阜阳、六安各1家。安徽省从事土木工程建筑的大型企业22家，从事房屋建筑的17家，从事建筑安装的1家。从行业小类看，房屋建筑业企业17家、占总数的42.5%，铁路工程建筑业5家，工矿工程建筑业5家，公路工程建筑业4家，架线和管道工程建筑业、水源及供水设施工程建筑业等其他行业9家。

1.4.2　安徽发展钢结构建筑的规划和目标

“十三五”时期是安徽省实现生产方式转型的关键时期，是皖江城市带承接产业转移示范区、国家创新型试点城市、合芜蚌自主创新综合试验区等发展战略的重要建设时期，同时安徽省目前正处于新型工业化、城镇化和新农村的快速发展时期，建筑能耗快速增长，建筑业节能减排任务紧迫。这些均为发展钢结构建筑提供了机遇与挑战。

2013年，安徽省住房城乡建设厅发布《关于促进建筑业转型升级加快发展的实施意见》，提出积极推进建筑工业化。支持和引导有实力的企业开拓符合国家产业政策和重点投资产业领域，实现"一业为主、多种经营"，向节能环保、新型建材、建筑构配件工业化生产等产业和上下游产品发展。支持钢结构、商品混凝土企业规模化发展，推动建筑产业园区建设，促进建筑部件工业化生产、机械化装配，加快建筑工业化、住宅产业化进程。提高建筑施工装备水平和装配能力，推进建筑装备制造业加快发展。

2014年，安徽省人民政府办公厅发布《关于加快推进建筑产业现代化的指导意见》，明确了建筑产业现代化发展的目标，到2017年末，全省采用建筑产业现代化方式建造的建筑面积累计达到1500万m^2；创建10个以上建筑产业现代化示范基地、20个以上建筑产业现代化龙头企业；综合试点城市当年保障性住房和棚户区改造安置住房采用建筑产业现代化方式建造比例达到40%以上，其他设区城市达到20%以上。政府投资的新建建筑全部实施全装修，合肥市新建住宅中全装修比例达到30%以上，其他设区城市达到20%以上。

2016年，安徽省人民政府办公厅发布《关于大力发展装配式建筑的通知》，明确以我省长三角城市群城市和建筑产业现代化综合试点城市为重点推进地区，其他城市为积极推进地区，大力发展装配式混凝土结构和钢结构建筑，因地制宜发展现代木结构建筑，推动形成一批设计、施工、部品部件规模化生产企业，创新建造方式，提高工程质量，促进建筑产业转型升级。到2020年，装配式施工能力大幅提升，力争装配式建筑占新建建筑面积的比例达到15%以上。到2025年，力争装配式建筑占新建建筑面积的比例达到30%以上。

2016年，安徽省住房与城乡建设厅发布了针对钢结构建筑的政策文件《关于加快推进钢结构建筑发展的指导意见》，明确了安徽省钢结构建筑的发展目标，在全省城乡建设中大力推广钢结构建筑发展，把安徽省的钢结构建筑产业打造成为中部领先、辐射周边的新兴建筑产业。用3～5年时间，逐步完善政策制度、技术标准和监管体系，培育5～8家具有较强实力的钢结构产业集团，并初步形成具有一定规模的建筑钢结构配套产业集群，建立健全钢结构建筑主体和配套设施从设计、生产到安装的完整产业体系，实现全省规模以上钢结构企业销售产值突破300亿元。"十三五"期间，力争新建公共建筑选用钢结构建筑比例达20%以上，不断提高城乡住宅建设中钢结构的使用比例。

1.4.3　安徽发展钢结构建筑的重点区域

根据安徽省钢结构的发展现状，安徽省发展钢结构建筑，率先以合肥市、芜湖市、马鞍山市、蚌埠市等为核心建立5～6个钢结构建筑示范城市（图1.4.1），分批进行试点建设，辐射周边城市，发挥区域协同和分工合作。建设一批核心竞争力优、市场影响力大、产业配套和辐射带动能力强的产业基地，推动皖南、皖中、皖北地区的钢结构产业区域整体发展，形成产业化布局。

合肥市：合肥是国家住宅产业现代化综合试点城市，第一批国家装配式建筑示范城市。历经"十二五"期间的蓄能，"十三五"期间合肥建筑产业现代化将释放巨大产能。合肥市近年来先后引进了中建国际、远大住工、宇辉集团等企业落户，促成了台湾润泰与安徽亚坤签订全面合作协议、安徽宝业与西伟德公司进行合资生产，实施了中建七局、安徽三建和望湖

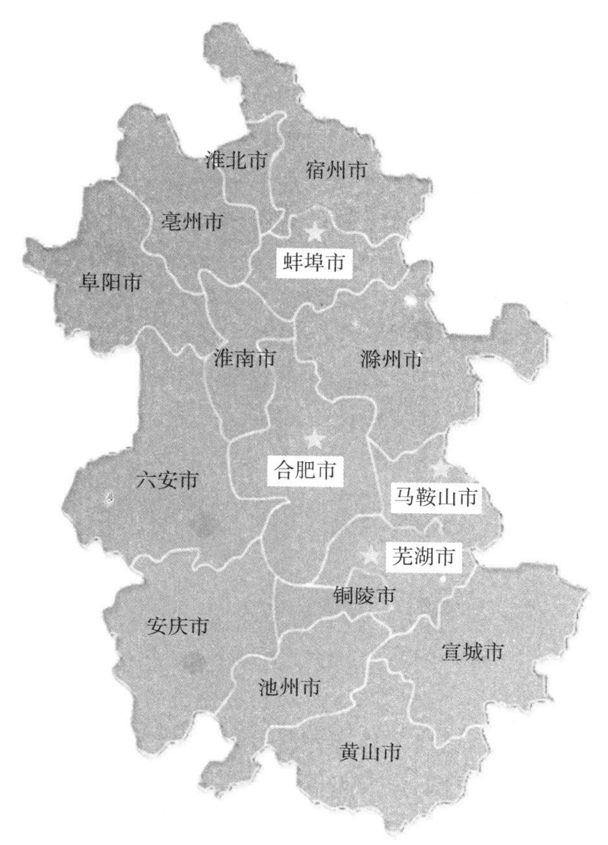

图 1.4.1 安徽省钢结构建筑区域分布

建筑等一批企业生产基地项目。合肥市还积极支持本土企业扩大生产规模，引进先进设备，实施产业升级。目前已经集聚了安徽建工集团、合肥建工集团、安徽同济建设、中民筑有、合肥亚坤、望湖建筑、安徽罗宝、合肥仁创等一批建筑产业现代化企业，以中铁四局集团、鸿路钢构、富煌钢构、伟宏钢构、瑶海钢构、合肥国瑞等为代表的钢结构企业。随着这些企业的发展，合肥建筑产业现代化生产能力稳步提升，目前年设计产能已达到 700 万 m^2。2012 年，合肥市在全国率先提出打造千亿元建筑产业战略目标，并于 2013 年将其列入该市 8 大重点战略性新兴产业之一。远大住工、宇辉集团、中建国际等产业龙头企业相继落户合肥，产能超过 500 万 m^2，建成及在建面积超过 300 万 m^2，产业发展走在了全国前列。

马鞍山市：马鞍山拥有特大型钢铁联合企业——安徽马钢工程技术集团有限公司，注册资本 10 亿元，2015 年末总资产 37.11 亿元，年销售收入 26.35 亿元，在职员工 5740 人。集团包括设计研究院、设备制造、工业技术服务和钢结构四大业务板块，其中钢结构板块现已具备年产 20 万吨钢结构加工能力，已具备每年 100 万 m^2 钢结构住宅开发建设的配备能力，并已形成了集设计、制作、安装、服务于一体的现代企业集团。目前，马鞍山市对即将建设的政府投资项目进行梳理摸排，共筛选出 3 个有条件实施建筑现代产业化并按照钢结构方式建造的项目：慈湖街道卫生服务中心、马鞍山市档案馆资源管理中心、标准化厂房建设，总面积约为 82.726 万 m^2，拟按照钢结构建筑方式建设。中国十七冶集团有限公司是中国冶金科工股份有限公司控股的子公司，主业范围为三大板块，即 EPC 工程总承包、装备制造及钢结构制作、房地产开发。目前，十七冶集团承建的马鞍山市首个住宅产业化示范工程——银塘公租房一期 76＃楼已经竣工；承建的马鞍山市银塘二期安置房（西区）工程已开工，将有力推动十七冶绿色住宅产业化技术迈向成熟，促进马鞍山市装配式建筑发展。

芜湖市：根据《芜湖市人民政府办公室关于加快推进建筑产业现代化发展的实施意见》，到 2017 年，芜湖市将创建 3 个以上建筑产业现代化示范基地、4 个以上建筑产业现代化龙头企业。芜湖市建筑产业现代化企业生产的部品、部件，除了满足本市供给，还将向周边城市辐射。芜湖市拥有安徽杭萧钢结构有限公司、芜湖天航科技（集团）股份有限公司、芜湖恒达钢构有限公司等钢结构生产加工企业，具有开发建设钢结构建筑的能力。其中杭萧钢构是中国钢结构行业首家上市公司，首个钢结构国家住宅产业化基地，浙江省推进新型建筑工业化示范企业。苏州科逸住宅设备公司在芜湖的厂区年生产整体浴室能力超过 30 万套，科逸整体浴室已在 20 多个国家和国内 150 多个主要城市得到应用，中国市场占有率达到 50％。

蚌埠市：蚌埠市出台了《蚌埠市建筑产业现代化行动实施方案》，提出了蚌埠市建筑产业现代化发展的总体要求。将以工业化生产方式为核心，以预制装配式混凝土结构、钢结构、预制构配件和部品配件、全装修为重点，通过推动建筑产业现代化，推进建筑业与建材业深度融合，切实提高科技含量和生产效率，保障建筑质量安全和全寿命周期价值最大化，带动建材、节能、环保等相关产业发展，促进建筑业转型升级。装配式建造工程推行设计、施工安装、构件生产一体化总承包方式建造。蚌埠市大禹家园公租房（二期试点）项目已完成招投标工作，占地面积约 10.87 万 m^2，总建筑面积 35 万 m^2，其中“钢结构”建筑面积逾 5 万 m^2，配建公租房 1044 套，成为全省首个“装配式钢结构”保障房。安徽水利开发股份有限公司是安徽省建设系统和水利系统的第一家上市公司，公司的三大主营业务为工程施工、房地产开发、水电投资建设与运营。2004 年，安徽水利股份公司引进了由加拿大英特尔公司开发的 websteel 轻钢龙骨结构住宅体系，研发了适合我国住宅产业化发展的冷弯薄壁管桁钢结构体系。蚌埠玻璃工业设计研究院是原国家建材局直属全国综合性甲级设计研究单位，1953 年成立，2000 年改企加入中国建筑材料集团有限公司。蚌埠院是我国浮法工艺技术和装备主要的研究者和提供者，具有 50 多年从事平板玻璃科研开发和工程设计的经验，设有联合国工发组织和中国政府合建的中国玻璃发展中心、国家建筑材料工业平板玻璃热工测试中心等 7 个行业性机构，承担过大量国家浮法玻璃技术与装备的研究开发课题。从建设“示范项目”到开展“城市试点”，蚌埠市建筑产业现代化推广力度和规模目前处于全省前列。

1.4.4 安徽发展钢结构建筑的科学研究

安徽省发展钢结构建筑具有很好的研发基础，形成以合肥工业大学等为代表的科研单位，以安徽省建筑设计研究院有限责任公司、合肥工业大学建筑设计研究院、安徽省建筑科学研究设计院等为代表的设计单位。中铁四局集团、马钢工程、鸿路钢构、富煌钢构等企业成立了国家认定企业技术中心，杭萧钢构、精工钢构、伟宏钢构、中亚钢构、瑶海钢构等企业拥有省级认定企业技术中心。其中，中铁四局集团在大跨度桥梁、空间钢结构领域具有实力雄厚的研发和施工能力；安徽马钢工程技术集团在工业厂房领域具有强大的研发和设计团队；鸿路钢构、富煌钢构在装配式钢结构建筑领域有良好的技术优势。

2016年，中国建筑工业出版社出版的《中国建筑工业化发展报告》认为，通过中国知网统计，合肥工业大学在国内装配式建筑研究机构中位列第五。可见高校科研力量向装配式建筑领域倾斜明显增强的趋势，相关研究方向如装配式混凝土和钢结构的博士、硕士研究生数量明显增加。

1.4.5　安徽发展钢结构建筑的平台建设

为了发挥建筑产业的协同效应，整合产业链资源，安徽省组建了包括装配式混凝土结构、钢结构的省级建筑产业现代化战略联盟。整合钢结构建筑产品投资、研发、设计、生产、施工和销售资源，合力攻关钢结构建筑的关键技术问题，促进钢结构建筑产业链上下游合作，实现人才、技术、信息、市场资源共享，推动钢结构建筑选材、设计、研发、制作、安装、围护、物流、检测、维护、回收一体化建设，促进钢结构建筑产业集聚发展，提升钢结构建筑水平。2012年，合肥工业大学、安徽省建筑科学研究设计院、安徽富煌钢构导单位联合成立了安徽省钢结构住宅产业创新联盟。2014年，合肥工业大学联合马鞍山钢铁集团、安徽富煌钢构、安徽鸿路钢构、中铁四局集团等六家大型企业获批“安徽省先进钢结构技术与产业化协同创新中心”。2017年11月，合肥工业大学、安徽富煌钢构、安徽鸿路钢构、安徽建工集团、安徽省建筑设计研究院入选国家第一批装配式建筑示范基地，为安徽省装配式建筑发展奠定了良好基础。

1.4.6　安徽发展钢结构建筑的激励机制

钢结构建筑符合绿色建筑的要求，安徽省鼓励钢结构项目申报绿色建筑示范专项资金，并支持符合战略性新兴产业、高新技术企业和创新型企业条件的钢构企业享受相关优惠政策。优先推荐钢结构等装配式建筑项目参评“黄山杯”、“鲁班奖”、勘察设计奖、科技进步奖，积极支持钢结构建筑项目参评绿色建筑示范项目，大力扶持钢构企业申报建筑产业现代化示范基地。各地应结合实际，制定落实钢结构建筑在规划审批、工程招投标、基础设施配套等方面的扶持政策。

1.4.7　安徽发展钢结构建筑的宣传教育

近年来，安徽省积极利用电视、网络、交流会等渠道广泛宣贯建筑产业现代化理念，建立安徽省建筑产业现代化平台网站，同时鼓励各地、有关部门要通过报纸、电视、电台和网络等媒体，大力宣传钢结构建筑应用的重要意义，广泛宣传钢结构建筑的基本知识，调动市场主体参与钢结构建筑的积极性，提高社会公众对钢结构建筑的认知度，营造各方共同关注、支持钢结构建筑发展的良好氛围。

第2章 钢结构建筑政策分析

2.1 钢结构建筑发展的政策背景

2.1.1 钢结构符合国家节能减排和可持续发展的政策要求及重要方向

钢结构建筑是一种新型的节能环保的建筑体系，被誉为21世纪的“绿色建筑”。因为钢结构具有轻质、高强、抗震性能好、便于工业化生产、施工安装工期短等优点，属于典型的节能环保型结构类型，符合发展循环经济和可持续发展的要求，是国家大力推广应用的建(构)筑物结构形式。近年来在国家产业政策的指导和支持下，钢结构呈现出前所未有的繁荣景象。在重大工程、标志性工程，如高层及超高层建筑、工业厂房、市政设施、体育场馆、展览会馆、铁路公路桥梁、电厂以及众多公共设施建筑，钢结构均得到普遍应用和发展。

2016年3月5日，在第十二届全国人民代表大会第四次会议上，国务院总理李克强做政府工作报告。李克强总理表示，要加强城市规划建设管理，增强城市规划的科学性、权威性、公开性，促进“多规合一”。积极推广绿色建筑和建材，大力发展钢结构和装配式建筑，提高建筑工程标准和质量。打造智慧城市，改善人居环境，使人民群众生活得更安心、更省心、更舒心。《中共中央国务院关于进一步加强城市规划建设管理工作的若干意见》，提出力争用10年左右时间，使装配式建筑占新建建筑的比例达到30%，积极稳妥推广钢结构建筑，实现“搭积木式”造房子、流水线上“生产”房子，能减少建筑垃圾和扬尘污染的钢结构建筑将得到推广。

2.1.2 中央城市规划推动建筑产业现代化加快发展

20世纪90年代，我国才开始推行建筑产业现代化，在这期间，为了更好地促进产业化的发展，我国政府部门也出台了大量举措，主要体现在以下几个方面：1998年，建设部成立了建筑产业化促进中心；1999年，建设部等八部委《关于推进建筑产业现代化提高住宅质量若干意见》被国务院办公厅转发，此文件提出了我国建筑产业的发展要走工业化、标准化之路，走循环经济发展之路，加快提高住宅质量，让生产方式由粗放型转向集约型，促进建筑产业现代化。此文件第一次提出了建筑产业现代化的概念。我国参照日本成熟的建筑产业现代化的做法，逐步建立起适合我国住宅的《国家康居示范工程建设技术要点》《商品住宅性能指标体系》等政策性文件，标志着中国商品住宅性能认定的开始。政府又于2006年颁布了《国家建筑产业化基地实施大纲》，并培育了一批国家级建筑产业现代化基地。2012年颁布的《全国城镇住房发展规划(2011—2015年)》，提出进一步加强住宅产业化成套技术的研究开发，完善住宅产业标准化体系和产业技术政策，通过示范工程率先推广应用装配式工业化住宅建造技术及节能、节水、节地、节材等先进、适用的成套技术，推广全装修住宅，引导和促进住宅建设技术创新，科学规划，合理设计建设节能省地环保型住宅的目标。2014年住建部

《关于推进建筑业发展和改革的若干意见》要求，推动建筑产业现代化，促进建筑业发展方式转变。

自 1999 年以来，我国已批准了 33 个大型企业和试点城市作为国家建筑产业现代化基地，它们具有产业关联度及带头能力强的特点，在探索建筑产业现代化发展模式中发挥示范和辐射效应。近年来，北京、上海、深圳、沈阳等城市均已出台了《关于推进建筑产业化的指导意见》以及相应的激励政策，并取得了显著的成果。

2016 年是"十三五"规划的开局之年，也是落实中央城市工作会议精神的第一年。全国住房城乡建设工作会议，对 2015 年工作进行总结，并部署了 2016 年八个方面的工作任务。其中一项便是推动装配式建筑："装配式建筑是建造方式的重大变革，要在装配式建筑推动上取得突破性进展。与传统施工方法相比，装配式建筑以标准化设计、工厂化生产、装配化施工、一体化装修、信息化管理、智能化应用为主要特征，节能、节水、节材、节时、节省人工，并可以大幅减少建筑垃圾和扬尘，实现环保的目的。目前我国仍以传统现场浇筑作业为主，与国际先进水平相比差距较大。装配式建筑可以极大地促进混凝土结构、钢结构、木结构等绿色建筑材料的发展，是建造方式的重大变革，还将带来建筑队伍结构的重大变革，这是实现高水平建筑节能和绿色建筑的重要途径。明年，在充分调研的基础上，制定出行动计划，在全国全面推广装配式建筑，推动装配式建筑跨越发展。"

《国务院关于进一步加强城市规划建设管理工作的若干意见》(以下简称《意见》)作为中央城市工作会议配套文件和"十三五"乃至未来一段时间中国城市发展的路线图，该《意见》提出，大力推广装配式建筑，减少建筑垃圾和扬尘污染，缩短建造工期，提升工程质量。制定装配式建筑设计、施工和验收规范。完善部品部件标准，实现建筑部品部件工厂化生产。鼓励建筑企业装配式施工，现场装配。建设国家级装配式建筑生产基地。加大政策支持力度，力争用 10 年左右时间，使装配式建筑占新建建筑的比例达到 30%。积极稳妥推广钢结构建筑。在具备条件的地方，倡导发展现代木结构建筑。该《意见》定调建筑业总方向，大力推广装配式建筑，明确时间表及比例。装配式建筑将成趋势，相关配套产业迎来发展机遇。

另外，发改委联合住建部下发城市适应气候变化行动方案，也提出加快装配式建筑的产业化推广。预计"十三五"期间国家政策将持续推动建筑产业现代化发展。

装配式建筑实现了建筑行业产业化和建筑行业生产方式转型，是建筑产业现代化发展的趋势。建筑产业现代化具有工期短、空间节省、工人依赖少、绿色环保等诸多优势。另外，中国人口红利逐渐消失，人力成本的上升和预制安装技术的进步，加速建筑产业现代化进程。

此外，大型企业试点项目的成功和市场开拓的加强，增强了社会使用者的信心。目前全国已设立 3 个住宅产业化试点城市，近 50 个住宅产业化基地；北京、上海、沈阳从规划设计、国土出让、财政补贴、税收优惠等方面，出台了相应的管理规定和激励政策，加速推进建筑产业现代化。

2.1.3 依托绿色建筑发展需求，钢结构行业迎来拐点

传统建筑技术已不能适应发展潮流，未来应通过现代化生产方式替代传统的建筑技术，使建筑工人成为工厂工人，提升建造技术和水平。随着我国从高层建筑钢结构"大国"向"强

国”的转变,高性能钢材应用前景广阔。在目前形势下,应该加大力度推广钢结构绿色建筑,这不但是建筑用钢以后的重要发展方向,也对化解产能过剩矛盾、扩大内需、促进钢铁行业结构调整、提升建筑行业升级换代具有重要意义。

钢结构行业在我国属于新兴行业。从 20 世纪 80 年代末开始,钢结构才开始在建设领域中逐步得到应用。改革开放初期,我国钢产量有限,国家只能实行节省用钢政策。直到 2011 年出台了《建筑钢结构行业发展“十二五”规划》,钢结构行业得到了广泛重视并迅速发展,拓宽了我国钢结构行业的应用领域和发展空间。我国现有钢结构制造业产值已超过 600 亿元,并已连续 14 年成为世界第一产钢大国。

钢结构的发展是我国经济发展水平和科技水平的重要体现,也是建筑工业化发展的必然产物。第一,我国钢铁行业迅猛发展,目前已连续 14 年成为世界第一产钢大国。近年来,随着我国冶金企业不断调整产业结构,钢与钢材的品种、规格日渐增多,建筑配套产品日益齐全,为钢结构建筑发展奠定了物质基础。第二,我国政府高度重视钢结构建筑发展,明确提出积极发展钢结构的方针,把钢结构技术列为十大重点推广技术。1998 年成立国家建筑用钢领导小组,足以证明国家对发展钢结构建筑的重视,这必将对我国钢结构建筑的发展起到积极推动作用。第三,发达国家建筑用钢量为其钢产量的 45%～55%,而我国建筑用钢量仅为钢产量的 20%。住宅产业是我国国民经济新的增长点,住宅建筑量大面广,在推进住宅产业现代化过程中,钢结构住宅的发展前景非常广阔。

1996 年建设部编制了《1996—2010 年建筑技术政策》,就提出合理使用钢材、发展钢结构、开发钢结构制造和安装施工新技术。2000 年 5 月,建设部、国家冶金工业总公司建筑用钢协调组在北京召开了全国建筑钢结构技术发展研讨会,讨论了国家建筑钢结构产业“十五”计划和 2010 年发展规划纲要建筑钢结构工程技术政策,提出 2005 和 2010 年建筑钢结构用材分别达到全国钢材总产量的 3%和 6%。

2003 年 1 月,建设部和国家经贸委发出关于建立“全国建筑用金属技术与应用协调联席会议”制度的通知。2007 年建设部颁布《“十一五”期间我国钢结构形势与对策》,提出继续坚持对发展钢结构鼓励支持的正确导向和相关政策、措施,进一步推广和扩大钢结构的应用,促进建筑钢结构应用推广和持续发展,推进建筑钢结构发展的进程;发挥钢结构重量轻、强度高、抗震性能好的优势,符合节能环保和工厂化、产业化的要求,采取加快发展钢结构的各项政策和措施,而这也符合国家“十二五”期间实现节能减排、科学发展的目标。

多年来,我国钢铁行业一直呈现爆发式增长态势。2013 年我国钢产量达到 7.8 亿多吨,一直居于世界首位,然而这是以牺牲资源、环境为代价。据我国钢铁工业协会统计,2014 年第一季度我国钢铁行业重点统计钢铁企业亏损 23.29 亿元,累计亏损面达 45.45%。我国是一个产钢大国,但不是钢结构强国,钢铁行业存在产能过剩、国内市场供大于求的矛盾,导致我国钢铁企业陷入困境:一是多年连续高速发展导致包括环境在内的资源短缺压力巨大;二是行业的落后产能严重过剩;三是行业整体技术创新不足,高端产品缺乏,多数企业缺乏竞争力;四是企业成本不断增高,利润渐趋低微,甚至大面积亏损,许多企业运营难以为继。

2015 年底,中央经济工作会议确定推进供给侧结构性改革,去产能是五大任务之首,并率先在煤炭和钢铁领域展开。2016 年初,国务院印发《关于钢铁业化解过剩产能实现脱困发展的意见》提出,在近年来淘汰落后钢铁产能的基础上,从 2016 年开始,用 5 年时间再压减粗钢产能 1 亿 ～ 1.5 亿吨。

2011 年 7 月住房和城乡建设部组织制定了《建筑业发展“十二五”规划》，强调建筑业要推广绿色建筑、绿色施工，着力用先进建造材料、信息技术优化结构和服务模式，预示着绿色建筑发展新阶段的到来。“节能减排”是 2014 年两会的热点之一，在高耗能产业当道和资源不断被滥用的情况下，作为绿色建材的钢结构发展迎来了政策的曙光。2013 年 1 月，国家发展和改革委员会、住房和城乡建设部出台《绿色建筑行动方案》，明确提出了推广适合工业化生产的钢结构等建筑体系，加快发展建设工程的预制和装配技术，提高建筑工业化技术集成水平；支持集设计、生产、施工于一体的工业化基地建设，开展工业化建筑示范试点。2016 年，《中共中央国务院关于进一步加强城市规划建设管理工作的若干意见》提出，要推广建筑节能技术、实施城市节能工程，推进节能城市建设。

因此，作为国民经济发展中比重较大和影响较高的产业之一，钢结构符合国家节能减排和可持续发展的政策要求及重要方向，符合国家和建筑业产业的重点发展规划，属于建筑业产业和安徽区域发展的重大需求。

2.2 安徽省具备发展钢结构建筑的条件

2.2.1 发挥区位优势，服务长江经济带发展

安徽位于中国华东地区，是中国经济最具发展活力的长江三角洲的腹地。近年来，安徽经济保持持续快速健康发展的趋势，呈现出速度加快、结构优化、效益提升、民生改善、后劲增强的良好态势。改革开放以来，特别是“十一五”以来，我省大力实施工业强省战略，安徽工业迈上了发展快车道。2014 年，规模以上工业增加值达到 9530.9 亿元，是 2005 年的 6.4 倍；工业化率由 2005 年的 34.3%提升到 46%；制造业增加值占工业和 GDP 比重分别上升至 86.2%和 39.4%，工业尤其是制造业已成为安徽经济发展的主导力量。2015 年，安徽战略性新兴产业较快增长，总产值增长 17.6%，增幅高于全部工业 11.5 个百分点，占全部工业比重由上年的 20.2%提高到 22.4%。2014 年，全省建筑业从业人员达 171 万人，占全省总就业人数的 10%以上。当年实现建筑业总产值 5482 亿元，建筑业增加值 1258 亿元，分别比“十一五”末期增长 191.4%和 184.1%。建筑业的稳定发展，为改变城乡面貌、推动城市化进程和新农村建设、改善人民生活水平、促进就业做出积极贡献。

2.2.2 推进建筑产业现代化，助力“调转促”

当前，新一轮科技革命和产业革命蓄势兴起，国际产业分工格局深度调整，产业价值链加速重塑，世界各地纷纷在产业转型升级上抢滩布局。站在新的历史起点，安徽将战略性新兴产业集聚发展基地作为突破口，实施十大重点工程，加快调结构转方式促升级，努力走出一条符合中央要求、具有安徽特色的新型工业化道路。

围绕上述目标，安徽省委、省政府决议实施十大重点工程，其中传统产业改造提升工程提出，对于传统产业，安徽综合运用新技术、新材料、新工艺、新装备和新商业模式进行改造升级，提高产品附加值和市场竞争力，以期实现凤凰涅槃、浴火重生。就路径而言，安徽大力推进工业化和信息化深度融合，加快推行清洁生产，加快腾笼换鸟步伐，并支持资源型城市

加快发展接续产业，培育新的经济增长点。

建筑产业现代化和传统的建造方式相比，变化是根本性的也是革命性的，传统的建筑方式主要是靠建筑工人，在现场人工操作的方式来建房子，用工比较多，还会带来很多问题，主要体现在五个方面：一是施工工期、周期比较长；二是对环境影响很大，噪声污染，产生很多建筑垃圾，造成施工扬尘等；三是房屋的质量是靠人工现场控制，由于工人素质的参差不齐，导致质量控制会存在这样那样的问题，同时若安全的保障措施不到位，容易发生安全事故；四是对资源能源的消耗比较大；五是人工成本较高。

据统计，用工业化方式来生产住宅，可节约原材料 20%以上，节约水资源 80%以上，减少建筑垃圾 80%以上，提高施工效率 4～5 倍，不仅大幅度提高房屋的品质和性能，延长使用年限，而且也便于节能住所的推广应用，提升产业的科技含量，是建筑产业实现绿色发展的重要方法和途径。

推进建筑产业现代化，已成为建筑产业未来发展的新方向，是整个建筑业新的变革。走资源利用少、科技含量高、生态良性循环的可持续发展之路，不仅是大势所趋更是形势所在。转换发展方式，由高碳发展模式向低碳发展模式转变，要大力调整产业结构，积极发展绿色经济、低碳经济，推进产业生态化和生态产业化。

2.2.3 钢结构产业在安徽有良好的行业基础

安徽是全国钢结构大省，正在向钢结构强省迈进。2014 年钢结构加工近 400 万吨，但产能远大于 400 万吨，产能过剩问题尤为严重。安徽省钢结构行业经过二十年的发展历程，目前已形成具有科学研究、标准制定、工程检测、加工安装一体的成套钢结构体系的综合技术能力。现有资质等级企业 254 家，资质等级外企业 200 多家，企业从业人员近 5 万人。

钢结构产业是安徽省建筑产业的重要部分，作为新兴产业，随着安徽省的经济建设和社会发展越来越受到重视。近年来安徽省钢结构产业发展迅速，安徽省钢结构企业数量占全国的 2%～3%，但其市场份额却能占 6%～8%，为安徽省建筑行业独树一帜；上市企业 5 家。目前安徽省钢结构企业已超过 300 家，仅合肥市钢结构企业已超过 60 家，年产值近 200 亿元，其中年产值过 5 亿的钢结构企业约 15 家，中铁四局钢构、鸿路钢构、安徽富煌三家企业年产值均已突破 40 亿。在工程建设方面，合肥新桥国际机场、合肥滨湖国际会展中心、安徽国际金融中心、经开区特大铁路桥等大型钢结构工程的建设标志着安徽省钢结构制造、设计和施工水平达到国内较高水平。

目前，我国钢结构产业链配置存在上游结构用钢材产品不能完全满足现有市场的需求、科研成果转化不及时、设计队伍薄弱等较严重的问题，导致钢结构的“轻质、高强、塑性好”等优势不能带来明显的经济优势。为了突破钢结构产业发展的瓶颈，国家和地方政府应加大在钢结构领域的研发投入，形成科学的理论攻关、技术研发和成果转化机制。同时，帮助钢结构企业攻关技术难题，使其在市场经济中得到更好的发展。

安徽省逐步形成以钢材生产、钢构设计、钢构制造、钢构施工、钢构检测的完整产业链。安徽省先进钢结构技术与产业协同创新中心的建立完善了我国钢结构产业链，推动了钢结构建筑工业化的快速发展。特别是近十年来钢结构应用取得了令人瞩目的建设成就，预计钢结构将在我国未来的建设中取得进一步的推广和应用。

2.2.4 安徽钢结构建筑政策

1. 省级钢结构建筑政策

安徽省政府和安徽省住建厅相继出台了促进钢结构建筑发展的相关政策，见表 2.2.1 所列。

表 2.2.1 安徽省钢结构建筑相关政策

发布时间	发布部门	政策名称
2013 年	安徽省住建厅	《关于促进建筑业转型升级加快发展的实施意见》
2013 年	安徽省人民政府	《安徽省绿色建筑行动实施方案》
2014 年	安徽省人民政府	《安徽省加快推进建筑业“走出去”发展的实施意见》
2014 年	安徽省人民政府	《关于加快推进建筑产业现代化的指导意见》
2015 年	安徽省人民政府	《加快调结构转方式促升级行动计划》
2015 年	安徽省人民政府	《中国制造 2025 安徽篇》
2016 年	安徽省人民政府	《安徽省扎实推进供给侧结构性改革实施方案》
2016 年	安徽省人民政府	《关于钢铁行业化解过剩产能实现脱困发展的实施意见》
2016 年	安徽省住建厅	《关于加快推进钢结构建筑发展的指导意见》

2013 年 4 月 25 日，安徽省住房和城乡建设厅出台《关于促进建筑业转型升级加快发展的实施意见》，按照扩规模、重品质、调结构、强活力的总体要求，加快全省建筑业改革发展步伐，以促进建筑业转型升级加快发展为动力，着力扩大建筑业产值和规模，着力提高产业集中度和外向度，着力提升行业核心竞争力，巩固和提升建筑业支柱产业地位，推动我省向建筑业大省迈进，提出十大实施意见：“培育扶持建筑业骨干企业和成长性企业；积极推进建筑工业化；创新设计施工能力；大力实施‘走出去’战略；规范建筑业市场秩序；强化工程质量安全监管；深化行政审批制度改革；开展建筑业评优评先活动；加强人才队伍建设；积极落实建筑业发展支持政策。”

2013 年 9 月 24 日，安徽省政府印发省住房和城乡建设厅制定的《安徽省绿色建筑行动实施方案》，提出了“十二五”期间，全省 22 个新建绿色建筑 1000 万 m^2 以上，创建 100 个绿色建筑示范项目和 10 个绿色生态示范城区；到 2015 年末，全省 20%的城镇新建建筑按绿色建筑标准设计建造，其中，合肥市达到 30%；到 2017 年末，全省 30%的城镇新建建筑按绿色建筑标准设计建造的目标。并提出九大重点工作任务：“进一步强化建筑节能工作；大力执行绿色建筑标准；积极推进绿色农房建设；深入开展绿色生态城区建设；加快推广适宜技术；大力发展绿色建材；推动建筑工业化；严格建筑拆除管理；推进建筑废弃物循环利用。”

2014 年 4 月，安徽省出台《安徽省加快推进建筑业“走出去”发展的实施意见》，提出“通过政策激励和技术帮扶，发展壮大对外承包工程龙头企业集团，培育一批新的对外承包工程企业开拓境外市场，扩展我省建筑业对外承包工程，加强对外劳务合作。到 2017 年，全省对外承包工程企业 150 家以上，实现境外承包工程营业额 50 亿美元以上，年外派建筑劳务 3.5

万人以上，国际市场品牌效应进一步增强"的工作目标和"加大骨干企业培育力度，壮大'走出去'队伍；实施政府扶持，加大对'走出去'发展的资金支持；加强服务，完善'走出去'保障措施"的三大措施，加大政策扶持和产业发展指导力度，进一步加快我省建筑业企业"走出去"发展步伐，全面提升我省建筑业国际承包工程水平。

2014 年 12 月 3 日，安徽省人民政府办公厅印发《关于加快推进建筑产业现代化的指导意见》，提出"以工业化生产方式为核心，以预制装配式混凝土结构、钢结构、预制构配件和部品部件、全装修等为重点，通过推动建筑产业现代化，推进建筑业与建材业深度融合，切实提高科技含量和生产效率，保障建筑质量安全和全寿命周期价值最大化，带动建材、节能、环保等相关产业发展，促进建筑业转型升级"的总体要求。提出六大重点任务："建立健全标准体系；大力培育实施主体；加快发展配套产业；大力实施住宅全装修；加强科技创新推广；健全监管服务体系"。

习近平总书记在安徽考察时的重要讲话中指出，加强供给侧结构性改革，要"优化现有生产要素配置和组合、增强经济内生增长动力，优化现有供给结构、提高产品和服务质量，培育发展新产业新业态、提供新产品新服务"。从当前形势看，经济运行的突出矛盾是供需错配，矛盾的主要方面在供给侧，矛盾的主要领域在制造业，具体表现为产能过剩、有效供给不足，难以满足多样化、个性化需求。经过多年发展，安徽已经成为制造业大省，基于这一实际推动经济实现更高水平的供需平衡，必须加快推进制造业领域供给侧结构性改革。学习贯彻习近平总书记重要讲话精神，我们要着力加快安徽制造业"调转促"、建设制造强省。

同时，加快调结构转方式促升级，是实现新常态下可持续发展的根本之举。2015 年 9 月 17 日，我省出台《加快调结构转方式促升级行动计划》，把大力发展战略性新兴产业、加快调结构转方式、推动产业转型升级，作为新常态下实现发展的关键举措。对于传统产业，安徽综合运用新技术、新材料、新工艺、新装备和新商业模式进行改造升级，提高产品附加值和市场竞争力。

2015 年 11 月，安徽省人民政府印发《中国制造 2025 安徽篇》，提出主要任务：以"两化"深度融合为切入点，把智能制造作为主攻方向，推进"名牌名品名家"计划，开展"强基强企强区"行动，重点实施智能制造、质量品牌、工业强基、科技创新、绿色制造工程，加快制造业转型升级，提升我省制造业核心竞争力。

我省日前正式出台《安徽省扎实推进供给侧结构性改革实施方案》，实施方案对标习近平总书记提出的"情况要摸清、目的要明确、任务要具体、责任要落实、措施要有力"等五项要求，并针对去产能、去库存、去杠杆、降成本、补短板等任务执行了专项实施意见。作为五大任务之首，去产能是核心和纽带，今年我省将多措并举推动供给侧结构性改革，其中首要任务就是积极推进煤炭、钢铁化解过剩产能。

7 月 12 日，安徽省委书记李锦斌在省政府去产能专题会议上强调，要进一步突出重点，有序化解过剩产能。严格兑现目标任务，把去产能任务分解落实到每个地方、每个年度、每个企业，该控的一定要控到位，该退的一定要退到位。按照"六个一批"的要求，细化安置办法，加强动态管理，强化资金落实，稳妥做好职工分流安置工作。加大对企业化解过剩产能、实施兼并重组的信贷支持力度，努力扩大直接融资规模，充分运用市场化手段妥善处置企业债务，为企业实现近期解困、远期转型提供有力支撑。

7月30日，安徽省人民政府出台《关于钢铁行业化解过剩产能实现脱困发展的实施意见》，提出："2016—2020年，全省压减生铁产能384万吨、粗钢产能506万吨；分流安置职工约2.9万人，力争2018年底前完成。到2020年，钢铁企业生产经营成本和资产负债率进一步降低，全员劳动生产率和企业盈利能力显著提高，年人均产钢量力争达到1000吨，现代企业制度进一步完善，市场竞争力和抗风险能力明显增强"的主要目标。

10月19日，安徽省住建厅《关于加快推进钢结构建筑发展的指导意见》提出促进安徽省钢结构建筑发展的目标："在全省城乡建设中大力推广钢结构建筑发展，把安徽省的钢结构建筑产业打造成为中部领先、辐射周边的新兴建筑产业。用3～5年时间，逐步完善政策制度、技术标准和监管体系，培育5～8家具有较强实力的钢结构产业集团，并初步形成具有一定规模的建筑钢结构配套产业集群，建立健全钢结构建筑主体和配套设施从设计、生产到安装的完整产业体系，实现全省规模以上钢结构企业销售产值突破300亿元。'十三五'期间，力争新建公共建筑选用钢结构建筑比例达20%以上，不断提高城乡住宅建设中钢结构使用比例。"

2. 地级市钢结构建筑政策

近年来，在省政府的领导下，各地级市积极推动建筑产业现代化的发展，相继出台了一系列鼓励政策，积极推动了钢结构建筑在各地区的发展。安徽省地级市钢结构建筑相关政策见表2.2.2所列。

表2.2.2　安徽省地级市钢结构建筑相关政策

发布时间	发布部门	政策名称
2014年	合肥市人民政府	《合肥市人民政府关于加快推进建筑产业化发展的指导意见》
2015年	蚌埠市人民政府	《蚌埠市建筑产业现代化行动实施方案》
2015年	马鞍山市人民政府	《马鞍山市关于加快推进建筑产业现代化发展的实施意见》
2015年	芜湖市人民政府	《芜湖市人民政府办公室关于加快推进建筑产业现代化发展的实施意见》
2015年	六安市人民政府	《关于加快推进建筑产业现代化的工作实施意见》
2016年	滁州市财政局、规建委	《滁州市建筑产业现代化示范项目和资金管理暂行办法》
2016年	阜阳市人民政府	《关于加快推进建筑产业现代化的实施意见》

2014年，合肥市出台《合肥市人民政府关于加快推进建筑产业化发展的指导意见》，就加快推进合肥市建筑产业现代化发展，《意见》按照政府引导、市场推进的原则，提出了具体目标任务：到2015年，形成质量可靠、适合市场需求的装配式建筑技术体系；采用装配式建筑技术的建设项目新开工面积力争达200万m^2以上；到2017年，培育5～10家国内外领先的建筑产业现代化集团，形成一批以优势企业为核心、产业链完善的产业集群。

2015年，蚌埠市出台《蚌埠市建筑产业现代化行动实施方案》，进一步培育新的经济增长点，转变建筑生产和建造方式，提高建筑品质和建造效率，深入推进建筑领域节能减排，积极推进省级首批建筑产业现代化综合试点城市建设，加快建筑产业现代化试点。

2015年，马鞍山市政府出台《马鞍山市关于加快推进建筑产业现代化发展的实施意见》（以下简称《意见》），提出三年内，马鞍山市将以保障性住房和政府投资的公共建筑为切入点，逐步推行建筑产业现代化，争取2015年新开工建设的建筑产业现代化试点项目面积达20万m^2，2016年达30万m^2，到2017年累计达到100万m^2，且保障性住房和棚户区改造安置住房采用建筑产业现代化方式建造比例达到20%以上。到2017年末，政府投资的新建建筑全部实施全装修，新建住宅中全装修比例达到20%。同时，《意见》明确指出，自2015年起，保障性住房和政府投资的公共建筑必须全部执行绿色建筑标准。

2015年，芜湖市政府出台《芜湖市人民政府办公室关于加快推进建筑产业现代化发展的实施意见》，提出三大目标：推进新建住宅全装修。从2015年起，在确保质量的前提下，市区新建住宅建设项目全装修率按新开工建筑面积的10%起步，以后逐年提高，鼓励菜单式装修模式，逐步取消“毛坯房”。推广装配式建筑技术。2015年，采用装配式建筑技术的新开工建筑面积达到30万m^2，预制装配率达到30%。到2020年，采用装配式建筑技术的建筑面积累计达到300万m^2，新开工装配式建筑技术项目的预制装配率达到50%。推进以建筑产业现代化为龙头的产业集团建设。到2017年，创建3个以上的建筑产业现代化示范基地、4个以上建筑产业现代化龙头企业。本地建筑产业现代化企业生产的部品、部件，除了满足本市供给，能向周边城市辐射。

2015年，六安市出台《关于加快推进建筑产业现代化的工作实施意见》，提出到2015年末，全市采用建筑产业现代化方式建造的建筑面积累计达到40万m^2。市城区当年保障性住房和棚户区改造安置住房采用建筑产业现代化方式建造比例达到20%以上。到2017年末，全市采用建筑产业现代化方式建造的建筑面积累计达到120万m^2。市城区当年保障性住房和棚户区改造安置住房采用建筑产业现代化方式建造比例达到40%以上，各县区比例达到10%以上。从2015年起，全市保障性住房和政府投资的公共建筑全部执行绿色建筑标准。在新建住宅中大力推行全装修，市城区新建住宅全装修比例逐年增加不低于5%，鼓励各县区新建住宅实施全装修。到2017年末，政府投资的新建建筑全部实施全装修，市城区新建住宅中全装修比例达到20%，各县区新建住宅中全装修比例达到10%。积极鼓励和引导市内建筑企业向建筑产业现代化方向转型发展。到2017年末，培育2个建筑产业现代化龙头企业，创建1个建筑产业现代化示范基地。

2016年，滁州市住建委与财政局共同研究制订了《滁州市建筑产业现代化示范项目和资金管理暂行办法》。有效规范滁州市建筑产业现代化示范项目和专项资金的管理与使用，引导和促进建筑产业现代化技术在该市建筑中的规模化应用。以公开、公平、公正的基本原则，合理使用专项资金，重点解决现代化推进工作中存在的突出问题。专项资金实行专账核算、专款专用、并接受财政、审计等部门的审计监督和检查。

2016年，阜阳市出台《关于加快推进建筑产业现代化的实施意见》提出，推广钢结构和装配式建筑技术。以10万m^2以上保障性安居工程为主，选择2～3个工程开展建筑产业现代化试点。2016年，采用钢结构和装配式建筑技术的新开工建筑面积达到40万m^2；到2020年，采用钢结构和装配式建筑技术的建筑面积累计达到200万m^2，保障性住房和棚户区改造安置住房采用建筑产业现代化方式建造比例达到60%以上；到2025年，装配式建筑占新建建筑的比例达到30%以上，建筑单体装配率不低于50%，外墙采用预制墙体或叠合墙体的面积不低于 40%,并鼓励采用预制夹芯保温墙体。在房地产开发项目中鼓励使用钢结构或装配式建筑技术。推进建筑产业现代化基地和企业建设。到 2017 年,创建 2 个以上建筑产业现代化示范基地、3 个以上建筑产业现代化龙头企业。到 2020 年,建设一个建筑产业现代化示范园区,形成完善的产业链,促进产业集聚发展。推进新建住宅全装修。从 2016 年起,保障性住房和政府投资的公共建筑全部执行绿色建筑标准。在新建住宅中大力推行全装修,全装修比例逐年增加不低于 5%,鼓励县城新建住宅实施全装修。到 2020 年末,政府投资的新建建筑全部实施全装修,我市新建住宅中全装修比例不低于 30%。鼓励菜单式装修模式,逐步取消毛坯房的目标任务。

2.3 全国建筑产业现代化政策的研究与比对

2.3.1 建筑产业现代化概念比对

1999 年,建设部等八部委《关于推进建筑产业现代化提高住宅质量若干意见》被国务院办公厅转发开始,各地先后出台各类建筑产业现代化方面政策文件,对建筑工业化进行了阐述,见表 2.3.1 所列。

表 2.3.1 部分省市建筑产业现代化概述

时间	地区	建筑产业现代化
2011/03/28	重庆	建筑产业现代化是指运用现代化管理模式,通过标准化的建筑设计以及模数化、工厂化的部品生产,实现建筑构部件的通用化和现场施工的装配化、机械化。发展建筑产业现代化是建筑生产方式从粗放型生产向集约型生产的根本转变,是产业现代化的必然途径和发展方向
2013/05/08	沈阳	现代建筑产业现代化工程是采用工厂生产的构件或部品在施工现场装配安装而成的建设工程(包括装配式建筑工程和全装修工程),可有效实现建筑工程节能减排,提高建筑工程质量和劳动生产率
2014/12/30	重庆	建筑产业现代化是指采用现代工业化生产方式替代现场现浇作业方式建造建筑产品,通过标准化设计、工厂化生产、装配化施工、一体化装修、信息化管理,提高工程质量,推进绿色施工,实现节能减排,改善人居环境,是建筑产业转型升级的必然趋势
2014/12/03	安徽	建筑产业现代化是指采用标准化设计、工业化生产、装配式施工和信息化管理等方式来建造和管理建筑,将建筑的建造和管理全过程联结为完整的一体化产业链。推进建筑产业现代化有利于节水节能节地节材,降低施工环境污染,提高建设效率,提升建筑品质,带动相关产业发展,推动城乡建设走上绿色、循环、低碳的发展轨道
2015/06/05	河南	建筑产业现代化是以标准化设计、工厂化生产、装配式施工、信息化管理为主要特征,整合设计、生产、施工等产业链,实现建筑产品节能、环保、全生命周期价值最大化的可持续发展的新型建筑生产方式

2.3.2 建筑产业现代化推进指标比对

建筑产业现代化已成大势所趋，各地区出台相关的建筑产业现代化推动政策，并根据本地区实际情况和建筑业的经济指标，制定了相应的建筑产业现代化目标，具体见表 2.3.2 所列。

表 2.3.2 2014 年各省建筑产业现代化目标与建筑业经济指标

地区	产业化目标	地区生产总值（亿元）	建筑业总产值（亿元）	建筑企业从业人员数（人）	建筑业就业人员平均工资（元）	钢材产量（万吨）
安徽	到 2017 年末，全省采用建筑产业现代化方式建造的建筑面积累计达到 1500 万 m^2；创建 10 个以上建筑产业现代化示范基地、20 个以上建筑产业现代化龙头企业；综合试点城市当年保障性住房和棚户区改造安置住房采用建筑产业现代化方式建造比例达到 40%以上，其他设区城市达到 20%以上	20848.8	5482.9	1713525	47632	3262.63
北京	2011 年，产业化建筑面积 100 万 m^2。2013 年产业化住宅项目比例 10%	21330.8	8209.8	500771	77359	195.00
天津		15726.9	4123.5	333583	59019	7303.90
河北	到 2016 年底，全省住宅产业现代化项目开工面积达到 200 万 m^2，单体预制装配率达到 30%以上。 到 2020 年底，综合试点城市 40%以上的新建住宅项目采用住宅产业现代化方式建设，其他设区市达到 20%以上	29421.2	5625.8	1141104	37027	23995.2
山西		12761.5	3103.5	618397	40504	4631.69
内蒙古		17770.2	1402.9	334219	41489	1763.20
辽宁		28626.6	7851.1	1705510	40115	6950.80
吉林	2015 年，产业化项目建筑面积 50 万 m^2，预制装配率达到 30%以上。2020 年，预制装配率达到 50%以上，产业化项目比例达 30%以上	13803.1	2521.0	461069	37119	1412.20
黑龙江		15039.4	2150.8	362919	37389	483.50
上海	2013 年装配整体式住宅试点项目面积达 150 万 m^2，2015 年单体住宅结构的预制装配率达 50%以上	23567.7	5499.9	765270	73620	2309.10

（续表）

地区	产业化目标	地区生产总值（亿元）	建筑业总产值（亿元）	建筑企业从业人员数（人）	建筑业就业人员平均工资（元）	钢材产量（万吨）
江苏	到 2016 年底，建筑产业现代化方式施工的建筑面积开工量达到 20 万 m^2。到 2020 年末，建筑产业现代化施工的建筑面积占同期新开工建筑面积的比例、新建建筑装配化率达到 30%以上。2025 年末，均达到 50%以上	65088.3	24592.9	7872330	51856	13255.2
浙江	2015 年，装配式建筑比例达 15%。2020 年，装配式建筑比例达 20%。2016 年、2020 年，全省每年建筑工业化项目面积应分别达到 300 万 m^2、500 万 m^2	40173.0	22668.2	7233976	46149	4171.00
福建	到 2017 年，全省采用建筑工业化建造方式的工程项目建筑面积每年不少于 100 万 m^2	24055.8	6689.2	2505100	50028	3019.60
江西		15714.6	4122.6	1326562	42002	2611.10
山东		59426.6	9313.5	2682261	44675	8939.40
河南	到 2017 年，全省预制装配式建筑的单体预制化率达到 15%以上	34938.2	7911.9	2399619	38425	4704.10
湖北	到 2017 年采用建筑产业现代化方式建造的项目建筑面积不少于 200 万 m^2，项目预制率不低于 20%；到 2020 年，采用建筑产业现代化方式建造的项目建筑面积不少于 1000 万 m^2，项目预制率达到 30%	27379.2	10059.6	1930255	48331	3452.66
湖南	到 2015 年，住宅部品部件规模工业产值年均增长 18%以上，实现规模工业产值 400 亿元以上。到 2020 年，力争保障性住房、写字楼、酒店等建设项目预制装配化（PC）率达 80%以上，培育并创建 3～5 个国家级住宅产业化示范基地，30～50 个国家康居示范工程。“十三五”期间，实现住宅部品部件规模工业产值年均增长 20%以上。2015—2016 年不少于 25%用于住宅产业化项目，2017—2018 年不少于 35%，2019—2020 年不少于 40%	27037.3	6020.9	1382934	40177	1989.30

（续表）

地区	产业化目标	地区生产总值（亿元）	建筑业总产值（亿元）	建筑企业从业人员数（人）	建筑业就业人员平均工资（元）	钢材产量（万吨）
广东		67809.9	8356.5	1998287	46946	3447.10
广西		15672.9	2608.9	778062	43772	3262.60
海南	到2020年，全省采用建筑产业现代化方式建造的新建建筑面积占同期新开工建筑面积的比例达到10%，全省新开工单体建筑预制率不低于20%，全省新建住宅项目中成品住房供应比例应达到25%以上	3500.72	276.33	72942	40441	29.70
重庆	到2015年，建成200万 m^2 的产业化工程项目	14262.6	5552.2	1668980	46037	1321.84
四川	到2020年，装配率达到30%以上的建筑，占新建建筑的比例达到30%；新建住宅全装修达到50%。 到2025年，装配率达到40%以上的建筑，占新建建筑的比例达到50%；桥梁、水利、铁路建设装配率达到90%；新建住宅全装修达到70%	28536.7	8066.7	2270663	41132	2935.20
贵州	到2017年底，建筑业总产值、增加值在现有基础上翻一番，总产值达到2600亿元以上；增加值达到1100亿元以上，占全省生产总值的8%以上	9266.4	1640.2	446107	45227	552.40
云南		12814.6	3054.7	793345	36229	1935.10
西藏		920.83	71.25	25313	49899	1.10
陕西	2020年，年产值超过100亿元的建筑企业达10家以上，全省建筑业年总产值达到7500亿元，勘察设计企业实现产值780亿元，建筑业增加值占全省GDP比重保持在9%以上，省（境）外产值突破2000亿元，主要经济指标位居西部前列	17689.9	4557.7	894411	43454	1683.90
甘肃		6836.82	1814.5	586693	37176	1108.10

（续表）

地区	产业化目标	地区生产总值（亿元）	建筑业总产值（亿元）	建筑企业从业人员数（人）	建筑业就业人员平均工资（元）	钢材产量（万吨）
青海		2303.32	432.91	110052	45305	131.40
宁夏		2752.10	625.16	110077	40284	165.60
新疆		9273.46	2306.3	345385	51299	1489.50

从 2014 年 31 个省市经济比较来看，广东、江苏、山东位列前三名，GDP 总量远超全国其他省份，如图 2.3.1 和图 2.3.2 所示。以江苏省为例，江苏省 GDP 总量、建筑业总产值、建筑业从业人员数皆居全国前列。据不完全统计，截至目前，江苏省共建立 8 个国家住宅产业化基地，总数约占全国总数的 1/6；列入国家康居示范工程项目实施计划的项目 62 个，项目总数约占全国总数的 1/6；省优秀住宅示范工程项目约 700 个、总建筑面积约达到 8000 万 m^2，其中：省成品住房示范工程项目有 90 个，成品住房示范工程住宅总建筑面积约占到全部示范项目住宅总建筑面积的 15%。江苏省近期出台的《关于加快推进建筑产业现代化促进建筑产业转型升级的意见》提出，从 2015 年起，全省建筑产业现代化方式施工的建筑面积占同期开工建筑面积的比例将每年提高 2%～3%，到 2025 年江苏 50%以上的新建建筑都要以这种方式来建造。目前江苏省按照产业化方式建造的建筑面积约为 500 万 m^2，占江苏全省建筑面积总量不足 1%，然而这个数字已经在全国处于领先水平。

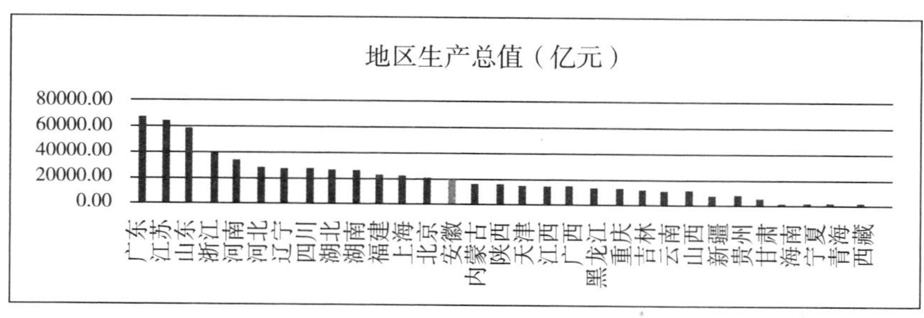

图 2.3.1　部分省市生产总值

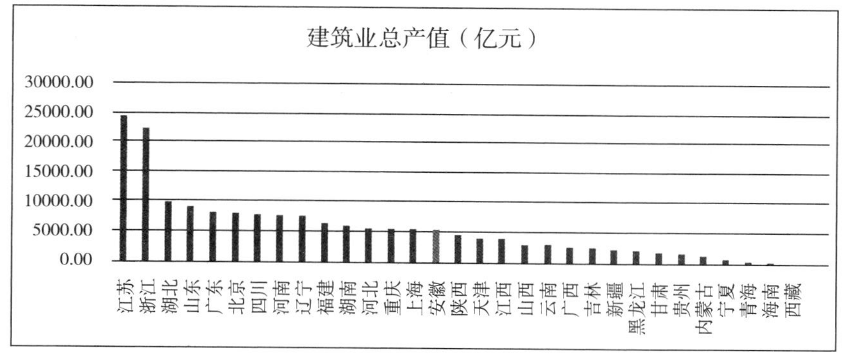

图 2.3.2　各省建筑业总产值

2014年的安徽依旧“稳”字当头，成功跻身“两万亿俱乐部”，GDP总量达到20848.8亿元，总量排名第14位，增长9.2%，较上年回落超过1个百分点，增速创下了十年来新低。2014年，全省建筑业从业人员达171万人，占全省总就业人数的10%以上。2014年实现建筑业总产值5482亿元，建筑业增加值1258亿元，分别比“十一五”末期增长191.4%和184.1%。全年建筑业利税总额为732亿元，施工总面积约39488万m^2，竣工面积15439万m^2，主要经济指标均实现两位数以上的增长。比较长三角其他地区，其中2014年上海GDP增长7%，江苏增长8.7%，浙江增长7.6%。安徽省与陕西省2014年GDP总量分列第14和16名，建筑业总产值排名分别为第15和16名。陕西省提出，2020年年产值超过100亿元的建筑企业达10家以上，全省建筑业年总产值达到7500亿元，勘察设计企业实现产值780亿元，建筑业增加值占全省GDP比重保持在9%以上，省(境)外产值突破2000亿元，主要经济指标位居西部前列。陕西省制定的相关规划目标对我省产业化规划目标具有参考意义。

借鉴其他省份建筑产业现代化的发展经验，结合我省经济发展的实际情况和地域特点，在调研的基础上，制定我省建筑产业现代化的发展目标：(1)到2015年末，初步建立适应建筑产业现代化发展的技术、标准和管理体系，全省采用建筑产业现代化方式建造的建筑面积累计达到500万m^2，创建5个以上建筑产业现代化综合试点城市；综合试点城市当年保障性住房和棚户区改造安置住房采用建筑产业现代化方式建造比例达到20%以上，其他设区城市以10万m^2以上保障性安居工程为主，选择2～3个工程开展建筑产业现代化试点。(2)到2017年末，全省采用建筑产业现代化方式建造的建筑面积累计达到1500万m^2；创建10个以上建筑产业现代化示范基地、20个以上建筑产业现代化龙头企业；综合试点城市当年保障性住房和棚户区改造安置住房采用建筑产业现代化方式建造比例达到40%以上，其他设区城市达到20%以上。(3)2015年起，保障性住房和政府投资的公共建筑全部执行绿色建筑标准。在新建住宅中大力推行全装修，合肥市全装修比例逐年增加不低于8%，其他设区城市不低于5%，鼓励县城新建住宅实施全装修。到2017年末，政府投资的新建建筑全部实施全装修，合肥市新建住宅中全装修比例达到30%，其他设区城市达到20%。

各省市分别从装配式建筑占新建建筑比例、预制率、装配率、产业化建筑面积等几个方面对建筑产业现代化目标进行细化(表2.3.3)。北京市率先对推进建筑产业现代化制定了发展意见，江苏省、山东省、深圳市、重庆市、安徽省也较早地制定了发展建筑产业现代化的指导意见。

在16个省市中，10个省市对装配式建筑占新建建筑的比例提出了要求，大部分省市要求在2020年之前达到30%。安徽省要求在2017年末，全省采用建筑产业现代化方式建造的面积累计达到1500万m^2；创建10个以上建筑产业现代化示范基地、20个以上建筑产业现代化龙头企业；综合试点城市当年保障性住房和棚户区改造安置住房采用建筑产业现代化方式建造比例达到40%以上，其他设区城市达到20%以上。这说明安徽省目前装配式建筑推进工作走在全国前列。

在16个省市中，8个省市对预制率提出了要求。湖南省要求在2020年力争保障性住房、写字楼、酒店等建设项目预制装配化率达到80%以上，大部分省市要求在20%～40%之间。此外，北京市要求新建公共建筑原则上采用钢结构建筑；浙江省在全国率先实现新建住宅全装修全覆盖，并明确住宅全装修的实施时间及范围，在这些方面安徽省尚未出台强制性规范要求。

表 2.3.3　各省市建筑产业现代化目标细化一览表

省市	出台时间	装配式建筑占新建建筑比例	预制率	装配率	产业化建筑面积	备注
北京市	2010/04/08	2018 年：20%				出台两次建筑产业现代化文件
	2016/06/13	2020 年：30%				
山东省	2014/09/05	30%	50%	50%		2020 年底达到目标
江苏省	2014/10/31	全省：20% 试点城市：30%		50%		2020 年底达到目标
深圳市	2014/11/10		40%	60%		2020 年底达到目标
湖南省	2014/12/04		80%	80%		保障性住房、写字楼、酒店等预制装配率达到 80%以上
安徽省	2014/12/12	试点城市：40% 设区城市：20%			1500 万 m^2	2017 年底达到目标，试点城市保障性住房产业化方式建造比例达到 40%以上，其他设区城市达到 20%以上
重庆市	2014/12/30		20%	20%		2020 年底达到目标
河北省	2015/03/16	全省：20% 试点城市：40%	30%			2020 年底达到目标
福建省	2015/07/01	20%				2020 年底达到目标
沈阳市	2015/12/21	30%	30%	30%		2017 年底达到目标
湖北省	2016/02/03		30%		1000 万 m^2	2020 年底达到目标
海南省	2016/02/09	25%	20%	20%		2020 年底达到目标
四川省	2016/04/13	30%		30%		2020 年底达到目标

（续表）

省市	出台时间	装配式建筑占新建建筑比例	预制率	装配率	产业化建筑面积	备注
浙江省	2016/09/10	30%				2020 年底达到目标
上海市	2016/08/15		40%	60%		

2.3.3 建筑产业现代化推进重点比对

各省市建筑产业现代化的指导意见都提出了推进重点，从 16 个省市政策分析，大部分省市对完善技术标准体系、推动标准实施、加强技术创新、推广标准化设计、部品部件工厂化生产以及加强工程监管做出了要求（表 2.3.4）。各省市也提出了因地制宜的政策重点。在工程监管方面，上海市要求强化标准监督；江苏省、河北省、湖北省、海南省、四川省和安徽省要求建立健全监管体系；深圳市要求强化主管部门全过程监管职责；山东省、陕西省提出了创新监管服务机制；沈阳市提出了转变工程管理模式，对产业化全过程实施监管。

北京市、浙江省将钢结构建筑作为产业化工作推进重点，河北省将农村低层装配式住宅建设作为产业化建筑推进重点。多个省市提出将住宅全装修作为推进重点。此外，深圳市、沈阳市、四川省提出了加强信息化管理、实施“互联网＋现代建筑”战略，推动产业化与信息化深度融合。

表 2.3.4 各省市建筑产业现代化推进重点对比分析

省市	推进重点						
	完善技术标准体系	推动标准实施	加强技术创新	推广标准化设计	部品部件工厂化生产	加强工程监管	备注
北京市	√	√	√	√	√	√	发展钢结构建筑
山东省	√		√			√	
江苏省	√		√	√		√	加强人才建设
深圳市			√	√	√		住宅全装修；信息化管理
湖南省	√		√		√	√	
安徽省	√		√		√	√	住宅全装修
重庆市	√	√	√		√		绿色市政建设
河北省	√	√	√			√	住宅全装修；农村装配式低层住宅
福建省	√			√	√		成立产业联盟
沈阳市	√	√	√	√		√	信息化管理

（续表）

省市	推进重点						
	完善技术标准体系	推动标准实施	加强技术创新	推广标准化设计	部品部件工厂化生产	加强工程监管	备注
湖北省	√		√			√	
海南省	√	√	√			√	信息化管理
四川省	√	√	√			√	信息化管理
浙江省	√	√	√		√	√	推广钢结构建筑
上海市	√	√				√	强化标准监督

2.3.4 建筑产业现代化扶持政策比对

鼓励建筑产业现代化的发展可以通过财政补贴、金融支持、税收优惠、土地出让、建筑面积豁免等政策实现（表 2.3.5）。建立建筑产业现代化促进补助制度，政府采用公共财政转移支付等方式对主动参与建筑工业化并满足一定标准或经过专家委员会认定的研发单位、经济主体给予一定补贴，提供财力支持。对满足建筑产业现代化相关标准的建设项目，给予长期低息政策性贷款支持，保证相关单位获得足够的资金进行建筑工业化探索和尝试。税收优惠政策的制定参照日本“试验研究费减税制”“研究开发用机械设备特别折旧制”，建立相关优惠制度。土地优先安排建筑工业化基地园区和产业园区用地，新建工业化住宅项目在办理土地出让、划拨手续前必须征得住房管理部门同意，若项目已具备条件，在土地出让文件或建设项目协议书中提出实施建筑工业化的有关内容。实行的建筑面积豁免政策，对于符合标准的工业化建筑销售时对部分面积免税。目前全国各地已有北京、上海、沈阳、合肥等城市相继制定了推广建筑产业现代化的指导意见和实施面积奖励等优惠政策。随着产业化鼓励政策的出台和实施，建筑产业现代化推广应用取得了显著效果。

从各地相继出台的住宅产业化相关政策可以看出，各地政府积极响应国务院办公厅《关于推进住宅产业现代化提高住宅质量的若干意见》以及“十二五”规划及发展改革委、住房城乡建设部《绿色建筑行动方案》，充分认识并开展住宅产业化以及绿色建筑行动，从开发、建设、制造等多个环节进行鼓励，明确目标任务。

(1)在符合相关政策法规和技术标准的前提下，在原规划的建筑面积基础上，奖励一定数量的建筑面积。项目奖励面积总和不超过实施产业化的各单体规划建筑面积之和的 3%。

(2)鼓励开发企业建设。

(3)培育构配件生产企业等实施主体，优化构配件生产企业的布局。

(4)鼓励上下游产业链资源整合。支持有条件的区县和企业创建国家级住宅产业化基地，鼓励设计、开发、施工和构配件生产等相关企业优势互补。

(5)加强组织领导，支持重大项目建设及企业提高自主创新能力，培育现代建筑产业高新技术企业，并加大资金支持力度。

表 2.3.5　各省市建筑产业现代化扶持政策

地区	财政补贴	金融支持	税收优惠	土地出让	容积率、面积
安徽	1. 整体装配式住宅预制装配率在 15%及以上，小于 25%的，提供 60 元/m² 补贴；大于 25%及以上的项目提供 100 元/m² 的补贴。 2. 市政府确定的保障性住房和大型居住社区中可再生能源与建筑一体化应用示范项目及整体装配式住宅示范项目，单个项目最高补贴 1000 万元；其他单个示范项目最高补贴 600 万元		列入住宅产业化项目的经济适用住房、动迁安置房、公共租赁住房等保障性住房，由于实施装配整体式住宅方式而增加的成本，经核算后计入该基地项目的建设成本	1. 各区县招拍挂办公室在土地出让前，征询相关部门意见，明确全装修建设等要求，作为土地出让条件。 2. 新建住宅项目在土地出让、划拨前应征询住房管理部门意见，对于具备条件的住宅项目，在土地出让文件或建设项目协议书中提出实施装配整体式住宅的有关内容	对已签订土地出让合同且出让合同中未明确要求采用预制装配方式建造的商品住宅，在满足装配整体式住宅方式尚未核发建设工程规划许可证的前提下，预制外墙或叠合外墙的预制部分可不计入建筑面积，但不超过该住宅地上建筑面积的 3%
北京				土地出让交易文件中明确住宅产业化内容。无须招拍挂取得土地的政策性住房；需通过招拍挂取得土地的政策性住房和商品住房，在确定土地出让价格及投标和竞购土地时综合考虑产业化成套技术应用和成本因素	采用产业化建造方式的商品住房项目，适用面积奖励政策。 采用产业化建造方式的政策性住房项目，根据实际成本确定销售或租赁价格

（续表）

地区	财政补贴	金融支持	税收优惠	土地出让	容积率、面积
福建	对获得国家级工法、国家级 QC 成果奖等进行奖励	1. 积极推动银企合作。 2. 减轻企业资金压力			
河北	加大财政支持。采用住宅产业现代化方式建设的保障性住房等国有投资项目，建造增量成本纳入建设成本。拓展省建筑节能专项资金、新型墙体材料专项基金使用范围，支持主动采用住宅产业现代化建设方式且预制装配率达到30%的商品住房项目、绿色建筑、国家康居示范工程和国家A级住宅性能认定项目	加大金融支持。对建设住宅产业现代化园区、基地、项目及从事技术研发等工作且符合条件的企业，金融机构要积极开辟绿色通道，加大信贷支持力度，提升金融服务水平。对购买住宅产业现代化项目或全装修住房且属于首套普通商品住房的家庭，按照差别化住房信贷政策积极给予支持		提供用地支持。将住宅产业现代化园区和基地建设纳入相关规划，列入省战略性新兴产业，优先安排建设用地。各地要根据发展目标要求，加强对住宅产业现代化项目建设的用地保障，对主动采用住宅产业现代化方式建设且预制装配率达到30%的商品住房项目（含配建的保障性住房，下同）优先保障用地。在保障性住房等国有投资项目中明确一定比例的项目采用住宅产业现代化方式建设。对具备住宅产业现代化条件的企业，优先安排国有投资项目进行试点	进行面积奖励。对主动采用住宅产业现代化建设方式且预制装配率达到30%的商品住房项目，规划管理部门在办理规划审批时，依据住房城乡建设管理部门出具的意见，其外墙预制部分可不计入建筑面积，但不超过该栋住宅地上建筑面积的3%

（续表）

地区	财政补贴	金融支持	税收优惠	土地出让	容积率、面积
湖南	加大财税支持力度。整合政府相关专项资金，重点支持企业重大项目、重大技术攻关、示范基地建设、创新平台和公共服务平台建设等。对住宅产业化基地建设和技术创新有重大贡献的单位和企业，给予财政奖励。设单位散装水泥专项资金的返退依据，实行先缴后返	加强金融服务。积极争取世界银行、亚洲开发银行等国际金融组织和外国政府贷款支持。鼓励省内银行业金融机构对符合住宅产业化发展政策的生产企业和开发建设项目，对购买获得国家康居示范工程项目的住宅和达到绿色建筑标识（含国家A级以上住宅性能认定）评价的消费者，优先给予信贷支持，并在贷款额度、贷款期限及贷款利率等方面予以倾斜	住宅产业化项目计算报建费时预制外墙板部分不计入建筑面积，报建费中涉及到基础设施配套费等政府非税收入的可按非税收入缓减免程序办理审批手续后实行减半征收； 企业在提供建筑业务的同时销售部品部件的，分开核算，部品部件征收增值税，建筑安装业务征收营业税，符合政策条件的给予税收优惠。在建筑工程中使用预制墙体部分，经认定可享受新型墙体材料优惠政策；使用散装水泥预制构件的，可计入全装修住宅，在计税时，合理确定计税价格，以鼓励社会购买全装修住宅		住宅产业化项目计算报建费时预制外墙板部分不计入建筑面积，报建费中涉及到基础设施配套费等政府非税收入的可按非税收入缓减免程序办理审批手续后实行减半征收；采用工业化方式建设的房地产开发项目，预制装配率达到50%以上的，给予3%～5%的建筑容积率奖励
吉林	支持建筑业企业提升技术装备水平和整体实力，对引进大型专用先进设备的企业，享受与工业企业相同的贷款贴息等优惠政策		对符合产业化标准的新材料、新技术、新产品的研发、生产和使用单位，按照税法规定，予以减免企业所得税。对于全装修住宅，房地产开发企业可以与购房者分别签订商品房预（销）售合同和委托装修协议，明确毛坯房价格和装修价格	推动住宅产业化基地建设，各地应将住宅产业化基地建设纳入相关规划，优先安排用地，土地出让收入可约定分期缴纳，首次缴纳比例不低于全部土地出让价款的50%，其余部分一年内全部缴清	对于主动申请采用装配式建筑技术的开发建设项目，给予不超过实施产业化的各单体规划建筑面积之和3%的面积奖励

（续表）

地区	财政补贴	金融支持	税收优惠	土地出让	容积率、面积
江苏	加大财政支持力度。拓展升级建筑节能专项引导资金支持范围，重点支持采用装配式建筑技术、获得绿色建筑标识的建设项目和成品住房。优化升级保障性住房建设引导资金使用结构，加大对采用装配式建筑技术的保障性住房项目支持力度。将符合现代化生产条件的建筑及住宅部品研发生产列入省高新技术产业和战略性新兴产业目录，享受相关财政扶持政策	加大金融支持。对纳入建筑产业现代化优质诚信企业名录的企业，有关行业主管部门应通过组织银企对接会、提供企业名录等多种形式向金融机构推介，争取金融机构支持。各类金融机构对符合条件的企业要积极开辟绿色通道、加大信贷支持力度，提升金融服务水平。住房公积金管理机构、金融机构对购买装配式商品住房和成品住房的，按照差别化住房信贷政策积极给予支持。鼓励社会资本发起组建促进建筑产业现代化发展的各类股权投资基金，引导各类风险资本参与建筑产业现代化发展。大力发展工程质量保险和工厂融资担保。鼓励符合条件的建筑产业现代化优质诚信企业通过发行各类债券融资，积极拓宽融资渠道	落实税费优惠。对采用建筑产业现代化方式的企业，符合条件的认定为高新技术企业，按规定享受相应税收优惠政策。积极研究落实建筑产业现代化营改增税收优惠政策。对采用建筑产业现代化方式的优质诚信企业，在收取国家规定的建设领域各类保证金时，各地可施行相应的减免政策	提供用地支持。加强建筑产业现代化基地用地保障，对列入省级年度重大项目投资计划、符合点供条件的优先安排用地指标。各地应根据建筑产业现代化发展规划要求，加强对建筑产业现代化项目建设的用地保障。以招拍挂方式供地的建设项目，各地应根据建筑产业现代化发展规划，在规划条件中明确项目的预制装配率、成品住房比例，并作为土地出让合同的内容。对以划拨方式供地的保障性住房、政府投资的公共建筑项目，各地应提高项目的预制装配率和成品住房比例	土地出让时未明确但开发建设单位主动采用装配式建筑技术建设的房地产项目，在办理规划审批时，其外墙预制部分建筑面积（不超过规划总建筑面积的3%）可不计入成交地块的容积率核算

（续表）

地区	财政补贴	金融支持	税收优惠	土地出让	容积率、面积
上海	1. 整体装配式住宅预制装配率在15%及以上，小于25%的，提供60元/m^2补贴；大于25%及以上的项目提供100元/m^2的补贴。 2. 市政府确定的保障性住房和大型居住社区中可再生能源与建筑一体化应用示范项目及整体装配式住宅示范项目，单个项目最高补贴1000万元；其他单个示范项目最高补贴600万元		列入住宅产业化项目的经济适用住房、动迁安置房、公共租赁住房等保障性住房，由于实施装配整体式住宅方式而增加的成本，经核算后计入该基地项目的建设成本	1. 各区县招拍挂办公室在土地出让前，征询相关部门意见，明确全装修建设等要求，作为土地出让条件。 2. 新建住宅项目在土地出让、划拨前应征询住房管理部门意见，对于具备条件的住宅项目，在土地出让文件或建设项目协议书中提出实施装配整体式住宅的有关内容	对已签订土地出让合同且出让合同中未明确要求采用预制装配方式建造的商品住宅，在满足装配整体式住宅方式尚未核发建设工程规划许可证的前提下，预制外墙或叠合外墙的预制部分可不计入建筑面积，但不超过该住宅地上建筑面积的3%
四川	装配式复合节能墙体符合现行要求的，可按有关规定，优先返还墙改基金、散装水泥基金。对在住宅项目中出资配套建设垃圾处理站的开发单位和采用装配式技术建设的保障性住房项目，所在地政府应给予适当补助	在金融方面，鼓励金融机构加大对建筑产业现代化的信贷支持力度，支持符合条件的建筑企业在银行间市场发行短期融资券、中期票据等各种适合建筑企业的债务融资工具。鼓励金融机构拓宽建筑企业融资担保的种类和范围，支持以建筑材料、工程设备、在建工程和应收账款等作为抵（质）押标的向金融机构融资	在税收方面，利用现代化方式生产的企业，经申请被认定为高新技术企业的，减免15%的税率缴纳企业所得税	在土地方面，各地应根据建筑产业现代化发展规划要求，加强建筑产业现代化项目建设用地保障	在容积率方面，土地出让时未明确但开发建设单位主动采用装配式建筑技术建造的项目，在办理规划审批时，其外墙预制部分建筑面积（不超过规划总建筑面积的3%）可不计入成交地块的容积率核算。对采用建筑产业现代化方式建造的商品房项目，在办理《商品房预售许可证》时，允许将装配式预制构件投资计入工程建设总投资额，纳入施工进度衡量

（续表）

地区	财政补贴	金融支持	税收优惠	土地出让	容积率、面积
浙江	对在建筑工程中使用预制的墙体部分，经相关部门认定，视同新型墙体材料，可优先返还预缴的新型墙体材料专项基金和散装水泥专项基金	完善金融服务。改进和完善对新型建筑工业化领域的金融服务，鼓励新型建筑工业化骨干企业通过发行股票、债券等方式融资，增强资本实力	实施税费优惠。对企业为开发新型建筑工业化新技术、新产品、新工艺发生的研究开发费用，符合条件的可以在计算应纳税所得额时加计扣除。企业在提供建筑业务的同时销售自产部品构件的，对部品构件销售收入征收增值税，建筑安装业务收入征收营业税，符合政策条件的给予税收优惠	各地要将新型建筑工业化基地建设纳入相关规划，优先合理安排用地	对于申请采用新型建筑工业化方式建设的项目，预制外墙、叠合外墙墙体预制部分的建筑面积不计入容积率
重庆	财政补助。市财政设立专项资金，对建筑产业现代化房屋建筑试点项目每立方米混凝土构件补助350元，用于补贴深化设计、生产、运输、吊装等环节产生的增量成本。财政补助资金实行项目申报审批制度	创新金融支持。鼓励银行等金融机构对符合要求的钢结构企业加大信贷支持力度、提供多样化金融支持。鼓励各类社会资本、市级相关产业投资基金参与钢结构产业发展和技术改造。支持具有工程总承包资质的钢结构企业采取项目总承包、PPP模式开展项目建设	税收优惠。节能环保材料预制装配式建筑构件生产企业和钢筋加工配送等建筑产业现代化部品构件仓储、加工、配送一体化服务企业，符合西部大开发税收优惠政策条件的，依法减免15%的企业所得税	纳入供地条件。根据市政府已经明确的钢结构重点应用领域和范围，规划部门将钢结构应用的相关要求纳入用地规划条件函，国土部门在土地出让时按规划条件函将钢结构应用的相关要求纳入土地出让条件	

（续表）

地区	财政补贴	金融支持	税收优惠	土地出让	容积率、面积
河南	装配式构件投入可计入工程建设总投资额，竣工验收合格后新型墙体材料专项基金可实行优惠返还政策		政府投资的保障性住房和学校、医院等公益性项目应优先采用预制装配式技术建造，增加的工程造价计入项目建设成本		采用装配式技术建造的房地产项目在办理规划时，其外墙预制部分建筑面积(不超过规划总建筑面积的3%)不计入成交地块的容积率核算
湖北		加大金融支持力度。发挥湖北建筑业产业联盟作用，通过组织银企对接会、提供企业名录等多种形式向金融机构推介，对符合条件的企业积极开辟绿色通道、加大信贷支持力度，提升金融服务水平。住房公积金管理机构、金融机构对购买装配式商品住房和成品住房的，按照差别化住房信贷政策积极给予支持。鼓励社会资本发起组建促进建筑产业现代化发展的各类股权投资基金，引导各类社会资本参与建筑产业现代化发展。鼓励符合条件的建筑产业现代化优质诚信企业通过发行各类债券，积极拓宽融资渠道	实施财税优惠。各地对采用建筑产业现代化方式建造的项目，可按建筑面积给予一定的财政补贴	强化用地保障。各地要优先保障建筑产业现代化生产和服务基地(园区)、项目建设用地。规划部门应根据建筑产业现代化发展规划，在出具土地利用规划条件时，明确建筑产业现代化项目应达到的预制装配率、成品住房比例	外墙装配式部分建筑面积(不超过规划总建筑面积的3%)可不计入成交地块的容积率核算

2.3.5 建筑产业现代化关键技术比对

当前各省市发展建筑产业现代化的基础是完善建筑产业现代化标准法规技术体系：加速建立技术保障体系，加大编制标准规范体系的力度，加强监督标准规范的执行力度；加速合理构建建筑产业现代化的建筑结构和通用部品体系结构，加紧对建筑与部品模数协调标准的编制工作，制定《部品推荐目录》；不断健全建筑质量控制体系，完善设计审批、质量监督和质量验收制度；健全建筑性能评价体系，建立部品的淘汰制度与认证制度；鼓励企业和科研机构开展新技术、新材料的研究和推广，积极推进建筑材料、部品的规模化、标准化生产（具体关键技术见表 2.3.6 所列）。

表 2.3.6 部分省市建筑产业现代化关键技术

地区	拨款研发	标准化建设	技术研发	其他
安徽	科技、建设、房屋管理等部门应增加住宅产业化的科研投入，共同建立全市住宅产业化科研平台，每年安排科研经费，做好科研规划，组织开展重点攻关	加快形成多种装配整体式住宅体系。 重视模数协调标准的研究	重视交流合作，加快本市住宅产业化进程	1. 着力推进住宅全装修。对住宅产业化商品住房、公共租赁住房和廉租住房项目，应实施住宅全装修，鼓励其他保障性住房实施住宅全装修。 2. 大力推进建筑节能
北京	加强科技研发，提供科技支撑	1. 建立和完善全装修质量技术标准。 2. 完善产业化住宅标准体系，包括设计、部品生产、施工、物流和验收标准	鼓励以企业为主体的技术研发，充分发挥本市科研院所、高等院校作用，积极开发对保证和提高产业化品质有利、符合可持续发展要求的技术和工艺体系	1. 推广 4 类产业化住宅结构体系。 2. 推广应用 6 类预制部品。 3. 推广住宅一次装修到位。 4. 推广应用住宅产业化成套技术
福建	加大对建筑业企业自主创新的政策扶持力度	对企业实施标准化项目进行资助与奖励	促进建筑业新技术新工艺的开发推广	
河北	扩大省科技创新项目扶持资金支持范围，鼓励设立以住宅产业现代化技术研究为重点攻关方向的省级和国家级工程（重点）实验室及工程（技术）研究中心，鼓励高校和企业出版相关研究成果，按相关政策给予支持	1. 加强产业化住宅设计、审查和预制部品的管理。 2. 完善产业化住宅标准体系	住宅产业现代化墙材生产企业达到国家鼓励类墙材产品和相关规定的，优先列入省新型墙体材料生产示范项目	1. 推进住宅产业优化升级，促进“四节一环保”（节地、节能、节水、节材、环保）技术与产品的全面应用，提高住宅科技含量。 2. 推广应用 4 类产业化住宅结构体系

（续表）

地区	拨款研发	标准化建设	技术研发	其他
河北	鼓励知识产权转化应用，对取得发明专利的研发成果，2年内在省内转化的，按技术合同成交额对专利发明者给予适当奖励	3. 支持住宅产业现代化标准编制工作，对参与编制省级及以上标准的企业和高校给予资金支持	预制部品部件纳入《河北省建设工程材料设备推广使用产品目录》	3. 推广应用6类预制部品。 4. 推广住宅全装修。 5. 推广应用住宅产业化成套技术
湖南		完善标准体系。加快建立和完善省住宅产业化标准体系，制定规划、设计、施工、装修、验收、部品部件及消防安全评价等标准，完善工程造价和定额体系，提高部品部件的标准化水平，建立健全住宅产业化产品质量保障体系	加强技术创新。将住宅产业化技术研究列为科技重点攻关方向	
吉林	对于实施住宅产业化项目并参与编制省级及以上产业化技术标准的企业，鼓励其申报高新技术企业，享受相关科技创新扶持政策，各市（州）、县（市）政府要利用相关专项资金给予适当扶持	建立技术标准、服务和管理体系。编制住宅产业化工程的规划设计、部品生产、装配施工、质量安全、检查验收等吉林省地方标准，形成规范统一的地方标准体系，实现住宅建筑与部品模数的协调一致		推进住宅全装修
江苏		建立完善标准体系	提高科技创新能力。加强产学研合作，健全以企业为主体的协同创新机制，推动建筑行业企业全面提升自主创新能力	推广先进适用技术。编制《江苏省建筑产业现代化技术发展导则》，制定相关技术政策

（续表）

地区	拨款研发	标准化建设	技术研发	其他
上海	科技、建设、房屋管理等部门应增加住宅产业化的科研投入，共同建立全市住宅产业化科研平台，每年安排科研经费，做好科研规划，组织开展重点攻关	加快形成多种装配整体式住宅体系。重视模数协调标准的研究	重视交流合作，加快本市住宅产业化进程	1. 着力推进住宅全装修。对住宅产业化商品住房、公共租赁住房和廉租住房项目，应实施住宅全装修，鼓励其他保障性住房实施住宅全装修。 2. 大力推进建筑节能
浙江	加大对新型建筑工业化的投入，整合政府相关专项资金，逐步增加建筑节能专项资金，重点支持新型建筑工业化技术创新、示范基地和示范项目建设等	加强部品生产目录管理	将新型建筑工业化技术研究列为科技重点攻关方向，集中力量攻克关键材料、基础部件、施工工艺及装备等核心技术	
重庆	增加建筑产业现代化的科研投入，培育2～3家建筑产业现代化研究机构，扶持企业建立3～4个建筑产业现代化工程中心	加快标准体系建设	把建筑产业现代化作为建设领域研究的重点，加大科研力度，强化技术储备	1. 倡导一体化设计、一体化施工的工业化装修方式。 2. 推广应用两类产业化住宅结构体系。 3. 推广应用五类预制部品。 4. 推广四类不同产业化水平的预制装配式混凝土结构技术。 5. 推广住宅产业化成套技术
河南		建立技术标准体系	开展技术创新	推行住宅全装修
湖北		建立完善标准体系	提高科技创新能力	积极推行住宅全装修，鼓励新建住宅一次装修到位或菜单式装修，促进个性化装修和产业化装修相统一

2.4 全国钢结构建筑政策的研究与比对

2.4.1 钢结构建筑发展的总体要求比对

2016年以来，各地出台多项钢结构建筑相关政策，其中包括《天津市建委等七部门联合印发关于加快推进本市建筑产业现代化发展(2015—2017 年)实施意见的通知》《重庆市人民政府关于加快钢结构推广应用及产业创新发展的指导意见》《云南省住房和城乡建设厅关于加快发展钢结构建筑的指导意见》《河北省人民政府加快推进钢结构建筑发展方案》《甘肃省住房和城乡建设厅关于推进建筑钢结构发展与应用的指导意见》《河南省促进绿色建材发展和应用行动实施方案》《安徽省住房和城乡建设厅关于加快推进钢结构建筑发展的指导意见》等。已出台政策的几个省市对钢结构建筑提出了围绕“指导思想”“基本原则”和“基本目标”为基础的总体要求,见表 2.4.1 所列。

表 2.4.1　部分省市钢结构相关政策总体要求

云南	1. 指导思想 坚持以邓小平理论、“三个代表”重要思想、科学发展观为指导,深入贯彻落实党的十八大和十八届三中、十八届四中全会、习近平总书记系列重要讲话和对云南工作的重要指示精神以及省委、省政府关于加快工业转型升级的意见,加快转变建筑业发展方式,以钢结构推广应用为抓手,以完善政策法规、技术标准为支撑,以提高建筑抗震能力和全产业链培育为方向,全面推进钢结构建筑产业发展,促进建材产业转型升级,打造云南建筑业发展升级版。 2. 基本原则 (1)政府引导,市场推动。以政策、规划、标准等手段规范市场主体行为,综合运用财税、价格等手段激励钢结构建筑发展。发挥行业协会导向与引领作用,营造有利于钢结构建筑产业发展的市场环境,激发市场主体设计、建造和使用钢结构建筑的内生动力。推广适合工业化生产的钢结构建筑体系,加快发展钢结构建筑工程的装配技术,提高钢结构建筑工业化技术集成水平。 (2)因地制宜,分类指导。结合各地经济社会发展水平、地震烈度、气候条件和建筑特点,建立健全应用钢结构建筑的标准体系,有针对性地制定发展规划、技术路线及有关政策措施。 (3)稳步推进,突出重点。稳步推进城乡钢结构建筑产业发展,重点推动公共建筑率先使用钢结构建筑。积极引导民居住宅建设使用钢结构。在地震灾区民房恢复重建和农村危房改造中积极推广使用钢结构建筑
重庆	1. 指导思想 深入贯彻党的十八大和十八届三中、四中、五中全会精神,围绕“科学发展、富民兴渝”总任务和五大功能区域发展战略,坚持生态环保理念,以改革创新为动力,科技研发为支撑,安全保障为底线,加速培育龙头企业,拓宽钢结构推广应用领域,加大政策扶持力度,加快创新科技成果转化,促进建筑业转型升级和钢铁企业转型脱困,助推资源节约型和环境友好型社会建设。 2. 基本原则 (1)节约集约,绿色生态。大力推进以标准化设计、工厂化生产、装配化施工、一体化装修、信息化管理为核心的“五化一体”建筑产业现代化模式,最大限度地节约资源和减少对生态环境的负面影响。 (2)先行先试,逐步推广。充分考虑我市经济和自然条件,按照示范带动力强、科技含量高的原则选择一批市政基础设施、轨道交通、学校、医院、保障房建设、棚户区改造等项目先行先试,示范带动钢结构推广应用及产业创新发展。 (3)政府引导,市场主导。在强化制度、规划、标准约束力的同时,综合运用土地、价格、财税、金融等手段,激发房地产开发企业应用钢结构的积极性,形成钢结构推广应用的市场机制。 (4)龙头带动,集群发展。支持现有原材料、设计、施工企业做优做强,培育具有钢结构设计、制造、施工、运营管理能力为一体的工程总承包龙头企业。按照集群化思路,构建部品完整、上下贯通的钢结构产业链

（续表）

河北	在“适用、经济、绿色、美观”的建筑方针指导下，以改革创新为动力，以科技研发为支撑，加大政策扶持力度，加快培育龙头企业。在大跨度工业厂房、仓储设施中全力推广钢结构；在适宜的市政基础设施中优先采用钢结构；在公共建筑中大力推广钢结构；在住宅建设中积极稳妥地推进钢结构应用，把钢结构建筑打造成我省优势产业
甘肃	1. 指导思想 深入贯彻党的十八大和十八届三中、四中、五中全会精神，落实“创新、协调、绿色、开放、共享”的发展理念，以提高产业水平和抗震能力为方向，以完善技术标准和发展配套部品为支撑，逐步加大建筑钢结构应用力度，大力推进建筑钢结构产业发展。 2. 基本原则 坚持政府引导与市场主导相结合、因地制宜与分类指导相结合、示范带动与稳步推进相结合，充分发挥市场主体作用，积极推动我省建筑钢结构产业发展。 3. 发展目标 通过持续不断地努力，争取在“十三五”期间，我省建筑钢结构产业快速发展，培育形成1至2家具有较强实力的钢结构产业集团，并初步形成具有一定规模的建筑钢结构配套产业集群，在大跨、超高建筑采用钢结构或钢一砼混合结构的比例超过70%，钢结构住宅得到一定程度应用

2.4.2 钢结构建筑发展的总体目标比对

2016年以来，各地出台多项钢结构建筑发展相关政策，提出了开展试点示范，培育龙头企业，推广钢结构应用等目标，见表2.4.2所列。

表2.4.2 2016年部分省市钢结构建筑发展目标

地区	产业化目标
天津	《天津市建委等七部门联合印发关于加快推进本市建筑产业现代化发展(2015—2017年)实施意见的通知》： 培育5～7家大型预制装配整体式构件、部件生产企业，建设年产满足800万 m^2 建筑面积的钢筋混凝土部品预制生产线和年产满足100万 m^2 建筑面积的钢结构建筑生产线
重庆	《重庆市人民政府关于加快钢结构推广应用及产业创新发展的指导意见》： (1)到2018年，全市钢结构产业初具规模，规模以上钢结构企业销售产值达到140亿元，形成2家装备水平先进、创新能力强、产品附加值高、年销售产值超20亿元的行业骨干企业；全市钢结构产值占建筑业总产值比重达到5%，政府投资的新建公共、公益性建筑应用钢结构比重达到30%以上，社会投资的公共建筑应用钢结构比重达到10%，新建市政交通基础设施应用钢结构比重达到50%；每年推进不少于10项试点项目，钢结构用钢本地采购率达到50%以上，每年化解本地钢铁产能70万吨以上。 (2)到2020年，全市钢结构产业集群基本形成，规模以上钢结构企业销售产值突破200亿元，形成1～2家创新能力强、有核心竞争力和总承包资质、年销售产值超过50亿元的行业龙头企业，成为国家钢结构推广应用示范区和重要的钢结构产业基地；全市钢结构产值占建筑业总产值比重达到8%以上，政府投资新建的公共、公益性建筑应用钢结构比重达到50%，社会投资新建的公共建筑应用钢结构比重达到15%，新建市政建筑钢结构比重达到50%；每年推进不少于10项试点项目，钢结构用钢本地采购率提高到70%，每年化解本地钢铁产能150万吨以上

（续表）

地区	产业化目标
云南	《云南省住房和城乡建设厅关于加快发展钢结构建筑的指导意见》： 在全省城乡建设中大力推广使用钢结构建筑，把云南省的钢结构建筑产业打造成为西南领先，具有辐射周边国家能力的新兴建筑产业。用3～5年的时间，建立健全钢结构建筑主体和配套设施从设计、生产到安装的完整产业体系。“十三五”期间，力争新建公共建筑选用钢结构建筑达15%以上，不断提高城乡住宅建设中钢结构使用比例
河北	《河北省人民政府加快推进钢结构建筑发展方案》： 到“十三五”末，建立起比较完善的钢结构建筑技术和标准规范体系，在全省培育3～5个推进钢结构建筑发展重点市县、10家以上钢结构建筑龙头企业，10～20家钢结构建筑配套部品生产骨干企业。 除特殊功能需要外，大跨度工业厂房、仓储设施原则上全面采用钢结构；市政桥梁、轨道交通、公交站台等适宜的新建市政基础设施项目，就用钢结构的比重达到75%以上
甘肃	《甘肃省住房和城乡建设厅关于推进建筑钢结构发展与应用的指导意见》： 通过持续不断地努力，争取在“十三五”期间，我省建筑钢结构产业快速发展，培育形成1～2家具有较强实力的钢结构产业集团，并初步形成具有一定规模的建筑钢结构配套产业集群，在大跨、超高建筑采用钢结构或钢一砼混合结构的比例超过70%，钢结构住宅得到一定程度应用
河南	《河南省促进绿色建材发展和应用行动实施方案》： 到2018年，培育2～3个高品质高质量产值100亿元以上的重点企业，满足绿色建筑需要；发展5到7个装配式建筑产业基地，培育装配式建筑生产、应用、运维联合体。推广装配式钢结构建筑，推广节能玻璃和节能门窗，开展绿色建材星级评价
安徽	《安徽省住房和城乡建设厅关于加快推进钢结构建筑发展的指导意见》： 在全省城乡建设中大力推广钢结构建筑发展，把安徽省的钢结构建筑产业打造成为中部领先、辐射周边的新兴建筑产业。用3～5年时间，逐步完善政策制度、技术标准和监管体系，培育5～8家具有较强实力的钢结构产业集团，并初步形成具有一定规模的建筑钢结构配套产业集群，建立健全钢结构建筑主体和配套设施从设计、生产到安装的完整产业体系，实现全省规模以上钢结构企业销售产值突破300亿元。“十三五”期间，力争新建公共建筑选用钢结构建筑比例达20%以上，不断提高城乡住宅建设中钢结构使用比例

根据安徽省经济发展情况以及钢结构的优势地区分布情况，推动钢结构建筑，要发挥区域协同的作用，在合肥市、马鞍山市、芜湖市、蚌埠市、滁州市、六安市建立钢结构建筑产业示范城市。安徽省钢结构企业产能和特点见表2.4.3所列。

表2.4.3 安徽省钢结构企业产能和特点

城市	企业名称	产能（万吨）	企业特点
合肥	安徽富煌钢构股份有限公司	40	科技优势、质量取胜
合肥	安徽鸿路钢结构（集团）股份有限公司	70	价格优势、钢构超市
合肥	中铁四局集团钢结构有限公司	40	铁路、桥梁为主
合肥	安徽伟宏钢结构集团股份有限公司	10	重质量、飞速发展

（续表）

城市	企业名称	产能(万吨)	企业特点
合肥	安徽瑶海钢构集团	10	重质量、稳步发展
合肥	安徽中亚钢结构工程有限公司	5	主营网架
马鞍山	马鞍山马钢钢结构工程有限公司	20	工业产房为主
芜湖	芜湖杭萧钢构有限公司	15	稳步发展、钢结构住宅
芜湖	芜湖天航科技(集团)股份有限公司	10	网架、钢结构住宅
六安	长江精工钢结构(集团)股份有限公司	15	主营轻钢体系

技　术　篇

第3章　低层钢结构建筑应用技术指南

3.1　术语与标准

3.1.1　术语

(1)冷弯薄壁型钢。薄钢板或薄带钢在冷状态下弯曲成各种截面形状(C形、Z形、U形、L形、矩形等)的成品钢材。

(2)冷弯薄壁C型钢结构。冷弯薄壁C型钢作为主要承重构件、檩条和墙梁,压型钢板或轻质夹芯板作为屋面、墙面围护结构,采用自攻螺丝等连接件和密封材料组装起来的低层和多层装配式钢结构房屋体系。

(3)冷弯薄壁管桁钢结构。冷弯薄壁管桁钢结构是一种密桁架梁、密墙架柱的轻钢龙骨结构,主要结构体系是由V型件连接的格构式方管体系,方形钢管、V型件、钢带、U型钢和墙面板经自攻螺钉连接形成。

(4)冷弯薄壁型钢-轻聚合物结构。由冷弯薄壁型钢-轻聚合物复合墙体、楼盖系统和屋盖系统组成。根据施工技术的不同,冷弯薄壁型钢-轻聚合物复合墙体分为两种类型:一种是由现场组装轻钢骨架,然后机喷轻聚合物形成的节能墙体;另一种是由工厂预制生产的冷弯薄壁型钢一轻聚合物复合墙板,然后在现场拼装形成的装配式节能墙体。

(5)墙体结构。由立柱、顶导梁、底导梁、面板、支撑、拉条或撑杆等部件通过连接件形成的组合构件,用于承受竖向荷载或水平荷载。

(6)楼盖系统。由冷弯薄壁C型钢或桁架、组合楼盖,通过自攻螺钉和必要的抗剪连接件形成的楼盖系统。

(7)屋盖系统。由冷弯薄壁型钢屋架、结构板、防水材料等组成的屋盖系统。

(8)结构面板。直接安装在立柱或梁上的面板,用以传递荷载和支承墙(梁)。

3.1.2　低层钢结构建筑相关标准

国家标准《建筑结构荷载规范》GB 50009

国家标准《建筑抗震设计规范》GB 50011(2016修订版)

国家标准《钢结构设计规范》GB 50017

国家标准《冷弯薄壁型钢结构技术规范》GB 50018

国家标准《建筑结构用冷弯空心型钢尺寸、外形、重量及允许偏差》GB/T 6728

国家标准设计图集《钢结构住宅(一)》05J910—1

建工行业标准《低层冷弯薄壁型钢房屋建筑技术规程》JGJ 227

建工行业标准《轻型钢结构住宅技术规程》JGJ/T 209

建工行业标准《建筑结构用冷弯矩形钢管》JG/T 178

安徽省地方标准《无比钢建筑技术规程》DB34/T 647

上海市地方标准《薄壁管桁轻钢建筑技术规程》DBJ/CT 045

注：以上相关标准以发行的最新版本为准。

3.2 低层钢结构建筑结构体系的分类、特点和适用范围

3.2.1 低层钢结构建筑结构体系的分类

本章所介绍的低层钢结构建筑，主要由冷弯薄壁C型钢或冷弯薄壁管桁架组成的轻钢龙骨作为主要承重结构，通过轻型板材构成围护结构，由V型件、自攻螺钉等连接形成整体的结构体系。低层钢结构建筑采用冷弯薄壁型钢构件，结构用钢量较小，具有工厂化生产、现场组装、设计施工一体化的特点。低层钢结构建筑采用"建筑、结构、设备与装修一体化"的新方法，是钢结构建筑产业现代化的一种重要形式。

3.2.2 低层钢结构建筑结构体系的特点

低层钢结构建筑具有以下优点：

(1)抗震性能优于钢筋混凝土结构。混凝土属脆性材料，延性差，而钢材具有良好的延性。在地震作用下，钢结构的延性不仅能减弱地震反应，而且属于较理想的弹塑性材料，具有抵抗强烈地震的变形能力。

(2)自重轻，能降低基础工程造价。与钢筋混凝土结构相比，两类结构的自重比例为3∶1，全部重力荷载的比例约为2∶1。相应的地震作用数值减小，基础荷载值明显减小，基础技术处理的难度和基础工程造价等均得到很大的减少。

(3)增加建筑使用面积。与钢筋混凝土结构相比，钢结构的柱截面小，新型墙体的厚度也较小，可增加使用面积3%～5%。

(4)施工周期短。钢结构的施工特点是钢构件在工厂制作，然后在现场安装，不需要大量支模、绑扎钢筋，钢结构的施工速度比钢筋混凝土结构快30%～50%，施工周期短。

(5)可再生利用。钢结构可回收再生利用，且施工现场湿作业少，噪声小，有利于城市的环境治理和环保。

低层钢结构建筑的工厂化生产方式转变，标志着钢结构建造由工地走向工厂，由粗放型走向集约型的产业化发展道路，促进了建筑业整体技术的进步。

3.2.3 低层钢结构建筑结构体系的适用范围

本部分主要介绍目前在我省已有工程应用，且建筑体系相对成熟的三种低层钢结构建筑结构体系，分别为：冷弯薄壁型钢结构、冷弯薄壁管桁轻钢结构、冷弯薄壁型钢-轻聚合物浆料结构。低层钢结构建筑结构体系的适用范围见表3.2.1所列。

表3.2.1 低层钢结构建筑结构体系的适用范围

结构体系	层数	高度
冷弯薄壁型钢结构	≤3层	檐口高度不超过12 m

（续表）

结构体系	层数	高度
冷弯薄壁管桁轻钢结构	≤4 层	—
冷弯薄壁型钢-轻聚合物浆料结构	≤3 层	檐口高度不超过 12 m

本部分所介绍的低层钢结构建筑适用于 1～4 层住宅建筑及不承受大荷载的公共建筑。在我省范围内，建议在以下建筑工程中推广应用低层钢结构建筑：

(1)政府投资的公共建筑及棚户区改造等公益性建筑的新建项目；

(2)重点抗震设防类(乙类)公共建筑，如幼儿园、乡村中小学、乡村医院等；

(3)旅游、休闲、度假、养老等地产，凡位于生态保护区或风景名胜区规划范围内的，优先采用低层钢结构建筑。

3.3 冷弯薄壁型钢结构

3.3.1 冷弯薄壁型钢结构的概念、组成和特点

1. 冷弯薄壁型钢结构的概念

冷弯薄壁型钢是指用薄钢板或薄带钢在冷状态下弯曲成各种截面形状(C 形、Z 形、U 形、L 形、矩形等)的成品钢材，如图 3.3.1 所示。它通过改变截面形状(不增大截面面积)采用较少材料承受较大荷载，因此又称高效截面型钢。主要优点表现为截面形式多样化和构件重量轻。由于钢板厚度很薄，相同截面积的冷弯薄壁型钢与热轧型钢相比，回转半径增加 50%以上，惯性矩和截面模量增加 50%～80%。

图 3.3.1 冷弯薄壁型钢的截面形式

冷弯薄壁型钢结构是由冷弯薄壁型钢作为承重、围护、配件等的结构。冷弯薄壁型钢既可被用作钢架、桁架、排架、梁、柱、墙体等主要承重构件，也可被用作屋面檩条、隅撑、系杆、支撑、墙架柱、桁架梁、屋面板等次要受力构件和围护结构。图 3.3.2 为冷弯薄壁型钢结构住宅的工程实例。

图 3.3.2　冷弯薄壁型钢结构住宅的工程实例

2. 冷弯薄壁型钢结构的组成

冷弯薄壁型钢结构建筑体系以冷弯薄壁型钢密排柱(轻钢龙骨)为主要受力构件，主要由墙体立柱、天龙骨、地龙骨、托梁支撑以及各种配套的扣件和加劲件组成，冷弯薄壁型钢结构建筑体系如图 3.3.3 所示。

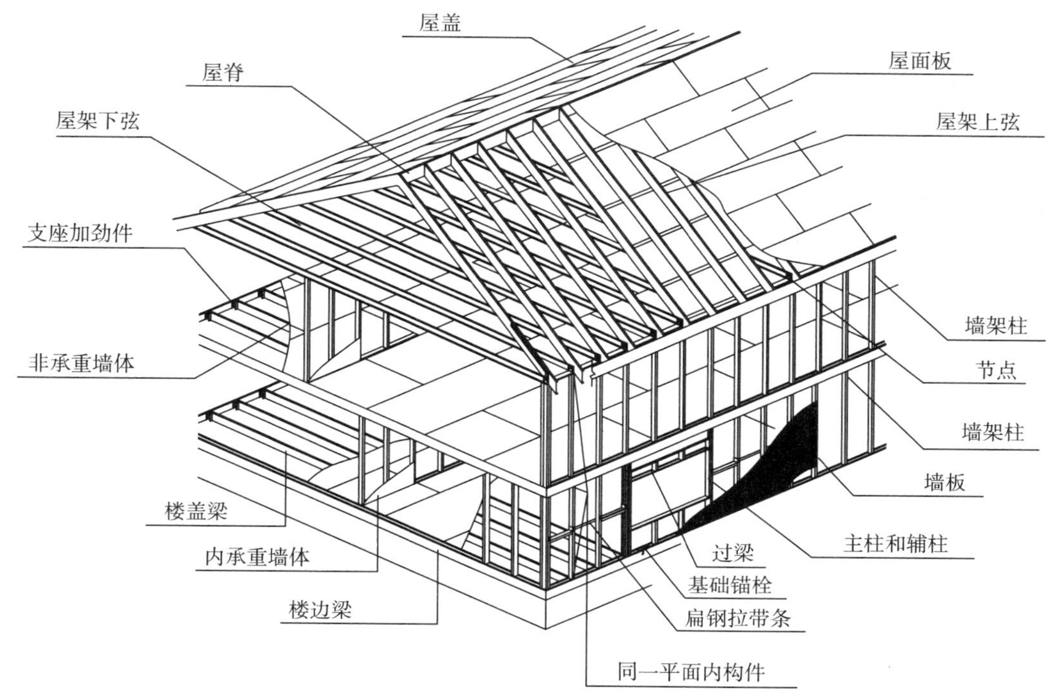

图 3.3.3　冷弯薄壁型钢结构建筑体系

冷弯薄壁型钢结构体系的主要组成部分包括墙体体系、楼盖体系及屋盖体系。

(1)墙体体系

墙体体系由间距 400～600 mm 的密排立柱(立龙骨)、拉条及墙面板组成，如图 3.3.4 所示。墙体常用墙面板主要有石膏板、OSB 板、胶合板、水泥纤维板及水泥胶合板等，板材厚度通常为 9～18 mm。冷弯薄壁型钢建筑立柱有多种组合形式(图 3.3.5),较为常见的形式有 2C 型钢背靠背、1 箱形 2C 型钢背靠背、4C 型钢背靠背、2 箱形背靠背 2C 型钢背靠背和 2 箱形背靠背。

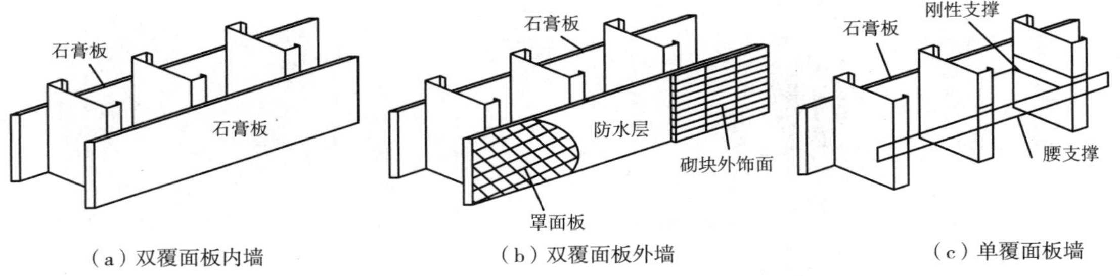

图 3.3.4 冷弯薄壁型钢建筑体系的墙体系统

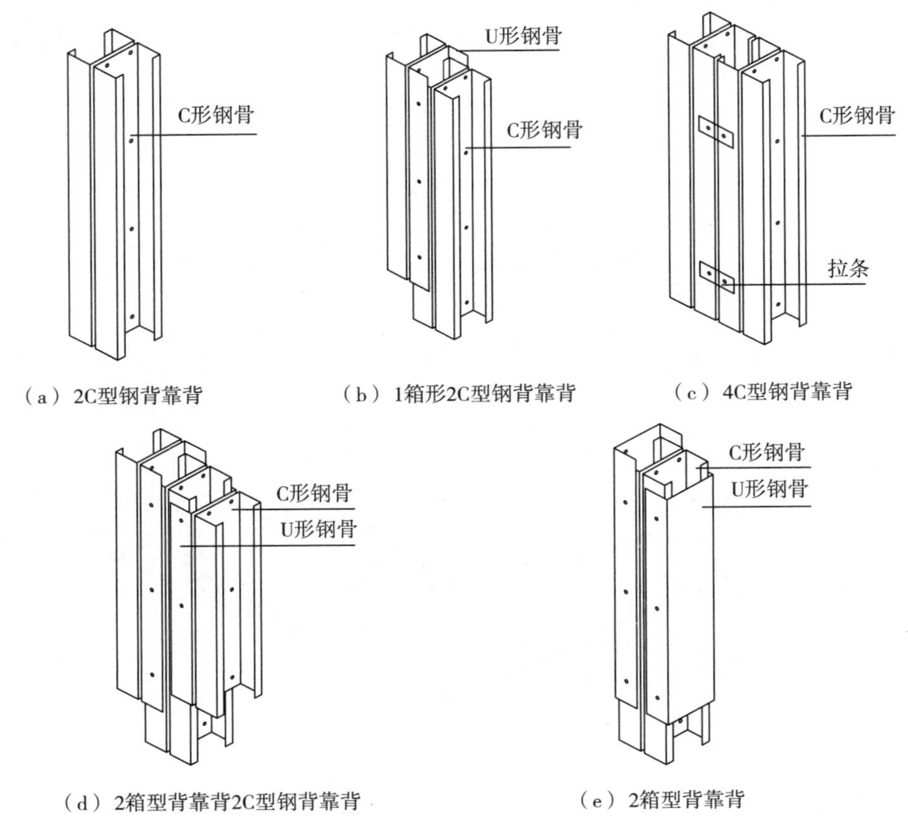

图 3.3.5 冷弯薄壁型钢建筑立柱组合形式

(2)楼盖体系

楼盖系统由冷弯薄壁槽型构件、卷边槽型构件、楼面结构板和支撑、拉条、加劲肋所组成,构件与构件之间宜用螺钉可靠连接。考虑到实际需要,楼面梁也可采用冷弯薄壁矩形钢管、桁架或者其他型钢构件，并按有关现行国家标准设计。

(3)屋盖体系

屋盖体系主要有屋架、屋面板和吊顶组成。

在冷弯薄壁型钢结构建筑体系中，墙面板和楼面板与墙体立柱和楼盖梁牢固连接，形成了复合板结构体系或板肋结构体系。墙面板和楼面板不仅起到围护作用，同时还对改善墙体和楼层的结构性能起到重要作用。这种复合板结构体系或板肋结构体系平面内具有很大的刚度，能很好地承受竖向荷载作用和地震、风等水平荷载作用。

由于冷弯薄壁型钢结构住宅体系中所用的冷弯薄壁型钢构件壁厚通常较薄难以施焊，紧固件连接成为该结构体系中最常用的一种连接方式。螺钉、自攻螺钉、射钉、拉铆钉、螺栓和扣件等都是冷弯薄壁型钢结构体系中常用的紧固件。自攻螺钉连接施工便利、连接刚度好、承载能力高、外形美观，在目前冷弯薄壁型钢结构中最为常用。图 3.3.6 中给出了低层冷弯薄壁型钢结构体系中常用的几种自攻螺钉连接形式。

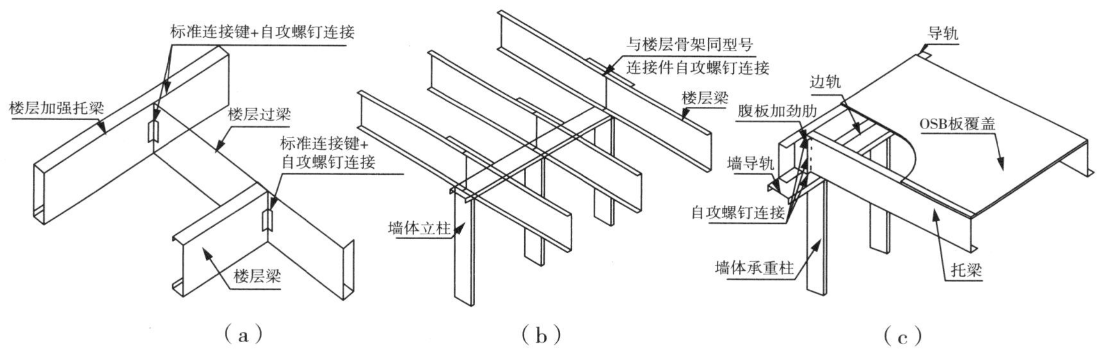

图 3.3.6 低层冷弯薄壁型钢结构体系中常用的几种自攻螺钉连接形式

3. 冷弯薄壁型钢结构的特点

与钢筋混凝土结构、砌体结构相比，冷弯薄壁型钢结构具有如下优点：

(1)布置灵活。满足建筑大开间、墙体大开洞、单元拆分等要求，可以通过使用较薄的墙板从而提高建筑使用面积。

(2)绿色环保。冷弯薄壁型钢结构建筑可以使用回收利用率高且易降解的建筑材料，减少建筑垃圾，符合现代建筑的发展方向和可持续发展的要求。

(3)抗震性能好，安全系数高。充分发挥了钢材延性好、变形能力强的特点。

(4)轻质高强。楼盖自重仅为混凝土楼板的 1/6～1/4，墙体采用冷弯薄壁型钢组合墙体，整体结构自重仅为混凝土框架结构的 1/4～1/3，砖混结构的 1/5～1/4。对结构基础承载力要求降低，减少了基础的造价。

(5)施工简便，建造周期短，施工质量易于控制。房屋的主要部件均在工厂里批量化生产，现场拼装，施工周期为砖混结构的 1/3 左右，在施工中不需要大型机械设备，显著减少施工人员数量；大部分施工是干作业，因而施工受季节和气候变化影响较小；主要部件采用标准化生产，易保证质量和精度。

同时，冷弯薄壁型钢结构体系也存在一些缺陷：

(1)冷弯薄壁型钢结构的组合墙体承载力与剪力墙相比较差,一般只适用于4层以下的住宅。

(2)耐火性、耐腐蚀性是决定钢材质量的关键因素,也直接成为冷弯薄壁型钢结构住宅质量控制的关键因素。

(3)目前国内该类结构专业设计人员和施工技术人员较少,同时缺乏针对此类结构的实用专业设计软件。

3.3.2 冷弯薄壁型钢结构的材料和受力特征

1. 冷弯薄壁型钢结构的材料

(1)钢材

用于冷弯薄壁型钢房屋承重结构的钢材,应采用符合现行国家标准《碳素结构钢》GB/T 700和《低合金高强度结构钢》GB/T 1591规定的Q235级、Q345级钢材,或符合现行国家标准《连续热镀锌钢板及钢带》GB/T 14978规定的550级钢材。当采用其他牌号的钢材时,应符合相应的规定和要求。推荐冷弯薄壁型钢建筑采用Q235－B碳素结构钢以及Q345－B低合金高强度结构钢。当对冲击韧性不作交货保证时,也可以采用Q345－A。

用于承重结构的冷弯薄壁型钢的钢材,应具有抗拉强度、伸长率、屈服强度、冷弯试验和硫、磷含量的合格保证,对焊接承重结构的钢材应具有碳含量的合格保证和冷弯试验的合格保证;对焊接结构,应具有碳含量的合格保证。对有抗震设防要求的承重结构钢材的屈服强度实测值与抗拉强度实测值的比值不应大于0.85,伸长率不应小于20%。钢材的强度设计值和物理性能指标应按现行国家标准《钢结构设计规范》GB 50017和《冷弯薄壁型钢结构技术规范》GB 50018的有关规定采用。

选用冷弯成型钢管应符合《建筑结构用冷弯空心型钢尺寸、外形、重量及允许偏差》GB/T 6728和《建筑结构用冷弯矩形钢管》JG/T 178的规定,冷弯焊接圆钢管应符合《直缝电焊钢管》GB/T 13793的规定,方(矩)形钢管不宜采用圆变方轧制工艺。冷弯型钢不应采用强度超过Q345的钢材。冷弯型钢当计算全截面有效时,可采用考虑冷弯后的强度设计值,但经退火、焊接和热镀锌等处理的冷弯薄壁型钢构件不得采用冷弯效应的强度设计值。

(2)连接材料

① 普通螺栓应符合现行国家标准《六角头螺栓 C级》GB/T 5780的规定,其机械性能应符合现行国家标准《紧固件机械性能螺栓、螺钉和螺柱》GB/T 3098.1的规定。

② 高强度螺栓应符合现行国家标准《钢结构用高强度大六角头螺栓、大六角螺母、垫圈与技术条件》GB/T 1228～GB/T 1231或《钢结构用扭剪型高强度螺栓连接副》GB/T 3632的规定。

③ 连接薄钢板、其他金属板或其他板材采用的自攻、自钻螺钉应符合现行国家标准《自钻自攻螺钉》GB/T 15856.1～GB/T 15856.5或《自攻螺钉》GB/T 5282～GB/T 5285的规定。

④ 抽芯铆钉应采用现行国家标准《标准件用碳素钢热轧圆钢》GB/T 715中规定的BL 2或BL 3号钢制成,同时符合现行国家标准《抽芯铆钉》GB/T 12615～12618的规定。

⑤ 射钉应符合现行国家标准《射钉》GB/T 18981的规定。

(3)结构板材

结构板材可采用结构用定向刨花板、石膏板、结构用胶合板、水泥纤维板和钢板等材料。

当有可靠依据时，也可采用其他材料。

① 刨花板

定向刨花板(Oriented standard board)可以用在楼板或墙体围护面板，它是施加胶黏剂和添加剂的扁平窄长刨花经定向铺装后热压而成的一种多层结构的人造木质板材，简称“OSB 板”，国内称为欧松板(图 3.3.7)。扁平窄长刨花一般为 40～100 mm 长、5～20 mm 宽、0.3～0.7 mm 厚，经脱油、干燥、施胶、定向铺装、热压成型等工艺制成的一种定向结构板材，OSB 板的表层刨片呈纵向排列，芯层刨片呈横向排列。这种纵横交错的排列，重组了木质纹理结构，彻底消除了木材内应力对加工的影响，整体均匀性好，具有良好的加工性、抗冲击能力和强度。

(a) OSB板

(b) OSB板作为墙面板

图 3.3.7 OSB 板

我国林业行业标准《定向刨花板》LY/T 1580，把定向刨花板分为 4 类(表 3.3.1)，每类板材的力学性能见表 3.3.2 所列。

表 3.3.1 定向刨花板分类

类型	使用条件
OSB/1	一般用途板材和装修材料(包括家具)，适用于室内干燥状态条件下
OSB/2	承载板材，适用于室内干燥状态条件下
OSB/3	承载板材，适用于潮湿状态条件下
OSB/4	承重载板材，适用于潮湿状态条件下

表 3.3.2 定向刨花板的力学性能

指标		单位	公称厚度(mm)											
			6～10				10～18				18～25			
			OSB/1	OSB/2	OSB/3	OSB/4	OSB/1	OSB/2	OSB/3	OSB/4	OSB/1	OSB/2	OSB/3	OSB/4
静曲强度	平行	Pa	20	22	22	30	18	20	20	28	16	18	18	26
	垂直		10	11	11	16	9	10	10	15	8	9	9	14
弯曲弹性模量	平行	Pa	2500	3500	3500	4800	2500	3500	3500	4800	2500	3500	3500	4800
	垂直		1200	1400	1400	1900	1200	1400	1400	1900	1200	1400	1400	1900

（续表）

指标		单位	公称厚度(mm)											
			6～10				10～18				18～25			
			OSB/1	OSB/2	OSB/3	OSB/4	OSB/1	OSB/2	OSB/3	OSB/4	OSB/1	OSB/2	OSB/3	OSB/4
24 h 吸水厚度膨胀率		%	25	20	15	12	25	20	15	12	25	20	15	12
密度偏差		%	±10											
含水率		%	2～12		5～12		2～12		5～12		2～12		5～12	
甲醛释放量	1 级	g	≤8 mg/100 g											
	2 级		(8～30) mg/100 g											
煮 2 h 后静曲强度	平行	Pa	—	—	11.78	14.5	—	—	11.7	14.5	—	—	11.7	14.5
	垂直		—	—	4.8	6.2	—	—	4.8	6.2	—	—	4.8	6.2

② 钢丝网水泥板

钢丝网水泥板的板面尺寸在 1 m^2 左右，厚度为 25～30 mm。钢丝网应进行防腐处理，其规格应采用直径不小于 0.9 mm、网格尺寸不大于 20 mm×20 mm 的冷拔低碳钢丝编织网，或直径为 2.0 mm、网格为 50 mm×50 mm 的焊接钢丝网，钢丝的抗拉强度标准值不应低于 450 MPa。水泥可采用快硬硫铝酸盐水泥，轻骨料可采用炉渣或浮石，立方体抗压强度可达到 C30。

2. 冷弯薄壁型钢结构的受力特点

近 20 年来，欧美、澳大利亚和日本等国家相继开发了三层及三层以下冷弯薄壁型钢住宅，部分代替了以前常用的木结构住宅。低层冷弯薄壁型钢住宅主要由屋面、楼面和墙体通过必要的构造连接组成，图 3.3.8 为欧美冷弯薄壁型钢结构住宅。

低层冷弯薄壁型钢结构房屋建筑竖向荷载由承重墙体的立柱独立承担；水平风荷载或水平地震作用由抗剪墙体承担。

图 3.3.8　欧美冷弯薄壁型钢结构住宅

冷弯薄壁型钢结构的形式为由间距 400～600 mm 冷弯薄壁型钢(作为墙架柱)和 U 型钢(作为顶梁和底梁)组成钢骨架,钢骨架两侧通过定向刨花板(OSB)或石膏板(GWB)、胶合板(PLY)、纤维水泥板(FBW)等墙面材料用自攻螺钉连接形成整体,共同抵抗水平荷载和竖向荷载,如图 3.3.9 所示。当钢骨架与墙面板有可靠的连接时,墙面板为钢骨架提供了有效的侧向支撑,从而提高了钢骨架的稳定承载力。

图 3.3.9 冷弯薄壁型钢结构住宅的轻钢龙骨

3.3.3 冷弯薄壁型钢结构的设计与计算

低层冷弯薄壁型钢建筑是由复合墙板组成的"盒子"式结构,上下层之间的立柱和楼(屋)面之间的型钢构件直接相连,双面所覆板材一般沿建筑物竖向是不连续的。因此,楼(屋)面竖向荷载及结构自重都假定仅由承重墙体的立柱独立承担,但双面覆板材对立柱构件失稳的约束将在立柱的计算长度中考虑。另外,结构的水平风荷载或水平地震作用应由抗剪墙体承担。

低层冷弯薄壁型钢建筑的结构设计可在建筑结构的两个主轴方向分别计算水平荷载的作用。每个主轴方向的水平荷载应由该方向抗剪墙体承担,可根据其抗剪刚度大小按比例分配,并应考虑门窗洞口对墙体抗剪刚度的削弱作用。各墙体承担的水平剪力可按下式计算:

$$V_j = \frac{\alpha_j K_j L_j}{\sum_{i=1}^{n} \alpha_i K_i L_i} V \tag{3.3.1}$$

式中:V_j —— 第 j 面抗剪墙体承担的水平剪力;

V —— 由水平风荷载或多遇地震作用产生的 X 方向或 Y 方向总水平剪力;

K_j —— 第 j 面抗剪墙体单位长度的抗剪刚度;

α_j —— 第 j 面抗剪墙门窗洞口刚度折减系数;

L_j —— 第 j 面抗剪墙的长度;

n —— X 方向或 Y 方向抗剪墙数。

墙体立柱卷边槽形截面高度对 Q235 级和 Q345 级钢应不小于 89 mm,对 LQ550 级钢立柱截面高度不应小于 75 mm,间距不应大于 600 mm;墙体面板的钉距在周边不应大于 150 mm,内部不应大于 300 mm。抗剪墙体的抗剪刚度 K 见表 3.3.3 所列。

表 3.3.3　抗剪墙体的抗剪刚度 K　　单位:kN/(m·rad)

立柱材料	面板材料(厚度)	K
Q235 和 Q345	定向刨花板(9.0 mm)	2000
	纸面石膏板(12.0 mm)	800
LQ550	纸面石膏板(12.0 mm)	800
	LQ550 波纹钢板(0.42 mm)	2000
	定向刨花板(9.0 mm)	1450
	水泥纤维板(8.0 mm)	1100

注:(1)表中所列数值均为单面板组合墙体的抗剪刚度值,两面设置面板时取相应两值之和;
(2)中密度板组合墙体可按定向刨花板组合墙体取值。

在计算水平地震作用时,阻尼比可取 0.03,结构基本自振周期可按下式计算:

$$T=0.02H\sim0.03H \tag{3.3.2}$$

式中:T——结构基本自振周期(s);

H——基础顶面到建筑物最高点的高度(m)。

楼面梁一般采用帽形或槽形(卷边)构件,在受压翼缘与楼面板采用规定间距的螺钉相连,对面外整体失稳及畸变屈曲的约束有保障,只需要按承受楼面竖向荷载的受弯构件验算其承载力和刚度。构件应按下列规定进行验算:

(1)墙体立柱应按压弯构件验算其强度、稳定性及刚度;

(2)屋架构件应按屋面荷载的效应,验算其强度、稳定性及刚度;

(3)楼面梁应按承受楼面竖向荷载的受弯构件验算其强度和刚度。

3.3.4　冷弯薄壁型钢结构的应用

冷弯薄壁型钢建筑结构由于具有美观适用、健康环保、综合经济效益好等特性受到世界各国政府的青睐和大力推广。据不完全统计,美国 1992 年建成冷弯薄壁型钢建筑 500 栋,1998 年达到 12 万栋,2000 年达到 20 万栋,到 2002 年冷弯薄壁型钢建筑已占整个住宅市场份额的 25%,且该比例明显在逐年增长。近年来,冷弯薄壁型钢低层建筑在北美、澳洲、欧洲、亚洲等地都有很大发展。

20 世纪 90 年代以前我国便开始引进国外成熟的低层冷弯薄壁型钢建筑体系,目前已拥有北新集团、上海绿筑住宅系统科技有限公司等高水平的专业建造公司。同时博斯格、日本新日铁、丰田、松下等国外知名企业也积极将其成套结构体系推向我国市场。钢铁产量的逐年增加以及国家用钢政策的转变极大地推动了冷弯薄壁型钢建筑在我国的发展。目前我国已建的典型低层冷弯薄壁型钢住宅工程见表 3.3.4 所列。图 3.3.10 中给出了低层冷弯薄壁型钢建筑工程案例的照片。

表 3.3.4　我国已建的典型低层冷弯薄壁型钢住宅工程

序号	项目名称	竣工时间	概　况
1	上海龙柏饭店	1982 年	花园式高级宾馆,引入 32 套轻钢别墅体系。施工中内墙首次采用了轻钢龙骨纸面石膏板结构

（续表）

序号	项目名称	竣工时间	概　况
2	同济大学轻钢住宅工程	1988 年	包括两栋轻钢结构住宅（二层结构），由日本积水株式会社赠送同济大学，建于同济新村。住宅结构采用组合冷弯型钢梁柱和屋架，外墙采用化学建材，内部设备功能齐全
3	金都富山春居轻钢结构示范住宅	2004 年	共 4 栋，包括两栋独立别墅，一栋双联别墅，一栋 3 联别墅。总建筑面积约 1700 m^2，轻钢龙骨结构体系。由金都房产集团和澳大利亚亚普利科技有限公司合作开发
4	南沙滨海“水晶湾”项目	2006 年	包括 174 栋单体轻钢别墅，由广州城建集团开发建造，成为当时华南地区最大的冷弯薄壁型钢别墅群
5	帕纳溪谷（北京）	2006 年	包括 600 余栋别墅，全部采用轻钢结构体系，由北京韩宏基业房地产开发有限公司开发
6	绿城桃花源南区项目	2008 年	包括独立别墅 570 余栋，总用地面积 1400 余亩，其中大量别墅采用了轻钢结构体系。由浙江绿城房地产开发有限公司开发
7	上海东方豪园项目	2014 年	位于上海市嘉定区，为带地下室的双拼两层高档别墅项目，其一层、二层建筑面积分别为 348.8 m^2、240 m^2。建筑总高度为 10.2 m。其主体结构采用轻型冷弯薄壁龙骨式剪力墙结构体系；建筑结构的主要材料采用高强的 G550 高强钢材，由博斯格系统住宅部设计安装

（a）帕纳溪谷

（b）绿城桃花源南区别墅

图 3.3.10　低层冷弯薄壁型钢建筑工程案例

3.4　冷弯薄壁管桁轻钢结构

3.4.1　冷弯薄壁管桁轻钢结构的概念、组成和特点

1. 冷弯薄壁管桁轻钢结构的概念

冷弯薄壁管桁轻钢结构又称无比钢，该体系是一种新型轻钢结构体系，其技术主要来源

于加拿大，在北美国家已应用多年。2004 年，安徽水利股份公司引进了由加拿大英特尔公司开发的 websteel 轻钢龙骨结构住宅体系，研发了适合我国住宅产业化发展的无比钢建筑体系（图 3.4.1）。为推广冷弯薄壁管桁钢结构的应用，出台了安徽省地方标准《无比钢建筑技术规程》DB 34/T 647—2006、上海市地方标准《薄壁管桁轻钢建筑技术规程》DBJ/CT 045—2008。目前，该技术已广泛运用于商务酒店、别墅以及上海世博会场馆、阿联酋国防部空军基地等项目的建设中，在我国合肥、芜湖及中东已建成数百座轻钢建筑。

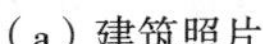

（a）建筑照片

（b）施工照片

图 3.4.1　适合我国住宅产业化发展的无比钢建筑

2. 冷弯薄壁管桁轻钢结构的组成

冷弯薄壁管桁轻钢结构是一种密桁架梁密墙架柱的轻钢龙骨结构，主要结构体系为 0.8～4 mm 厚的镀锌钢板，中间由 V 型件连接的格构式方管体系，由方形钢管、V 型件、钢带、U 型钢和墙面板（定向刨花板、石膏板、胶合板或纤维水泥板）经自攻螺钉连接形成（图 3.4.2）。

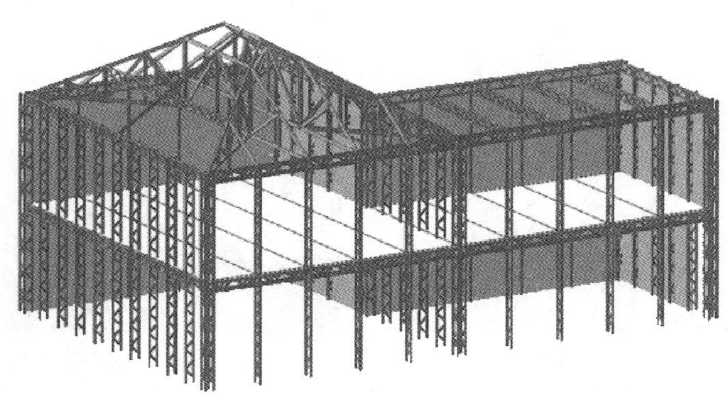

图 3.4.2　冷弯薄壁管桁轻钢结构的组成

（1）楼盖系统

楼盖系统一般由钢桁架梁、楼面结构板、支撑和加劲件组成（图 3.4.3），构件与构件的连接宜采用自攻螺栓连接。桁架梁是楼盖系统的核心部分。通过桁架梁，可以将整个楼板不同区域的荷载传递到组合墙体上。

常用的桁架梁通常由 2 根方钢管（或矩形钢管）和 V 型件构成（图 3.4.4）。V 型件分为单件 V 型件和复合 V 型件，前者适用于高度在 150～230 mm 的桁架梁，后者适用于高度在

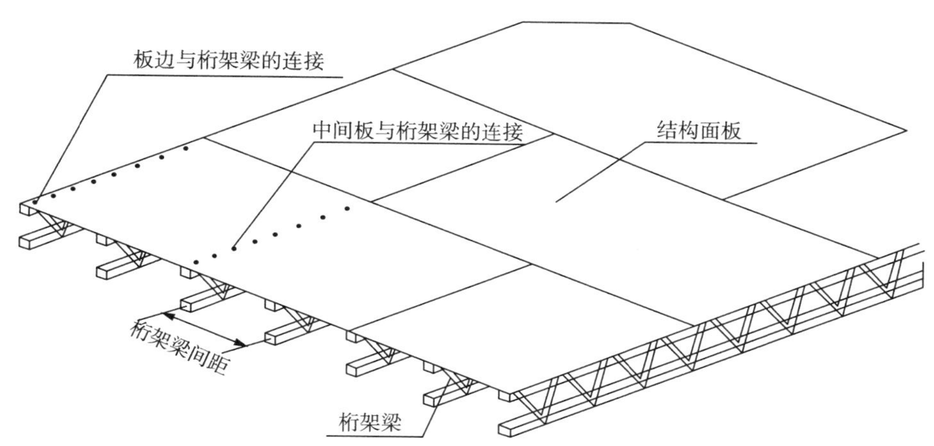

图 3.4.3 冷弯薄壁管桁轻钢龙骨结构的楼盖系统

300～350 mm 或更大尺寸的桁架梁。

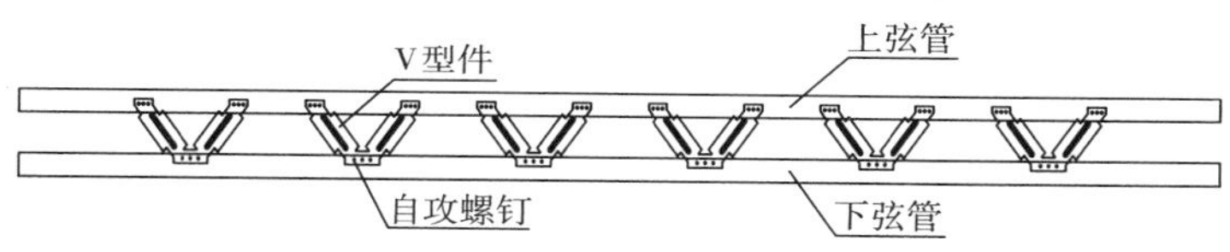

图 3.4.4 桁架梁

薄壁管桁轻钢结构的楼盖梁垂直搁置在其下面的柱上，与梁柱同一单元平面内，其形心线应重合。简支梁的最小支承长度为 40 mm，连续梁的中间最小搁置长度为 90 mm。常见的楼盖梁组合形式如图 3.4.5 所示。

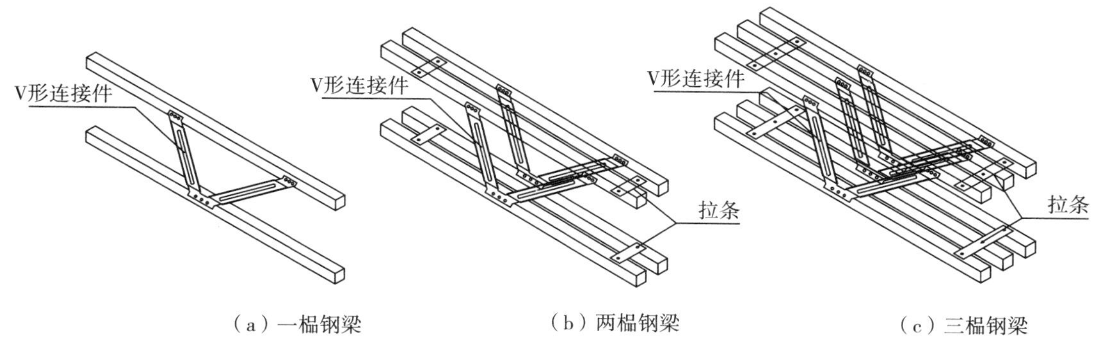

图 3.4.5 常见的楼盖梁组合形式

(2)墙体系统

墙体根据其位置可分为外墙、内墙两大类；根据其是否承受外荷载，又可分为承重墙和非承重墙。

墙体结构主要由立柱、墙上轨梁、墙下轨梁、墙体支撑、墙板和连接件等部件组成(图 3.4.6)。承重墙体立柱宜采用壁厚 $t \geqslant 1.0$ mm 的钢桁架，立柱间距为 400～600 mm。

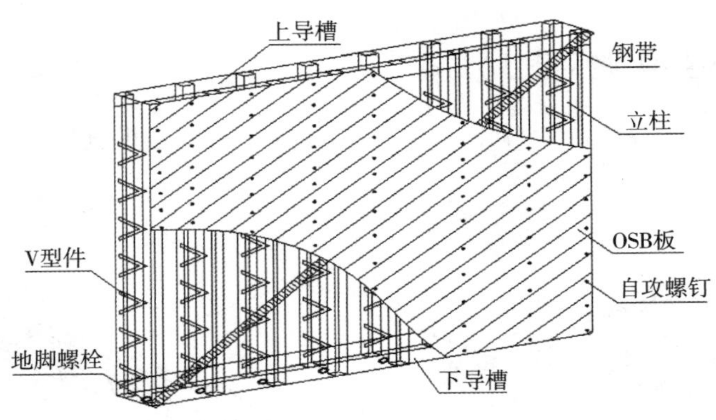

图 3.4.6 冷弯薄壁管桁轻钢结构的墙体系统

(3)屋盖系统

在冷弯薄壁管桁钢结构建筑结构体系中,屋盖系统(图 3.4.7、图 3.4.8)由屋架、结构面板、防水板、轻钢屋面瓦(金属瓦或沥青瓦)组成。屋架、桁架或屋面梁应垂直支撑在其下面的立柱上,最小搁置长度不小于 40 mm,屋架构件的形心与柱形心在平面内宜重合。

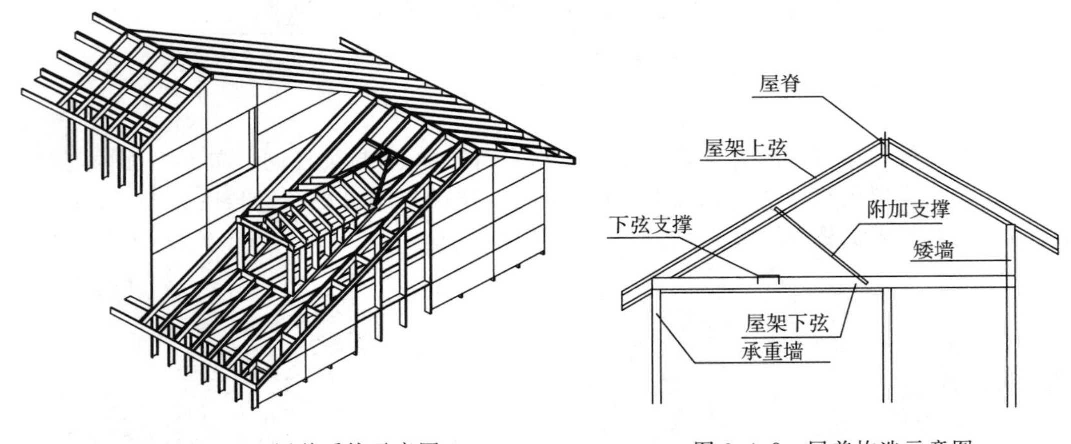

图 3.4.7 屋盖系统示意图

图 3.4.8 屋盖构造示意图

3. 冷弯薄壁管桁轻钢结构的部件

冷弯薄壁管桁轻钢结构体系的主要组成部件包括方(矩)形钢管、墙架柱、楼板托梁、V型连接件、刚性支撑、连接角钢、钢带、楼层桁架、屋架、导槽、结构面板、隔汽防潮层、防水透气层、紧固件等部件组成。

(1)V 型件

V 型件是由钢板冷弯成型的 V 型支撑,具有自夹持功能,将两根弦杆(钢管)固定连接形成平面桁架部件,称为双肢柱,如图 3.4.9(a)所示;将四根弦杆(钢管)固定连接形成空间桁架部件,称为四肢柱,如图 3.4.9(b)所示。

(2)方(矩)形钢管

方(矩)形钢管截面的常见尺寸为 40 mm×40 mm、40 mm×60 mm 和 40 mm×80 mm,

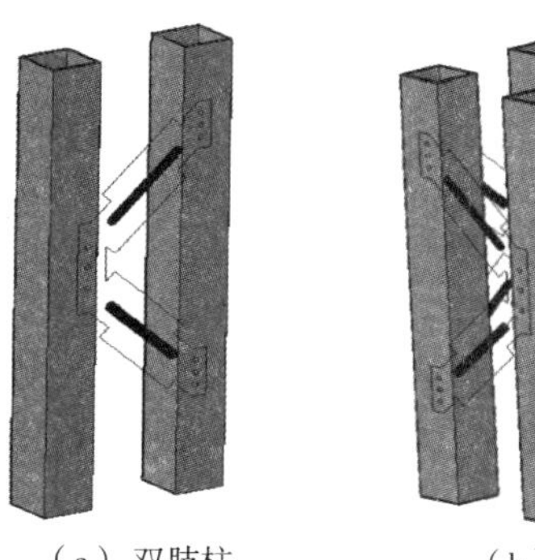

图 3.4.9　冷弯薄壁管桁轻钢结构的 V 型连接杆

厚度为 0.8～4 mm。方(矩)形钢管与方(矩)形钢管之间用 V 型件或 I 型件连接起来，连接件与方(矩)形钢管之间用自攻螺钉或者抽芯铆钉连接，组成双肢墙架柱或四肢墙架柱，墙架柱宽度一般为 150 mm。四肢墙架柱多分布在墙体转角处或者洞口两侧，双肢墙架柱一般布置在墙体中间，墙架柱的间距一般为 400～600 mm，柱距不宜大于 610 mm。墙架柱是墙体系统的竖向受力构件，承受竖向荷载并与墙面板形成抗侧力系统，冷弯薄壁管桁轻钢结构的立柱形式如图 3.4.10 所示。桁架梁也是由两根方(矩)形钢管通过单件 V 型件或者复合 V 型件连接组成。

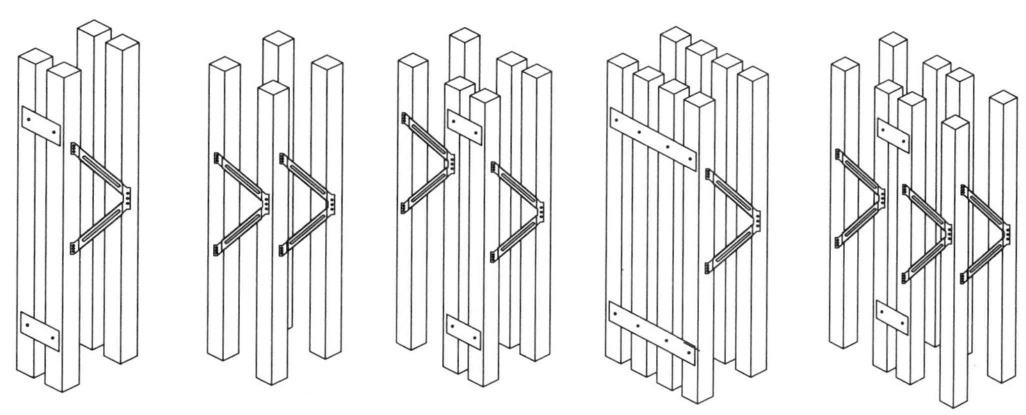

图 3.4.10　冷弯薄壁管桁轻钢结构的立柱形式

(3)刚性支撑

刚性支撑是指桁架间与方钢管相连，传递桁架构件平面外侧向力的构件。连接角钢是截面呈 90 度钢板弯成的构件，一般用于门窗洞口处。钢带是由钢板切割成一定宽度的板带，交叉布置在墙立柱表面，主要用来传递拉力的构件。楼面桁架(图 3.4.11)是由桁架梁组成楼面单元，与楼面板材形成刚性楼面，承受楼面竖向荷载。

(4)屋架

屋架由屋架斜梁和屋架横梁通过节点构成的平面格构式结构，多用于人字形坡屋顶，如

图 3.4.11　楼面桁架

图 3.4.12(a)所示，主要承受吊顶及屋面荷载，也可以做成平屋顶形式，如图 3.4.12(b)所示。

(a) 人字形坡屋顶

(b) 平屋顶形式

图 3.4.12　不同屋面形式的薄壁管桁轻钢结构房屋

(5)导槽

导槽是由钢板弯折成槽型截面的部件，主要通过自攻螺钉安装在墙架柱的上下端，将多个墙架柱连接成整体。结构面板是直接安装在墙架柱或桁架梁上的覆盖板，用于传递荷载和作为墙架柱、桁架梁的侧向支撑。隔汽防潮层是用来阻止室内水蒸气进入外围护结构内部，防止保温材料受潮的防护层，也是提高整个建筑气密性的组成部分。

(6)连接

常用紧固件包括自攻螺钉、射钉、抽芯铆钉、普通螺栓、膨胀螺栓和地脚螺栓等。自攻螺钉的钻头形式有两种，分别为自钻和自攻。自攻自钻螺钉用于厚度在 0.8 mm 以上钢板的连接，自攻螺钉用于石膏板等刚性材料与厚度在 0.8 mm 以下钢板的连接，螺钉的长度通常为 13～76 mm。

3.4.2　冷弯薄壁管桁轻钢结构的材料

1. 钢材

(1)用于承重结构的普桁架、冷弯薄壁型钢、轻型热轧型钢和钢板，采用现行国家标准《碳素结构钢》GB/T 700 规定的 Q235 钢和《低合金钢强度结构钢》GB/T 1591 规定的 Q345 钢。当有可靠连接依据时，才可以采用其他牌号的钢材，但应符合有关国家标准的要求。当采用进口钢材时，除经过检验外，还要进行复检，复检项目根据有关标准的规定确定。

冷弯薄壁管桁结构钢材的强度设计值应按表 3.4.1 采用。

表 3.4.1 冷弯薄壁管桁结构钢材的强度设计值 单位:N/mm²

钢材牌号	抗拉、抗压、抗弯 f	抗剪 f_v	端面承压(磨平顶紧)f_{cc}
Q235 钢	205	120	310
Q345 钢	300	175	400

注:钢材屈服强度 f_y:对 Q235 取 235 N/mm²;Q345 取 345 N/mm²。

(2)用于承重结构的冷弯薄壁型钢、轻型热轧型钢和钢板,应具有抗拉强度、屈服强度、伸长率、冷弯试验和硫、磷含量的合格保证;对焊接结构应具有碳含量的合格保证。

冷弯薄壁管桁结构钢材的焊接强度设计值应按表 3.4.2 采用。

表 3.4.2 冷弯薄壁管桁结构钢材的焊接强度设计值 单位:N/mm²

焊接钢材牌号	对接焊缝抗拉、抗压强度	对接焊缝抗剪强度	角焊缝抗压、抗拉、抗剪强度
Q235 钢	205、175	120	140
Q345 钢	300、255	175	195

(3)用于承重结构的冷弯薄壁型钢、轻型热轧型钢和钢板的镀锌标准按《连续热镀锌薄钢板和钢带》GB/T 2518 的规定,且方钢管和 V 型件宜由连续热镀锌钢板辊轧成型。

2. 结构板材

结构板材可采用定向刨花板、胶合板、纤维板等板材,欧美等国还采用铁皮板(CFS)。常见结构板材名称及代号见表 3.4.3 所列。

表 3.4.3 常用结构板材名称及代号

代号	GWB	GSB	CSB	CPB	OSB	PLY	FBW	CFS
名称	石膏墙板	石膏衬板	硅酸钙板	水泥板	定向刨花板	胶合板	纤维板	铁皮

3. 紧固件

冷弯薄壁型钢构件之间可采用自攻螺钉、抽芯铆钉等紧固件连接方式,结构板材和型钢构件之间可采用自攻螺钉连接。

自攻螺钉应符合《自钻自攻螺钉》(GB/T 3098.11)的规定;抽芯铆钉宜符合《标准件用碳素钢热轧圆钢及盘条》(YB/T 4155)的规定;锚栓可采用《碳素结构钢》(GB/T 700)规定的 Q235 钢或《低合金钢强度结构钢》(GB/T 1591)规定的 Q345 钢。

3.4.3 冷弯薄壁管桁轻钢结构的设计与计算

1. 冷弯薄壁管桁轻钢结构桁架的计算

冷弯薄壁管桁轻钢结构承受的荷载通过面板传递给冷弯薄壁管桁架,受面板约束的冷弯薄壁管桁钢的强度应按下列公式计算:

上管(压弯构件):

$$\sigma=\frac{N}{A_{en}}\pm\frac{M_x}{W_{enx}}\pm\frac{M_y}{W_{eny}}\leqslant f \tag{3.4.1}$$

式中：N ——轴向力；

A_{en}——方管净截面面积；

M_x——对截面主轴 x 轴的弯矩；

W_{enx}——对截面主轴 x 轴的有效净截面模量；

M_y——对截面主轴 y 轴的弯矩；

W_{eny}——对截面主轴 y 轴的有效净截面模量；

σ ——正压力；

f ——钢材的抗拉、抗压和抗弯强度设计值。

下管(轴心受拉构件)：

$$\sigma = N/A_{en} \leqslant f \tag{3.4.2}$$

式中：σ ——正压力；

N——轴向力；

A_{en}——方管净截面面积；

f——钢材的抗拉、抗压和抗弯强度设计值。

2. 墙体设计

根据其位置和承受荷载的大小不同，在设计中，宜对以下四类墙体分别进行计算：

(1)单层或多层最上层承重墙体；

(2)多层建筑的中间层和低层承重墙体；

(3)非承重外墙；

(4)非承重内墙。

墙体结构未安装墙板时，承重外墙立柱可按轴心受压构件进行计算。墙体的结构面板安装后，立柱不仅承受有屋架或楼盖主梁传来的竖向轴力，同时还承受垂直于墙面传来的风荷载引起的弯矩，立柱扭转受到约束，可按压弯构件计算。

承重内墙的立柱在承受竖向荷载的同时，考虑到房间之间的风压压差，取 0.2 kN/m^2 风载。若内承重墙立柱取用外墙相同的截面和间距并承受相同的竖向荷载时，可不作计算；若承重内墙的立柱承受两倍外承重竖向荷载时，应对承重内墙的立柱进行验算。

非承重墙体的立柱不承受竖向荷载，但可能作用有垂直墙面的横向风载。非承重外墙的风压值按《建筑结构荷载规范》GB 50009 的规定计算，非承重内墙体的风压为墙体两边房间的风压差，通常取 0.2 kN/m^2。在横向风压作用下，非承重墙体的立柱可按受弯构件验算其强度和变形。

3.5 冷弯薄壁型钢-轻聚合物结构

3.5.1 冷弯薄壁型钢-轻聚合物结构的概念、组成和特点

1. 冷弯薄壁型钢-轻聚合物结构的概念

冷弯薄壁型钢-轻聚合物结构是由冷弯薄壁型钢-轻聚合物复合墙体、楼盖系统和屋盖系统组成，如图 3.5.1 所示。

图 3.5.1 冷弯薄壁型钢-轻聚合物结构建筑

2. 冷弯薄壁型钢-轻聚合物结构的组成

(1)冷弯薄壁型钢-轻聚合物复合墙体

冷弯薄壁型钢-轻聚合物复合墙体系统是以轻钢龙骨、硅酸钙板或镀锌钢板网等为骨架与模板，以石膏基保温砂浆为填充，整体喷涂成型的一种基于冷弯薄壁型轻钢结构的石膏基自保温复合墙体系。根据施工技术的不同，冷弯薄壁型钢-轻聚合物复合墙体分为两种类型：

① 喷涂式冷弯薄壁型钢-轻聚合物复合墙体——由现场组装轻钢骨架，然后机喷轻聚合物形成的节能墙体，典型的墙体构造形式如图 3.5.2 所示；在基板上喷涂轻聚合物后，进行砂浆抹面。

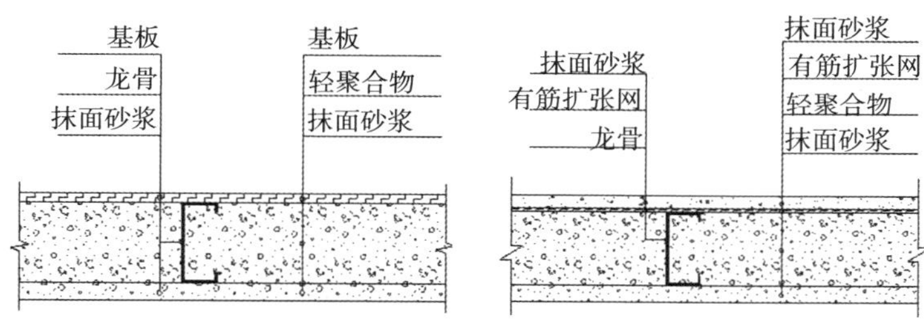

图 3.5.2 喷涂式冷弯薄壁型钢-轻聚合物墙体构造形式

② 预制冷弯薄壁型钢-轻聚合物复合墙体——由工厂预制生产的冷弯薄壁型钢一轻聚合物板，然后在现场拼装形成的装配式节能墙体。

墙体立柱可采用卷边冷弯槽钢构件或由卷边冷弯槽钢构件、冷弯槽钢构件组成的拼合构件；立柱与顶、底导梁应采用自攻螺钉连接。墙体立柱和墙体面板的连接如图 3.5.3 所示。墙体面板应与墙体立柱采用自攻螺钉连接，墙体面板进行上下拼接时宜错缝拼接。

对两侧无墙体面板与立柱相连的抗剪墙，应设置交叉支撑和水平支撑。交叉支撑可采用钢带拉条，宜在墙体两侧设置；水平支撑可采用刚性支撑，对层高小于 2.7 m 的抗剪墙，宜在立柱二分之一高度处设置，对层高大于等于 2.7 m 的抗剪墙，宜在立柱三分点高度处设置。水平刚性支撑应在墙体通长设置。水平刚性支撑采用和立柱同宽的槽形截面，其翼缘用螺钉和立柱相连接[图 3.5.4(a)、图 3.5.4(c)]。对一侧无墙面板的抗剪墙，应在该侧设置刚性水平支撑[图 3.5.4(b)]。

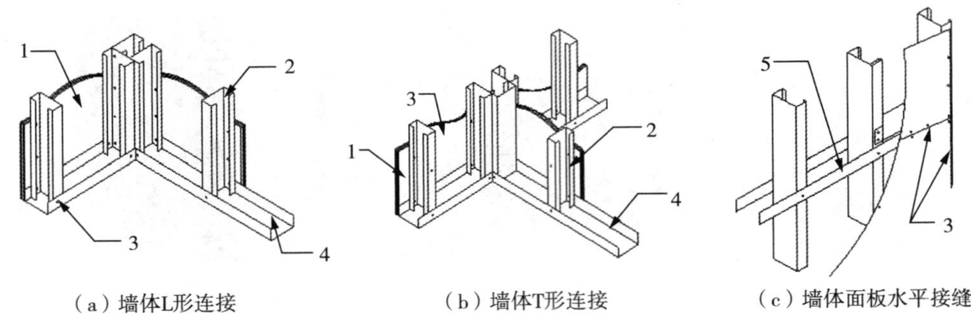

图 3.5.3 墙体立柱和墙体面板的连接

1—墙面板;2—墙体立柱;3—螺钉;4—底导梁;5—刚性支撑

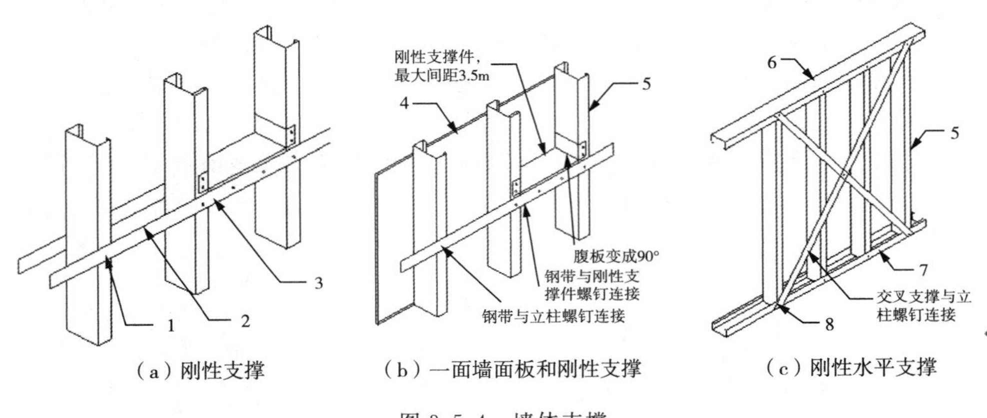

图 3.5.4 墙体支撑

1—连接螺钉;2—刚性支撑;3—钢带;4—墙面板;5—墙体立柱;6—顶导梁;7—底导梁;8—抗拔螺栓

(2)楼盖系统

楼盖系统由冷弯薄壁C型钢或桁架、组合楼盖,通过自攻螺钉和必要的抗剪连接件形成的楼盖系统。楼盖梁由冷弯薄壁C型钢和U型钢通过栓钉连接组合,组合形式如图3.5.5所示。

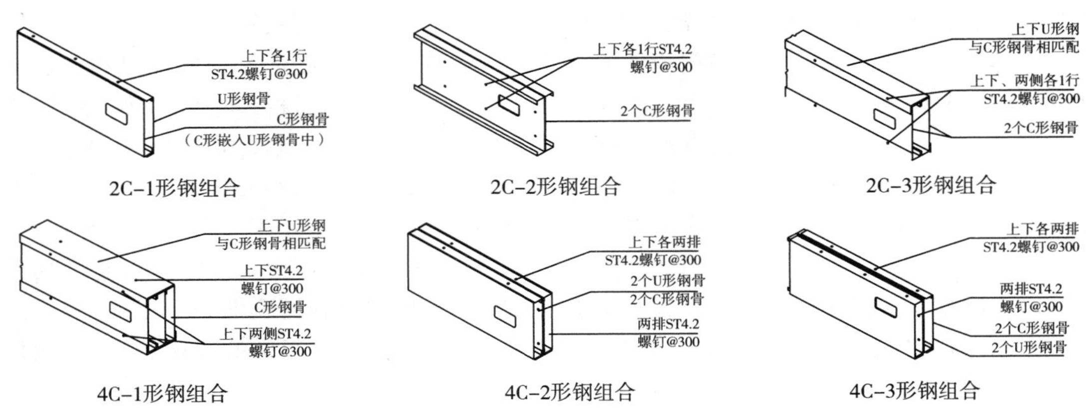

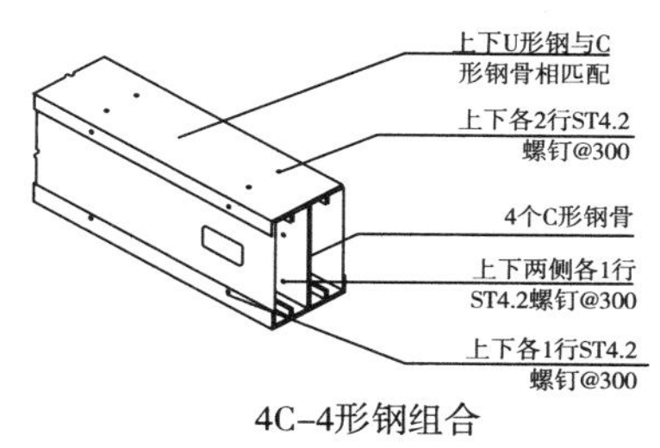

4C-4形钢组合

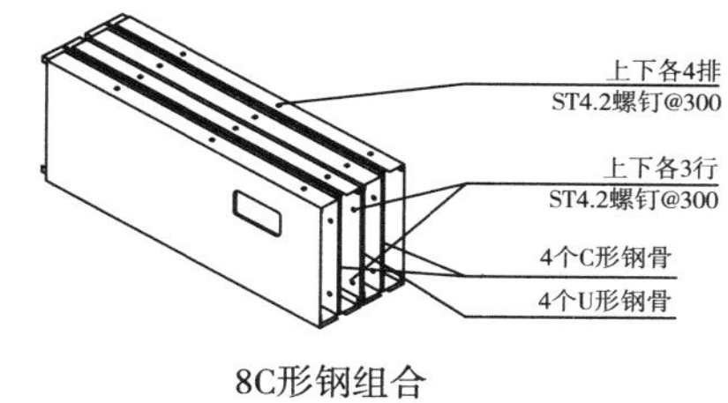

8C形钢组合

图 3.5.5 楼盖梁组合形式

(3)屋盖系统

由冷弯薄壁型钢屋架、结构板、防水材料等组成的屋盖系统，如图 3.5.6 所示。

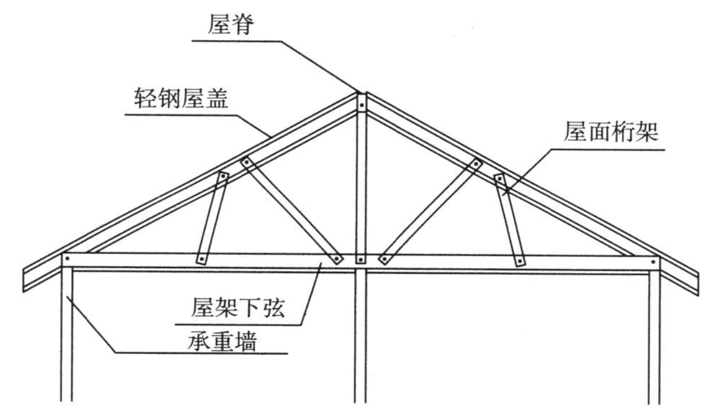

图 3.5.6 屋盖系统简图

屋脊处无集中荷载时，屋架的腹杆与弦杆在屋脊处可直接连接[图 3.5.7(a)]；屋脊处有集中荷载时应通过连接板连接[图 3.5.7(b)、图 3.5.7(c)]。当采用连接板连接时，连接板宜卷边加强[图 3.5.7(b)]或设置加强件[图 3.5.7(c)]。弦杆与腹杆或与节点板之间连接螺钉数量不宜少于 4 个。采用直接连接时，屋脊处必须设置纵向刚性支撑。

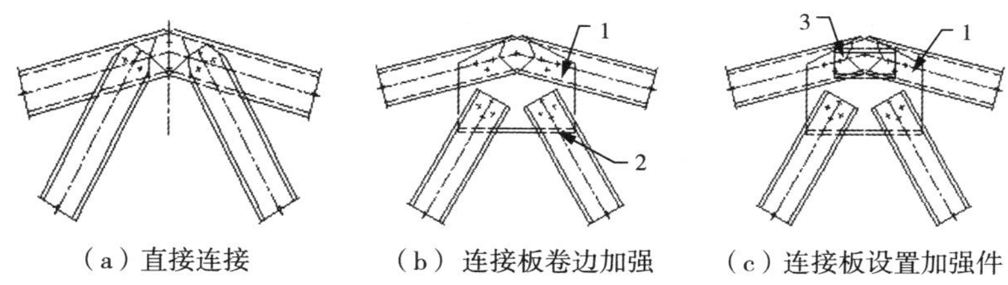

(a) 直接连接　(b) 连接板卷边加强　(c) 连接板设置加强件

图 3.5.7 屋架屋脊节点

1—连接板；2—卷边加强；3—加强件

3. 冷弯薄壁型钢-轻聚合物结构的特点

与现有轻钢结构相比，冷弯薄壁型钢-轻聚合物结构的最大优点是采用的保温复合墙系统整体性能好。墙体分为两种类型：冷弯薄壁型钢-喷涂轻聚合物复合墙体，预制冷弯薄壁型钢-轻聚合物复合墙体，具有以下优点：

(1)拥有优异的整体性能和结构功能,可实现墙体无缝对接;

(2)防火功能好,石膏基浆料遇高温释放出结晶水,有阻燃作用;

(3)石膏本身是微膨胀材料,墙面不会空鼓、开裂;

(4)节能保温,石膏基保温浆料导热系数低,墙体保温隔热性能好;

(5)隔音性能显著,石膏基保温浆料是一种很好的吸音降噪材料;

(6)呼吸功能,石膏墙体的多孔微、孔结构能调节空气湿度;

(7)透气性能,可给人以极佳的居住舒适体验。同时改性处理后的石膏建材高强、耐水,不含甲醛,放射性指标远低于国家标准,有益于人体健康。

3.5.2 冷弯薄壁型钢-轻聚合物结构的材料

1. 钢材

用于冷弯薄壁型钢-轻聚合物结构建筑承重结构的钢材,应符合现行国家标准《碳素结构钢》GB/T 700、《低合金高强度结构钢》GB/T 1591 规定的 Q235 级、Q345 级钢材,或符合现行国家标准《连续热镀锌钢板及钢带》GB/T 2518 和《连续热镀铝锌合金镀层钢板及钢带》GB/T 14978 规定的 550 级钢材。当有可靠根据时,可采用其他牌号的钢材,但应符合国家现行有关标准的规定。

钢材的强度设计值尚应符合现行国家标准《冷弯薄壁型钢结构技术规范》GB 50018、《钢结构设计规范》GB 50017 和《低层冷弯薄壁型钢房屋建筑技术规程》JGJ 227 的规定。

建筑用压型钢板应符合《建筑用压型钢板》GB/T 12755 的规定,其波高、波距应满足承重强度、稳定与刚度的要求,且其板宽宜有较大的覆盖宽度并符合建筑模数的要求。

2. 轻聚合物

轻聚合物固化后的干密度不应大于 800 kg/m^3,按材料组分不同可分为石膏基轻聚合物、水泥基轻聚合物及其他轻聚合物。石膏基轻聚合物、水泥基轻聚合物的弹性模量 E_c不得低于 1860 N/mm^2。厚型防火保温腻子按材料组分不同可分为石膏基聚合物厚型防火保温腻子、水泥基聚合物厚型防火保温腻子等。

预制冷弯薄壁型钢-轻聚合物复合墙体应按相关建筑模数要求进行设计,其钢材厚度、钢构件几何尺寸及尺寸偏差、自攻螺钉规格及间距等应符合《低层冷弯薄壁型钢房屋建筑技术规程》JGJ 227 的规定。

3. 连接材料

(1)普通螺栓应符合现行国家标准《六角头螺栓 C 级》GB/T 5780 的规定,其机械性能应符合现行国家标准《紧固件机械性能螺栓、螺钉和螺柱》GB/T 3098.1 的规定。

(2)高强度螺栓应符合现行国家标准《钢结构用高强大六角头螺栓、大六角螺母、垫圈与技术条件》GB/T 1228～GB/T 1231,或《钢结构用扭剪型高强度螺栓连接副》GB/T 3632 的规定。

(3)连接薄钢板、其他金属板或其他板材采用的自攻、自钻螺钉应符合现行国家标准《自钻自攻螺钉》GB 15856.1～GB/T 15856.5,或《自攻螺钉》GB/T～GB/T 5285 的规定。

(4)抽芯铆钉应采用现行国家标准《标准件用碳素钢热轧圆钢》GB/T 715 中规定的 BL2 或 BL3 号钢制成,同时符合现行国家《抽芯铆钉》GB/T 12615～12618 的规定。

(5)射钉应符合现行国家标准《射钉》GB/T 18981 的规定。

4. 面板

面板包括基板和装饰面板。

(1)基板直接安装在立柱或梁上，并为轻聚合物的喷涂提供附着面，可以是纸面石膏板、硅酸钙板、纤维水泥板、定向刨花板等。纸面石膏板应符合《纸面石膏板》GB/T 9775 有关规定，硅酸钙板应符合《纤维增强硅酸钙板第 1 部分：无石棉硅酸钙板》JC/T 564.1 有关规定，纤维水泥板应符合《纤维水泥平板第 1 部分：无石棉纤维水泥平板》JC/T 412.1 有关规定，木丝水泥板应符合现行行业标准《木丝水泥板》JG/T 357的规定，外墙用非承重纤维增强水泥板应符合现行行业标准《外墙用非承重纤维增强水泥板》JG/T 396 有关规定，定向刨花板(OSB 板)应符合《定向刨花板》LY/T 1580—2010 有关规定。

(2)装饰面板是指具有装饰功能的各种板材，可以是无保温层的装饰单板，也可以是保温装饰一体化板(如：金属雕花板、纤维水泥板饰面的保温装饰板)，其性能尚符合国家、安徽省及地方现行有关标准的规定。保温装饰板应符合《保温装饰板外墙外保温系统材料》JG/T 287 的有关规定，并符合下列要求：

① 保温装饰板外墙外保温系统材料应由系统产品供应商配套提供；

② 保温装饰板外墙外保温系统材料当采用可燃保温材料时，系统应按相关标准或规定采取阻止火焰蔓延的防火措施，保温装饰板保温材料表面及侧面均采用玻纤网格布增强聚合物砂浆或其他无机非金属材料包裹，厚度不小于 3 mm；

③ 应采用粘钉结合方式固定保温装饰板；

④ 当使用锚固件时，固定每块保温装饰板的锚固件数量不应低于 4 个，且不应只固定保温材料，同时锚固件的射钉应钉在轻钢龙骨上；

⑤ 保温装饰板的装饰面应具有耐酸、耐碱、耐盐雾、耐老化、耐玷污性等性能。

第4章　多、高层钢结构建筑应用技术指南

4.1　术语与标准

4.1.1　术语

(1)框架结构。由梁和柱为主要构件组成的承受竖向和水平荷载或作用的结构。

(2)框架-中心支撑结构。支撑杆件在节点处与梁、柱的轴线交汇点重合,或相交杆件的偏心距小于最小连接构件宽度的框架。

(3)框架-偏心支撑结构。支撑杆件在节点处与梁、柱的轴线交汇点不重合,且相交杆件的偏心距大于连接点处最小构件宽度的框架。

(4)屈曲约束支撑。支撑斜杆由具有良好延性的钢材制作,其屈曲受到套管的约束。支撑芯材与套管间充满无黏结材料,在外力作用下可沿套管轴向伸缩变形,具有优良的耗能能力,可作耗能元件或抗震支撑。

(5)延性墙板。有良好延性和抗震性能的墙板。本章特指:带加劲肋的钢板剪力墙,无黏结内藏钢板支撑墙板、带竖缝混凝土剪力墙。

(6)钢框架-钢筋混凝土核心筒结构。由钢管混凝土框架与钢筋混凝土核心筒所组成的共同承受水平和竖向荷载或作用的结构。

(7)连接。联系两个构件(或部件)的焊缝或螺栓。

(8)铰接。只能传递剪力、不能传递弯矩并且可以不受约束地转动的连接。

(9)刚性。既能传递剪力、又能传递弯矩并且能保持相连杆件之间原有的角度不变的连接。

(10)半刚性连接。介于铰接与刚接之间的连接形式,这种连接能承受一定的弯矩,但同时相连杆件间会产生一定的相对转动变形。

4.1.2　多、高层钢结构建筑相关标准

国家标准《建筑结构荷载规范》GB 50009

国家标准《建筑抗震设计规范》GB 50011

国家标准《钢结构设计规范》GB 50017

国家标准《高耸结构设计规范》GB 50135

国家标准《钢管混凝土结构技术规范》GB 50936

国家标准设计图集《钢结构住宅(二)》05J910－2

行业标准《高层民用建筑钢结构技术规程》JGJ 99

行业标准《高层建筑混凝土结构技术规程》JGJ 3
行业标准《型钢混凝土组合结构技术规程》JGJ 138
中国工程建设标准化协会标准《钢管混凝土结构技术规程》CECS 28
中国工程建设标准化协会标准《矩形钢管混凝土结构技术规程》CECS 159
中国工程建设标准化协会标准《高层建筑钢一混凝土混合结构设计规程》CECS 230
冶金行业标准《钢骨混凝土结构技术规程》YB 9082
安徽省地方标准《钢管混凝土结构技术规程》DB 34/T 1262
安徽省地方标准《高层钢结构住宅技术规程》DB 34/T 5001
注：以上相关标准以发行的最新版本为准。

4.2 多、高层钢结构建筑结构体系的分类、特点和适用范围

4.2.1 多、高层钢结构建筑结构体系的分类

近几十年来，各国的大城市由于人口高度密集、生产和生活用房紧张、交通拥挤、地价昂贵，城市建筑逐渐向高空发展，高层和超高层建筑迅速出现，最高的建筑已达百层以上。

我国由于技术和经济的原因，自20世纪80年代中期开始建造高层钢结构建筑，此后随着我国的改革开放与经济发展，在上海、北京、深圳、广州、大连、厦门、沈阳、天津等地相继建造数十栋高层钢结构建筑（图4.2.1），特别是在上海浦东新区的开发建设中，很多高层建筑采用钢结构。1998年建成88层421 m高的上海金茂大厦，如图4.2.1(a)所示，标志着我国的高层建筑已进入世界先进行列。

(a) 上海金茂大厦

(b) 北京中关村金融中心

图4.2.1 我国已建成的高层钢结构建筑

我国高层钢结构建筑工程概况见表4.2.1所列。

表 4.2.1　我国高层钢结构建筑工程概况

序号	建筑名称	高度/m	层数(地上/地下)	建造年份	地点	结构体系
1	天津国贸大厦	260	64/3	1998	天津	框-撑
2	京广中心	196	53/3	1989	北京	框-墙
3	京城大厦	183	52/4	—	北京	框-墙
4	中国国贸中心	155	39/2	1989	北京	筒中筒
5	锦江饭店分馆	153	44/1	1988	上海	支撑芯筒
6	世界广场	150	38/2	—	上海	框-撑
7	上海国贸中心	142	37/2	—	上海	筒中筒
8	森茂大厦	109	24/2	1997	大连	框-撑
9	长富宫中心	94	26/2	1987	北京	框架
10	九州大厦	91	25/2	—	厦门	框-撑
11	中国工商银行总行	48	10/3	1996	北京	框-撑
12	北京银泰中心(A座)	250	63/4	2005	北京	框-筒
13	北京电视中心综合楼	199	48/3	2008	北京	巨型框架
14	中关村金融中心	150	35/4	2004	北京	框-筒
15	上海金茂大厦	421	88/3	1998	上海	框-筒
16	上海中心大厦	632	127/5	2014	上海	框-筒
17	平安金融中心	599	118/5	2017	深圳	框-筒
18	天津117大厦	596	117/3	2015	天津	框-筒
19	广州周大福金融中心	530	111/5	2016	广州	框一筒

近年来随着经济的快速发展，安徽省陆续建设了一大批高层钢结构建筑并成为当地的地标性建筑(图4.2.2)。高度在50层左右的超高层建筑有大规模发展和普遍兴起的趋势。特别是近年在合肥市进行的政务新区和滨湖新区的建设中，“合肥新高度”“安徽第一高”一次次被刷新。

(a) 安徽广电新中心

(b) 合肥华润中心

图4.2.2　安徽省已建成的高层钢结构建筑

多、高层钢结构建筑除需承受由重力引起的竖向荷载外，更重要的是承受由风或地震作用引起的水平荷载，因此通常所称的多、高层钢结构建筑体系，一般根据其抗侧力结构体系的特点进行分类。多、高层钢结构抗侧力结构体系按其组成形式，可分为几类：框架结构体系、框架-支撑结构体系、框架-剪力墙（芯筒）结构体系。

4.2.2 多、高层钢结构建筑结构体系的特点

1. 结构性能特点

与传统的建筑结构相比，多、高层钢结构建筑的优势可概括为功能性强、设计灵活、施工便捷以及综合造价低等，其优势主要体现在以下几点。

(1)承载强度较高，抗震性能比较好

钢结构材料同传统建筑材料相比，当截面积相同时，钢结构的承载力大；而当荷载相同时，钢结构的截面积小。钢结构体系在抗震方面，除了具有自重较轻、强度较高外，还具有延性好、耗能能力优越、塑性变形能力强等优点。延性好、塑性变形能力强是钢结构抗震最主要的优势，建筑物在动力冲击作用下，绝大部分能量被建筑物吸收，不会产生脆性破坏。由于钢材良好的弹塑性性能，可使承重骨架及节点等在地震作用下具有良好的延性及耐震效果。

(2)满足建筑上大开间、灵活分割的要求

由于材料的性质，传统的建筑特别是住宅建筑，在空间布局上是有限的，如果满足大开间的要求，则会增加楼板的厚度，加大梁、柱等构件截面，增加建设成本，且在装修时产生破坏承重墙的危险隐患。钢结构建筑体系所选用的梁、柱、支撑等钢结构构件尺寸较小，增加了建筑物的使用面积，又由于钢结构建筑强度高，其柱网尺寸可适当加大，因而可相应增加建筑使用面积2%～4%，从而增加了建筑空间的灵活性，并为建筑师的空间设计提供了基础，又为用户的装修提供了灵活的墙体布置，形成开放式的内部空间，满足大开间、空间分割灵活的要求。

(3)设计制造生产一体化，周期短

借用现代结构设计软件，使得设计周期大大缩短，钢结构技术和相应的部件便于标准化、规范化，其生产方式易于工业化，能够在工厂里预制钢构件，然后运输到现场安装，便于技术集成化。建筑的科技含量和使用功能也得到了极大的提高，可以大大减少项目建设周期。

(4)环保性能优越

钢结构在工厂预制，在现场安装，避免混凝土湿法施工造成的污染，及运输和浇筑混凝土产生的噪音。当若干年后，混凝土建筑拆除后，建筑材料不能再生利用，只能产生大量的建筑垃圾，而拆除钢结构，建筑钢材还可以直接使用或重新冶炼，对环境不会产生污染，因此钢材也称为绿色建材。

(5)轻质高强，减少基础造价

以中等高度的高层结构为例，采用钢结构承重骨架，可比钢筋混凝土结构减轻自重1/3以上，因而可显著减轻结构传至基础的竖向荷载与地震作用，大大降低了基础的成本。

钢结构建筑也存在一些缺点，如抗火性能差。当有防火要求时，钢构件表面必须用专门的耐火涂层防护，以满足《高层民用建筑设计防火规范》GB 50045 的要求。

2. 结构荷载的特点

建筑结构的基本功能是抵抗可能遭遇的各种荷载，保持结构的完整性，以满足建筑的使

用要求，对于多、高层建筑，需要承受的荷载主要有：(1)由建筑物本身及其内部人员、设施所引起的重力；(2)由风或地震引起的水平侧向力。水平荷载是设计控制荷载，由于建筑高度显著增加，风荷载或地震作用等水平荷载成了设计高层钢结构的控制荷载。风荷载是直接施加于建筑物表面的风压，其值和建筑物的体型、高度以及地形地貌有关。地震作用是地震时的地面运动迫使上部结构发生振动时产生并作用于自身的惯性力，其作用力与建筑物的质量、自振特性、场地土条件等有关。

在侧向荷载作用下，多、高层结构的侧向位移可呈现两种典型的位移模式，即图 4.2.3(a)所示的剪切变形模式和图 4.2.3(b)所示的弯曲变形模式，本质上体现了结构水平抗剪刚度的强弱。在水平抗剪刚度薄弱的结构中，水平力引起楼层剪力，层间水平剪切变形在侧向位移中占优，使梁、柱构件产生弯曲变形，因此水平位移表现为剪切变形模式。在水平位移主要由弯曲变形构成的体系中，水平力引起倾覆力矩，使柱产生轴向变形，水平位移延高度快速发展。

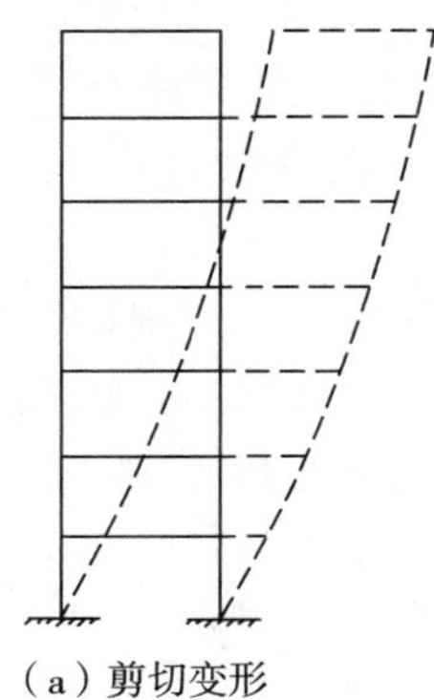
(a) 剪切变形

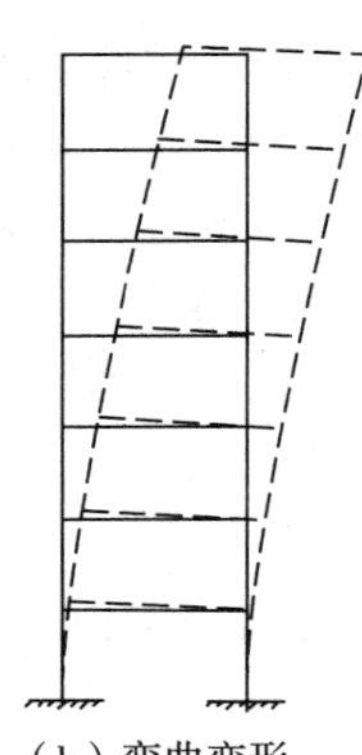
(b) 弯曲变形

图 4.2.3　侧向位移模式

高层钢结构自振周期较长，易与风载波动中的短周期产生共振，因而风载对高层建筑有一定的动力作用。风载作用时间长，频率高，在风载作用下要求结构处于弹性阶段，不允许出现较大的变形。地震作用发生的概率很小，持续时间很短，因此抗震设计允许结构有较大的变形，允许某些结构部位进入塑性状态，使周期加长，阻尼加大以吸收能量，从而做到“小震不坏，大震不倒”。

4.2.3　多、高层钢结构建筑结构体系的适用范围

1. 多、高层钢结构建筑的适用范围

目前，多、高层钢结构建筑常用的结构体系有以下几种。

(1)纯框架结构体系

钢框架结构可分为半刚接框架和全刚接框架。半刚接框架的梁按重力作用下的简支梁选择截面，梁柱连接不承受重力荷载产生的端弯矩；全刚接框架因考虑节点全面承受弯矩，节点构造较半刚接复杂。由于钢框架结构体系抗侧力刚度较小，侧向位移大，易引起非结构构件的破坏，所以应用层数受到一定限制。半刚接框架宜用于 20 层以下的建筑，全刚接框架宜用于 30 层以下建筑，如较高，虽能建造，但在侧力作用下的梁柱节点弯矩会过大，经济效益差。

(2)框架-支撑支结构体系

纯框架在风、荷载地震作用下,侧移不符合要求时,可以采用设置支撑的框架,即在框架体系中,沿结构的纵、横两个方向布置一定数量的支撑。在这种体系中,框架的布置原则和柱网尺寸基本上与框架体系相同,支撑大多沿楼面中心部位服务面积的周围布置,沿纵向布置的支撑和沿横向布置的支撑相连接,形成一个支撑芯筒。采用由轴向受力杆件形成的竖向支撑来取代由抗弯杆件形成的框架结构,能获得比纯框架结构大得多的抗侧力刚度,可以明显减小建筑物的层间位移。框架-支撑结构由于抗侧力刚度有限,不能使用于超高层钢结构建筑,一般用于40～60层的高层钢结构建筑。

(3)框架-剪力墙(芯筒)结构体系

在框架结构中布置一定数量的剪力墙可以组成框架剪力墙结构体系,这种结构以剪力墙作为抗侧力结构,既具有框架结构平面布置灵活、使用方便的特点,又有较大的刚度,可用于40～60层的高层钢结构。当剪力墙沿服务面积(如楼梯间、电梯间和卫生间)周围设置,形成框架筒体结构体系。这种结构体系在各个方向都具有较大的抗侧力刚度,成为主要的抗侧力构件,承担大部分水平荷载,钢框架主要承受竖向荷载。

筒体结构有较大的刚度,有较强的抗侧力能力,所以能形成较大的使用空间,满足一些大空间建筑的需求,筒体结构的对称性,使得结构体系有均匀对称的抗侧刚度和抗扭刚度,能抵御任何方向较大的倾覆力矩和扭转力矩。有较好的延性,抗震性能很好。

根据结构体系的受力特点得到高层钢结构建筑适宜的房屋层数,见表4.2.2所列。

表4.2.2 高层钢结构建筑适宜的房屋层数

结构体系		适宜的房屋层数
框架结构体系	半刚接框架	20层以下
	刚性连接框架	30层以下
框架-支撑结构体系		40～60层
框架-剪力墙(芯筒)结构体系		40～60层

多、高层钢结构建筑结构及其抗侧力结构的平面布置宜规则、对称,并应具有良好的整体性;建筑的立面和竖向剖面宜规则,结构的侧向刚度沿高度宜均匀变化,竖向抗侧力构件的截面尺寸和材料强度宜自下而上逐渐减小,应避免抗侧力结构的侧向刚度和承载力突变。

根据《建筑结构抗震设计规范》GB 50011第8.1.1条和《高层民用建筑钢结构技术规程》JGJ 99第3.2.2条的规定,多、高层钢结构建筑结构类型和最大高度应符合表4.2.3的规定。平面和竖向均不规则的钢结构,适用的最大高度宜适当降低。

表4.2.3 多、高层钢结构建筑结构类型和最大高度

结构体系	6度、7度	7度	8度		9度	非抗震
	(0.10g)	(0.15g)	(0.20g)	(0.30g)	(0.40g)	设计
框架结构	110	90	90	70	50	110
框架-中心支撑	220	200	180	150	120	240

（续表）

结构体系	6 度、7 度 (0.10g)	7 度 (0.15g)	8 度 (0.20g)	 (0.30g)	9 度 (0.40g)	非抗震设计
框架-偏心支撑 框架一屈曲约束支撑 框架一延性墙板	240	220	200	180	160	260

注：(1)房屋高度指室外地面到主要屋面板板顶的高度(不包括局部突出屋顶部分)；

(2)超过表内高度的房屋，应进行专门研究和论证，采取有效的加强措施；

(3)表内筒体不包括混凝土筒；

(4)框架柱包括钢柱和钢管混凝土柱；

(5)甲类建筑，6、7、8 度时宜按本地区抗震设防烈度提高 1 度后符合本表要求，9 度时应专门研究。

2. 多、高层钢结构建筑的应用领域

在我省范围内，可以在以下建筑工程中推广应用多、高层钢结构建筑。

(1)政府投资的公共建筑、主导的保障性住房等公益性建筑，如国家机关、博物馆、科技馆、图书馆、展览馆等公共建筑，保障性住房、棚户区改造以及大空间的宾馆、饭店、商场、写字楼等大型公共建筑。

(2)重点抗震设防类(乙类)公共建筑，如中小学、大专院校、医院等。

(3)社会投资的工业厂房和公共建筑，如文化体育、教育医疗、商业仓储、工业厂房等公共建筑、100 m 以上的超高层建筑。

(4)房地产开发企业建设钢结构住宅小区，如旅游、休闲、度假、养老等地产。凡位于生态保护区或风景名胜区规划范围内的，优先采用钢结构。

4.3 钢框架结构

4.3.1 钢框架结构的概念、分类和特点

1. 钢框架结构的概念

钢框架结构体系是指房屋结构沿纵向和横向均采用框架作为承重和抵抗侧力的主要构件所构成的结构体系(图 4.3.1)，由梁、柱构件均通过节点连接而形成。可用于大跨度、高层民用建筑或承受荷载较大的工业建筑。

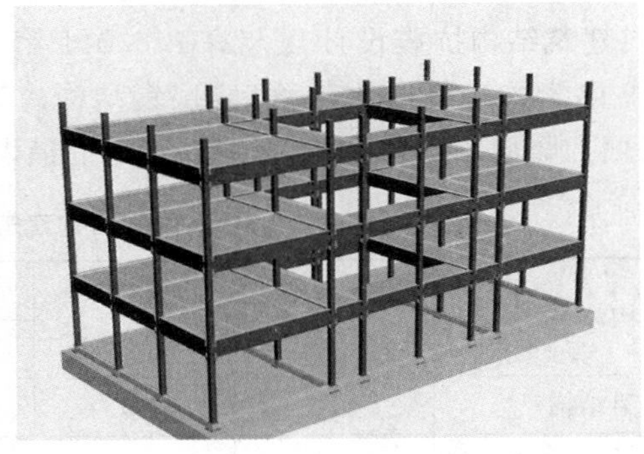

图 4.3.1 钢框架结构体系建筑

2. 钢框架结构的分类

对于钢结构框架，按梁与柱的连接形式钢框架梁柱连接可分为三类：

(1)刚性连接(刚接)。梁柱间无相对转动，连接能承受弯矩。

(2)铰支连接(铰接)。梁柱间有相对转动，连接不能承受弯矩。

(3)半刚性连接(半刚接)。梁柱间有相对转动，连接能承受弯矩。

一般将梁柱连接中在梁翼缘部位有可靠连接且刚度较大的连接形式，如图 4.3.2(c)、图 4.3.2(d)及图 4.3.2(e)所示，当作刚接；如图 4.3.2(a)及图 4.3.2(b)所示，当作铰接。当梁柱连接按刚接或铰接进行框架计算与设计时，其构造应尽量符合刚接或铰接的假定，使结构内力分析准确，设计安全。

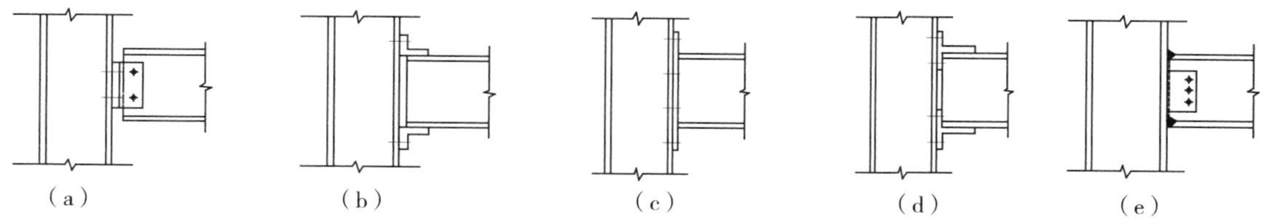

图 4.3.2　梁柱连接形式

地震区的高层建筑采用钢框架结构体系时，纵、横向框架梁与柱的连接，一般均应采用刚性连接。某些情况下，为加大结构的延性，或防止梁与柱连接焊缝的脆断，采用半刚性连接构造，需考虑论证。

3. 钢框架结构的特点

钢框架结构体系的主要优点是：

(1)抗震性能良好。由于钢材延性好，既能减轻地震反应，又使得钢结构具有抵抗强烈地震的变形能力。

(2)自重轻。可以显著减轻结构传至基础的竖向荷载和地震作用。

(3)充分利用建筑空间。能够提供较大的内部使用空间，建筑平面布置灵活，能适应多种类型的使用功能，由于柱截面较小，可增加建筑使用面积 2%～4%。

(4)构件易于标准化和定型化，施工速度快。对于多层建筑，该体系是一种比较经济合理、应用广泛的结构体系。

然而其缺点也比较明显，一方面在地震作用下，由于结构的柔性，使结构的自振周期长，结构自重轻，有利于抗震；另一方面由于结构抗侧向刚度小，$P—\Delta$ 效应显著，地震时侧向位移大，容易引起非结构构件破坏，甚至是结构破坏。

4.3.2　钢框架结构的材料、受力特征和构件

1. 钢框架结构的材料

(1)钢材

结构钢材的选用应符合下列规定：

① 承重结构所用钢材宜选用 Q345 钢、Q390 钢，材质与材性应分别符合现行国家标准《碳素结构钢》GB/T 700 和《低合金高强度结构钢》GB/T 1591 的规定，质量等级均不低于 B 级。有可靠依据时可选用更高强度级别的钢材。一般构件可选用 Q235 钢，选用 Q235 钢材

时应选用镇静钢，焊接钢结构不应选用Q235A级钢。

② 承重结构所用钢材应保证材料的抗拉强度、屈服强度、伸长率，应具有良好的焊接性和合格的冲击韧性，应具有碳、硫、磷等化学成分含量合格的保证。抗震结构的钢材应有明显的屈服台阶，屈强比不应大于0.85，伸长率不应小于20%。

③ 对综合性能要求较高的承重构件宜选用高性能建筑用钢板，其材质与材性应符合现行国家标准《建筑结构用钢板》GB/T 19879的规定。

④ 当采用国产热轧H型钢和剖分T型钢时，应符合现行国家标准《热轧H型钢和剖分T型钢》GB/T 11263的规定。

⑤ 框架柱采用箱形或管形截面且壁厚不大于20mm时，宜选用直接成型的冷成型方(矩)形焊管，其材质、材性等要求应符合现行行业标准《建筑结构用冷弯矩型钢管》JG/T 178中Ⅰ级产品的规定。框架柱采用圆钢管且$D/t \geqslant 20$时，宜选用直缝焊接圆钢管，并要求成管管材的材质与材性符合设计要求及现行国家或行业有关标准。

⑥ 采用焊接连接的构件和节点所选用的钢材，其厚度大于或等于40mm且承受板厚方向的拉力作用时，应符合现行国家标准《厚度方向性能钢板》GB/T 5313钢材性能的规定。

⑦ 钢管混凝土的管材应根据结构的重要性、荷载特征、环境条件等因素合理选取钢牌号及质量等级。钢管用钢材宜采用Q235等级B、C、D的碳素结构钢，以及Q345、Q390、Q420等级B、C、D的低合金高强度钢材。

⑧ 钢材强度设计值应符合《钢结构设计规范》GB 50017和《高层民用建筑钢结构技术规程》JGJ 99的规定。

(2)焊接材料

焊接材料的选用应符合下列规定：

① 手工焊接用焊条应符合现行国家标准《碳钢焊条》GB/T 5117或《低合金钢焊条》GB/T 5118的规定，选用的焊条型号应与主体钢构件金属力学性能相适应；当两种不同强度的钢材焊接时，宜采用与低强度钢材相适应的焊接材料。

② 自动焊接或半自动焊接采用的焊丝和焊剂应与主体钢构件金属力学性能相适应，焊丝应符合现行国家标准《熔化焊用钢丝》GB/T 14957、《气体保护电弧焊用碳钢、低合金钢焊丝》GB/T 8110及《碳钢药芯焊丝》GB/T 17493的规定；埋弧焊用焊丝和焊剂应符合现行国家标准《埋弧焊用碳钢焊丝和焊剂》GB/T 5293、《低合金钢埋弧焊用焊剂》GB/T 12470的规定。

③ 焊接材料的匹配以及焊缝的强度设计值应符合《钢结构设计规范》GB 50017、《高层民用建筑钢结构技术规程》JGJ 99的规定。

(3)连接螺栓、锚栓

各类螺栓、锚栓的强度设计值应符合《钢结构设计规范》GB 50017及《高层民用建筑钢结构技术规程》JGJ99的规定。

普通螺栓[图4.3.3(a)]应符合现行国家标准《六角头螺栓C级》GB/T 5780和《六角头螺栓》GB/T 5782的规定。

高强度螺栓[图4.3.3(c)、图4.3.3(d)]应符合现行国家标准《钢结构用高强度大六角头螺栓》GB/T 1228、《钢结构用高强度大六角头螺母》GB/T 1229、《钢结构用高强度垫圈》GB/T 1230、《钢结构用高强度大六角头螺栓、大六角螺母、垫圈技术条件》GB/T 1231或《钢结构用扭剪型高强度螺栓连接副技术条件》GB/T 3633 的规定。

锚栓[图 4.3.3(b)]可采用现行国家标准《碳素结构钢》GB/T 700 规定的 Q235 钢，或《低合金高强度结构钢》GB/T 1591 规定的 Q345 钢。

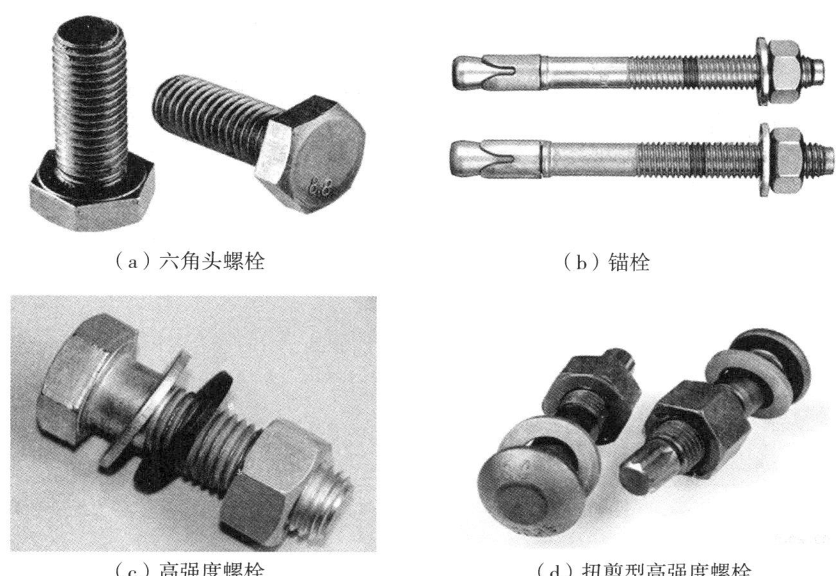

（a）六角头螺栓　（b）锚栓　（c）高强度螺栓　（d）扭剪型高强度螺栓

图 4.3.3　连接螺栓和锚栓

2. 钢框架结构的组成

钢框架结构体系是由梁、柱通过节点的构造连接而成的多个平面框架结构组成的建筑结构体系。它包括各层楼盖平面内的梁格系统和各竖直平面内的梁、柱组成的平面框架系统。结构体系的整体性取决于各柱和梁的刚度、强度以及节点连接构造的可靠性。钢框架结构的主要构件为梁和柱。

(1)梁

梁的常用截面形式有(图 4.3.4)：焊接 H 形钢；热轧 H 形钢；焊接箱形。

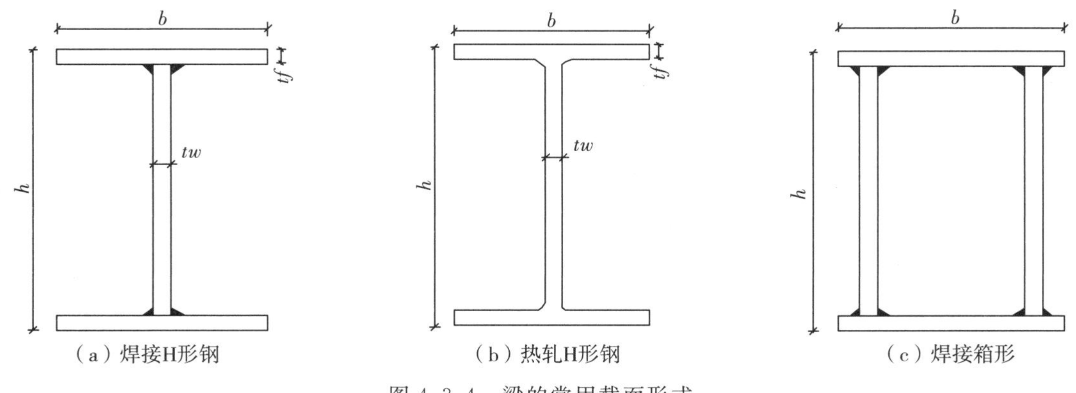

（a）焊接H形钢　（b）热轧H形钢　（c）焊接箱形

图 4.3.4　梁的常用截面形式

一般情况下，梁为单向受弯构件，通常采用 H 形截面，不宜采用热轧工字钢，因为其曲线形变厚度翼缘不适应焊接坡口的加工及焊接垫板的设置。在截面积一定的条件下，为使截面惯性矩、截面模量较大，H形梁的高度宜设计成远大于翼缘宽度，而翼缘的厚度远大于腹板的厚度；一般要满足 $h \geqslant 2b$，$t_f \geqslant 1.5t_w$。当梁受扭时，由于梁高的限制，必须通过加大梁的翼缘宽度来满足梁的刚度或承载力时，也可采用箱形截面。

(2)柱

柱的常用截面形式有(图 4.3.5)：焊接 H 形钢，热轧 H 形钢，焊接箱形钢，焊接十字形钢，圆钢管，钢管混凝土。

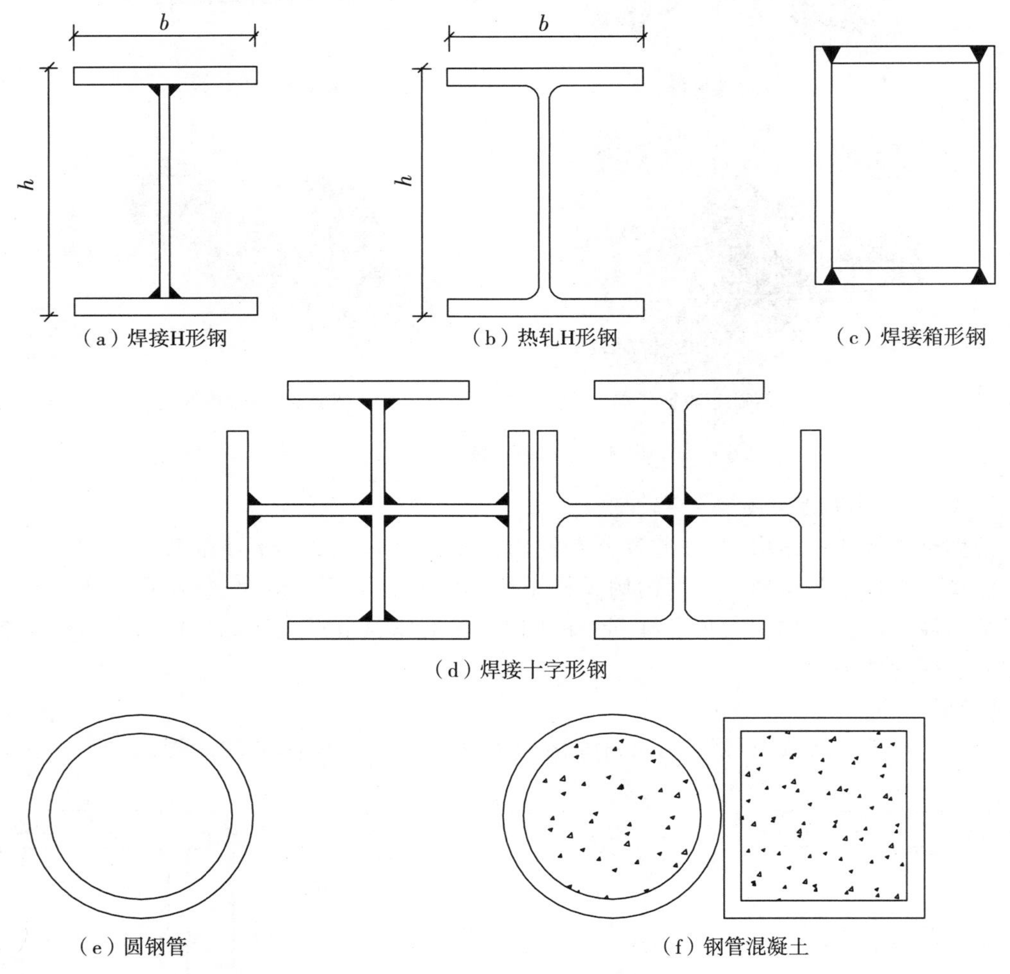

图 4.3.5　柱的常用截面形式

一般情况下，多、高层钢结构柱为双向受弯构件。采用 H 形钢作为柱时，为使截面的两个主轴方向均有较好的抗弯性能，截面的翼缘宽度不宜太小，一般取 $0.5h \leqslant b \leqslant h$。而柱由于受较大轴压力，与 H 形梁相比，宜加大 H 形柱腹板的厚度，有利于抗压，故一般 $0.5t_f \leqslant t_w \leqslant t_f$。

钢框架的一般柱，通常采用热轧或焊接的宽翼缘 H 形钢，并使强轴(较大惯性矩)对应于柱弯矩较大或柱计算长度较大的方向；纵、横向钢框架的共用柱，特别是角柱宜采用热轧或焊接的矩形(或方型)钢管。抗震设防框架,为抵抗纵、横向大致相等的水平地震作用,宜采用方形钢管柱。若因条件限制必须采用 H 型钢柱时,可将柱的强轴方向一半对应于房屋纵向,一半对应于房屋横向;但对于角柱和纵、横向框架的共用柱,宜采用由一个 H 型钢和两个剖分 H 型钢拼焊成的带翼缘的十字形截面。与 H 形截面相比,箱形截面、十字形截面和圆形截面的双向抗弯性能更接近,一般用于双向弯矩均较大的柱。箱形截面、十字形截面与圆形截面相比,前者抗弯性能更好。

在钢管内填充混凝土构成钢-混凝土组合构件,组合构件与纯钢构件相比,提高了构件的承载力和抗火性能,但也增加了浇注混凝土的工作量及结构重量。

(3)楼盖体系

多、高层钢结构建筑宜采用钢-混凝土组合楼盖,其中楼板可采用压型钢板混凝土组合楼板、钢筋桁架混凝土组合楼板,也可采用混凝土叠合楼板、现浇混凝土楼板,如图 4.3.6 所示。框架梁应符合组合梁构造要求并按钢梁计算;非框架梁可按组合梁进行设计计算。

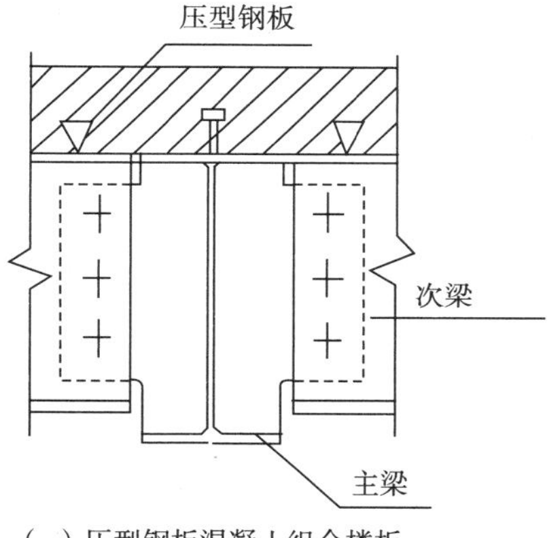

(a) 压型钢板混凝土组合楼板

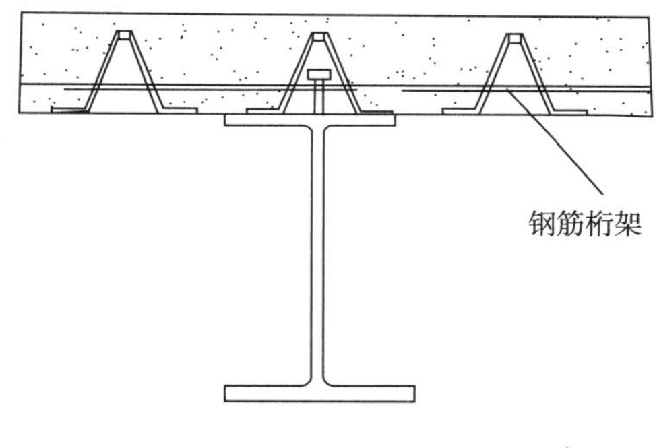

(b) 钢筋桁架混凝土组合楼板

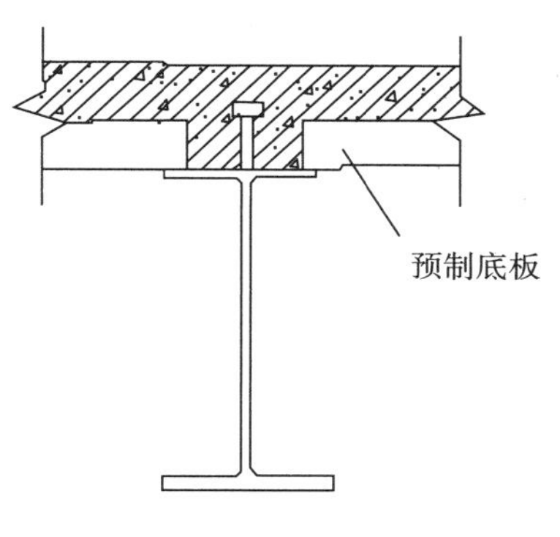

(c) 混凝土叠合楼板

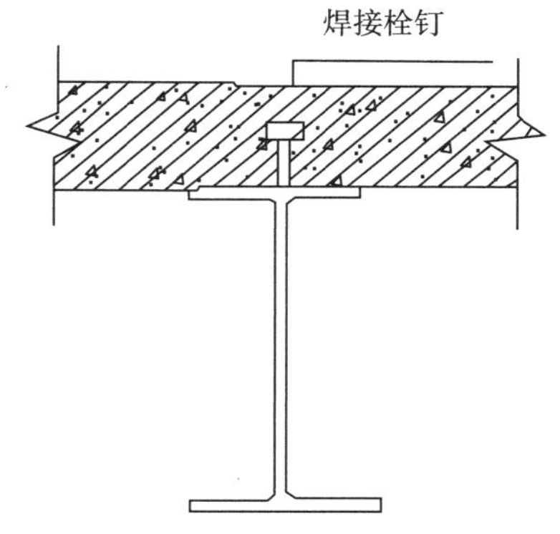

(d) 现浇混凝土楼板

图 4.3.6 组合楼盖楼板类型

钢-混凝土组合楼盖应符合下列规定:

① 组合楼盖应具有良好的刚度、强度、整体性和抗震性能。

② 主梁和次梁的布置宜采用平接。

③ 平面复杂或开洞过大的楼层、作为上部结构嵌固部位楼层和地下室顶层应采用现浇混凝土楼板。

④ 组合楼盖应满足防火、防腐蚀的要求。

设计钢-混凝土组合楼盖时应分别进行施工阶段和使用阶段的强度、刚度、稳定性验算。楼板与钢梁、剪力墙应有可靠连接。楼板与钢梁之间的连接件可采用圆柱头焊钉(栓钉)等形式。楼板的混凝土强度等级应满足现行国家标准《混凝土结构设计规范》GB 50010 的规定要求。

组合楼板应具有必要的刚度,底部压型钢板在施工阶段的挠度不应大于板跨的 1/300,且不应大于 10mm。组合楼板使用阶段的挠度不应大于板跨的 1/200。

设计钢筋桁架组合楼板时,施工阶段采用弹性方法验算钢筋桁架的承载力及变形;使用阶段应验算楼板的承载力、变形及自振性能。钢筋桁架底部压型钢板的厚度不应小于 0.5mm 且应采用镀锌板材;底部压型钢板施工完成后拆除的,可采用非镀锌板材,板材净厚度不宜小于 0.4mm。钢筋桁架组合楼板开洞需切断桁架上下弦钢筋时,孔洞边应设置加强钢筋。

(4)墙板体系

墙板体系分为外围护墙和内隔墙,外围护墙体连接的设计构造应符合下列规定:外围护墙体的连接节点应能承受墙体自重、风荷载、温度变化作用及施工临时荷载,抗震设计时应能承受墙体本身的地震作用,外围护墙体与主体钢结构的连接接缝应采用柔性连接,接缝应满足在温度应力、风荷载及地震作用等外力作用下,其变形不会导致密封材料破坏的要求。内隔墙应满足装饰及住宅设备安装等对墙体强度和刚度的要求。

3. 钢框架结构的受力特征

钢框架是由水平杆件(钢梁)和竖向杆件(钢柱)、刚性连接所形成的构件,既能承重,又能抵抗水平荷载。

钢框架一般布置在建筑物的横向,以承受屋面或楼板的恒载、雪荷载、使用荷载及水平方向的风荷载及地震作用等。纵向之间以梁、墙板与框架柱连接,以承受纵向的水平风荷载和地震荷载并保证柱的纵向稳定。钢构件的连接一般用焊接,也可用高强螺栓。

刚接框架结构在竖向荷载作用下的承载能力,决定于梁、柱的强度和稳定性,多、高层建筑的水平位移包括两部分,一部分是竖向构件,承受轴向压力或变形引起的水平位移,另一部分为各层梁、柱在剪力作用下引起的水平位移,后者可能占总水平位移的 80%左右。在纯框架体系之类的水平抗剪刚度薄弱的结构中,层间水平剪切变形在侧向位移中占优,因此,水平位移表现为剪切变形模式,如图 4.2.3 所示,结构的层间位移沿着建筑物的高度递减。

4.3.3 钢框架结构的设计与计算

1. 多、高层钢结构建筑的设计基本过程

多、高层钢结构建筑的设计一般遵循下列基本过程:

(1)确定建筑方案。建筑师根据建筑的功能要求,确定建筑的平面布置、立面布置。结构工程师应参与这一阶段建筑方案的确定,以使与之相配的结构方案合理、经济。

(2)确定结构方案。根据建筑方案,确定结构布置及相应的结构形式,并初步给定结构各构件的材料与尺寸。在确定结构方案时,尚应注意设备及管线布置对结构布置及构件形式及尺寸影响。

(3)结构分析。根据建筑所处的地域环境及建筑的功能,确定该建筑可能受到各种荷载与作用,如风荷载、雪荷载、地震作用、温度作用、建筑自重,以及建筑的各种使用可变荷载;然后进行结构在各种荷载作用下的内力与变形分析;最后确定结构在各种荷载组合作用下的内力与变形。

(4)结构验算。进行结构在各种荷载组合作用下的承载力与变形验算。对于多、高层钢结构建筑,目前世界各国(包括中国)主要验算结构各构件的承载力及结构在风和地震作用下的水平位移。如果结构验算结果过于富余或不满足,应调整结构构件尺寸或结构布置。

(5)出结构设计图。结构设计图应表达清楚结构各构件的布置(位置)、各构件的材料、截面形式与尺寸以及结构各节点的形式(是刚接还是铰接)与所有不同节点的细节(节点详图)。

按上述步骤完成结构设计后,应出具设计文件。完整的结构设计文件由三部分组成:结构设计说明;结构设计图;结构计算书。

结构设计说明应注明结构设计依据(结构所处地域环境、需遵守的各种设计规范、设计指标等)、对结构材料及结构制造与安装的有关要求、对结构设计图纸表达的有关说明等。现在多、高层钢结构建筑体量越来越大,复杂程度高,海量数据计算能力,设计与制造过程中涉及新技术的使用,如 BIM 技术的应用。BIM 是建筑信息模型(Building Information Modeling)的缩写,建筑信息模型的数据以多种数字技术为依托,集成包括建筑、结构、暖通等各个专业的专项信息,同时将各个环节联系起来,贯穿于整个建筑生命周期,具有协调性、可视性、模拟性、可出图性、优化性等特点。

传统住宅设计与施工的工作流程(如建筑设计、结构设计、设备设计、深化设计、加工制作和施工安装之间)常存在不同程度的信息间断。在工程项目的各个阶段,设计、计算、详图和制作管理系统中的模型和数据很多时候会被多次地重复输入或重新建模。因此,在项目估算、深化设计、加工和施工计划中有时会造成不必要的高成本返工,而利用 BIM 信息关联图(图 4.3.7),能够使工程技术人员及时对工程信息进行了解或纠正,并且还可以通过充分共享不同阶段不同专业的模型信息,使流程各阶段各专业紧密结合,信息互通,为设计团队以及包括建筑运营单位在内的各方建设主体提供协同工作的基础,从而在提高生产效率、节约成本和缩短工期方面发挥重要作用。

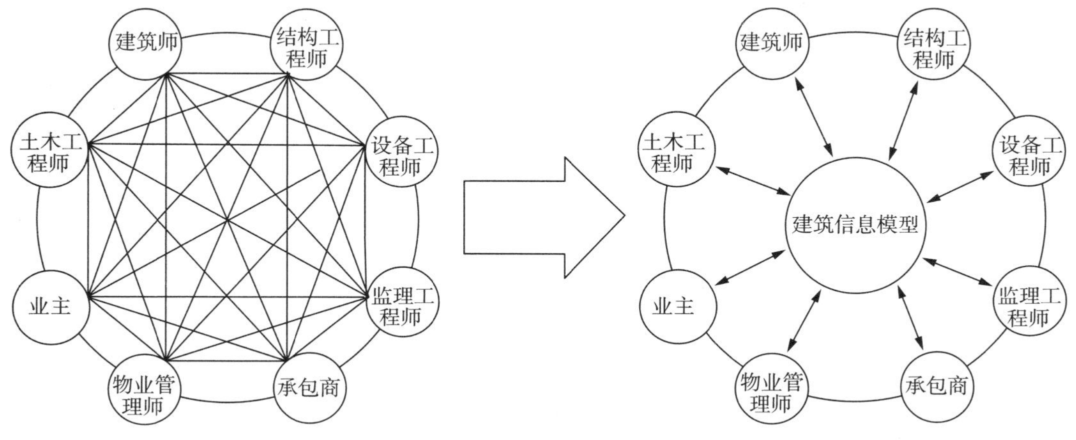

图 4.3.7　BIM 信息关联图

目前,中国已经陆续将 BIM 技术应用到一些实际工程项目中。例如,2010 年上海世博会中国馆、上海中心大厦、中国尊等项目。上海中心大厦(图 4.3.8),位于上海市浦东新区陆家嘴银城中路 501 号。工程占地面积为 3 万 m^2,实际建筑面积为 57.6 万 m^2。建筑的主体高度为 580 m,总高度为 632 m,地上 121 层,地下 5 层,裙楼 5 层。上海中心属于高层异型建筑,采用了双层表皮的概念。内层表皮是非常常规的几何形状,外层表皮则采取旋转的方式。针对建筑设备专业,由于建筑、结构的原因,有许多杆件穿插在设备层中间。如果继续采用二维设计理念,很难解决这一设计难题,所以采用 BIM 技术,以 Autodesk Revit 软件为建模基本方式,并使用 Navisworks 与 Ecotect 进行碰撞检查与 CFD 模拟,完成整个设备层的设计工作。

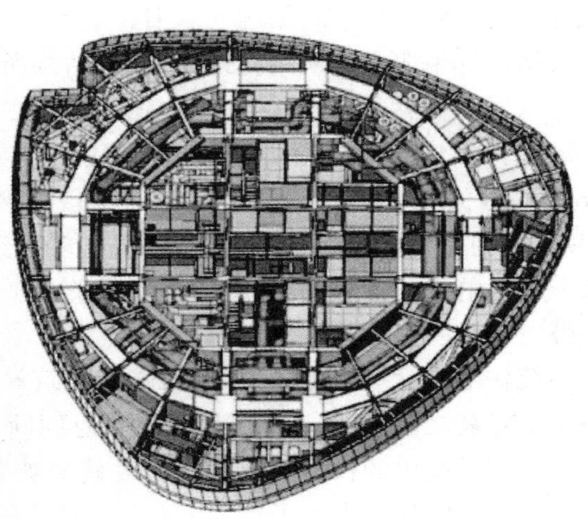

图 4.3.8 上海中心大厦

2. 钢框架结构体系的布置

多、高层钢框架建筑设计应根据抗震概念设计的要求明确建筑形体的规则性。结构平面形状宜简单、规整,结构及其抗侧力构件平面布置宜均匀、规则、对称,应具有良好的整体性和足够的抗扭刚度。

当高层钢结构建筑满足表 4.3.1 所列举的建筑平面不规则类型和表 4.3.2 所列举的建筑竖向不规则类型时,该高层钢结构建筑属于不规则结构。当存在多项不规则或某项不规则则超过规定参考指标较多时,应属特别不规则结构。高层钢结构建筑不宜选用特别不规则结构。

表 4.3.1 建筑平面不规则的主要类型

不规则类型	定义和参考指标
扭转不规则	在规定的水平力作用下,楼层的最大弹性水平位移(或层间位移),大于该楼层两端弹性水平位移(或层间位移)平均值的 1.2 倍
凹凸不规则	平面凹进的尺寸,大于相应投影方向总尺寸的 35%

（续表）

不规则类型	定义和参考指标
楼板局部不连续	楼板的尺寸和平面刚度急剧变化，例如，有效楼板宽度小于该层楼板典型宽度的50%，或开洞面积大于该层楼面面积的30%，或较大的楼层错层

表 4.3.2　建筑竖向不规则的主要类型

不规则类型	定义和参考指标
侧向刚度不规则	该层的侧向刚度小于相邻上一层的70%，或小于其上相邻三个楼层侧向刚度平均值的80%；除顶层或出屋面小建筑外，局部收进的水平向尺寸大于相邻下一层的25%
竖向抗侧力构件不连续	竖向抗侧力构件（柱、抗震墙、抗震支撑）的内力由水平转换构件（梁、桁架等）向下传递
楼层承载力突变	抗侧力结构的层间受剪承载力小于相邻上一楼层的80%

对于上述不规则的建筑应按规定采取加强措施；特别不规则的建筑应进行专门研究和论证，采取特别的加强措施；不应采用严重不规则的建筑。

3. 构件设计

采用钢框架结构体系的建筑，沿房屋纵向和横向，一般均应采用刚接框架。要求抗震设防的建筑，纵向框架与横向框架的公用柱，应考虑两个正交方向地震动分量的同时作用，按双向受弯进行截面设计。

层数较多的框架结构的底层或底部两层，宜采用型钢混凝土结构，作为上部钢框架与地下混凝土结构之间的过渡层。

对于抗震设防框架，所有梁柱节点的柱端和梁端的承载力应符合下列要求：

(1)为使框架在水平地震作用下进入弹塑性阶段时，避免发生楼层屈服机制，实现总体屈服机制，以增大框架的吸能和耗能容量，要求框架杆件设计符合“强柱弱梁”的抗震设计准则。

(2)地震作用下，要求框架实现“梁铰机制”，及框架的杆件塑性铰首先出现在梁端而不是柱端，这就要求位于同一竖向平面、交汇于某一节点的梁和柱，各柱端塑性铰弯矩之和应大于各梁端塑性铰弯矩之和。

4. 钢框架节点连接设计

钢框架梁柱节点连接设计应验算主梁与柱连接的承载力、柱腹板的抗压承载力、节点板域的抗剪承载力；钢框架节点抗震承载力验算应符合现行国家标准《建筑抗震设计规范》GB 50011 的规定。

非抗震设计时应按节点处于弹性受力阶段设计；抗震设计时，除按弹性方法进行节点域及连接极限承载力等项计算外，尚应按结构进入弹塑性阶段进行节点区梁端、柱端全塑性承载力与节点域屈服承载力的验算。承重构件的螺栓连接，应采用高强度螺栓摩擦型连接。极限承载力计算时，可考虑钉杆与孔壁接触按承压型连接计算。

一般情况下，钢框架的梁柱节点宜采用“柱贯通型”[图 4.3.9(a)]；仅当钢梁采用箱形截面、柱采用矩形钢管时，可采用“梁贯通型”[图 4.3.9(b)]。

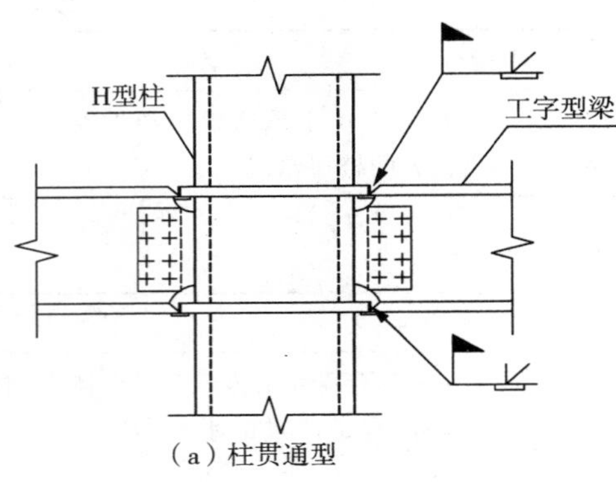

（a）柱贯通型

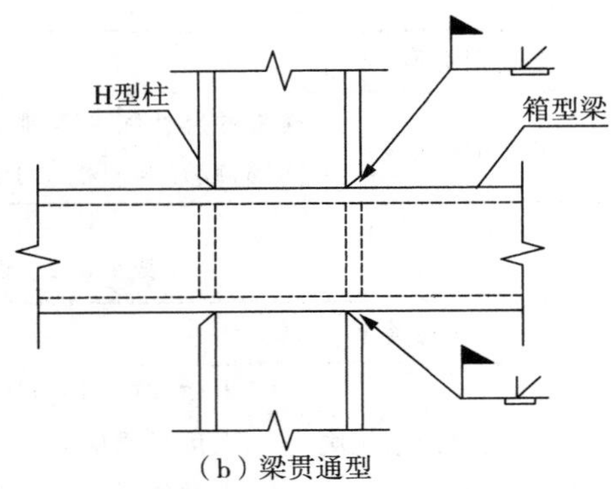

（b）梁贯通型

图 4.3.9 钢框架的梁柱节点

框架梁与柱刚性连接时，应在梁翼缘的对应位置设置水平加劲肋（或隔板）。抗震设计时，水平加劲肋厚度不得小于梁翼缘厚度，钢材强度不得低于梁翼缘的钢材强度（图 4.3.10）。非抗震设计时，水平加劲肋应能传递梁翼缘的集中力，厚度由计算确定。

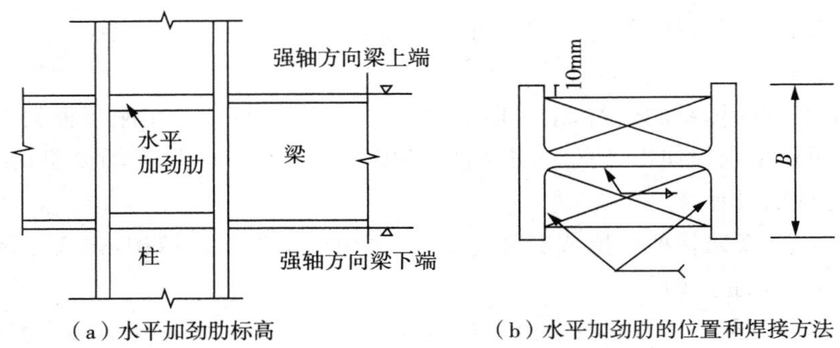

（a）水平加劲肋标高　　（b）水平加劲肋的位置和焊接方法

图 4.3.10 柱水平加劲肋（隔板）应与梁翼缘外侧对齐

楼梯休息平台梁与框架柱宜采用铰接连接。框架梁与柱铰接连接时（图 4.3.11），与梁腹板相连的高强度螺栓，除应承受梁端剪力外，尚应承受偏心弯矩的作用，偏心弯矩 M 按下式计算：

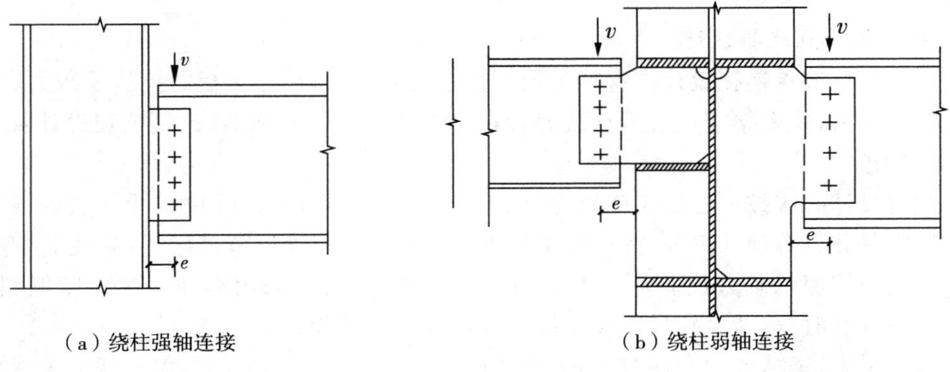

（a）绕柱强轴连接　　（b）绕柱弱轴连接

图 4.3.11 框架梁与柱的铰接连接

$$M=Ve \tag{4.3.1}$$

式中：M ——节点偏心弯矩；

V ——梁端剪力；

e ——梁端连接螺栓合力点中心线到柱边的距离。

当钢框架因梁柱节点域腹板的剪切变形使框架侧移超出规定限值时，宜采取措施加厚节点域的腹板。对于抗震设防钢框架，为防止梁端焊缝开裂的常见震害，宜采取措施削减梁端焊缝热影响区以外的梁上、下翼缘的截面面积，实现"强连接、弱构件"的耐震设计的准则。

4.3.4 钢框架结构的应用

纯框架体系是最早用于高层建筑的结构类型，其柱距宜控制在6～9 m范围内，次梁间距一般以3～4 m为宜。纯框架结构的主要优点是平面布置较灵活，刚度分布均匀，延性较大，自振周期较长，抗震性能好。但由于侧向刚度小，钢框架结构体系是靠梁、柱的抗弯刚度和受弯承载力为结构提供侧向刚度和水平承载力，所以，其抵抗水平承荷载的能力相对较弱。采用钢框架结构体系的建筑，沿建筑的纵向和横向都是由框架组成，结构的整体抗侧力能力相对较弱，所能适用的房屋最大高度也就较低，一般在不超过20～30层时比较经济。

对位于地震区的采用全钢结构框架体系建筑，国家标准《建筑抗震设计规范》GB 50011第8.1.1条规定的房屋最大适用高度和高宽比见表4.3.3所列。

表4.3.3 钢结构框架体系楼房的最大适用高度和高宽比

抗震设防烈度	6度(0.05g)	7度		8度		9度(0.40g)
		0.10	0.15	0.20	0.30	
房屋高度/m	110	110	90	90	70	50
房屋高宽比	6.5	6.5	6.0	5.5		

注：房屋高度和房屋高宽比均从室外地面算至主体屋面板的顶面。

刚接框架结构体系对于30层左右的建筑是较为合适的。超过30层后，这种体系的刚度不易满足要求，在风荷载和地震荷载等水平力作用下，暴露出明显的缺陷，常需采用支撑、剪力墙或筒体结构来加强刚接框架而另成为其他结构体系。

4.3.5 异形柱钢框架结构体系

1. 异形柱钢框架结构的概念

在目前钢结构住宅的研究和工程实践中，结构体系主要是采取普通截面框架柱（方形、H形）作为竖向支撑构件。于是，框架柱脚在室内的凸出等问题突兀而出，严重影响了室内美观和建筑功能。这类问题是框架结构建筑设计的传统问题，在普通住宅设计中尤为明显。在这种情况下，异形柱很好地解决了这个问题，根据柱子的位置，可采用不同形状截面的异形柱，L形、T形和十字形可分别用于角柱、边柱和中柱，异形柱在保证承载力的情况下可以将异形柱分肢包在墙体内，装修完毕后完全看不到结构柱，达到了节省室内空间和美化居室的双重效果。

2. 异形柱钢框架结构的分类

国内对异形柱结构体系的研究最早起源于钢筋混凝土异形柱结构体系，后推广至异形柱钢框架结构体系。由于目前钢筋混凝土异形柱结构体系的研究和应用较为广泛，国内学者对钢筋混凝土异形柱的截面承载力、节点承载力、异形柱框架的抗震性能等都做了大量的试验和研究，一些地区还制定了相应的地方标准。图 4.3.12 是钢筋混凝土异形柱常用的 L 形、T 形和十字形截面形式。

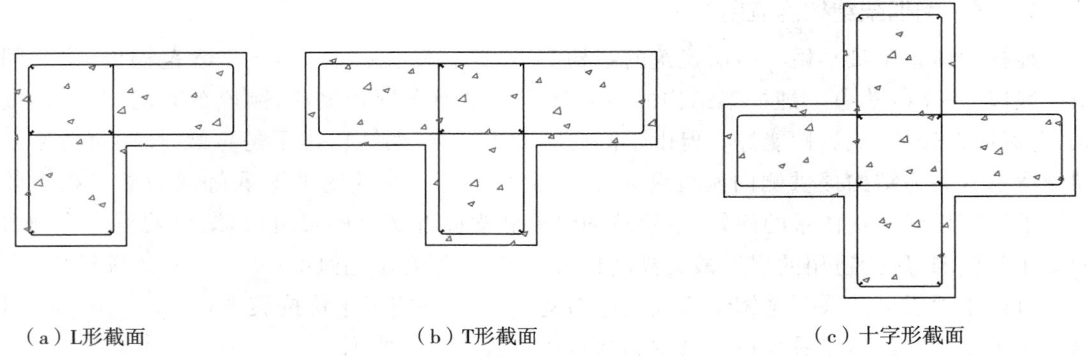

图 4.3.12　钢筋混凝土异形柱常用的截面形式

（1）型钢异形柱

型钢异形柱截面形式如图 4.3.13 所示，在一个 H 型钢截面上增加一个或两个 T 型截面，从而形成 L 形、T 形或十字形柱，这种异形钢柱截面根据建筑墙体的厚度来设定翼缘宽度，框架梁与异形钢柱各个方向的翼缘刚接。这种异形钢柱施工方便、节约钢材，可灵活用于住宅墙体，但其局部稳定性的计算以及梁柱节点与钢柱形心偏离时的整体受力分析比较复杂。

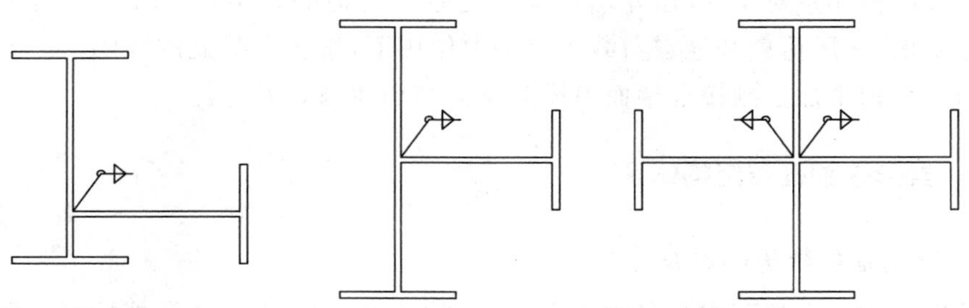

图 4.3.13　型钢异形柱截面形式

（2）桁架式型钢混凝土异形柱

由于型钢混凝土结构中型钢与混凝土黏结力远远小于钢筋与混凝土的黏结力，因此国内一些研究者提出在异形柱各肢型钢之间连接水平和斜向杆，使各肢型钢形成一个整体型钢桁架，然后浇筑混凝土把型钢骨架包裹住，如图 4.3.14 所示。桁架式型钢混凝土异形柱的破坏过程与普通钢筋混凝土构件相似，其承载力比普通钢筋混凝土异形柱有明显的提高。

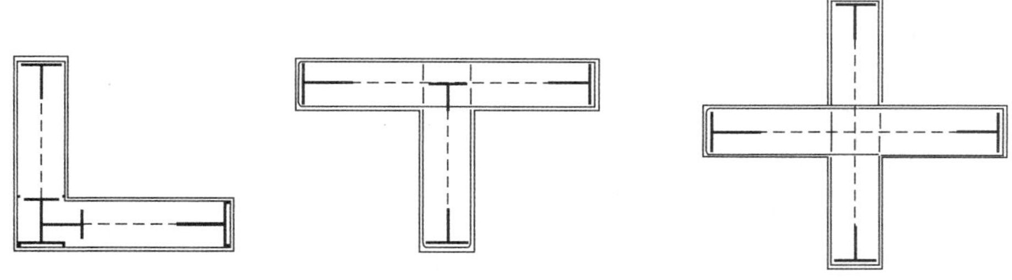

图 4.3.14 桁架式型钢混凝土异形柱截面形式

(3)钢管混凝土异形柱

钢管混凝土异形柱截面形式如图 4.3.15 所示，是通过在钢管异形柱中浇筑混凝土形成。为了增强钢管与混凝土的协同工作，可以采取设置加劲肋和约束拉杆等措施。钢管混凝土异形柱与钢筋混凝土异形柱相比，有更高的承载能力。

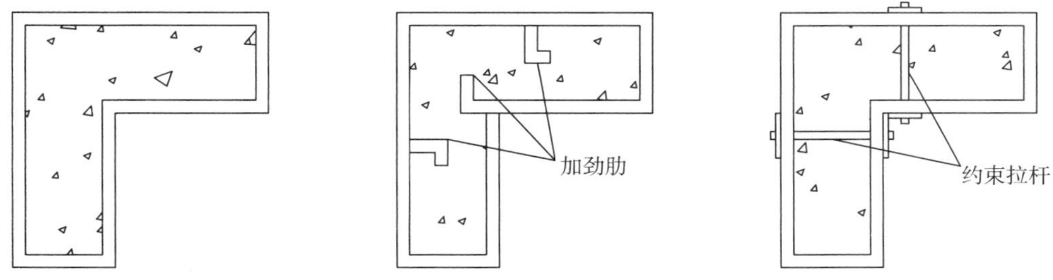

图 4.3.15 钢管混凝土异形柱的截面形式

目前异形柱钢结构的适用范围主要为：①抗震设防烈度为 7 度及 7 度以下地区；②房屋高度不超过 35 m；③柱网尺寸不大于 7.2 m。对于超过此范围情况，通常采用两种方法解决，一种是设置斜撑或常规剪力墙，形成异形柱钢框架-支撑结构体系或异形柱钢框架-剪力墙结构体系。另一种是增大异形柱的肢长，使肢长肢宽比大于 4，称为短肢剪力墙。

4.4 钢框架-支撑结构

4.4.1 钢框架-支撑结构的概念和特点

1. 钢框架-支撑结构的概念

当建筑层数超过 30 层或纯框架体系在风荷载、地震作用下不符合要求，可以采用支撑钢框架，即以钢框架作为基本结构，沿建筑物的纵、横向以及其他主轴方向布置一定数量斜向支撑，形成的结构体系称为钢框架-支撑结构体系(图 4.4.1)。支撑体系与框架体系共同作用形成双重抗侧力结构体系，为结构在正常使用阶段提供了一定侧向刚度，而且为结构在水平地震作用及较大风荷载作用下，提供了两道受力防线，形成了较理想的破坏机制。

图 4.4.1　钢框架-支撑结构结构体系

2. 钢框架-支撑结构的平面布置

与钢框架结构体系相同，钢框架-支撑结构体系也具有平面布置灵活多样、空间使用方便灵活等特点，设计、制造和施工简便，是高层钢结构建筑中常用的一种结构体系。在钢框架-支撑结构体系中，钢框架布置原则和柱网尺寸基本与钢框架体系相同，支撑通常沿楼面中心部位服务面积的周围布置，沿纵向布置的支撑和沿横向布置的支撑相连接，形成一个支撑芯筒。支撑框架在纵横两个方向的布置均宜基本对称（图 4.4.2），支撑框架之间的楼盖长度比不宜大于 3。

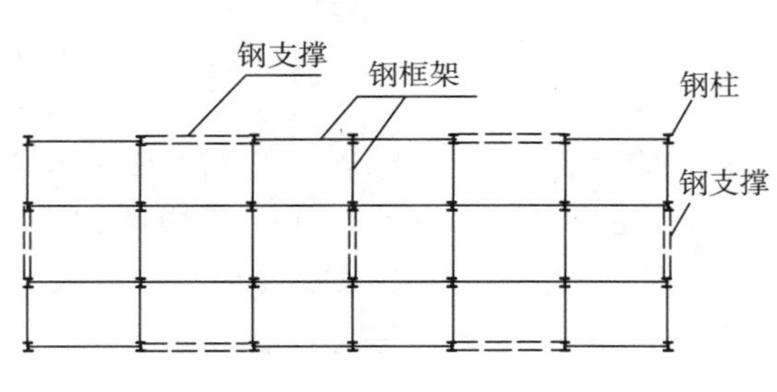

（a）结构平面

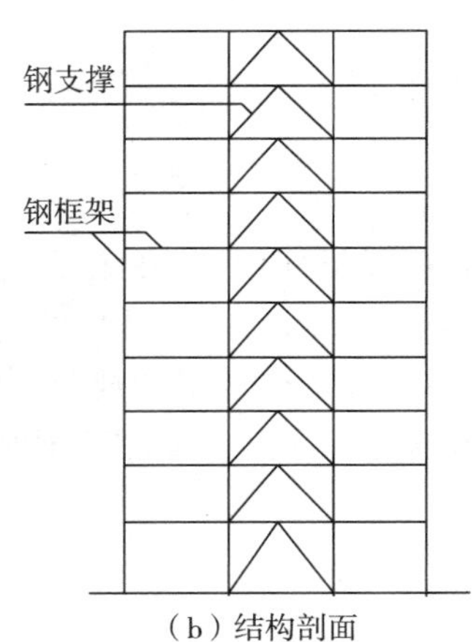

（b）结构剖面

图 4.4.2　多高层钢结构的框架-支撑结构体系

在钢框架-支撑结构体系中，由于支撑的存在，比钢框架结构显示出更强的抗侧能力。钢框架与支撑协同工作，支撑刚度较大，承担了大部分水平剪力，使得整个结构的侧移减少。由于楼盖的水平刚度很大，制约了钢框架和支撑的侧向变形，使两者变形协调一致，降低了支撑上部和钢框架下部的层间位移角，从而使各层的层间位移角得到了有效的控制。钢框架-支撑结构体系作为一种双重抗侧力体系，即使在罕遇地震下支撑系统发生破坏，结构会自动进行内力调整，使钢框架结构承担相应水平荷载，起到了两道抗震设防的目的，进一步增强了结构安全度。

为增加结构的抗侧刚度，支撑常采用角钢、槽钢和圆钢等形式。支撑体系包括人字形、十字交叉等中心支撑形式和门架式、单斜杆式、V 形和倒 Y 形等偏心支撑形式；支撑结构一般布置在外墙、分户墙、楼梯间和卫生间的墙上，可根据需要一跨布置或多跨布置。

3. 钢框架-支撑结构的特点

钢框架-支撑结构体系具有如下优势：

(1)结构侧向刚度较大，节约钢材和成本。该结构体系是一种抗侧力较好的结构体系，在支撑布置合理的情况下，有效地减小了梁柱的截面积，用钢量虽有所增加但仍能控制在可接受的范围内，具有广泛的适用范围。

(2)该结构体系采用全钢构件，便于工厂化加工生产。因为其不涉及两种材料的交叉施工，且避免了两种材料的复杂连接问题，能够充分发挥钢结构施工速度快的优势。

钢框架-支撑结构体系的缺点为内部布置受斜杆的限制多，且节点设置比较复杂，增加了节点连接成本。由于支撑布置影响了结构平面布置、立面美观，不利于空间结构布置以及人流安排。

4.4.2 钢框架-支撑结构的分类

钢框架-支撑结构根据支撑的构造、布置形式和耗能情况不同，大致分为三大类：钢框架-中心支撑结构体系、钢框架-偏心支撑结构体系和钢框架-屈曲约束支撑结构体系。

1. 钢框架-中心支撑结构体系

在钢框架-支撑结构体系的发展过程中，首先得到广泛应用的是钢框架-中心支撑结构体系。支撑作为竖向构件，有两种连接形式：一种是两端都与梁柱交点相接；另一种是一端与梁柱交点相接，另一端与其他支撑与梁的交点相接，即支撑与其他构件汇聚在构件轴线的交点上。当连接有困难时，可稍稍偏离连接结点，但是距离不应超过支撑杆件的截面宽度。在计算时，应计入附加弯矩的影响。

中心支撑的布置方式多种多样，大致分为单斜撑、人字形斜撑、V 字形斜撑、倒 V 字形斜撑等，不宜采用 K 字形斜撑。因为 K 字形在斜撑柱处相交，一旦斜撑发生屈曲失稳，产生不平衡力，将会对框架柱造成不利影响，而框架柱作为框架-支撑结构中的整体构件，必须保证其安全性。如图 4.4.3 所示，依次为 X 形斜撑、单斜撑、倒 V 形斜撑，不宜采用的 K 形或 V 形斜撑。

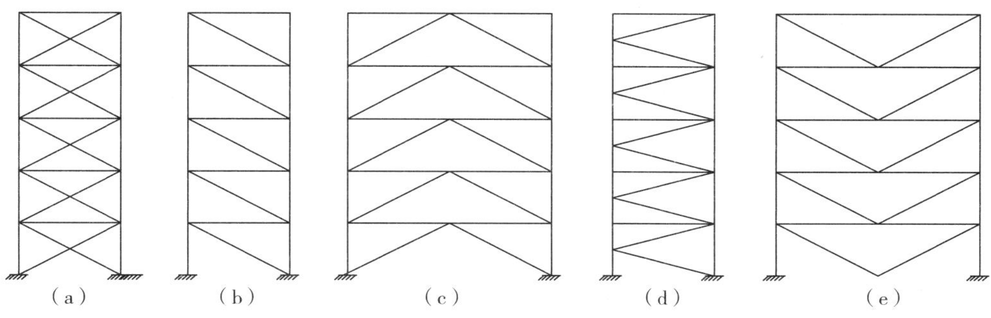

图 4.4.3 钢框架-中心支撑的布置方式

钢框架-中心支撑结构能显著提高框架结构的抗侧刚度、降低侧移，但是这种结构体系也存在缺陷：在受压时，支撑易发生屈曲失稳，一旦发生屈曲失稳将在与其相交的梁段内形成不平衡力。试验研究表明，在横梁的刚度较小的情况下，当支撑屈曲失稳时，在横梁中形成不平衡力，将在横梁两端形成塑性铰，导致横梁破坏或结构楼板下陷。当横梁刚度足够大时，这一现象将得到显著改善。

2. 钢框架-偏心支撑结构体系

与钢框架-中心支撑不同的是斜撑的连接方式：在偏心支撑框架中，斜撑的一端与梁柱交点相接，另一端连接在梁上与其他支撑和梁的交点不相接；另一种连接方式为两端都连接在梁上，其他支撑与梁的交点不相接。这两种连接方式，将在支撑与梁的交点到梁柱的交点间形成耗能梁段，或者在两支撑与梁交点的连接段形成耗能梁段。

偏心支撑的布置形式有八字形、单斜撑、人字形。人字形有正人字形和倒人字形两种。八字形的耗能布置形式有两种，如图 4.4.4(a)所示，在斜撑与梁的中部相交处，即斜撑的上部形成耗能梁段。如图 4.4.4(b)所示，斜撑与上部的梁和下部的梁在中部处相交，故在上部的梁和下部的梁都形成耗能梁段。图 4.4.4(c)所示为单斜撑，由于单斜撑在两端都与梁的中部相交，故都形成耗能梁段。图 4.4.4(d)和图 4.4.4(e)为人字形和倒人字形斜撑，分别在斜撑下部的梁和上部的梁形成耗能梁段。在小震作用下，耗能梁段处于弹性状态。在大震作用下，耗能梁段发生塑性变形，消耗地震能量。

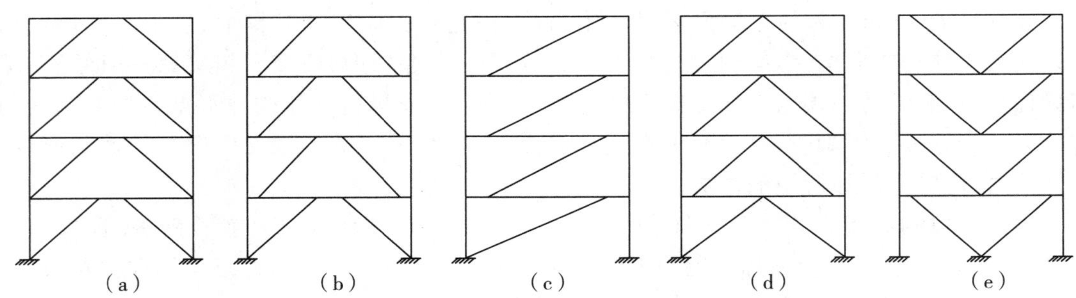

图 4.4.4　钢框架-偏心支撑的布置形式

偏心支撑框架中的消能梁段所用钢材的屈服强度不应大于 345 N/mm^2，屈强比不应大于 0.8，且屈服强度波动范围不应大于 100 N/mm^2。

与钢框架-中心支撑结构相比，由于钢框架-偏心支撑中的支撑在地震作用下不存在屈曲失稳问题，在非地震区应用范围更广。与钢框架-中心支撑结构相比，钢框架-偏心支撑的布置形式更易解决管道和门窗的布置等问题。

3. 钢框架-屈曲约束支撑结构体系

(1)屈曲约束支撑的组成

屈曲约束支撑是一种新型耗能支撑，与传统支撑有显著不同，受压不存在屈曲问题。由于屈曲约束支撑主要由芯材受力，外围套筒起到约束芯材作用，能防止芯材在受压下屈曲失稳，这样芯材才可以达到全截面屈服。普通支撑由稳定条件控制，而屈曲约束支撑由强度条件控制，承载力得到显著提高。

屈曲约束支撑由核心单元、约束单元和无黏结构造层三部分构成。核心单元又称为芯材，是屈曲约束支撑中的主要受力元件，由特定强度钢材组成。图 4.4.5 为屈曲约束支撑的核心段组成成分。

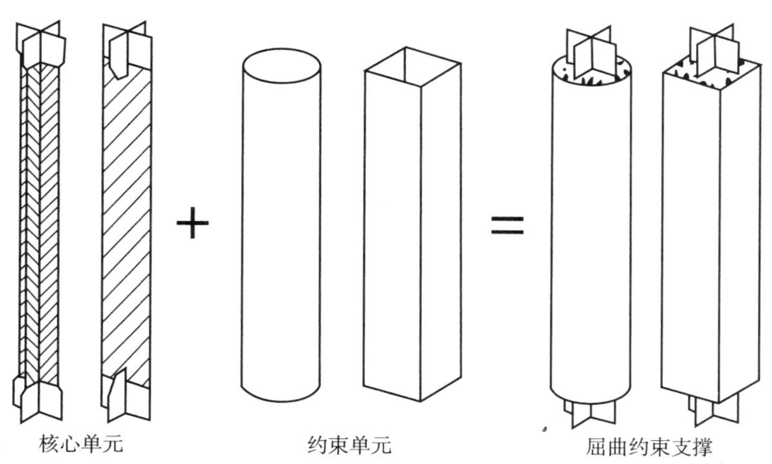

图 4.4.5　屈曲约束支撑的核心段组成成分

核心单元分为三部分：耗能段、过渡段、连接段（图 4.4.6）。

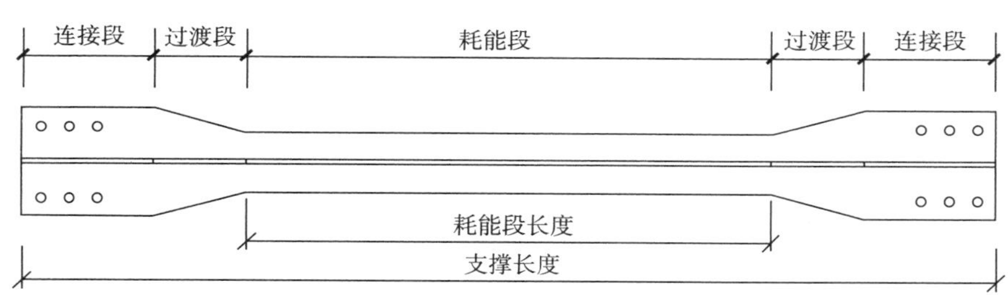

图 4.4.6　屈曲约束支撑的核心单元

① 耗能段：该部分可采用不同的截面形式，由于要求支撑在反复荷载下屈服耗能，因此应使用延性较好的钢材。同时要求钢材具有稳定的屈服强度，有助于提高屈曲约束支撑的可靠性。

② 过渡段：该部分也包在屈曲约束机构内，通常是耗能段的延伸部分。为确保其在弹性阶段工作，因此需要增加构件截面面积。可以通过增加耗能段的截面宽度实现（截面的转换需要平缓过渡以避免应力集中），也可通过焊接加劲肋来增加截面积。

③ 连接段：该部分通常是过渡段的延伸部分，它在屈曲约束机构外部，与框架连接。连接段与主体结构连接，可采用销接、螺栓连接或焊接。这部分的设计需考虑安装公差影响，以便安装和拆卸，防止局部屈曲。

有依据时，屈曲约束支撑核心单元可选用材质与性能符合现行国家标准《建筑用低屈服强度钢板》GB/T 28905 的低屈服强度钢。

约束单元又称侧向支撑单元，负责提供约束机制，防止核心单元受轴压时发生整体或局部屈曲。无黏结构造层指在核心单元与约束单元之间提供滑动的界面，使支撑在受拉与受压时尽可能有相似的力学性能，避免核心单元受压膨胀后与约束单元间产生摩擦力而造成轴压力的大量增大，这种构造层一般是由一些无黏结材料制作而成。

核心单元截面形式可采用一字形、十字形、T 形、H 形、双 T 形或管形。根据约束单元的不同也可将屈曲约束支撑分为组合型屈曲约束支撑和全钢型屈曲约束支撑(图 4.4.7)。

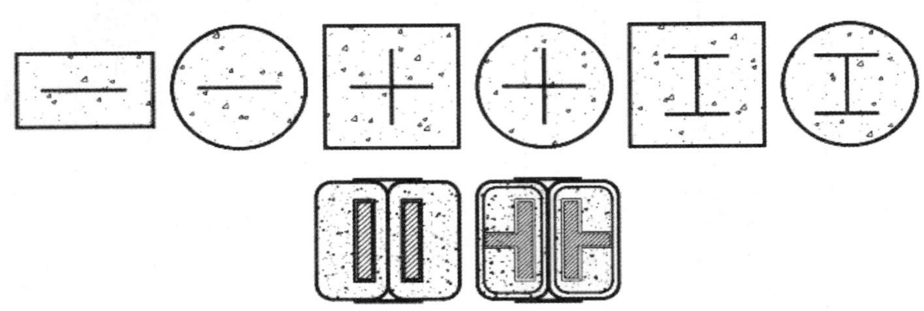

(a) 组合型屈曲约束支撑截面

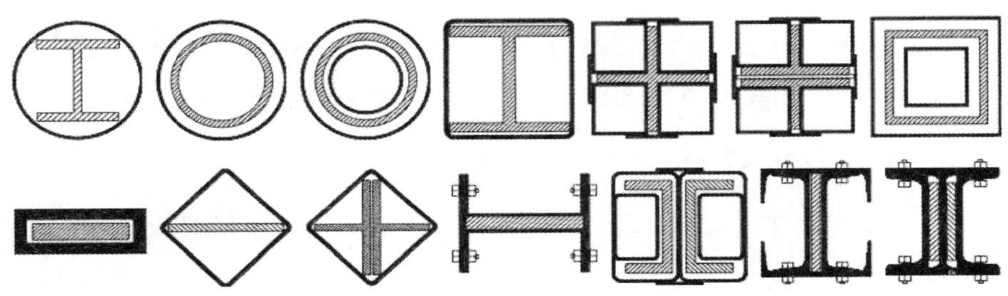

(b) 全钢型屈曲约束支撑截面

图 4.4.7　屈曲约束支撑的常用截面形式

屈曲约束支撑在水平荷载作用下的轴向力全部由中间的芯材承担，芯材在受拉和受压作用下屈曲耗能。最外层的钢套管以及套管与芯材之间的灌浆混凝土起到约束芯材的作用，防止芯材受压屈曲。由于芯材在受压时会略有膨胀。因此，在芯材和混凝土之间有一层无黏结的材料或者非常薄的空气层，减轻了芯材在受压时传给混凝土砂浆的力。

屈曲约束支撑受拉时，应保证核心单元的耗能段始终不露于约束单元的外部。核心单元的过渡段宜延伸至约束单元内部并保留一定的约束长度，且不应发生失稳。当支撑与主体结构采用螺栓或焊接连接时，核心单元过渡段在可变形端的约束长度宜大于压缩空间的轴向长度；当支撑与主体结构采用销轴连接时，除需要满足上述要求外，核心单元过渡段在可变形端的约束长度尚宜不小于支撑两销轴孔孔心间距的 1/20。

屈曲约束支撑应在达到设计屈服承载力时保证进入屈服状态，但我国建筑钢材市场中普通低碳钢是按照满足最低屈服强度要求进行生产、销售(例如 Q235 钢材，屈服强度大于 235MPa，即为合格)，如果钢材的材料超强系数过高，则按此屈服强度进行屈曲约束支撑设计时可能达不到屈服目标，故对作为屈曲约束支撑芯材的钢材屈服强度需要规定其上限值。

(2)屈曲约束支撑的布置方式和原则

屈曲约束支撑的作用与其布置的位置密切相关。对于主要承担竖向荷载的屈曲约束支撑，即承压型的屈曲约束支撑，柱与支撑的夹角宜在30°～45°之间，不应大于45°。对于耗能型的屈曲约束支撑，柱与支撑的夹角宜在45°～60°之间，应大于45°。

屈曲约束支撑的布置方式主要有：

① 沿结构的两个方向均匀布置，保证结构竖向、侧向刚度均匀，不发生刚度突变、应力集中和塑性变形集中。应尽可能使结构的质心和刚心重合，不应由于屈曲约束支撑的布置，使得结构产生扭转。

② 由于K形布置会在框架柱相交，对框架柱产生不利影响，不应使用。X形的布置将导致屈曲约束支撑的毛截面积过大，不应使用。应优先采用人字形、单斜撑、V形的布置。人字形的截面面积约为单斜撑的两倍，能提高侧向刚度，降低侧向位移。由于耗能大小与支撑的截面面积成正比，故在罕遇地震作用下，人字形支撑的耗能作用更强。

另外，人字形支撑能够承担一部分竖向荷载作用，减轻框架柱承担的荷载。单斜撑基本不承担竖向荷载，主要承担水平荷载，耗能能力相对人字形支撑较弱，但是较为经济。如图4.4.8所示，分别为单斜撑、倒V字形斜撑、偏心单斜撑、偏心倒V字形斜撑。图4.4.9为典型的钢框架-屈曲约束支撑结构的工程案例。

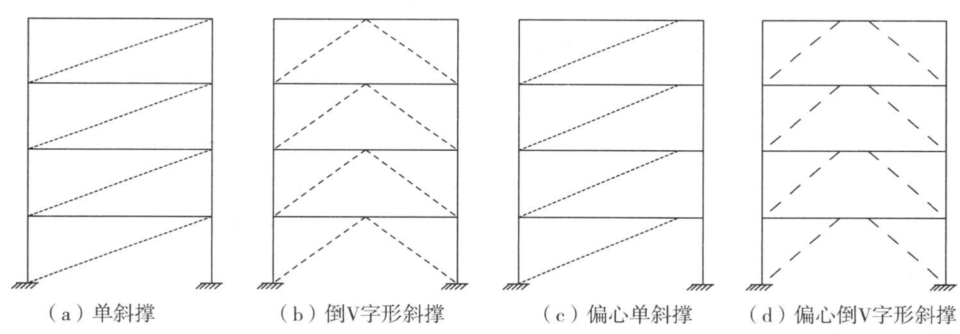

图4.4.8　钢框架-屈曲约束支撑的布置方式

图4.4.9　钢框架-屈曲约束支撑结构的工程案例

屈曲约束支撑的布置原则主要有：

① 当屈曲约束支撑未进入屈曲耗能阶段时，应与普通支撑相同的强度、刚度，抵抗普通支撑应抵抗的荷载。

② 屈曲约束支撑应具有良好的耐热、耐火、耐腐蚀等功能，在地震中发生火灾的情况下，应保持人员安全。

③ 屈曲约束屈曲支撑不应对施工产生不利影响。由于耗能型的屈曲约束支撑是后安装的结构构件，可以在现有建筑物加固中使用，应具有安装方便，对结构正常的生产不产生不利影响。

(3)钢框架-屈曲约束支撑结构体系的优点

钢框架-屈曲约束支撑结构体与普通支撑钢框架结构相比，主要有以下优点：

① 屈曲约束支撑框架相比于纯框架结构，提高了抗侧刚度，降低了结构的侧移。在中震和大震作用下，有两道抗震防线。支撑率先耗能屈服，保证主体结构处于弹性状态，实现了双重抗震防线。在大震作用下，能量耗散主要由支撑承担。而在纯框架结构中，耗能则主要由结构构件框架梁承担，使结构的延性远不如钢框架-屈曲约束支撑结构。

② 屈曲约束支撑相比于普通支撑框架，普通支撑由稳定控制，而屈曲约束支撑由强度控制，所以截面有所减小，可以降低结构的造价，经济合理性强。

③ 屈曲约束支撑拉压等强，不存在受压屈曲的问题。因此，主体结构承担的作用力较小，从另一个方面降低了主体框架结构的造价并提高了结构安全性能。

④ 屈曲约束支撑在中震和大震作用下，通过耗能保证主体结构的完好，易于更换，起到简便易行、安全可靠的作用，可以广泛应用于现有建筑的加固。

4.4.3 钢框架-支撑结构的计算与设计

多、高层钢结构建筑设计应根据抗震概念设计的要求明确建筑形体的规则性。结构及其抗侧力构件平面布置宜均匀规则，根据工程情况合理选择结构的抗侧力构件类型，支撑、剪力墙、核心筒等抗侧力构件应沿竖向连续布置，结构的侧向刚度沿竖向宜均匀变化，竖向抗侧力构件的截面尺寸和材料强度宜自下而上逐渐减小，避免侧向刚度和承载力突变。

1. 整体计算与分析

钢框架-支撑结构整体计算与分析尚应符合下列规定：

(1)中心支撑框架和高度不超过 50 m 的钢结构，其层间位移可不计入梁柱节点域剪切变形的影响，近似按构件中心线进行分析。

(2)钢框架-支撑结构的斜杆可按端部铰接杆计算，其框架部分各楼层按刚度分配得到的地震剪力应乘以调整系数，地震剪力不应小于结构底部总地震剪力的 25%和框架部分各楼层地震剪力最大值 1.8 倍二者的较小值。

2. 构件设计

中心支撑的构造应符合下列要求：

(1)抗震等级三级及以上时，中心支撑宜采用轧制 H 型钢，两端与框架可采用刚性连接或铰接连接，梁柱与支撑连接处应设置加劲肋。中心支撑与框架连接处，支撑杆端宜做成圆弧。

(2)梁与 V 形支撑或人字支撑相交处，应设置侧向支撑；支承点与梁端支承点间的侧向长细比以及支承力，应符合现行国家标准《钢结构设计规范》GB 50017 的规定。

(3)支撑和框架采用节点板连接，应符合现行国家标准《钢结构设计规范》GB 50017 的规定。

当高层钢结构住宅采用框架一偏心支撑结构体系时，钢框架杆件含消能梁段的承载力验算、支撑轴向承载力验算应按现行国家标准《建筑抗震设计规范》GB 50011 及《高层民用建筑钢结构技术规程》JGJ 99 等规程的规定进行。

钢构件板件宽厚比限值除应满足相应的计算要求外，尚应符合表 4.4.1 的规定。

表 4.4.1　钢构件板件宽厚比限值

<table>
<tr><td colspan="3" rowspan="2">板件名称</td><td colspan="4">抗震等级</td><td rowspan="2">非抗震设计</td></tr>
<tr><td>一级</td><td>二级</td><td>三级</td><td>四级</td></tr>
<tr><td rowspan="5">柱</td><td colspan="2">H 形截面翼缘外伸部分</td><td>10</td><td>11</td><td>12</td><td>13</td><td>13</td></tr>
<tr><td colspan="2">H 形截面腹板</td><td>43</td><td>45</td><td>48</td><td>52</td><td>52</td></tr>
<tr><td colspan="2">箱形截面壁板</td><td>33</td><td>36</td><td>38</td><td>40</td><td>40</td></tr>
<tr><td colspan="2">冷成型方管壁板</td><td>32</td><td>35</td><td>37</td><td>40</td><td>40</td></tr>
<tr><td colspan="2">圆管（径厚比）</td><td>50</td><td>55</td><td>60</td><td>70</td><td>70</td></tr>
<tr><td rowspan="3">梁</td><td colspan="2">H 形和箱形截面翼缘外伸部分</td><td>9</td><td>9</td><td>10</td><td>11</td><td>11</td></tr>
<tr><td colspan="2">箱形截面翼缘在两腹板之间部分</td><td>30</td><td>30</td><td>32</td><td>36</td><td>36</td></tr>
<tr><td colspan="2">H 形截面和箱形截面腹板
（ρ 按实际情况考虑，但不大于 0.123）</td><td>$72-120\rho$</td><td>$72-120\rho$</td><td>$80-110\rho$</td><td>$85-120\rho$</td><td>$85-120\rho$</td></tr>
<tr><td rowspan="4">中心支撑</td><td colspan="2">H 形和箱形截面翼缘外伸部分</td><td>8</td><td>9</td><td>10</td><td>13</td><td>13</td></tr>
<tr><td colspan="2">H 形截面腹板</td><td>25</td><td>26</td><td>27</td><td>33</td><td>33</td></tr>
<tr><td colspan="2">箱形截面腹板</td><td>18</td><td>20</td><td>25</td><td>30</td><td>30</td></tr>
<tr><td colspan="2">圆管（径厚比）</td><td>38</td><td>40</td><td>40</td><td>42</td><td>42</td></tr>
<tr><td rowspan="3">偏心支撑</td><td colspan="2">翼缘外伸部分</td><td colspan="5">8</td></tr>
<tr><td rowspan="2">腹板</td><td>$\rho\leqslant 0.14$</td><td colspan="5">$90(1-0.65\rho)$</td></tr>
<tr><td>$\rho>0.14$</td><td colspan="5">$33(2.3-\rho)$</td></tr>
</table>

注：（1）表中 $\rho=N/(Af)$；

（2）表中数值适用于 Q235 钢，当采用其他钢号时应乘以 $\sqrt{235/f_y}$；

（3）梁腹板考虑轴力影响的宽厚比限值，对抗震等级一、二、三、四级分别不宜大于（60、65、70、75）$\sqrt{235/f_y}$。

4.5　钢框架-剪力墙（芯筒）结构

4.5.1　钢框架-剪力墙（芯筒）结构的概念、分类和特点

1. 钢框架-剪力墙（芯筒）结构的概念

钢框架结构的优点是建筑平面布置灵活，可通过设计成大柱网来满足对大空间的使用功能要求，是商场、展览厅等大空间建筑常采用的结构形式，其缺点是侧向刚度小、侧移大。剪力墙结构的水平抗侧刚度大，有良好的抗震性能，且室内不外露梁、柱，符合住宅、旅馆的建筑功能要求，但剪力墙结构有较多的墙体，平面布置不灵活，不适于大空间建筑使用。将钢框架结构和剪力墙结构相结合，组成钢框架-剪力墙结构体系（图 4.5.1），充分利用两种结构体系的各自优点，取长补短，共同抵抗水平荷载，获得较好的建筑使用功能和抗震性能。

图 4.5.1　钢框架-剪力墙结构体系

大多数情况下，在钢框架-剪力墙结构体系中，两片或两片以上的剪力墙可以连接成 L 形或槽型的结构分体系；4 片内剪力墙可以连接成一个抵抗侧向力十分有效的矩形筒，与建筑电梯井功能配合，布置在建筑物中心部位，构成钢框架-芯筒结构。

钢框架-芯筒结构是由钢框架及其靠近中心的部位由现浇的混凝土墙体或者是通过密排的框架柱封闭围成的芯筒组成的体系。芯筒的材料既可以是钢结构的，也可以是钢筋混凝土结构的；既可以是实腹筒形式，也可以是桁架筒形式。为确保结构的整体稳定性，可在恰当的地方增设斜向支撑等构件，从而确保结构体系不因扭转变形而破坏。芯筒与剪力墙相比，具有更大的抗侧刚度和强度，同时从结构上提高了材料的利用率。

2. 剪力墙的分类

钢框架-剪力墙结构体系（图 4.5.2）中，钢框架主要承担竖向荷载，钢框架和剪力墙协同承担由水平荷载引起的水平剪力。由于剪力墙的抗侧刚度较强，因此采用这种结构体系在高层建筑中具有很大优势。

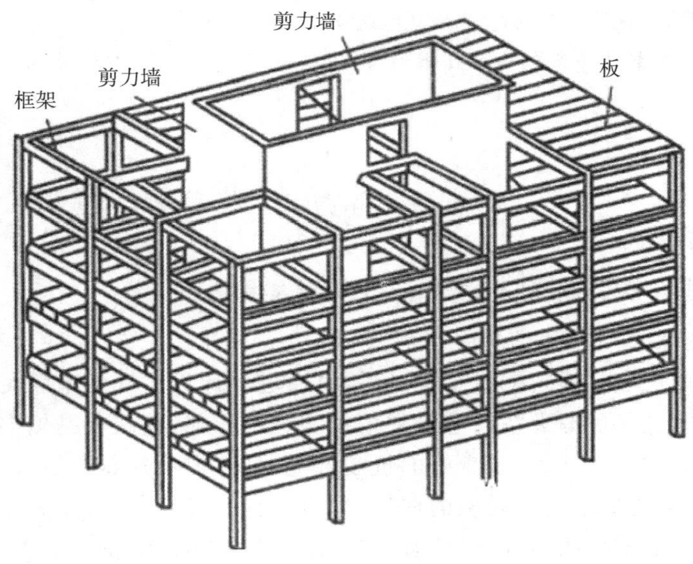

图 4.5.2　钢框架-剪力墙结构体系

根据钢板剪力墙与框架梁和柱的连接方式可分为四边嵌固钢板剪力墙和两侧开缝剪力墙；根据墙板有没有设置加劲肋，可分为加劲和非加劲钢板剪力墙；根据墙板的高厚比，可分为厚墙板和薄墙板；根据墙板有无开缝，可分为无缝板墙和带缝板墙。

钢框架-剪力墙结构体系按剪力墙的材料主要可以分为：混凝土剪力墙、钢板剪力墙、组合钢板墙。目前常用的有带加劲肋的钢板剪力墙，无黏结内藏钢板支撑墙板、带竖缝混凝土剪力墙。

(1)钢板剪力墙

钢板剪力墙由内嵌钢板和梁柱边框组成，内嵌钢板只承担沿框架梁、柱传递的剪力，而不承担结构的竖向荷载。钢框架-钢板剪力墙抗侧力体系具有较高的抗侧刚度、强度和延性，滞回曲线稳定并有很大的塑性耗能能力。与钢筋混凝土剪力墙相比，钢板剪力墙拥有自重轻、延性好、节省钢材以及施工速度快等优点，具有良好的应用前景。

(2)组合钢板墙

组合钢板墙由混凝土为钢板提供平面外约束，其承载力提高，混凝土还同时起到抗火、保温、隔音等作用。组合钢板墙作为主要水平抗侧力构件有较大的初始弹性刚度、大变形能力和良好的塑性性能、稳定的滞回特性等，是一种非常具有发展前景的新型抗侧力构件，尤其适用于高烈度地震设防区建筑。传统组合墙采用在钢板两侧现浇混凝土，混凝土参与承受水平荷载，在变形较大时将发生破坏，此时失去混凝土保护的钢板将发生屈曲，使得墙发整体破坏。为解决这一问题，改用预制混凝土板，并在混凝土板和边缘构件之间设缝，以避免混凝土板参与承受侧向力，侧向力完全由钢板来承担，如图 4.5.3 所示。在此基础上，有学者提出屈曲开缝钢板墙(图 4.5.4)，在钢板上开竖缝，实现墙板由脆性的剪切屈服破坏向延性的弯曲杆受弯破坏转变，从而获得更好的延性。

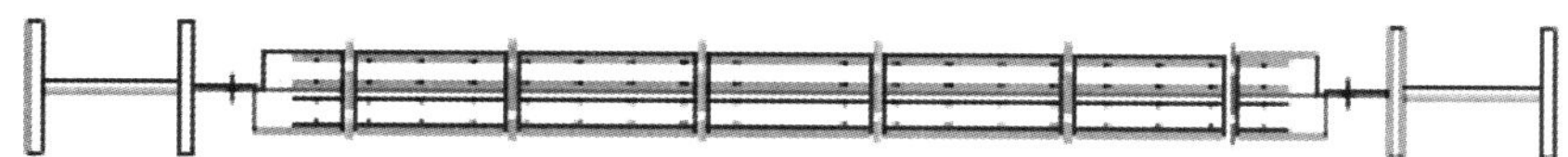

(a)组合钢板墙剖面图

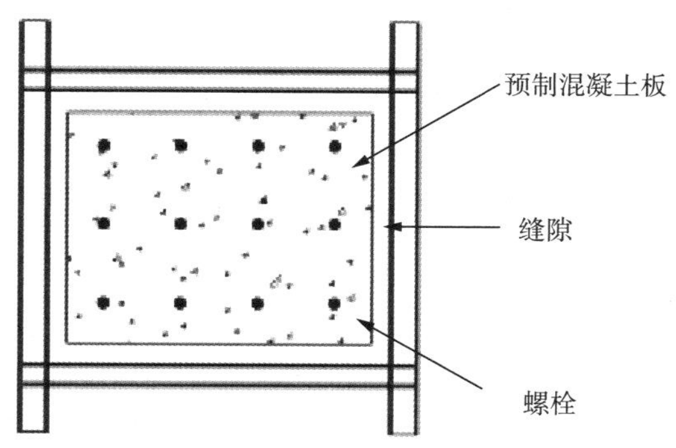

(b)组合钢板墙立面图

图 4.5.3　开圆孔组合钢板墙

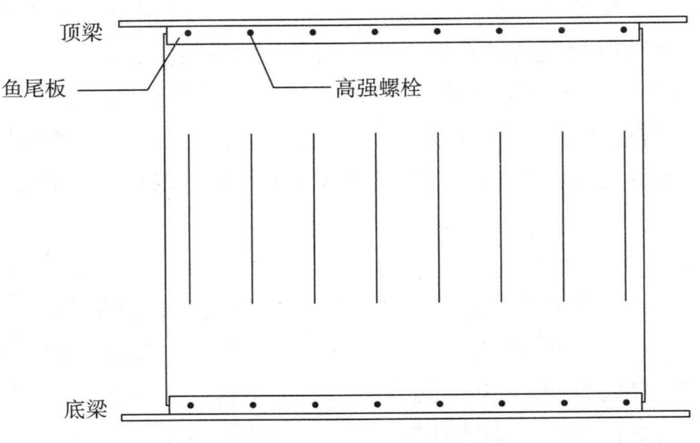

图 4.5.4 屈曲开缝钢板墙

3. 钢框架-剪力墙(芯筒)体系特点

钢框架-剪力墙(芯筒)体系具有如下优势:

(1)结构受力分工明确,水平荷载主要由剪力墙(芯筒)作为主要的抗侧力构件,承担绝大部分侧向荷载;竖向荷载则主要由钢框架承担,从而减小了钢构件的截面积,节约钢材,降低建筑造价。

(2)剪力墙可以根据需要布置在任何位置上,布置灵活。现浇钢筋混凝土剪力墙布置于楼梯间、电梯间、卫生间或其他适当位置(如分户墙等),能有效地改善住宅建筑的防火性能、卫生间的防水性能和隔声性能,尤其是能使住户免于受设备(如电梯等)运行噪声干扰。当混凝土剪力墙能够形成筒体时,可以采用滑模施工,加快施工进度。

(3)剪力墙的抗侧刚度较强,能够有效地减小梁柱的截面尺寸,节省钢材,增加了使用面积,同时整个结构造价基本与混凝土结构持平,给房地产开发商带来了一定的经济效益,给消费者带来了更舒适的使用空间。

不过,在钢框架-剪力墙(芯筒)结构中,剪力墙(芯筒)与钢框架的性质不同,剪力墙(芯筒)作为第一道防线承担主要水平力,一旦遭到破坏,整个结构也就很快地失去了稳定性而破坏。

4.5.2 钢框架-剪力墙结构的材料和受力特征

1. 钢板剪力墙的构成和材料

钢板剪力墙采用厚墙板制成,或采用带纵、横加劲肋的较厚钢板制成。钢板剪力墙嵌置于钢框架的梁、柱框格内。钢板剪力墙与钢框架的连接构造应能保证钢板剪力墙仅参与承担水平剪力,而不参与承受楼层重力荷载及柱弹性压缩变形引起的压力。

在框架-剪力墙结构体系中,钢墙板的平面内侧向刚度远大于钢框架,整个结构体系的侧向变形性质和量值更多地取决于钢墙板。对于抗震设防结构,为了使钢墙板提前进入塑性变形阶段,以提高框架与墙板的同步工作程度,加大整个结构体系的塑性变形能力和延性,更多地吸收和耗散输入结构的地震能量,确保主体结构的安全,有必要使墙板的钢材屈服强度远低于框架的钢材屈服强度。

2. 钢框架-剪力墙(芯筒)结构的受力特征

钢框架-剪力墙(芯筒)体系中,框架主要承担竖向荷载和少量的水平荷载,因此截面尺寸相比纯钢框架体系有所减少,但仍具有钢框架的平面布置灵活、使用方便等特点。同时由于剪力墙(芯筒)承担了 80%以上水平剪力,使结构侧向刚度大大提高。框架本身在水平荷载作用下呈剪切型变形,剪力墙(芯筒)则呈弯曲型变形。当两者通过楼板协同工作,共同抵抗水平荷载时,变形必须协调,侧向变形将呈弯剪型。其上下各层层间变形趋于均匀,并减小了顶点侧移。同时,框架各层层剪力趋于均匀,各层梁柱截面尺寸也趋于均匀。由于上述受力变形特点,钢框架-剪力墙(芯筒)结构比钢框架结构的刚度和承载能力都大大提高了,在地震作用下层间变形减小,因而也就减小了非结构构件(隔墙及外墙)的损坏,这样无论在非地震区还是地震区,这种结构都可用来建造较高的高层建筑。

但是,由于剪力墙(芯筒)的侧向刚度很大,尤其是采用钢筋混凝土剪力墙,在地震时很容易造成应力集中,结构发生脆性破坏。通常做法是在墙体中每隔一定间距设置竖缝。对于钢板剪力墙结构,应力集中相对较小,但仍能起到刚性构件的作用。

钢框架-芯筒结构体系的钢框架梁和柱的节点、柱脚节点,都采用刚性连接;钢框架与芯筒之间采用两端铰接的钢梁或者是一端与芯筒铰接,另一端与钢框架刚接的钢梁;楼盖梁与芯筒之间的连接应为能够牢固传力的刚性连接。

当遭遇到持续作用的地震时,芯筒进入到弹塑性阶段,筒体容易产生裂缝,极易致使该筒体的刚度急速下降,其需要钢框架承担的水平剪力更大,因此,在设计时要特别注意这一点。

第5章　工业厂房钢结构建筑应用技术指南

5.1　术语及标准

5.1.1　术语

(1)门式刚架。为一种传统的结构体系,该类结构的上部主构架包括刚架斜梁、刚架柱、支撑、檩条、系杆、山墙骨架等。

(2)吊车梁。用于专门装载厂房内部吊车的梁,一般安装在厂房上部。

(3)檩条。沿屋顶长度分布的水平部件,位于主椽上,支撑次要屋椽。

(4)墙梁。由钢筋混凝土托梁和梁上计算高度范围内的砌体墙组成的组合构件,包括简支墙梁、连续墙梁和框支墙梁。

(5)托架。在工业厂房中,由于工业或者交通需要,需要取掉某轴上的柱子,这样要在大开间位置设置托架,支托去掉柱子的屋架。托架安装在两端的柱子上。

(6)屋架。用于屋顶结构的桁架,它承受屋面和构架的重量以及作用在上弦上的风载,多用木料、钢材或钢筋混凝土等材料制成,有三角形、梯形、拱形等各种形状。

(7)抗风柱。抗风柱是单层工业厂房山墙处的结构组成构件,抗风柱的作用主要是传递山墙的风荷载,上部通过铰节点与钢梁的连接传递给屋盖系统而至于整个排架承重结构,下部通过与基础的连接传递给基础。

(8)排架。柱上部与屋架铰接,排架柱下部与基础刚接的结构形式。

(9)桁架。桁架由直杆组成的一般具有三角形单元的平面或空间结构,桁架杆件主要承受轴向拉力或压力,从而能充分利用材料的强度,在跨度较大时可比实腹梁节省材料,减轻自重和增大刚度。

5.1.2　工业厂房钢结构相关标准

国家标准《屋面工程技术规范》GB 50345

国家标准《建筑工程质量检验评定标准》GB 50300

国家标准《钢结构工程质量验收规范》GB 50205

国家标准《钢结构设计规范》GB 50017

国家标准《钢结构焊接规范》GB 50661

国家标准《建筑结构可靠度设计统一标准》GB 50068

国家标准《工业建筑防腐蚀设计规范》GB 50046

国家标准《钢结构工程施工规范》GB 50755

国家标准《建筑抗震设计规范》GB 50011

国家建筑标准设计图集《门式刚架轻型房屋钢结构》02SG 518

中国工程建设标准化协会标准《门式刚架轻型房屋钢结构技术规程》CECS 102:2002(2012 修订版)

注:以上相关标准以发行的最新版本为准。

5.2 工业厂房钢结构体系的概念、分类、特点和适用范围

5.2.1 工业厂房钢结构的概念

近年来,我国建筑政策以节能、产业化为导向。我国多地出台了一系列推动钢结构厂房发展的产业扶持政策。积极开发和推广使用钢结构厂房。钢结构工业厂房是指主要的承重构件是由钢材组成的,包括钢柱子、钢梁、钢屋架、钢屋盖、围护墙等(图 5.2.1)。

图 5.2.1 钢结构工业厂房

5.2.2 工业厂房钢结构的分类

(1)按照结构层数,可分为单层厂房钢结构和多层厂房钢结构(图 5.2.2)。

(a)单层工业厂房钢结构

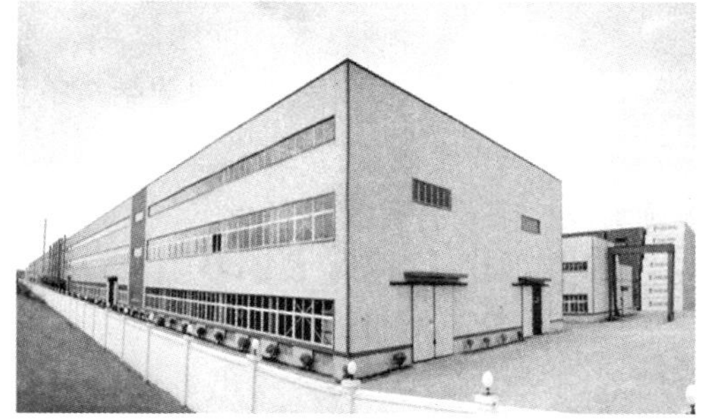

(b)多层厂房钢结构

图 5.2.2 工业厂房钢结构按照结构层数分类

(2)按照厂房吊车吨位,可分为轻型工业厂房和重型工业厂房。

(3)按照结构体系,可分为门式刚架[图 5.2.3(a)]、排架结构[图 5.2.3(b)]和框架结构。

(a) 门式刚架

(b) 排架结构

图 5.2.3　工业厂房钢结构按照结构体系分类

5.2.3　工业厂房钢结构的特点

1. 用途广泛

可适用于工厂、仓库、办公楼、体育馆、飞机库等。既适合单层大跨度建筑，也可用于建造多层或高层建筑。

2. 建筑简易，施工期短

所有构件均在工厂预制完成，现场只需简单拼装，从而大大缩短了施工周期。

3. 经久耐用，易于维修

可以抗拒恶劣气候，并且只需简单保养。

4. 美观实用

钢结构建筑线条简洁流畅，具有现代感。彩色墙板有多种颜色可供选择，墙体也可采用其他材料，因而更具有灵活性。

5. 造价合理

钢结构建筑自重轻，减少基础造价，建造速度快，可早日建成投产，综合经济效益大大优于混凝土结构建筑。

5.3　单层工业厂房门式刚架结构

5.3.1　单层工业厂房门式刚架结构的概念、组成和特点

1. 门式刚架的概念

随着发达国家制造业基地的转移和我国制造业的快速发展，轻钢结构厂房门式刚架(图5.3.1)在我国的建设规模越来越大。门式刚架由于具有自重轻、用钢省、造价低、可跨越距离大、制造安装简单、施工周期短等特点，成为应用最为广泛的结构形式。

门式刚架结构体系是一个由平面刚架和纵向构件组成的结构体系，其中平面刚架由刚架柱和刚架梁组成，一般采用冷弯薄壁型钢、轻型焊接 H 型钢或轧制 H 型钢，是门式刚架的主要承重构件。

轻型单层工业厂房一般采用门式刚架作为主要承重骨架，用冷弯薄壁型钢做檩条、墙梁，以压型金属板做屋面、墙面，采用岩棉、玻璃丝等作为保温隔热材料并设置支撑，是一种轻型房屋结构体系。

图 5.3.1　轻钢结构厂房门式刚架

2. 门式刚架的组成

门式刚架主要由以下部分组成(图 5.3.2)。

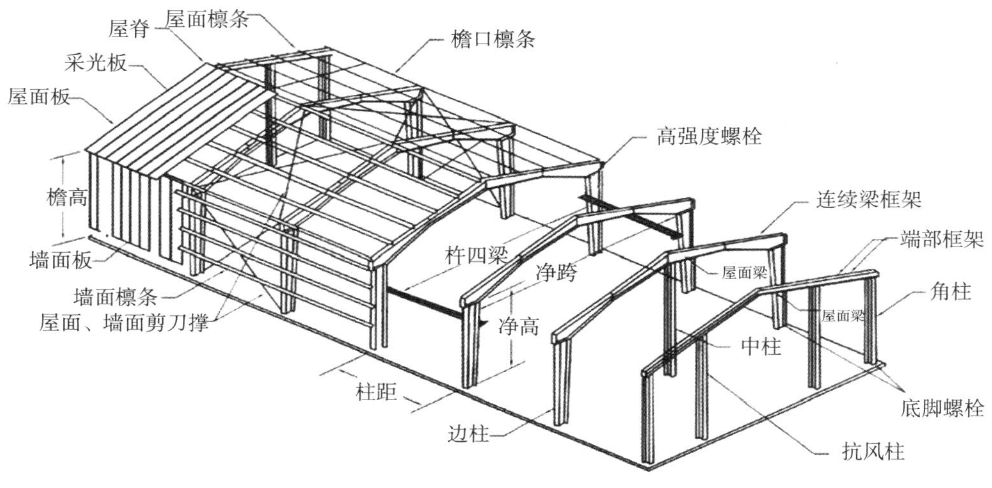

图 5.3.2　门式刚架组成

主结构:由横向门式刚架、吊车梁、托梁、支撑体系等组成,是该体系主要承重结构。房屋所承受的竖向荷载、水平荷载以及地震作用均是通过门式刚架承受并传至基础的。

次结构:屋面檩条和墙面檩条等。屋面板支承在檩条上,檩条支承在屋面梁上,檩条及墙梁一般为 Z 型或 C 型冷弯薄壁型钢。

围护结构:屋面板和墙板。屋面板(墙面板)起围护作用并承受作用在板上的荷载,再将这些荷载传至檩条(墙梁)上。屋面及墙面板一般为压型钢板、彩钢夹芯板(保温芯材一般为聚苯乙烯泡沫塑料、聚氨酯泡沫塑料、岩棉等)。

辅助结构:楼梯、平台、扶栏等。

基础:基础主要承受钢柱以及基础梁传来的荷载,并将荷载传至地基上。

3. 门式刚架结构的特点

(1)施工周期短

所有构件都可以经过工厂制作后,在现场进行拼接安装,是门式刚架最大的特点。门式刚架构件标准定型装配化程度高，所以现场进行组装工作只需要使用锁紧、螺栓或部分焊接，安装快速简单，安装工期的缩短，有利于资金的快速回收，如图 5.3.3 所示。

（a）门式钢架的工厂制作

（b）门式刚架的施工

图 5.3.3　门式刚架的制作和施工

（2）结构新颖，内部空旷

不仅能满足大跨度的要求还可以减少部分装修造价。

（3）重量轻、造价合理

门式刚架轻钢结构与钢筋混凝土结构相比，前者重量仅为后者的 1/8 至 1/10，门式刚架轻钢结构的重量是普通钢结构 50％甚至更少。

（4）生产效率高，产品质量好

设计、生产、销售可以全部采用计算机来控制，而且材料单一，构造简单，设计定型化、标准化，构件加工制作工业化，现场预制和安装方便快捷。

（5）抗震性能好

刚架结构自重轻，属于柔性结构，能够有效地降低地震效应和地震灾害影响，有利于抗震。

（6）易于拆卸搬迁

假如外界环境发生意想不到的变化或业主对所建厂址不满意，那么整个建筑可以在短时间内拆迁完成，且拆迁损失极小。

（7）符合环保要求

钢材的耐久性好、强度高，易于回收，可以重复利用。

（8）空间利用率高

在相同荷载的作用之下，有效利用面积随着构件断面的减小而增大。由于钢结构的构件断面比较小，与钢筋混凝土结构相比，钢结构有效利用面积可以增加 3％ ～ 6％。

（9）价格便宜

近年来，我国钢产量不断增加，导致钢材价格下调，尤其是厂房的跨度越大，其优势也就越明显。围护采用了彩色压型钢板，色彩协调，美观大方，改善了周边环境的美观性，彩色钢板的耐久性也比较好。

4. 门式刚架的适用范围

按照《门式刚架轻型房屋钢结构技术规程》的规定，门式刚架通常适用于符合以下条件的单层厂房钢结构：

(1)单跨或多跨实腹式承重构件；

(2)轻型屋盖、轻型外墙；

(3)起重设备，如(a)无桥式吊车，(b)起重量不大于 20 t 的中轻级桥式吊车，(c)低于 3 t 的悬挂式起重机；

(4)跨度在 9～36 m 范围内；

(5)高度在 4.5～9.0 m 内，当有桥式吊车时高度宜在 12 m 以下；

(6)对于部分钢结构，上部的门式刚架结构亦可按规定执行，但需计入下部结构的影响；

(7)当遇强侵蚀环境时，门式刚架结构的设计应慎重。

当实际情况超出上述适用范围时，采用门式刚架，不能仅以《门式刚架轻型房屋钢结构技术规程》作为设计依据，应以《钢结构设计规范》GB 50017 为依据进行设计。门式刚架的内力分布比较均匀，建筑外形新颖美观，制作安装方便。门式刚架结构单跨跨度可以达到 72 m，吊车吨位可以达到 200～300 t，檐口高度也能够达到 20～30 m。此时，刚架柱已不用 H 型实腹式钢柱，而多采用格构柱或两型钢组合的实腹柱。

5. 门式刚架的形式

(1)刚架按结构类型一般可分为单跨刚架[图 5.3.4(a)]、双(多)跨连续刚架或双(多)跨中间铰接柱刚架[图 5.3.4(b)]等类型；其截面可为等截面或变截；其柱脚构造可为铰接、亦可为刚接，后者具有较强的侧向刚度。按刚架梁、柱截亦类型可分为实腹刚架[图 5.3.4(a)、图 5.3.4(b)]及格构式刚架[图 5.3.4(c)]，前者梁、柱一般采用 H 型实腹截面，其刚度较强，但用钢量稍多。后者一般采用由小截面角钢、钢管等杆件组合的格构式梁、柱截面，其加工制作较为复杂，但用钢量较省，适用于大跨度刚架。此外，刚架梁柱截面亦可采用蜂窝梁等空腹结构。

(2)工业厂房内设有梁式或桥式吊车时，应选用刚接柱脚[图 5.3.4(d)]。此时，刚架柱宜采用不变截面柱或阶形柱。当采用铰接柱脚刚架时，为美观及节约用材，宜采用渐变截面楔形柱[图 5.3.4(a)、图 5.3.4(c)]。刚架横梁截面高度一般可按跨度的 1/40、1/30(实腹梁)或1/25～1/15(格构梁)确定。当刚架跨度较大时，刚架横梁也可采用变截面构造，刚架柱截面高度一般可按与梁相同采用。

(3)当梁跨度较大时，宜在梁柱节点或弯矩较大处加腋，并按加腋段为变截面进行计算，其加腋高度般为横梁高度的 0.5～1.0 倍，其长度为梁跨度的 1/6～1/5，对尺寸较小的构造加腋，计算时可不考虑加腋的变截面影响。

(4)对梁、柱为变截面的刚架，进行内力分折时，应计入截面变化对内力分布的影响。将梁、柱划分为若干等截面单元作近似计算，单元的划分应按其两端实际惯性矩 I 值的比值接近 0.8 来划分，并取单元中央的作为单元计算惯性矩进行计算。

(5)门式刚架内设置悬挂吊车时，悬挂吊车的起重量不宜超过 3 t，当设置单梁或桥式吊车时，宜为中级操作制度并起重量不超过 15 t 的吊车。

(6)变截面梁、柱的刚架其计算胯度按变截面柱小端的中心线取用，其计算高度按从变截梁中最小高度中心点与刚架坡度形成平行的线段取用。

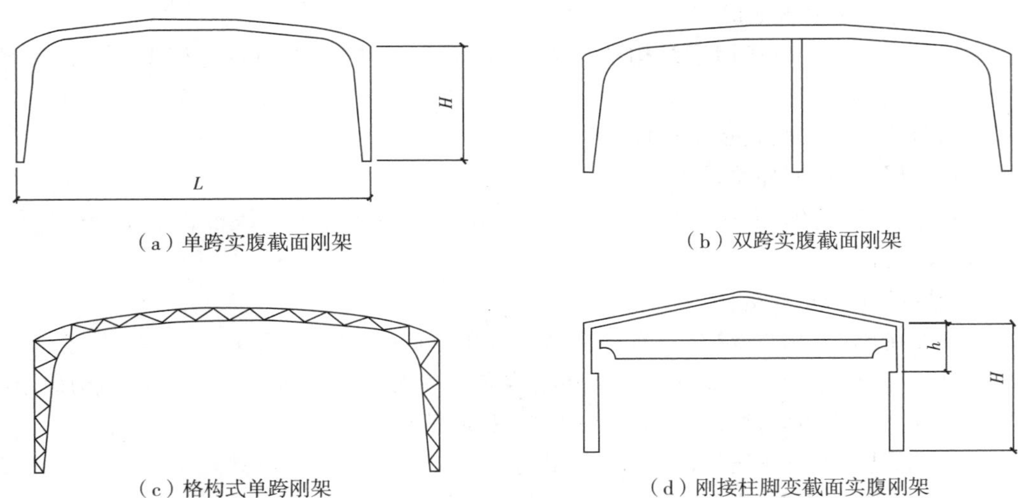

（a）单跨实腹截面刚架　　（b）双跨实腹截面刚架

（c）格构式单跨刚架　　（d）刚接柱脚变截面实腹刚架

图 5.3.4　门式刚架的形式

5.3.2　单层工业厂房门式刚架结构的材料和受力特征

1. 单层工业厂房门式刚架结构的材料

轻型门式刚架主要承重构件材料为冷弯薄壁型钢、轻型热轧型钢和钢板焊接型材。门式刚架、吊车梁和焊接的檩条、墙梁等构件宜采用 Q235B 级或 Q345A 级以上等级的钢。非焊接的檩条和墙梁等构件可采用 Q235A 钢。当有根据时，门式刚架、檩条和墙梁可采用其他牌号的钢制作。

结构所用材料的选择应结合结构的重要性、荷载特征、结构形式、应力状态、连接方法、钢材厚度和工作环境等因素综合考虑，选用合适的钢材钢号，尽量做到物尽其用。既满足承重结构的承载力，避免在一定条件下出现脆性破坏，又节约成本。

通常在铝冶炼设计行业，承重构件经常使用的钢材宜为 Q235 钢和 Q345 钢，采用的钢材应当符合国家的标准要求，其中 Q345 钢大多用于刚架斜梁和刚柱，但是如果构件有变形控制应该谨慎使用。当跨度柱距比较大或结构中有吊车的时候，刚架与吊车梁一般会选用 Q345A 或者 B 级钢；檩条等结构宜选 Q235B 级钢。

刚架构件可以采用轧制或焊接形成的 H 型钢、工字钢、槽钢等，如图 5.3.5 所示。

图 5.3.5　门式刚架构件截面形式

2. 单层工业厂房门式刚架结构的受力特征

根据受力方向，门式刚架轻型厂房承受的外力作用主要有竖向荷载和水平荷载两种。竖向荷载以重力荷载为主，包括屋面永久荷载、屋面可变荷载以及结构自重等。屋面可变荷载主要包括活荷载、积灰荷载、雪荷载、悬挂吊车荷载以及施工检修荷载等；水平荷载通常为风荷载、地震作用和吊车的水平荷载。

依据结构所受外荷载作用的特点，门式刚架轻型厂房钢结构提供了相应的承载体系以及明确的传力路径。门式刚架轻型厂房的竖向荷载主要由横向主刚架承受，纵向水平作用主要通过屋面水平支撑和柱间支撑系统来传递，门式刚架的主要传力途径如图 5.3.6 所示。

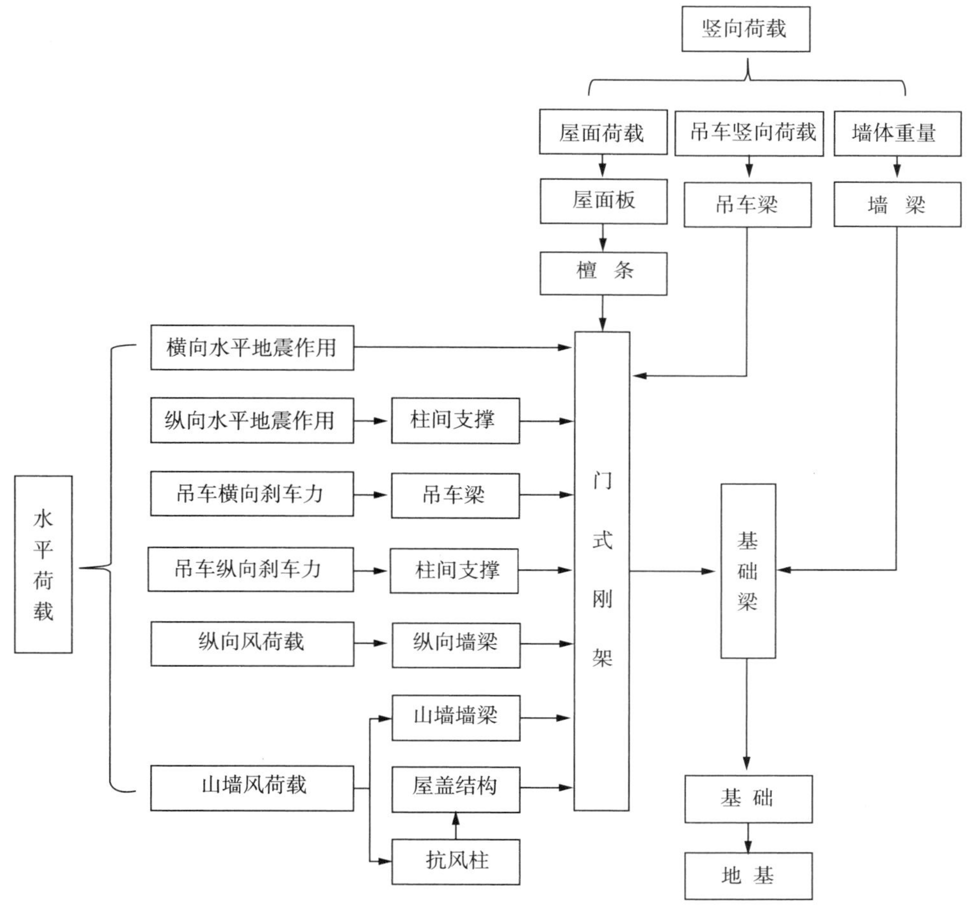

图 5.3.6　门式刚架的主要传力途径

平面门式刚架梁和柱连接形式单跨为刚接，多跨为刚接和铰接并用；柱与基础连接既可固接也可铰接。平面刚架和支撑体系再加上托梁等组成了结构的主要受力骨架，即主结构体系。屋面檩条和墙梁既是围护材料的支承结构，又为主梁、柱提供了部分侧向支撑作用，构成了轻型门式刚架建筑的次结构。屋面板和墙面板起整个结构的维护和封闭作用，由于蒙皮效应也增强了建筑的整体刚度。

无桥式吊车时，外部荷载均直接作用在围护结构上。其中，竖向和横向荷载通过次结构传递到主结构的横向门式刚架上，依靠门式刚架的自身刚度抵抗外部作用；纵向荷载通过屋面和墙面支撑传递到基础上。有桥式吊车时，除上述外部荷载外，吊车竖向荷载和小车横向水平荷载直接作用在横向门式刚架上，吊车大车纵向水平荷载通过吊车梁及纵向支撑系统传递到基础上。

5.3.3 单层工业厂房门式刚架结构的设计与计算

1. 门式刚架的布置要求

(1)建筑布置

门式刚架建筑布置要求见表 5.3.1 所列。

表 5.3.1 门式刚架建筑布置要求

建筑因素	尺寸
门式刚架的跨度	刚架的建筑跨度一般应取横向刚架柱轴线间尺寸，对边柱按柱外边或边柱下端截面的中心线，对中柱按柱中心线确定；常用跨度宜为 9～36 m，以 3 m 为模数，必要时也可采用非模数跨度；边柱的截面高度不相等时其外侧应对齐
门式刚架的高度	结构高度应取地坪至柱轴线与斜梁轴线交点之间的高度。无吊车房屋门式钢架高度宜取 4.5～9 m 有吊车的厂房应根据轨顶标高和吊车净空要求确定，一般宜为 9～12 m
门式刚架的间距	技术经济比较表明，门式刚架的适用跨度为 15～36 m，经济跨度范围在 18～21 m 区间；适用柱距宜为 6 m，也可采用 7.5 m 或 9 m，最大可用 12 m。门式刚架跨度较小时可用 4.5 m
门式刚架的高、宽、长	① 门式刚架轻型厂房的檐口高度，应取地坪至房屋外侧檩条上缘的高度。 ② 门式刚架轻型厂房的最大高度，应取地坪至屋盖顶部檩条上缘的高度。 ③ 门式刚架轻型厂房的宽度，应取房屋侧墙墙梁外皮之间的距离。挑檐长度可根据使用要求确定，宜为 0.5～1.2 m，其上翼缘坡度宜与斜梁坡度相同。 ④ 门式刚架轻型厂房的长度，应取房屋两端山墙墙梁外皮之间的距离

(2)结构布置

门式刚架结构布置要求见表 5.3.2 所列。

表 5.3.2 门式刚架结构布置要求

结构部件	布置
平面	① 温度缝区段长度。 门式刚架轻型厂房钢结构的温度区段长度(伸缩缝间距)应符合下列规定：纵向温度缝区段不大于 300 m，横向温度缝区段不大于 150 m。当有计算依据时，温度缝区段长度可适当加大。 ② 当需要设置温度缝(伸缩缝)时，可采用两种做法。 a. 习惯上采用双柱较多。 b. 在檩条端部的螺栓连接处在纵向采用长圆孔，并使该处屋面板在构造上允许胀缩。吊车梁与柱的连接处也沿纵向采用长圆孔。 ③ 在多跨刚架局部抽掉中柱或边柱处，可布置托梁或托架。 ④ 屋面檩条的形式和布置，应考虑天窗、通风口、采光带、屋面材料和檩条供货等因素的影响；屋面压型钢板的板型与檩条间距和屋面荷载有关。 ⑤ 山墙处可设由斜梁、抗风柱和墙梁及支撑组成的山墙墙架或采用门式刚架

（续表）

结构部件	布置
墙架	① 门式刚架轻型厂房钢结构侧墙墙梁的布置，应考虑设布置门窗、挑檐等构件和维护材料的要求。 ② 门式刚架轻型厂房钢结构的侧墙，当采用压型钢板作维护面时，墙梁宜布置在刚架柱的外侧，其间距随墙板板型和规格确定。 ③ 门式刚架轻型厂房的外墙，当抗震设防烈度不高于6度时，可采用轻型钢墙板或砌体；当抗震设防烈度为7度、8度时，可采用轻型钢墙板或非嵌砌砌体；当抗震设防烈度为9度时，宜采用轻质钢墙板或与柱柔性连接的轻质墙板
支撑	① 门式刚架轻型厂房钢结构的支撑设置。 在每个温度缝区段（纵向温度缝区段长度不大于300 m）或分期建设的区段中，应分别设置能独立构成空间稳定结构的支撑体系。在设置柱间支撑的开间，应同时设置屋盖横向水平支撑，以组成几何不变的支撑体系。 ② 支撑和刚性系杆的布置宜符合下列规定。 a. 屋盖横向支撑宜设在温度区间端部的第一或第二个开间。当端部支撑设在第二个开间时，在第一开间的相应位置宜设置刚性系杆。 b. 柱间支撑的间距应根据房屋纵向柱距、受力情况和安装条件确定。当无吊车时宜取30～45 m；当有吊车时宜设在温度缝区段的中部，或当温度缝区段较长时宜设在三分点处，且间距不应大于60 m 。 c. 当建筑物宽度大于60 m时，在内柱列宜适当增加柱间支撑。 d. 当房屋高度相对于柱间距较大时，柱间支撑宜分层设置。 e. 在刚架转折处（单跨房屋边柱柱顶和屋脊，以及多跨房屋某些中间柱柱顶和屋脊）应沿房屋全长设置刚性系杆。 f. 由支撑斜杆等组成的水平桁架，其直腹杆宜按刚性系杆考虑。 g. 在设有带驾驶室且起重量大于15 t桥式吊车的垮间，应在屋盖边缘设置纵向支撑桁架。当桥式吊车起重量较大时，还应采取措施增加吊车梁的侧向刚度。 ③ 刚性系杆可由檩条兼作，此时檩条应满足对压弯杆件的刚度和承载力要求。 ④ 门式刚架轻型厂房钢结构的支撑，可采用带张紧装置的十字交叉圆钢支撑。圆钢与构件的夹角应在30°～60°范围内。 ⑤ 当设有起重量不小于5 t的桥式吊车时，柱间宜采用型钢支撑。在温度区段端部吊车梁以下不宜设置柱间刚性支撑。 ⑥ 当不允许设置交叉柱间支撑时，可设置其他形式的支撑。当不允许设置任何支撑时，可设置纵向刚架

2. 轻型门式刚架的荷载

作用在门式刚架上的荷载包括永久荷载和可变荷载，应按《建筑结构荷载规范》GB 50009、《钢结构设计规范》GB 50017以及《门式刚架轻型房屋钢结构技术规程》CECS 102等采用。

（1）永久荷载

永久荷载包括结构自重（屋面板、檩条、刚架梁柱、支撑、墙皮、吊车梁等及相关连接件）

和作用在结构上的设备质量等，按现行国家标准《建筑结构荷载规范》的规定采用。

(2)可变荷载

可变荷载包括屋面均布活荷载、雪荷载、积灰荷载、吊车荷载、风荷载等。

各种荷载的取值、计算包括荷载组合部分可参照《建筑结构荷载规范》GB 50009。

3. 轻型门式刚架结构的内力计算

门式刚架的内力计算可根据构件截面的类型采用不同的计算方法。对于构件为变截面刚架、格构式刚架及带有吊车荷载的刚架，应采用弹性分析方法确定各种内力，不宜采用塑性分析方法；只有当刚架的梁柱全部为等截面时才允许采用塑性分析方法。进行内力分析时，通常将刚架视为平面结构，一般不考虑蒙皮效应，只是将它作为安全贮备。当有必要且有条件时，可考虑屋面的应力蒙皮效应。蒙皮效应是将屋面板视为沿屋面全长伸展的深梁，可用来承受平面内的荷载。面板可视为承受平面内横向剪力的腹板，其边缘构件可视为翼缘，承受轴向拉力和压力。墙板也可按平面内受剪的支撑系统处理。考虑应力蒙皮效应可以提高刚架结构的整体刚度和承载力，但对压型钢板的连接有较高的要求。

门式刚架的内力弹性分析按一般结构力学方法或利用静力计算公式图表确定，也可采用有限元法编制程序上机计算。对梁、柱截面为变截面的刚架，进行内力分析时，应考虑截面变化对内力分析的影响。若采用有限元法计算变截面门式刚架内力时，宜将梁、柱构件分成若干段等截面单元作近似计算。单元的划分应按其两端实际惯性矩的比值约为 0.8 来划分，并取每段单元的中间截面惯性矩值作为该单元的惯性矩值进行内力计算；也可将整个构件视为楔形单元。

4. 轻型门式刚架结构的构件截面设计

(1)门式刚架设计的一般规定

目前，在我国设计领域对门式刚架构件内力的确定常用方法是采用弹性分析方法，按平面结构计算。结构计算简图不能背离实用计算方法所依据的简图，两者必须相一致，这对结构稳定计算非常重要。

(2)刚架梁的计算

① 刚架梁不考虑平面内稳定，只计算平面外的稳定性。当屋面坡度不小于 1/20 时，实腹式刚架梁按压弯构件计算强度；刚架梁上有附加集中荷载时，要补充验算。

② 在确定实腹式刚架梁的平面外计算长度时，可考虑隅撑的支撑作用，即取隅撑的间距；若屋盖未设隅撑时，梁的平面外计算长度取支撑支承点距离，一般不大于 6 m。

(3)刚架柱的计算

① 实腹式刚架柱应按压弯构件计算其强度和弯矩作用平面内、外的稳定性，并按《钢结构设计规范》(GB 50017)中的相关规定执行。

② 刚架柱进行平面外稳定计算时，平面外计算长度取柱间支撑的支承点间距。

③ 格构式刚架柱应按压弯构件计算其强度和弯矩作用平面内、外的稳定性。

④ 格构式刚架柱应按桁架分析，计算其弦杆、腹杆的轴力，按轴心受力构件分别计算强度和稳定性。

门式刚架钢结构设计应采用以概率论为基础的极限状态设计法，按分项系数设计表达式进行计算。其设计应合理布置柱网，优化结构与构件的选型，切实做到安全适用、经济合理、不宜过分单一追求最低用钢量指标作为方案比选依据。

结构的承重构件，应同时满足承载力极限状态和正常使用极限状态的要求。结构设计及其相关要求可按照《门式刚架轻型房屋钢结构技术规程》(CECS 102)执行，超规程设计应以《钢结构设计规范》(GB 50017)为依据进行设计，且必须采取相应的措施。

超过上述中提及的适用范围的单层房屋采用门式刚架钢结构时，除了围护结构和檩条、墙梁等次结构可以参照《门式刚架轻型房屋钢结构技术规程》(CECS 102)的相关规定之外，主结构设计应执行《钢结构设计规范》(GB 50017)的相关规定，抗震设防地区的房屋还应执行《建筑抗震设计规范》(GB 50011)的相关规定。

对于跨度或高度较大的门式刚架单层房屋，在设计时还应特别注意以下几个问题：

① 增加柱间支撑的数量，同时相应增设屋盖纵向水平支撑和横向水平支撑，增强房屋的整体刚度。

② 设计计算屋盖支撑时，要考虑山墙处风荷载对端部柱间支撑及屋面横向水平支撑的作用。

③ 隅撑仅作为减少刚架柱和斜梁的计算长度用，不可作为抗侧力构件。其侧向稳定需由刚性系杆来保证。

④ 屋面系杆应采用型钢，檩条无法起到系杆的作用。

⑤ 重型钢结构厂房的支撑宜采用型钢，钢筋棍混凝支撑只适用于轻钢厂房。

⑥ 在设计屋面系统时，忽略蒙皮效应，可作为安全储备。

⑦ 刚架柱顶侧向位移限值与柱高的比值尽可能控制在 1/400。

⑧ 刚架梁柱主要受力构件的板件高厚比应控制在 1/120。

如果门式刚架厂房内同时配有 20 t 以上起重设备，还应注意以下几点：

①《门式刚架轻型房屋技术规程》规定允许的桥式吊车起重量低于 20 t，且工作级别需为中轻级。当吊车吨位超过规定时，在确定柱顶位移限值、挠度限值、构件变形和支座位移允许值时应按《钢结构设计规范》(GB 50017)执行。

② 屋盖宜设置纵向支撑与横向支撑配合使用，使屋面水平支撑形成封闭系统，起到增强房屋整体刚度的作用。

③ 隅撑仅作为减少刚架柱和斜梁的计算长度用，不可作为抗侧力构件。其侧向稳定需由刚性系杆来保证。

④ 中柱不宜采用摇摆柱。

⑤ 柱脚必须为刚接形式，柱子可采用变截面柱。

当门式刚架所在位置的抗震设防烈度为 8 度或更高时，应采取加强措施：

① 构件的计算必须考虑地震作用的影响，为减少钢材用量，构件可设计为变截面形式，但必须保证任意截面都控制在弹性工作阶段。

② 在高地震烈度地区，不采用山墙柱承重或山墙承重的方案。房屋端部荷载应由门式刚架本身承受。

③ 采用型钢作为支撑。当为单角钢支撑时，应计入其强度折减。单面偏心连接的支撑形式不适用于 8 度抗震设防地区的建筑物。采用十字交叉型的支撑时，如果有一根杆件中断时，应加大交叉节点处的节点板厚度，一般不应小于 10 mm。节点板的承载力不低于 1.1

倍的杆件全塑性承载力。

5. 轻型门式刚架结构的节点设计

(1)横梁与柱连接及横梁拼接

① 横梁与柱连接节点形式

门式刚架横梁与柱的连接形式有三种,即端板竖放[图 5.3.7(a)]、端板横放[图 5.3.7(b)]、端板斜放[图 5.3.7(c)、图 5.3.7(d)]。

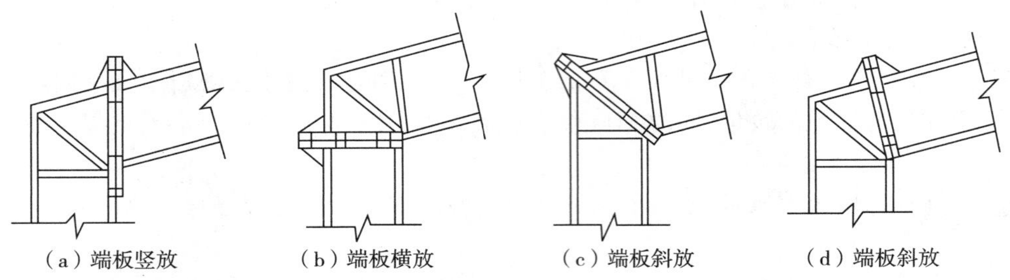

图 5.3.7 门式刚架横梁与柱连接节点形式

② 横梁拼接节点形式

门式刚架横梁拼接,可采用平齐端板[图 5.3.8(a)]和外伸端板[图 5.3.8(b)]两种形式。横梁拼接时宜使端板与构件的外边缘垂直,且宜选择弯矩较小的位置拼接。

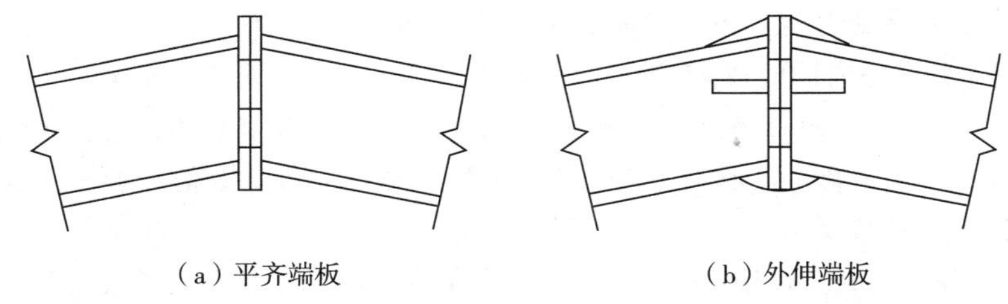

图 5.3.8 门式刚架横梁拼接节点形式

(2)节点域验算

门式刚架横梁与柱相交节点域的强度验算可按现行《钢结构设计规范》(GB 50017)中相关公式计算。

6. 门式刚架的基础

基础设计时根据上部结构传递的基础反力和地质资料设计基础,为保证基础的整体稳定性和减小基础的偏心矩,通常设置基础地梁。基础设计中要考虑多台多跨吊车荷载对基础的不利影响、过大偏心距的设计和柱脚抗剪设计。

门式刚架轻型房屋钢结构通常采用扩展基础、柱下条形基础和桩基础。扩展基础用于一般工业厂房柱基、民用框架结构基础等。扩展基础可以分为钢筋混凝土独立基础[图 5.3.9(a)]和墙下钢筋混凝土条形基础[图 5.3.9(b)]。独立基础之间互不联系。柱下条形基础一般采用钢筋混凝土为基础材料,与墙下条形基础的受力不同,柱下条形基础[图 5.3.9

(c)]的荷载为集中荷载,基础反力分布为非线性的。柱下条形基础在结构跨度较大地基承载力较差的工业厂房中也经常采用。桩基础[图 5.3.9(d)]是应用较为广泛的一种基础形式,特别是在软土地区。

(a) 钢筋混凝土独立基础

(b) 墙下钢筋混凝土条形基础

(c) 柱下条形基础

(d) 桩基础

图 5.3.9 单层工业厂房门式刚架的基础类型

7. 电算软件在门式刚架设计的应用

市面上流行的结构软件如 PKPM、3D3S、SAP 2000 等软件都可以对门式刚架进行建模和计算。PKPM 建模方便快捷,但是计算结果最为保守,并且无法对翼缘宽厚比和腹板高厚比进行控制,需手工计算。3D3S 建模比 PKPM 略微复杂,但是计算结果较经济,并且对构件各项参数都可以方便地进行控制。SAP 2000 是一款对门式刚架比较有针对性的计算软件,建模较方便,并且出图美观。

5.4 单层工业厂房排架钢结构

5.4.1 单层工业厂房排架钢结构的概念、组成和特点

由一组平面主框架通过一系列纵向构件(包括屋盖的连接构件、屋盖及柱的支撑构件及托架、吊车梁、纵梁等)连接形成的一种结构体系(图 5.4.1)。厂房结构一般是由屋盖结构、柱、吊车梁(或桁架)、各种支撑形以及墙架等构件组成的空间体系。这些构件按其作用可分为如下几个结构模块。

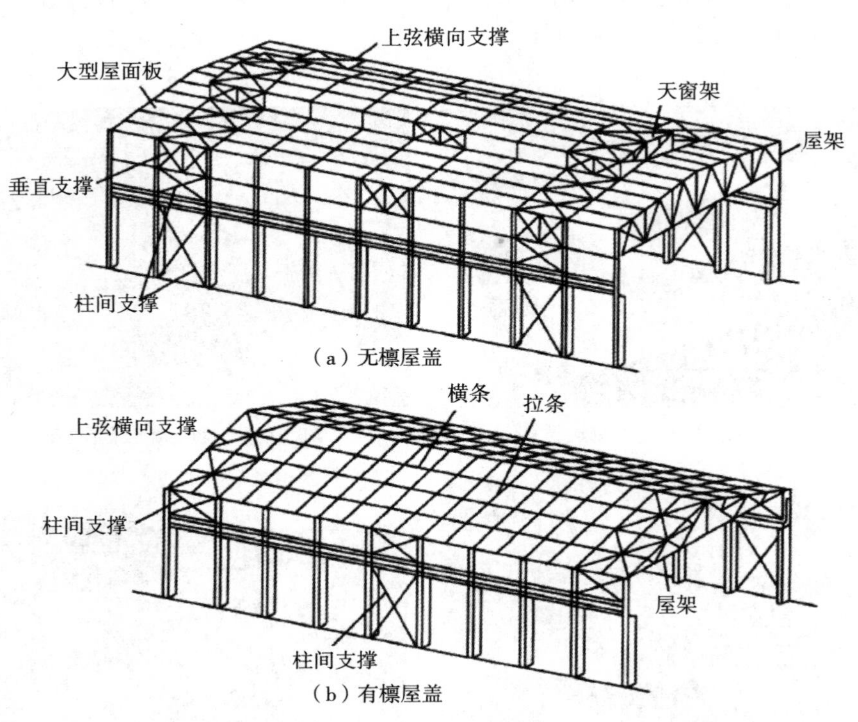

图 5.4.1 单层工业厂房排架钢结构的组成

1. 横向框架

横向框架由柱和它所支承的屋架组成，是厂房的主要承重体系，承受结构的自重、风荷载、雪荷载和吊车的竖向与水平荷载，并把这些荷载传递到基础。

2. 屋盖结构

屋盖结构承担屋盖荷载的结构体系，由横向框架的屋架(横梁)、托架、天窗架、檩条和屋面材料等组成，根据屋面材料和屋面结构布置情况的不同，可分为有檩屋盖和无檩体系屋盖两类。

3. 支撑体系

支撑体系包括屋盖部分的支撑和柱间支撑等，它一方面与柱、吊车梁等组成厂房的纵向框架，承担纵向水平荷载，另一方面又把主要承重体系由个别的平面结构连成空间的整体结构，从而保证了厂房结构所必需的刚度和稳定性。

4. 吊车梁系统

吊车梁系统主要承受吊车竖向及水平荷载，并将这些荷载转到横向框架和纵向框架上。

5. 墙架

墙架承受墙体的自重和风荷载。

此外，还有一些次要的构件如吊车梯、走道、门窗等。

构件名称、功能及常见结构形式一并列入表 5.4.1。

表5.4.1 单层工业厂房排架钢结构的构件名称、功能及常见结构形式

构件名称	作用	常见形式
框架柱	支承屋架、吊车梁、托架等主要构件；承担重力，抵抗横向荷载引起的弯矩和剪力	双肢格构柱、H形钢柱
屋架(框架梁)	支承屋面檩条、屋面系统	梯形、三角形屋架
纵墙墙架柱	支承墙梁、承担墙面和墙架自重产生的竖向荷载及水平风荷载	H形钢柱
山墙墙架柱(抗风柱)	支承墙架梁、承担墙面和墙架重置及水平风荷载	H形钢柱
墙架梁	支承墙面、承担墙面及自身重量与墙面风荷载	槽钢、钢筋混凝土基础梁
门梁	固定门柱	槽钢
门柱	固定大门的构造柱	槽钢、I字钢
山墙墙架梁	支承山墙墙面、承担墙面及自身重量与墙面风荷载	槽钢
吊车梁	承受吊车竖向荷载和水平荷载	工字形焊接钢梁
檩条	支承屋面板、不兼做刚性支撑与系杆，承受屋面扳与屋面荷载	C形、Z形薄壁型钢
刚性系杆	可兼做檩条支承屋面板，承受相应的弯曲荷载及纵向风荷载	钢管、角钢
柱间交叉支撑	上层柱间支撑传递风荷载至下柱及下层柱间支撑；下层柱间支撑传递风荷载与吊车水平制动力至基础；单层柱间支撑传递风荷载至基础	双角钢、双槽钢
拉条(檩条)	为檩条提供侧向支撑点，减小檩条的侧向变形和扭转	圆钢
斜拉条	与边缘撑杆构成稳定的支撑体系	圆钢
撑杆(檩条)	制约檐檩和边檩的侧向弯曲	圆管、方管、角钢
屋架上弦横向支撑	传递端墙力至柱或柱间支撑，减小屋架上弦计算长度	角钢水平桁架(刚性)
屋面板	维护、承受屋面荷载(包括风荷载)	轻型屋面板
墙面板	维护、传递墙板自重和风荷载	轻质墙板
托架	减少柱子，增大柱距，支承屋架	桁架
制动桁架(梁)	抵抗吊车横向水平制动荷载，并将其传递给柱	水平桁架、水平钢板梁
抗风桁架	为柱子提供中间水平支承点，传递墙柱反力至相邻厂房柱	水平桁架
屋架垂直支持	为屋架上弦横向支撑提供支承点增强屋盖的整体稳定性	角钢
屋架下弦横向支撑	减小屋架下弦计算长度(提高下翼缘侧向稳定性)	角钢水平桁架
屋架下弦纵向支撑	增加厂房纵向刚度，传递纵向水平风荷载或地震力，均分吊车横向刹车力	角钢水平桁架
柔性系杆	通过横向水平支撑，为其他屋架提供侧向支承点，提高屋架的整体稳定性	圆钢

5.4.2 单层工业厂房排架钢结构的设计与计算

1. 柱网布置和伸缩缝布置

(1)柱网布置

柱网布置就是确定单层厂房钢结构承重柱在平面上的排列,即确定它们的纵向和横向定位轴线所形成的网格,单层厂房钢结构的跨度即是柱纵向定位轴线之间的尺寸,单层厂房钢结构的柱距即是柱子在横向定位轴线之间的尺寸。

进行柱网布置时,应注意以下几方面的问题:

① 应满足生产工艺要求。

② 应满足结构的要求。

③ 应符合经济合理的原则。

④ 遵守《厂房建筑统一化基本规则》和《建筑统一模数制》的规定。

(2)变形缝的布置

变形缝是温度伸缩缝、沉降缝和抗震缝的总称。在结构设计中,设置温度伸缩缝的目的是减少结构中因温度变化所产生的温度应力,其本质是通过伸缩缝的设置将厂房分割成伸缩变形时互不影响的温度区段。基础沉降缝设置的目的是为了避免因基础不均匀沉降对结构安全性的影响。抗震缝则可减少地震作用对结构的不利影响。三者在做法上的主要区别是:温度伸缩缝一般从基础顶面以上将结构构件完全分开或在构造上采取适当措施,且相邻柱脚间的净距离不宜小于 40mm;沉降缝的做法则要求缝两侧柱的基础及上部结构必须完全分开;地震区需要设置的抗震缝则要求缝两侧的结构从地面以上必须完全分开,并保证地震时不会互相碰撞。

对于非地震区的厂房,只需按要求设置伸缩缝和沉降缝。温度伸缩缝的设置则以规范规定的温度区段为依据,普通钢结构厂房的温度区段长度值见表 5.4.2 所列,即当厂房尺寸此大于表中数值时,必须设置温度伸缩缝。

表 5.4.2 普通结构厂房的温度区段长度值

结构情况	温度区段长度		
	纵向温度区段（垂直于屋架或构架跨度方向）	横向温度区段（沿屋架或构架跨度方向）	
		柱顶为刚接	柱顶为铰接
采暖房屋和非采暖地区的房屋	220	120	150
热车间和采暖地区的非采暖房屋	180	100	125

变形缝的设置主要体现在变形缝所在位置柱的布置与基础的处理。根据温度伸缩缝的构造要求和做法，温度伸缩缝处柱的布置有两种具体做法：一种做法是在缝的两旁直接布置两个无任何纵向构件联系的横向框架，且使温度伸缩缝的中线与定位轴线重合，伸缩缝处两边的相邻框架柱与各自一端紧邻框架柱的距离均减少 $c/2$（c 为温度伸缩缝两侧柱的形心线之间的距离），厂房在相应方向的总长度不变；另一种做法则是在温度伸缩缝处另外增加一个插入距 c，伸缩缝处两边的相邻框架柱与各自一侧紧邻框架柱的距离保持不变，但该方向厂房的总尺寸增加了 c 值。c 值一般可取 1 m，对于重型厂房因柱的截面较大可能要放大到 1.5 m 或 2 m，甚至到 3 m 方能满足温度伸缩缝的构造要求（伸缩缝净距不得小于 40 mm）。第二种做法增加插入距的做法，需要增加屋面板等构件的类型，只有在设备布置确实不允许在伸缩缝处缩小柱距的情况下才使用。此外，这两种做法均将缝两旁的柱放在同一基础上。

显然，当厂房宽度超过跨度方向所规定的温度区段长度时，也应按规范规定布置纵向温度伸缩缝。

沉降缝只有在可能出现基础不均匀沉降情况下才予以考虑。因此，沉降缝只要满足伸缩缝的构造要求就可以同时起到温度伸缩缝的作用。沉降缝的布置可与伸缩缝一致，但缝两侧的基础必须同时分开，不能连为一体，其中缝两侧柱的距离可由上述温度伸缩缝的要求决定。

对于地震区抗震缝的布置应根据厂房刚度的变化情况或完全与伸缩缝一致的方向考虑，但构造上必须满足抗震缝的要求，保证地震时相邻结构不会碰撞。

2. 柱间支撑的作用及布置

这种工业厂房是以若干榀平面框架为主结构的排架结构。这种结构在设计时虽然一般不按空间结构考虑，但结构本身必须是一个稳定的空间几何不变体，而整体结构的组成部分支撑体系（包括屋盖支撑和柱间支撑）则对此发挥了十分重要的作用。

（1）柱间支撑的作用

① 与厂房柱形成纵向框架，增强厂房的纵向刚度。因为柱在框架平面外的刚度远低于框架平面内的刚度，而设置柱间支撑对加强厂房的纵向刚度很有效。

② 为框架柱在框架平面外提供可靠支撑，可有效地减小柱在框架平面外的计算长度。

③ 承受厂房的纵向力，可将山墙风荷载、吊车纵向制动力、纵向温度内力、地震力等传至基础。

（2）柱间支撑的布置原则

柱间支撑由两部分组成：在吊车梁以上的部分称为上层支撑，吊车梁以下的部分称为下层支撑，下层柱间支撑与柱和吊车梁一起在厂房纵向形成刚性很大的悬臂桁架。因此，将下层支撑布置在温度缝区段端部，对温度变化的影响方面是很不利的。

对于一般的单层工业厂房，下层柱间支撑的布置原则是：当温度缝区段（横向温度变形缝将厂房纵向分成温度区段）小于 150 m 时，在中央设置一道下层支撑[图 5.4.2(a)]；如果温度缝区段长度大于 150 m，则在它的 1/3 处各设一道下层支撑[图 5.4.2(b)]，以免传力路径太长。为了避免产生过大的温度应力，两道支撑的中心距离不宜大于 72 m。

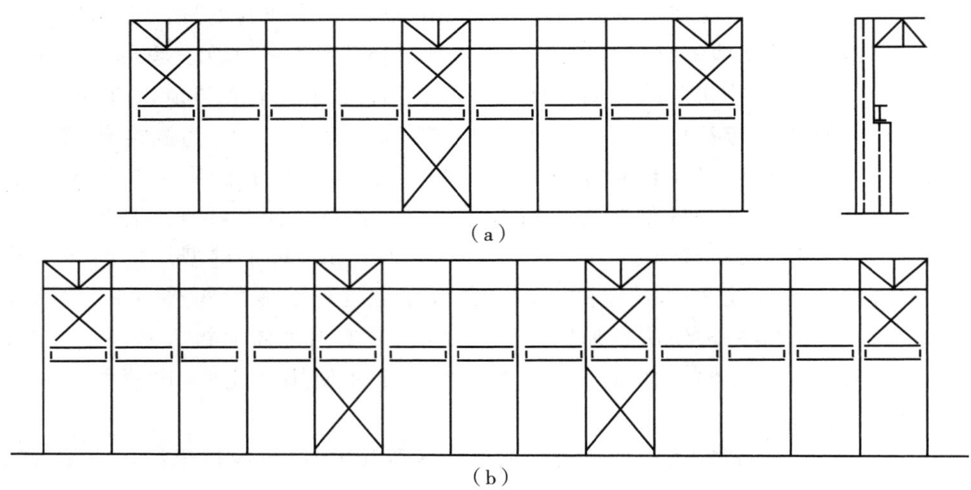

图 5.4.2 柱间支撑的布置

上层柱间支撑又分为两层:第一层在屋架端部高度范围内,又称为屋盖垂直支撑,显然,当屋架为三角形或虽为梯形但有托架时,并不存在该层支撑;第二层在屋架下弦至吊车梁上翼缘范围内。为了传递风力,上层支撑布置在温度区段端部,由于厂房柱在吊车梁以上的部分刚度小,不会产生过大的温度应力,从安装条件来看这样布置也是合适的。此外,在有下层支撑的柱间也设置上层支撑(图 5.4.2)。

等截面柱的柱间支撑,一般在沿柱的中心线设置单片支撑。阶形柱的上层柱间支撑宜在柱的两侧设置,只有在无人孔上柱截面高度不大的情况下才沿柱中心设置一道。下层柱间支撑应在柱的两肢的平面内设置,图 5.4.2 所示;与外墙墙架有联系的边列柱可仅设在内侧,但重级工作制吊车的厂房外侧也同样设置支撑。

此外,吊车梁系统作为撑杆也是柱间支撑的组成部分,并承担传递厂房纵向水平力的作用。

(3)柱间支撑的形式

① 柱间支撑的截面形式

单片支撑常采用单角钢[图 5.4.3(a)]、两个角钢组成的 T 形截面[图 5.4.3(b)]、两槽钢[图 5.4.3(c)]组成的工字形截面或方钢管截面[图 5.4.3(d)]。双片支撑一般采用不等边角钢以长边与柱相连[图 5.4.4(a)]或采用由两个等边角钢组成的 T 形截面[图 5.4.4(b)];当荷载较大或杆件较长时,可采用梢钢[图 5.4.4(c)]或由两个梢钢组成的工字形截面[图 5.4.4(d)]。两片支撑之间应附加系杆相连。

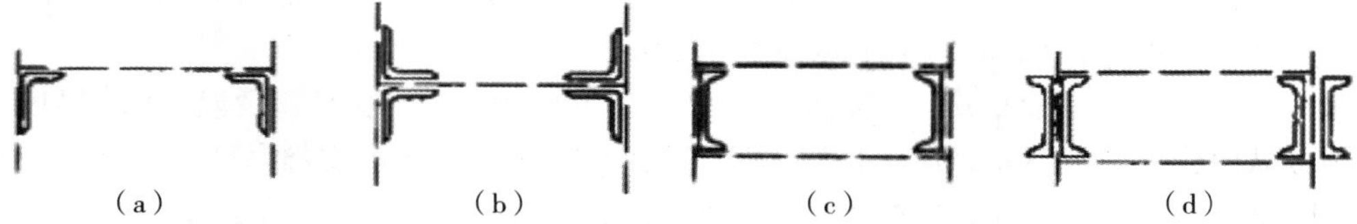

图 5.4.3 单片支撑的截面形式

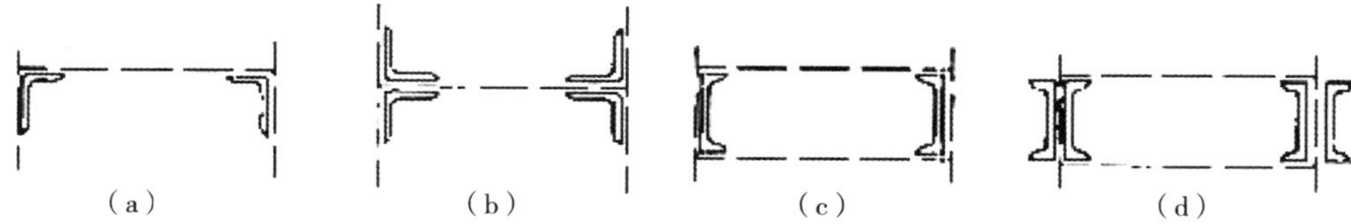

图 5.4.4　双片支撑的截面形式

② 柱间支撑的结构形式

图 5.4.5 所示的柱间支撑是普通钢结构厂房中常见的几种形式。其中人字形和八字形适合上段柱高度比较小的情况[图 5.4.5(d)、图 5.4.5(e)]。下柱支撑形式可进一步减小柱的侧向计算长度。当柱间有运输、通行、放置设备等要求时，下段柱可采用门架式柱间支撑[图 5.4.5(d)、[图 5.4.5(e)]，图 5.4.5(e)中的门架顶部专设一横梁，其目的是为了保证门架不承受吊车轮压荷载，以便与柱间支撑的作用和应承担的荷载(纵向水平力)相一致，设计中应予以注意。

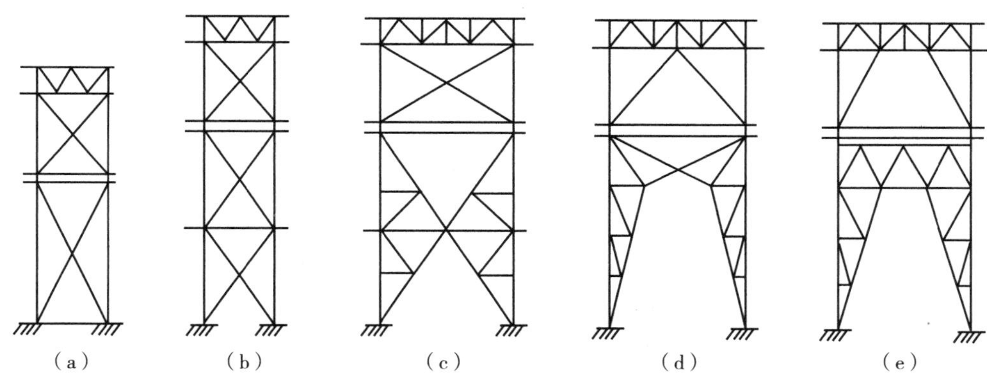

图 5.4.5　柱间支撑的结构形式

3. 屋盖结构与支撑布置

(1)屋盖的选型与设计

屋架结构的选型主要取决于所采用屋面覆盖材料及建筑物的使用要求。按屋架外形可分为三角形、梯形、平行弦、人字形及其他多边形等形式。

三角形屋架如图 5.4.6 所示。多用于屋面坡度较大的有檩屋盖，屋面材料可为被形石棉瓦、玻璃钢瓦、压型钢板等。

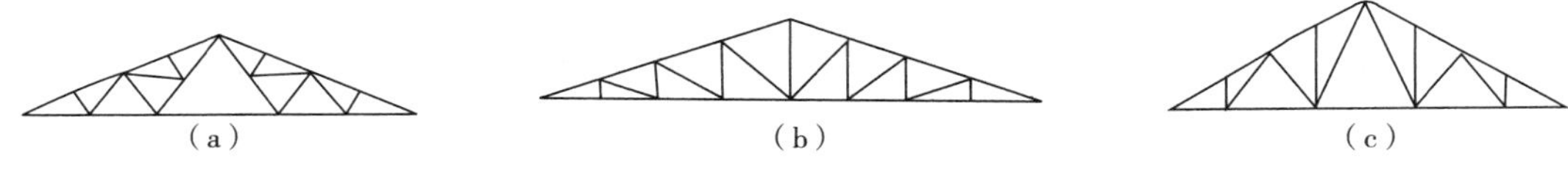

图 5.4.6　三角形屋架

梯形钢屋架如图 5.4.7 所示。一般宜用于屋面坡度较为平缓(1/8～1/20)的情况，适用的屋面材料有压型钢板或大型屋面板。

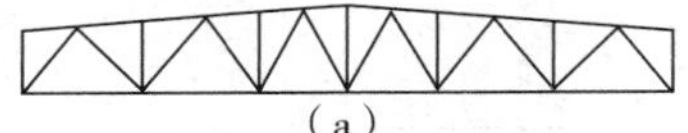
(a)

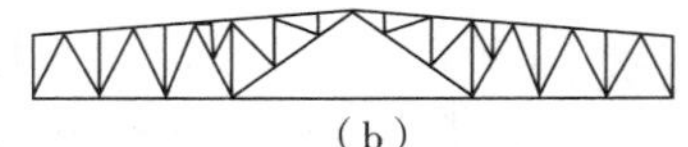
(b)

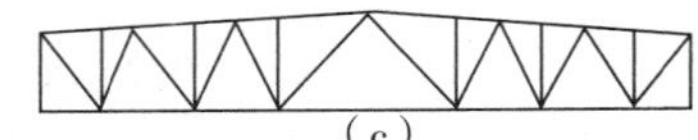
(c)

图 5.4.7 梯形钢屋架

平行弦屋架如图 5.4.8 所示。可用于各种坡度屋面，由于其节间划分统一，制作简便，应用较多。

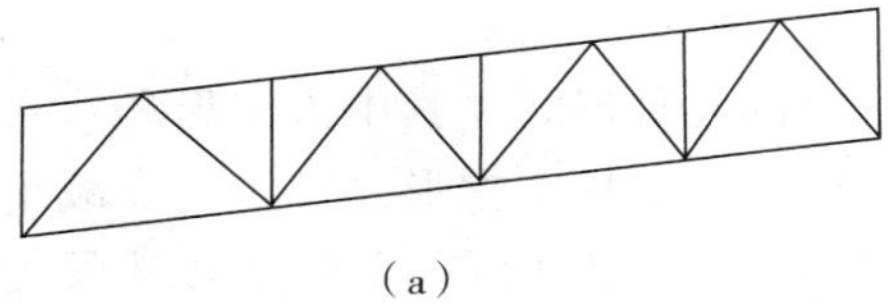
(a)

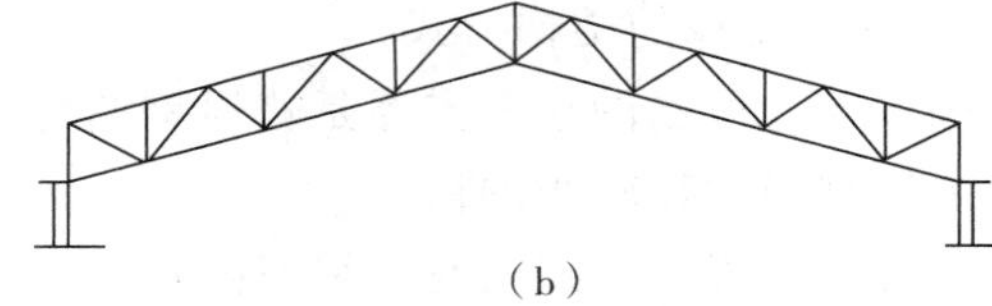
(b)

图 5.4.8 平行弦屋架

(2)屋盖结构基本构件布置

① 一般规定

普通单层厂房钢结构的屋盖根据所选用的屋面板的不同分为有檩体系和无檩体系两种结构方案。有檩体系选用轻型屋面材料，屋面荷载通过檩条传到屋架节点上，屋盖支撑结构由檩条、拉条、撑杆、系杆和必要的支撑杆件组成，无檩体系则选用大型钢筋混凝土屋面板，屋面板与屋架直接连接，并通过屋面板将墙面荷载直接传到屋架节点上。

无檩屋盖屋面刚度大，但大型屋面板的自重也大，布置不够灵活；对有檩屋盖则用料省、自重轻，屋架间距和跨度比较灵活，不受屋面材料限制，但屋面刚度差。具体选用时应根据建筑物使用要求，并结合结构特性、材料供应和施工条件等因素综合考虑而定。但目前多采用有檩屋盖结构方案。图 5.4.9 为有檩屋盖体系。

图 5.4.9 有檩屋盖体系

另外，完整的屋盖结构布置与纵向柱距也存在一定的关系。当厂房纵向柱距为 12 m 或更大时，一般需要设置托架来支承中间屋架。因此严格地说，支承屋架的托架也成为屋盖结构体系中的一部分，设计中应予以特别关注。对于目前广泛采用的压型钢板和压型铝合金屋面板，屋架间距则常常大于或等于 12 m 。

② 屋架支撑布置

屋盖支撑是平面桁架屋盖结构体系的重要组成部分。因此在设计平面结构体系的钢屋盖时,除了要保证平面结构的强度、刚度和稳定性外,还要慎重和妥善地设计钢屋盖的支撑系统,使其具有足够的强度和稳定性。

③ 支撑的种类

屋架(包括天窗架)支撑系统所包含的主要支撑有下列四大类。

横向支撑:根据其位于屋架的上弦平面或下弦平面,又可分为上弦横向支撑和下弦横向支撑两种。

纵向支撑:设于屋架的上弦平面或下弦平面,布置在沿柱列的各屋架端部节间部位。

垂直支撑:位于两屋架端部或跨间某处的竖向平面或斜向平面内。

系杆:根据其是否能抵抗轴心力而分成刚性系杆和柔性系杆两种。通常刚性系杆采用由双角钢组成的十字形截面,而柔性系杆截面则为单角钢。

④ 支撑的作用

保证屋盖结构的几何稳定性。由屋架、檩条和屋面板等互相垂直的平面构件铰接而成的屋盖结构是几何可变体系。在某种荷载作用下或在安装时,各屋架有可能向一侧倾倒,故必须布置支撑使屋架与屋架连接成几何不变的空间体系,才能保证整个屋架在各种荷载作用下都能很好地工作。

保证结构空间稳定。空间稳定体通常是由相邻两个屋架和它们之间的上弦横向水平支撑、下弦横向水平支撑以及屋架端部和跨中竖直平面内的竖直支撑组成的六面盒式体系。

保证屋盖的空间刚度和整体性。通常采用的沿屋架上弦平面布置的横向水平支撑(上弦平面不一定水平面常是斜平面),是一个水平放置(或接近水平故置)的桁架。桁架两端的支座是柱(或柱间支撑)或是桁架端部竖向支撑,如图 5.4.10 所示。

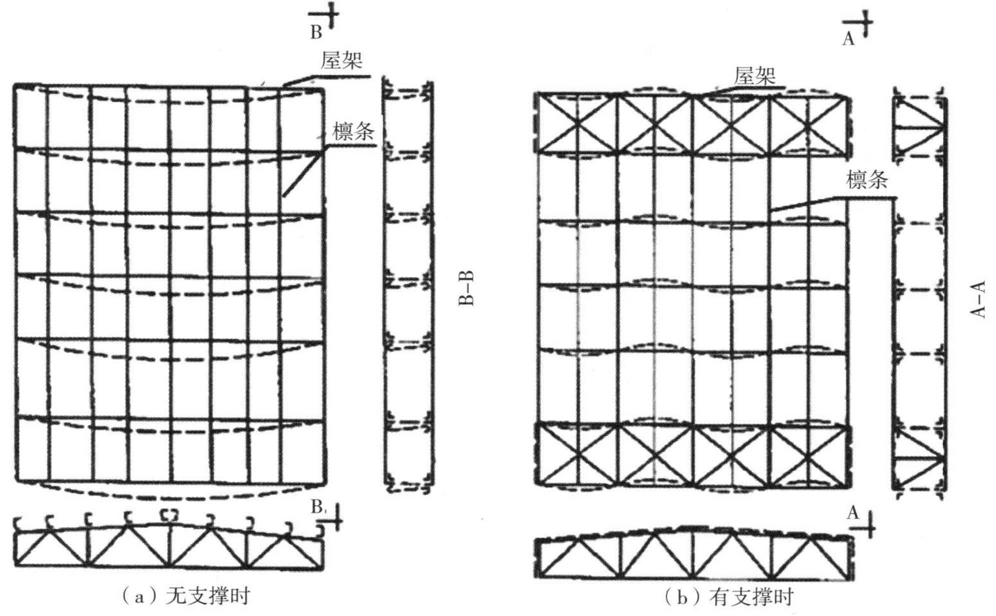

(a) 无支撑时　　(b) 有支撑时

图 5.4.10　桁架两端支座

在工业厂房中常有起重量大而工作繁忙的桥式吊车或其他振动设备，对屋盖结构的空间刚度和稳定性提出了更高的要求，有时需要设置屋架下弦横向水平支撑和纵向水平支撑为受压弦杆提供侧向支撑点。屋架上弦平面支撑可作为上弦杆(压杆)的侧向支撑点，从而减少其出平面(垂直屋架平面方向)的计算长度(图 5.4.10)。如果没有屋架上弦平面支撑，则上弦出平面的计算长度等于上弦的全部长度[图 5.4.10(a)]。采用屋架上弦平面横向支撑后，横向支撑桁架的节点就是屋架上弦压杆的侧向支撑点，计算长度减少很多。没有直接设置横向支撑桁架的屋架弦杆可由系杆与支撑桁架的节点连接，同样也能起到压杆(屋架弦杆)的侧向支撑点的作用[图 5.4.10(b)]。因此，系杆也是支撑系统的组成部分，不能只重视支撑桁架的设计而忽视系杆的重要性。

承受和传递纵向水平力(风荷载、悬挂吊车纵向制动力、地震荷载等)。房屋两端的山墙挡风面面积较大，所承受的风压力或风吸力有一部分将传递到屋面平面(也可传递给屋架下弦平面)。这部分的风荷载必须由屋架上弦平面横向支撑(有时同时设置屋架下弦平面横向支撑)承受。所以，这种支撑一般都设在房屋两端，就近承受风荷载并把它传递给柱(或柱间支撑)。

保证结构在安装和架设过程中的稳定性。支撑能加强屋盖结构在安装中的稳定，为保证安装质量和施工安全创造了良好的条件。另外在有檩体系的轻型屋盖结构中常在檩条之间设置拉条与撑杆，可以为檩条提供可靠的侧向支撑；厂房屋盖结构中，有时在檩条和屋架下弦之间设置连接隅撑，可以替代屋架下弦系杆或屋架下弦横向水平支撑的作用。

(3)屋盖支撑布置

① 上弦横向水平支撑

屋架上弦横向水平支撑是无条件设置的支撑杆。无论是有檩体系的屋盖还是无檩屋盖都应在屋架上弦设置横向水平支撑，当有天窗架时，也必须在天窗架上弦设置横向水平支撑，该支撑一般应设置在厂房两端或温度区段两端的第一或第二柱间内(当山墙承重，或设有纵向天窗又未伸到厂房尽端时，需要退到第二开间)，且两道支撑之间的距离不宜大于 60 m，因此当厂房纵向长度较大或温度区段较长时，尚应在中部增加支撑，以满足该项要求。

② 下弦横向水平支撑

下弦横向水平支撑是有条件设置的。属下列情况之一，可设置下弦横向水平支撑，且除特殊情况外，一般均与上弦横向支撑布置在同一开间。

a. 屋架跨度大于 18 m 时。

b. 屋架下弦设有悬挂吊车，或厂房内有起重量较大的桥式吊车或有振动设备时。

c. 屋架下弦设有通长的纵向水平支撑时。

d. 抗风柱支承于屋架下弦时。

e. 屋架与屋架间设有沿屋架方向的悬挂吊车时[图 5.4.11(a)]。

f. 屋架下弦设有沿厂房纵向的悬挂吊车时[图 5.4.11(b)]。

③ 上弦纵向水平支撑

屋架间距或屋架力三角形或端斜杆力下降式且主要支座设在上弦处的梯形屋架及人字形屋架，纵向水平支撑宜布置在屋架上弦平面内。

④ 下弦纵向水平支撑

对于大多数其他情况，纵向水平支撑均设在屋架的下弦，而且下弦纵向水平支撑常与屋架下弦横向水平支撑一起形成封闭体系以增强屋盖的空间刚度[图 5.4.11(b)]。但是，屋架下弦纵向水平支撑的设置必须在属于下列情况之一时才予以考虑。

a. 在厂房排架计算需要考虑空间工作时；

b. 当厂房内设有起重置较大的吊车或重级工作制吊车时；

c. 当厂房内设有较大的振动设备时；

d. 当屋架下弦设有纵向或横向吊轨时；

e. 当屋架跨度较大、高度较高而空间刚度要求较大时；

f. 当设有托架时。

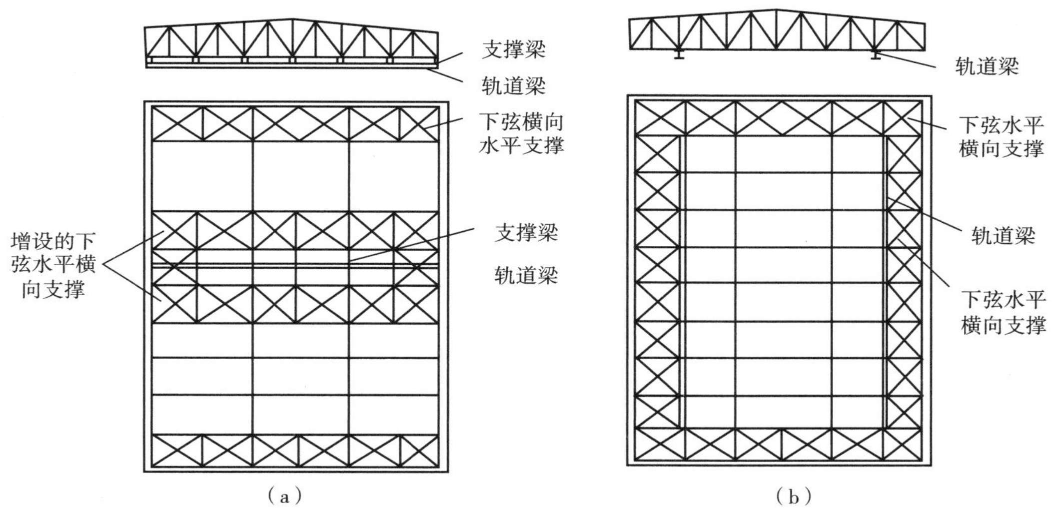

图 5.4.11 有悬挂吊车时的下弦横向水平支撑布置

在托架处设下弦纵向水平支撑有两种情况：一种是在托架所在处沿厂房纵向通长设置，另一种则是局部有托架时局部加设纵向水平支撑(如中间局部抽拄的情况)。必须注意在托架处局部加设下弦纵向支撑时，需要将支撑向托架两端各延伸一个柱间设置(图 5.4.12)。

⑤ 竖直支撑的设置

该支撑与屋架上弦横向水平支撑同样重要，是必不可少的支撑杆件。布置的原则是：对于梯形屋架和平行弦屋架，当屋架跨度＜30 m 时，应在屋架跨中和两端竖腹杆所在平面内各布置一道竖直支撑；当跨度＞30 m 时，对于无天窗的情况，应在屋架跨度的 1/3 处及两端竖杆平面内各布置一道竖直支撑，否则可在天窗脚下及屋架两端竖杆平面内各布置一道(图 5.4.13)。

对于三角形屋架，当跨度≤18 m 时，应在屋架中间布置一道竖直支撑；当跨度＞18 m 时，应视具体情况布置两道(一般在跨度的 1/3 处布置)(图 5.4.14)。

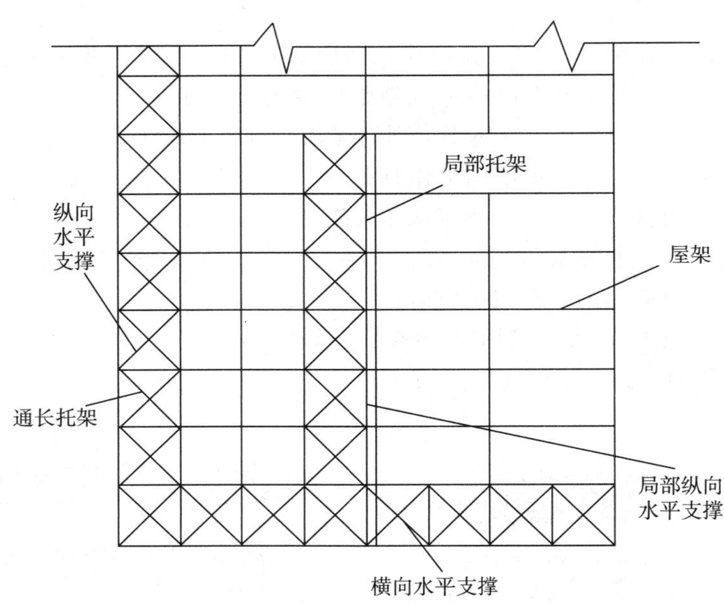

图 5.4.12　托架处的下弦纵向水平支撑

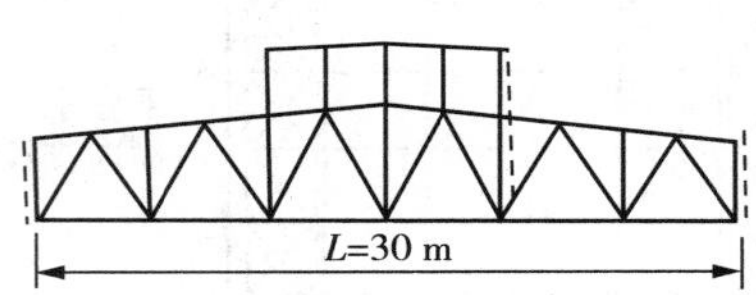

图 5.4.13　有天窗时的竖直支撑设置

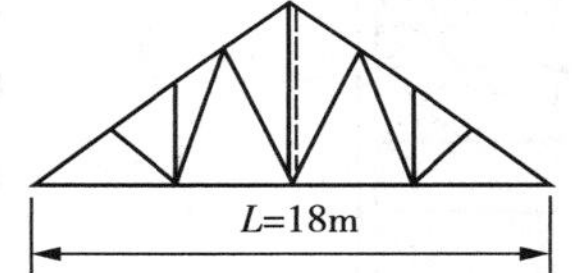

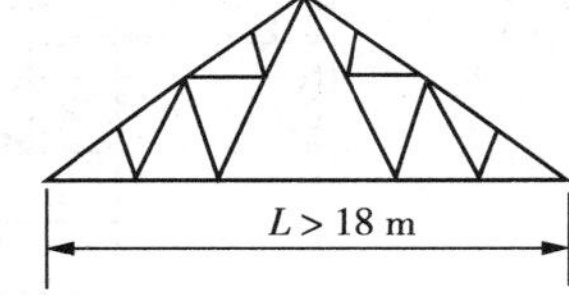

图 5.4.14　不同跨度时竖直支撑设置

(4)系杆的布置

系杆作为支撑体系的一部分具有十分重要的作用。在整个屋盖结构中,以一个稳定的空间几何不变体为核心,其他屋架的上下弦节点都可以通过系杆与空间稳定体的有关节点连接,从而使系杆起到了支撑杆件的作用。由于系杆可能受拉,也可能受压,因此系杆有刚性系杆(受压系杆)和柔性系杆(受拉系杆)之分。刚性系杆多采用由两个角钢组成的十字形截面或钢管,而柔性系杆一般可采用单角钢或圆钢。

系杆在屋架的上、下弦平面内的布置原则为:

一般情况下,在竖直支撑所在平面内的屋架上、下弦节点处应设置通长系杆,且除下面所述情况外,均可为柔性系杆。

① 在屋架支座节点处和上弦屋脊节点处应设置通长刚性系杆。当屋架支座节点处设有钢筋混凝土圈梁时,此处的刚性系杆可不再考虑。

② 当屋架横向支撑设在厂房两端的第二开间时,在支撑节点与第一榀屋架之间的上下弦平面内均应设置刚性系杆,其余开间可采用柔性系杆或刚性系杆。

③ 在有檩屋盖中,檩条可以代替上弦系杆,但必须满足系杆的要求。在无檩屋盖中,钢筋混凝土大型屋面板可代替上弦刚性系杆,但必须有可靠的连接。

4. 天窗架的形式与布置

在工业厂房中，为了满足采光和通风要求，常常需要在厂房顶部设置天窗。天窗的结构组成也类似于一般工业厂房的屋盖，其中的主要部分就是天窗架（相当于屋架），天窗的类型一般由工艺和建筑要求决定，主要可分为纵向天窗（与厂房屋架垂直布置）和横向天窗（与厂房屋架平行布置）两种。横向天窗架有下承式和上承式两种主要形式，但相对纵向天窗而言，横向天窗的结构相对复杂，实际应用较少。

纵向天窗按天窗架的形式可分为竖杆式[图 5.4.15(a)～图 5.4.15(c)]、三支点式[图 5.4.15(d)～图 5.4.15(f)]和三铰拱式[图 5.4.15(g)～图 5.4.15(i)]。

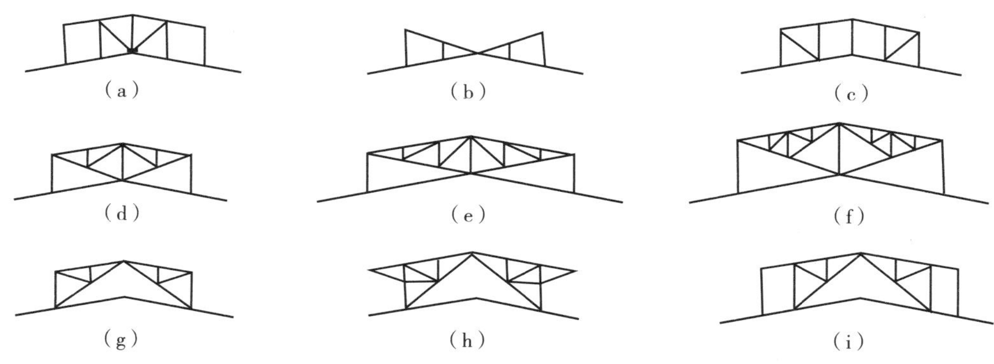

图 5.4.15 纵向天窗架的形式

5. 大型屋面板布置

当大型屋面板的角点与屋架上弦焊牢时（交汇于屋架上弦一点处四块大型屋面板中应有三块与上弦焊牢，第四块无法再焊），其肋可起刚性系杆作用，整块大型屋面板可起十字交叉支撑的作用。但为保证屋盖刚度和安装时的稳定和方便，上弦横向水平支撑仍应照常设置；系杆则可减少到只设于两端和屋脊处、有垂直支撑处和天窗架侧柱处。当有较大起重量吊车或较大振动设备时，常使系杆间距≤6 m。

6. 檩条与拉条布置

应该说，有檩屋盖结构布置的首要构件是檩条。当屋架间距小于 18 m 时，檩条可直接支承于屋架上；当屋架间距大于 18 m 时，则要将其支承于纵横方向的次桁架或次梁上，这就意味着屋架间距将直接影响檩条的布置。此外，为减少檩条在使用和施工过程中的侧向变形和扭转，提高檩条承载力，除侧向刚度较大的空间桁架式檩条和 T 型平面桁架式檩条外，均需在檩条之间设置拉条及必要的撑杆，对此必须引起足够重视。

(1)檩条的形式与布置

檩条有实腹式、平面桁架式和空间桁架式三种主要形式，实腹式檩条的应用最为普遍，檩条间距通常与屋架上弦节间距离相一致，以便与屋架节点相连。此外在屋脊处通常应设置为双檩条，以便替代刚性系杆的作用。

(2)拉条与撑杆的布置原则

檩条跨度为 4～6 m 时，至少应在跨中布置一道拉条[图 5.4.16(a)]，跨度为 6 m 以上时，应布置两道拉条[图 5.4.16(b)]。

在屋架两端及天窗架两侧(如果有天窗的话)檩条间应布置斜拉条和直撑杆,具体布置如图 5.4.16 所示。

这里所说的直撑杆实际为刚性压杆,其主要目的是限制檐檩的侧向弯曲,因此其长细比应符合压杆要求。此外,斜拉条的倾角不宜过小,且要用角钢或斜垫板作为衬垫固定于檩条腹板上。拉条的位置在高度方向应靠近檩条的上翼缘。

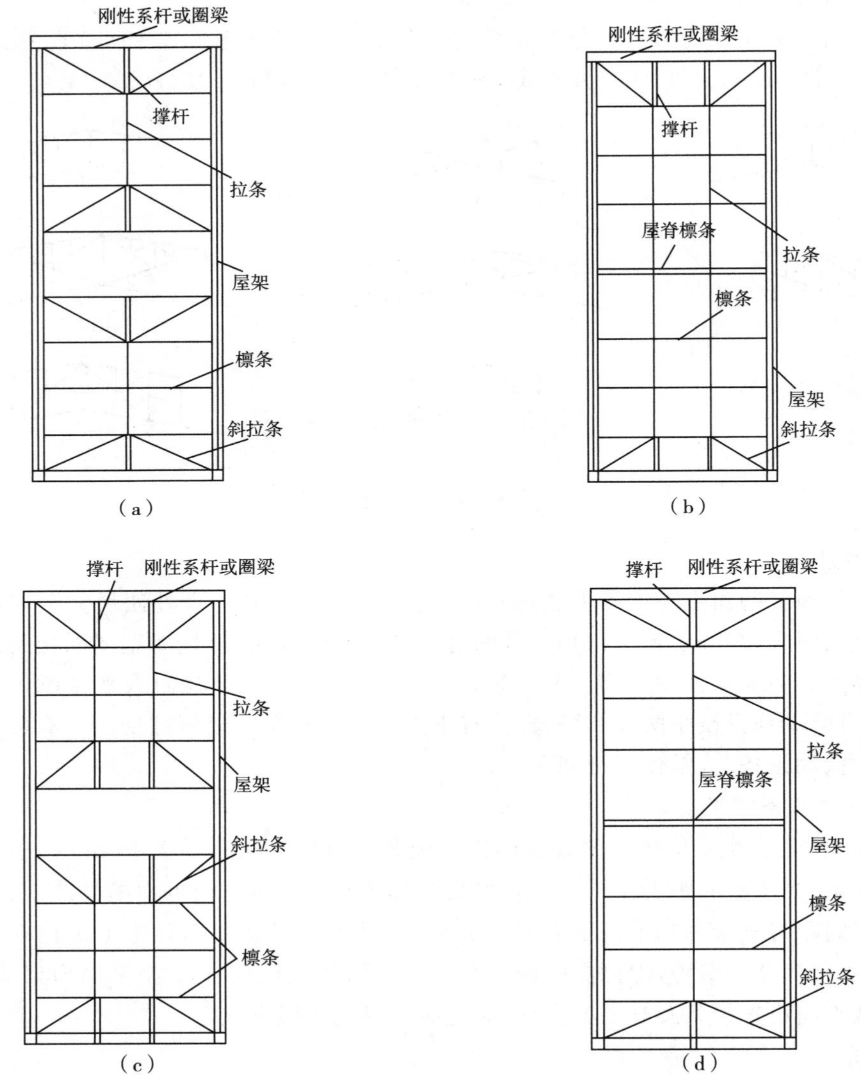

图 5.4.16　檩条、拉条、斜拉条和系杆布置

7. 墙架结构布置

墙体可分为砌体自承重墙(砖墙)、钢筋混凝土墙体和采用各种轻型维护材料的墙体。墙架是厂房的非承重墙体(纵墙和山墙)的支承结构,并传递墙体重量和墙面风荷载。对于砌体自承重墙,因墙体可直接将其自重传至底部的基础,墙架只传递水平荷载并起到加强刚

度的作用。一般墙架结构的主要受力构件为墙架梁和墙架柱，但对于砌体自承重墙和采用钢筋混凝土墙板的墙体，通常可不设墙架梁，墙体直接支承于墙架柱或框架柱上。对于较高的砌体自承重墙，可在适当高度设置承重墙梁，以便将上部墙体自重传给墙架柱或框架柱。对于钢筋混凝土墙板，可每隔 4～5 块墙板在墙架柱上设置承重支托，以传递墙板自重和水平荷载。下面重点介绍支承非承重墙体（轻型墙体）的墙架结构。

(1)纵墙墙架布置组成

纵墙墙架的基本构件是墙架柱和墙架梁，但根据墙架柱与框架柱的关系可分为两种情况。一种情况是厂房柱兼作墙架柱，且当厂房柱的间距≥12 m 时，框架柱之间再增设墙架柱（即中间柱），使墙架柱距离为 6 m（如图 5.4.17 所示的方案Ⅰ）。另一种情况是，框架柱不兼作墙架柱，所有墙架柱均根据需要另外设置，一般需要向框架柱外侧移位一段距离，使中间墙架柱的外边缘与设于框架柱外侧的墙架柱外边缘平齐（如图 5.4.17 所示的方案Ⅱ）。

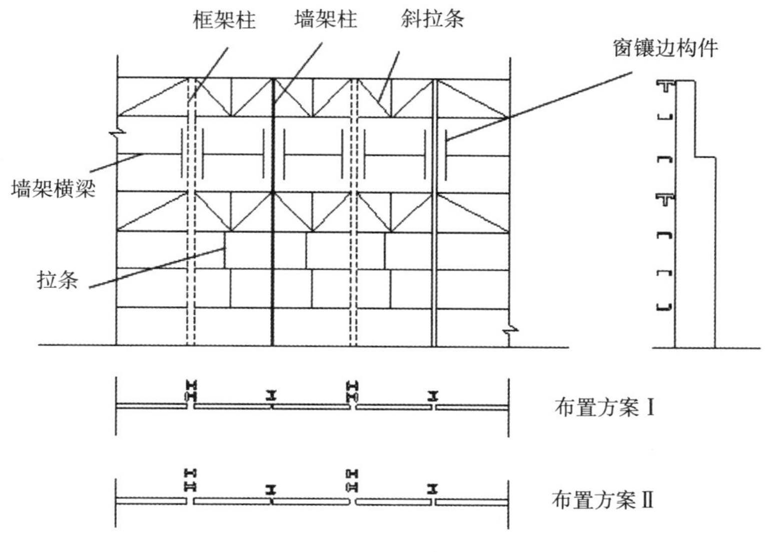

图 5.4.17 纵墙墙架布置

方案Ⅰ中框架柱外侧的墙架柱应与框架相连并与框架柱支承于共同的基础上。

中间墙架柱根据不同的连接方式可分为支承式和悬吊式，支承式墙架柱的下端固定，上端则采用板铰形式与纵向托架、吊车梁辅助桁架及屋盖纵向支撑等构件连接，以保证墙架柱不承受上述纵向构件传来的竖向荷载，但可将水平风力传给制动梁或制动桁架以及屋盖纵向水平支撑。

悬吊式墙架将柱的上墙吊挂于吊车梁辅助桁架上、托架上或顶部的边梁（边桁架）上，下端用板铰或长圆孔螺栓与基础相连，使其不向基础传递竖向力而只传递水平力。显然这种连接形式与支承式墙架柱的传力方式有较大的区别，对于轻型墙体材料多采用悬吊式墙架柱。

图 5.4.17 为一典型的纵墙墙架结构。该墙架结构除主要的墙架构件之外，还在墙架梁之间增设了拉条、斜拉条及撑杆。此外，当纵墙开设门洞时，还需要在门洞周围设置门梁和门柱，拉条的设置与墙架梁的侧向刚度有关，目的是为了减小横梁在竖向荷载作用下的计算

跨度。横梁间距可根据墙体材料的厚度和强度决定。

(2)山墙墙架布置

山墙墙架相对纵墙墙架要复杂一些，除墙架柱(也称抗风柱)和墙架梁之外，针对不同的情况，还需要分别设置加强横梁、竖直桁架、水平面抗风桁架和柱间支撑等设置原则为：

① 当山墙墙架柱高度大于15 m时，宜设置水平抗风桁架，作为墙架柱的中间水平支承点(图5.4.18)且抗风桁架宜设在吊车梁上翼缘标高处，以便兼作走道。

② 当山墙高度、跨度较大或有较大吊车量或振动设备时，为保证山墙有足够的刚度，应在山墙墙架内设置一道柱间支撑。支撑可设在某两根墙架柱间或各层支撑分散在不同柱间的布置如图5.4.18所示。

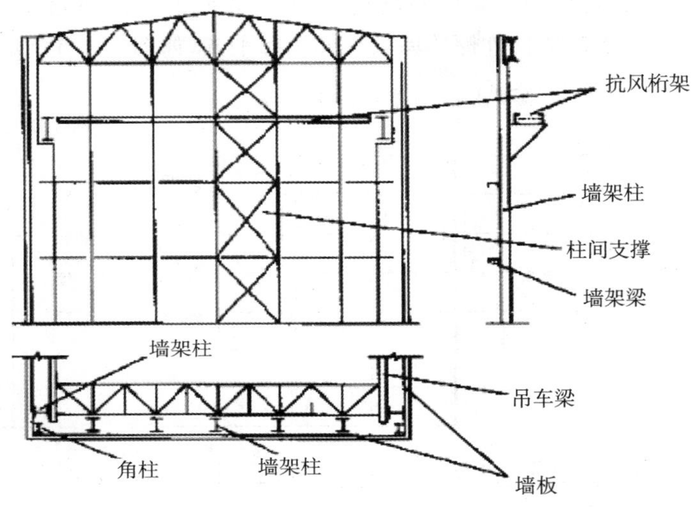

图5.4.18 山墙墙架布置Ⅰ

③ 当山墙下部开洞且洞口宽度<12 m时，应在洞口上缘处加设加强横梁[图5.4.19(a)]。

当洞口宽度大于12m时，应在洞口上方设置水平桁架[图5.4.19(b)]。

④ 当山墙下部全部敞开时，山墙墙架柱可做成悬吊式，下部固定在竖直桁架上[图5.4.19(b)]。

8. 屋架的设计

屋架应按下列荷载组合情况，分别计算杆件内力。

(1)与柱铰接屋架

① 全跨永久荷载＋全跨屋面活荷载或雪荷载(取两者中的较大值)＋全跨积灰荷载＋悬挂吊车(包括悬挂设备、管道等)荷载。当有天窗架时应包括天窗架传来的荷载。

② 全跨永久荷载＋0.85(全跨活荷载或雪荷载(取两者中的较大值)＋全跨积灰荷载＋悬挂吊车(包括悬挂设备、管道等)荷载＋天窗架传来的风荷载＋由框架内力分析所得的由柱顶作用于屋架的水平力)。

③ 全跨永久荷载＋半跨屋面活荷载(或雪荷载)＋半跨积灰荷载＋悬挂吊车荷载。

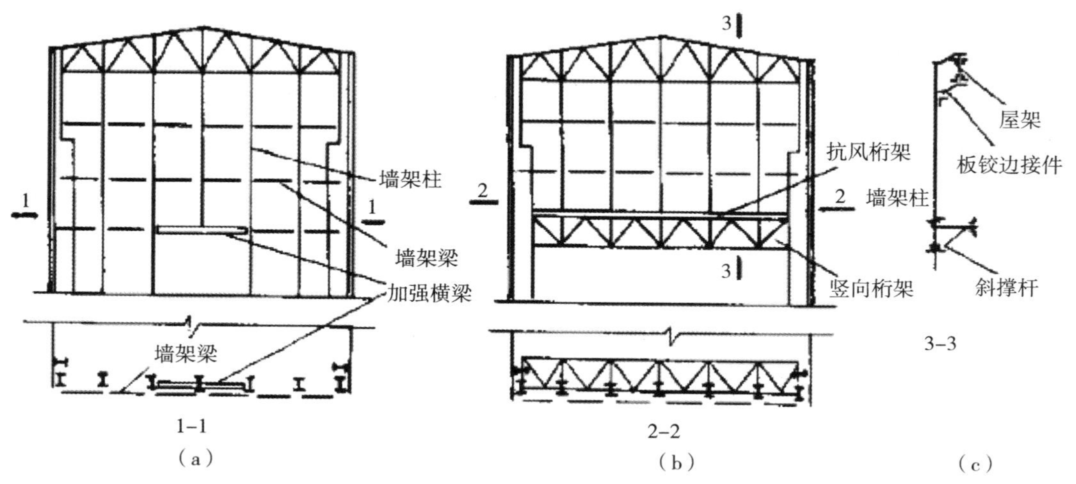

图 5.4.19 山墙墙架布置Ⅱ

④ 对屋面为预制大型屋面板的较大跨度屋架，尚应考虑安装过程中可能出现的组合情况即：屋架（包括支撑）自重＋半跨屋面板重＋半跨安装活荷载。

⑤ 对坡度较大的轻屋面，尚应考虑屋面风荷载的影响。

(2)与柱刚接的屋架

可按与上述铰接屋架相同组合进行计算，但计算②项组合时，除由框架传来的水平力影响外，尚应计入固端弯矩作用。

排架结构后续相关计算内容（荷载组合、内力计算、构件和节点设计、施工等内容）参照 5.3 节门式刚架结构。

第6章　空间钢结构建筑应用技术指南

6.1　术语及标准

6.1.1　术语

(1)网架结构。由多根杆件按照某种规律的几何图形通过节点连接起来的双层或多层平板形空间网格结构。

(2)网壳结构。曲面形网格结构称为网壳结构,有单层网壳和双层网壳之分。

(3)索结构。由拉索作为主要受力构件而形成的预应力结构体系。

(4)膜结构。由膜面和支承结构共同组成的属于建筑物或构筑物的一部分或整个结构称为膜结构。

(5)管桁架。由钢管弦杆和钢管腹杆组成,腹杆和弦杆采用焊接直接连接的受力构件。

(6)管桁架结构。以钢管桁架为主要受力构件的结构称之为钢管桁架结构。

(7)张弦梁结构。由刚性构件上弦、柔性拉索下弦、中间用撑杆构成的一种新型自平衡体系。

6.1.2　空间钢结构相关标准

国家标准《钢结构设计规范》GB 50017

国家标准《钢结构结构施工质量验收规范》GB 50205

国家标准《钢结构焊接规范》GB 50661

国家标准《低合金高强度结构钢》GB/T 1591

国家标准《钢结构焊接规范》GB 50661

建工行业标准《网架结构设计与施工规程》JGJ 7

建工行业标准《钢网架焊接球节点》JG/T 11

建工行业标准《网壳结构技术规程》JGJ 7

建工行业标准《索结构技术规程》JGJ 257

中国工程建设标准化协会标准《膜结构技术规程》CECS 158

注:以上相关标准以发行的最新版本为准。

6.2　空间钢结构体系的分类、特点和适用范围

6.2.1　空间钢结构体系的概念

20世纪的工业革命推动了建筑科学技术的发展。随着生活水平的提高,人类从事生产和社会活动对更大跨度的空间提出了需求。从2008开始,我国相继举办了北京奥运会、北

京冬奥会、南京青奥会等大型体育赛事，要求有能够容纳几万人进行体育比赛、文娱表演、集会、展览的多功能大厅，跨度需要做到100～200 m，甚至更大。图6.2.1为国家体育场鸟巢，其长轴为323.3 m，短轴为296.4 m。图6.2.2所示为中国国家游泳中心水立方，跨度为177 m。2008年12月26日，我国在贵州省平塘县建造世界上最大射电望远镜——FAST(图6.2.3)，直径为500 m。

图6.2.1 国家体育场鸟巢

图6.2.2 中国国家游泳中心水立方

人们对大跨度建筑和空间结构建筑的要求越来越高，但是结构跨度越大，自重在全部荷载中所占的比重也越来越大，因此，为获得明显的经济效益就必须减轻结构自重。

凡是建筑结构的形体成三维空间状并具有三维受力特性、呈立体工作状态的结构称为空间结构。空间结构不仅仅依赖材料的性能，更重要的是依赖自身合理的形体，充分利用不同材料的特性，以适应不同建筑造型和功能的需要，跨越更大的空间。

图6.2.3 FAST

6.2.2 空间钢结构体系的分类及特点

空间结构的受力特点是充分利用三维几何构成，形成合理的受力形态，充分发挥材料的性能优势。如网壳结构是三维空间结构，构件(杆件)都是作为整体结构的一部分，按照空间几何特性承受荷载，并没有平面结构体系中构件间的"主次"关系，大部分内力(薄膜内力)沿中曲面传递。如悬索结构，将外荷载转化为钢索的拉力，充分发挥了钢索拉力强的材性，从而大大减轻了结构的自重。

空间结构发展迅速，各种新型的空间结构不断涌现。空间结构主要可以分为网架结构、网壳结构、悬索结构、膜结构、张拉整体结构等。

1. 网架结构

由多根杆件按照某种规律的几何图形通过节点连接起来的双层或多层平板形空间网格结构称之为网架结构。网架结构的应用领域非常的宽广，图6.2.4为普通加油站的屋顶采用的网架结构；在体育馆等大型场馆中也有大量的应用，上海体育馆于1975年建成(图6.2.5)，主体是圆形比赛馆，直径114 m，高33 m，顶盖采用网架结构，用9000多根无缝钢管和938只钢球拼焊而成。

图6.2.4　普通加油站的网架屋盖

图6.2.5　上海体育馆

网架结构具有传力途径简捷、重量轻、刚度大、抗震性能好、施工安装简便等优点。网架杆件和节点便于定型化、商品化,可在工厂中成批生产,有利于提高生产效率。网架的平面布置灵活,屋盖平整,有利于吊顶、安装管道和设备。网架的建筑造型轻巧、美观、大方,便于建筑处理和装饰。

2. 网壳结构

曲面形网格结构称为网壳结构,有单层网壳和双层网壳之分。曲面网壳结构在工业中应用较为广泛,图6.2.6为堆煤车间的网壳屋盖。曲面网壳结构在大型场馆中同样应用较多,造型比较美观,图6.2.7为佛山岭南明珠体育馆。

图6.2.6　堆煤车间的网壳屋盖

图6.2.7　佛山岭南明珠体育馆

网壳结构兼有杆系结构和薄壳结构的主要特性,杆件比较单一,受力比较合理;结构的刚度大、跨越能力大;可以用小型构件组装成大型空间,小型构件和连接节点可以在工厂预制;安装简便,不需要大型机具设备,综合经济指标较好;造型丰富多彩,不论是建筑平面还是空间曲面外形,都可根据创作要求任意选取。

3. 膜结构

薄膜结构也称为织物结构,是20世纪中叶发展起来的一种新型大跨度空间结构形式。它以性能优良的柔软织物为材料,由膜内空气压力支承膜面,或利用柔性钢索或刚性支承结构使膜产生一定的预张力,从而形成具有一定刚度、能够覆盖大空间的结构体系。膜结构主要用于小品建筑和大型的公共建筑。图6.2.8为英国伦敦千年穹顶,位于伦敦东部泰晤士河畔的格林威治半岛上,是英国政府为迎接21世纪而兴建的标志性建筑。千年穹顶弯项直径320 m,周圈大于1000 m,有12根穿出屋面高达100 m的桅杆,屋盖采用圆球形的张力膜结构。图 6.2.9 为美国科罗拉多州的丹佛国际机场，其打破了传统模式，在候机大厅上采用了膜结构，这座矗立在洛杉矶旁的帐篷形建筑，为大跨度公共建筑应用张拉结构树立了典范。整个大厅长 274 m，宽 67 m，由 17 个帐篷形单元组成。单元间距 18.3 m，由两排相距 45.7 m 的立柱支承，桅杆式的立柱高 31.7 m，支撑着膜材屋顶。

图 6.2.8　英国伦敦千年穹顶

图 6.2.9　丹佛国际机场

膜结构具有自重轻、跨度大，建筑造型自由丰富，施工方便，具有良好的经济性和较高的安全性，透光性和自结性好等优点，但是耐久性较差。

4. 悬索结构

悬索结构是以能受拉的索作为基本承重构件，并将索按照一定规律布置所构成的一类结构体系，悬索屋盖结构通常由悬索系统、屋面系统和支撑系统三部分构成。用于悬索结构的钢索大多采用由高强钢丝组成的平行钢丝束，钢绞线或钢缆绳等，也可采用圆钢、型钢、带钢或钢板等材料。图 6.2.10 为华盛顿杜勒斯机场候机厅，是第一座专为喷气式客机设计的现代化机场。航站楼采用跨度 45.6 m 的悬索结构屋顶，弯曲的屋面由两排混凝土柱子支撑，充满力量和动感。悬索结构的跨中高度较低，安排柜台及行李设施，两端空间较高，供旅客集散用，巨大的建筑空间便于灵活使用，这种布局对后来的航站楼设计产生了重要影响。图 6.2.11 为日本国立综合体育馆，包括一座游泳馆和一座球类馆。两座体育建筑都采用悬索结构，游泳馆的平面如两个错置的新月形，球类馆平面如蜗牛形。代代木体育馆采用新型结构，同时又被认为具有日本独特的造型风格，因而受到广泛赞誉。

图 6.2.10　华盛顿杜勒斯机场候机厅

图 6.2.11　日本国立综合体育馆

悬索结构的受力特点是仅通过索的轴向拉伸来抵抗外荷载的作用，结构中不出现弯距和剪力效应，可充分利用钢材的强度；悬索结构形式多样，布置灵活，并能适应多种建筑平面；由于钢索的自重很小，屋盖结构较轻，安装不需要大型起重设备，但悬索结构的分析设计理论与常规结构相比:较复杂,限制了其广泛应用。

5. 管桁架结构

管桁架结构是一种空间钢管结构,以钢管为基本杆系单元,通过焊接有机连接起来。管桁架结构是在网架、网壳结构的基础上发展起来的,与网架、网壳结构相比具有独特的优越性和实用性。管桁架结构省去下弦纵向杆件和球节点,并具有简明的结构传力方式,可满足各种不同的建筑形式的要求,尤其是构筑圆拱和任意曲线形状更有优势。管桁架结构在机场、火车站等公共建筑中应用较多,图 6.2.12 为成都国际机场航站楼。

图 6.2.12　成都国际机场航站楼

管桁架结构类似于平面钢桁架,属于单项受力结构,但桁架的上弦由于增大宽度后,使原平面桁架起控制作用的上弦杆的稳定性得到提高,其各向稳定性相同,节省材料用量;桁架自身刚度大,施工方便,可单榀制作,适用于复杂多变的建筑形式;钢管截面封闭,由于管薄,回转半径大,对受压受扭均有利。钢管的端部封闭后,内部不易锈蚀,表面也不易积灰尘和水,具有较好的防腐性能。可见管桁架应用于大跨度空间结构中,不仅在建筑造型上容易实现,也具有合理的受力性能和较高的结构利用率。同时也可大大减少用钢量,降低工程造价。

6. 张弦梁结构

张弦梁结构是一种由刚性构件上弦、柔性拉索下弦、中间连以撑杆构成的一种新型自平衡体系。张弦梁结构通过在下弦拉索中施加预应力使上弦刚性构件产生反挠度,从而使结构在荷载作用下的最终挠度得以减少,而撑杆对上弦的刚性构件提供了弹性支撑,改善了结构的受力性能,充分发挥了每种结构材料的作用,其刚度和稳定性较好。南京奥体中心体育场(图 6.2.13)和上海虹桥机场 T2 航站楼(图 6.2.14)都采用了这种结构。

图 6.2.13　南京奥体中心体育场

图 6.2.14　上海虹桥机场 T2 航站楼

6.2.3 空间钢结构体系的适用范围

空间钢结构具有外观简洁、线形流畅的外观效果,其空间造型也比较多样,既可用于公共建筑,也可用于工业建筑。

网架、网壳结构主要用于体育馆、俱乐部、展览馆、影剧院、车站候车大厅、餐厅、食堂、仓库和飞机库等;悬索结构适用于没有繁琐支撑体系的屋盖结构形式,如体育馆、影剧院等;膜结构适用于体育馆、展览中心、机场、建筑小品等;管桁架结构广泛用于航站楼、体育馆、会议中心和展览中心等建筑。

6.3 网架结构

6.3.1 网架结构的概念、分类和特点

1. 网架结构的概念

网架结构是由多根杆件从两个或两个以上方向有规律地组成的高次超静定空间结构。它改变了一般平面桁架受力体系,能够承受来自各个方向的荷载,图 6.3.1 为普通网架屋盖。

图 6.3.1 普通网架屋盖

2. 网架结构的形式

(1)平面桁架系组成的网架结构

主要有:两向正交正放网架[图 6.3.2(a)]、两向正交斜放网架[图 6.3.2(b)]、两向斜交斜放网架[图 6.3.2(c)]、三向网架[图 6.3.2(d)]等形式。

(2)四角锥体组成的网架结构

主要有:单向折线形网架[图 6.3.2(e)]、正放四角锥网架[图 6.3.2(f)]、正放抽空四角锥网架[图 6.3.2(g)]、棋盘形四角锥网架[图 6.3.2(h)]、斜放四角锥网架[图 6.3.2(i)]、星形四角锥网架[图 6.3.2(j)]等形式。

(3)三角锥组成的网架结构

主要有:三角锥网架[图 6.3.2(k)]、抽空三角锥网架[图 6.3.2(l)](分Ⅰ型和Ⅱ型)、蜂

窝形三角锥网架[图 6.3.2(m)]等形式。

(4)六角锥体组成的网架结构

主要形式有:正六角锥网架[图 6.3.2(n)]。

3. 网架结构的选型

选择网架结构的形式时,应考虑以下影响因素:建筑的平面形状和尺寸,网架的支承方式、荷载大小、屋面构造、建筑构造与要求,制作安装方法及材料供应情况等。

从用钢量多少来看,当平面接近正方形时,斜放四角锥网架最经济,其次是正放四角锥网架和两向正交交叉梁系网架(正放或斜放),最贵的是三向交叉梁系网架。当跨度及荷载都较大时,三向交叉梁系网架就显得经济合理些,而且刚度也较大。当平面为矩形时,则以两向正交斜放网架和斜放四角锥网架较为经济。

《网架结构设计与施工规程》JGJ 7 推荐下列选型规定:

(1)平面形状为矩形的周边支承网架,当其边长比(长边比短边)小于或等于 1.5 时,宜选用斜放四角锥网架、棋盘形四角锥网架、正放抽空四角锥网架、两向正交斜放网架、两向正交正放网架、正放四角锥网架。对中小跨度,可选用星形四角锥网架和蜂窝形三角锥网架。当建筑要求长宽两个方向支承距离不等时,可选用两向斜交斜放网架。

(2)平面形状为矩形的周边支承网架,当其边长比大于 1.5 时,宜选用两向正交正放网架、正放四角锥网架或正放抽空四角锥网架。当边长比小于 2 时,也可采用斜放四角锥网架。当平面狭长时,可采用单向折线形网架。

(3)平面形状为矩形,三边支承一边开口的网架可按上述(1)条进行选型,其开口边可采取增加网架层数或适当增加整个网架高度等办法,网架开口边必须形成竖直的或倾斜的边桁架。

(4)平面形状为矩形,多点支承网架,可根据具体情况选用:正放四角锥网架、正放抽空四角锥网架、两向正交正放网架。对多点支承和周边支承相结合的多跨网架,还可选用两向正交斜放网架或斜放四角锥网架。

(5)平面形状为圆形、正六边形及接近正六边形且为周边支承的网架,可根据具体情况选用:三向网架、三角锥网架或抽空三角锥网架。对中小跨度,也可选用蜂窝形三角锥网架。

(6)对跨度不大于 40 m 多层建筑的楼层及跨度不大于 60 m 的屋盖,可采用以钢筋混凝土板代替上弦的组合网架结构。组合网架宜选用正放四角锥网架、正放抽空四角锥网架、两向正交正放网架、斜放四角锥网架和蜂窝形三角锥网架。

从屋面构造来看,正放类网架的屋面板规格常只有一种,而斜放类网架屋面板规格却有两、三种。斜放四角锥网架上弦网格较小,屋面板规格也较小,而正放四角锥网架上弦网格相对较大,屋面板规格也大。

从网架制作和施工来看,交叉平面桁架体系较角锥体系简便,两向比三向简便。而对安装来说,特别是采用分条或分块吊装的方法施工时,选用正放类网架比斜放类网架有利。

总之,应该综合上列各方面的情况和要求,统一考虑,权衡利弊,合理地确定网架形式。

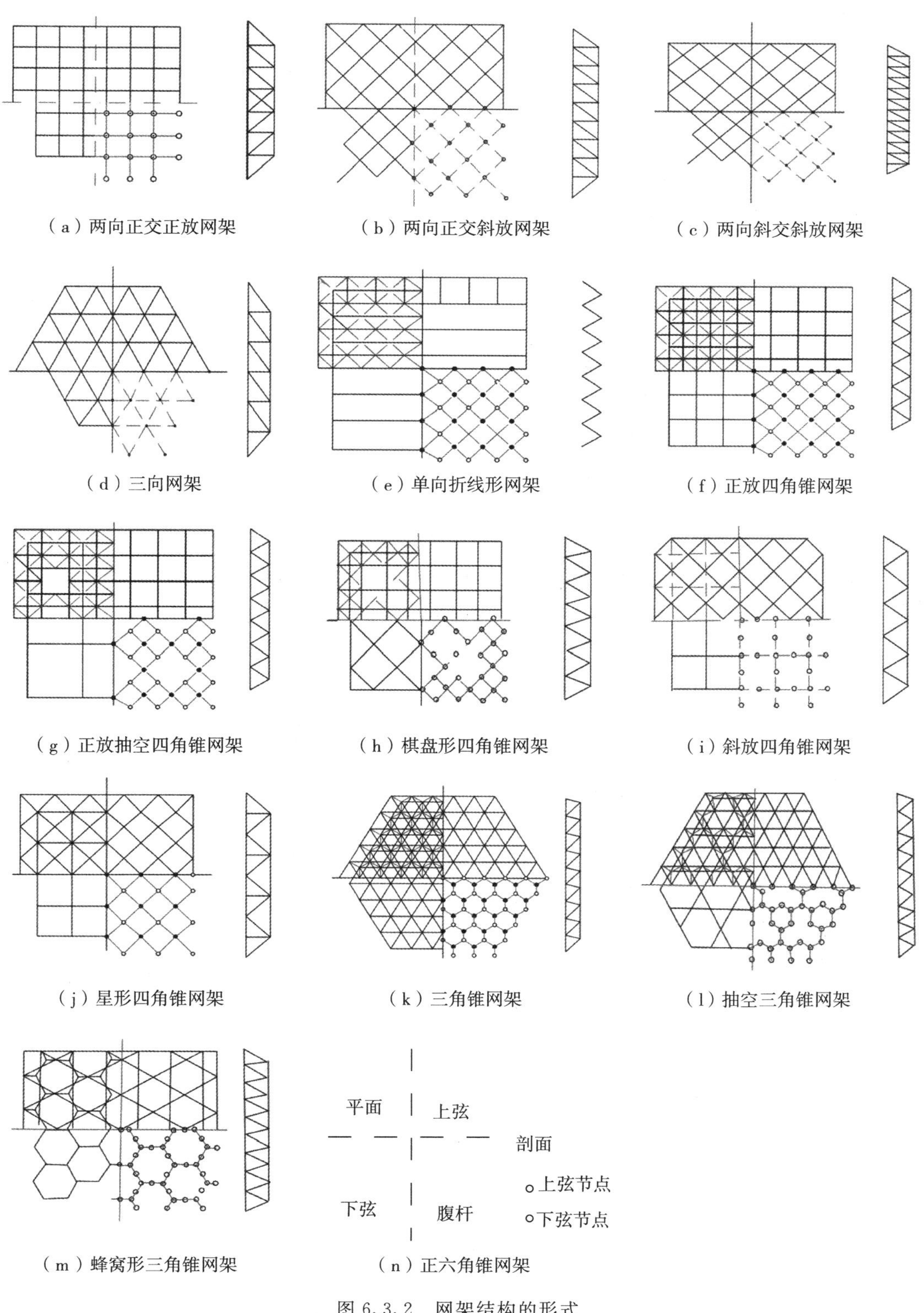

图 6.3.2　网架结构的形式

4. 网架结构的主要特点

网架结构最大的特点是杆件之间相互支撑的空间作用，传力途径简捷，刚度大、整体性能好、抗震能力强，而且能够承受由于地基不均匀沉降所带来的不利影响；能自动调整杆件内力，保持结构安全。

网架结构自重轻，能够较好地节约钢材。由于网架结构高度较小，可以有效地利用建筑空间，有利于吊顶、安装管道和设备。

网架结构适应性大，适用于各种跨度的建筑。从平面形式来看，网架结构可以适应各种平面形式建筑。网架结构的建筑造型轻巧、美观、大方，便于建筑处理和装饰。

另外，网架结构取材方便，杆件截面形式多采用钢管或型钢(型钢以角钢为主)。同时，网架结构的杆件规格较统一，网架杆件和节点便于定型化、商品化，可在工厂中成批生产，为加速工程进度提供了有利条件和保证。

6.3.2 网架结构的材料和受力特征

1. 杆件材料和截面形式选择

网架结构的杆件一般采用 Q235 钢和 Q345 钢，当荷载较大或跨度较大时，宜采用 16 Mn 钢，以减轻网架结构的自重，节约钢材。网架结构杆件对钢材材质的要求与普通钢结构相同。

钢杆件截面形式分为圆钢管、角钢、薄壁型钢三种。管材可采用高频电焊钢管或无缝钢管。杆件截面形式的选择与网架的网格形式、网架的节点形式有关。对于交叉平面桁架体系，可选用角钢或圆钢管杆件；对于空间桁架体系(四角锥体系、三角锥体系)则应选用圆钢管杆件。若采用钢板节点，宜选用角钢杆件；若采用焊接球节点、螺栓球节点，应选用圆钢管杆件。

2. 网架结构杆件的受力特征

当网架节点的力学模型为铰接且荷载都作用于节点时，杆件只承受轴向拉力或轴向压力。

3. 节点形式及选择

节点在网架结构中起着连接汇交杆件、传递杆件内力的作用。节点也是网架与屋面、吊顶、管道设备、悬挂吊车等的连接处，起着传递荷载的作用。

网架的节点形式主要有以下几种：

(1)按节点在网架中的位置可以分为：中间节点、再分杆节点、屋脊节点和支座节点。

(2)按节点的连接方式可分为：焊接连接节点、高强度螺栓连接节点、焊接和高强度螺栓连接节点。

(3)按节点的构造形式可分为：板节点、半球节点、球节点、钢管圆筒节点、钢管鼓节点。我国最常用的是钢板节点[图 6.3.3(a)]、焊接空心球节点[图 6.3.3(b)]、螺栓球节点[图 6.3.3(c)]。

网架节点设计的要求是受力合理，传力明确，便于制造、安装，节省钢材。网架节点形式的选择应考虑网架类型、受力性质、杆件截面形状、制造工艺、安装方法等条件。

4. 网架的支座节点

空间网架的支座一般都采用铰支座，支座节点应力求构造简单，传力明确，安全可靠。

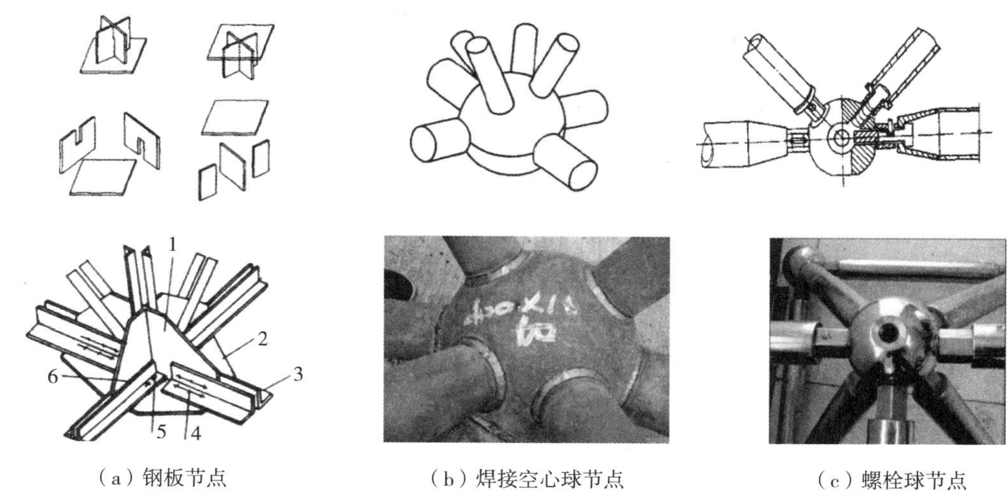

(a) 钢板节点　(b) 焊接空心球节点　(c) 螺栓球节点

图 6.3.3　节点的构造形式

根据受力状态,网架的支座节点一般分为压力支座节点和拉力支座节点两大类。

压力支座节点可以分为:平板压力支座节点、单面弧形压力支座节点、双面弧形压力支座节点和球铰压力支座节点。

拉力支座节点可以分为:平板拉力支座节点、单面弧形拉力支座节点。

6.4　网壳结构

6.4.1　网壳结构的概念、分类和特点

1. 网壳结构的概念

网壳结构是将杆件沿着一定的曲面有规律地布置而成的空间结构体系,兼有杆系和壳体的性质,以“薄膜”作用为主要受力特征,也就是结构杆件的轴向力承受大部分的荷载作用,图6.4.1所示为网壳结构屋盖。网壳的主要优点是自重轻、受力合理、结构刚度好、材料耗量低、覆盖跨度大、杆件类型单一、施工速度快、建筑造型美观、稳定性好,得到了广泛应用。

图 6.4.1　网壳结构屋盖

网壳结构可采用单层或双层，也可采用其他常用形式：圆柱面网壳、球面网壳、椭圆抛物面网壳（双曲扁壳）及双曲抛物面网壳（鞍形网壳、扭网壳）。

2. 网壳结构的形式

(1)单层网壳网格常用形式

① 层圆柱面网壳的网格可采用单向斜杆正交正放网格[图 6.4.2(a)]、交叉斜杆正交正放网格[图 6.4.2(b)]、联方网格[图 6.4.2(c)]和三向网格[图 6.4.2(d)]。

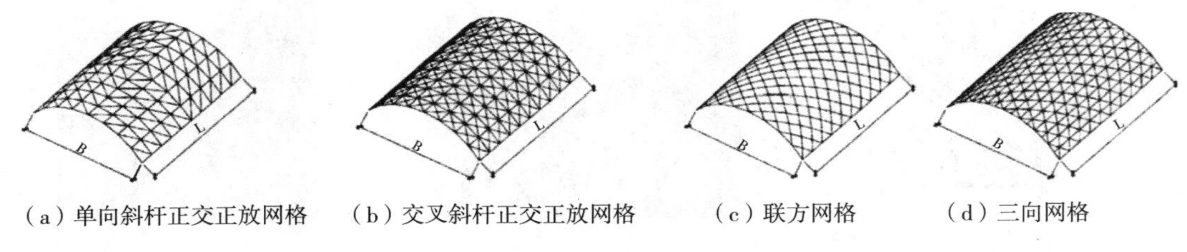

(a) 单向斜杆正交正放网格　(b) 交叉斜杆正交正放网格　(c) 联方网格　(d) 三向网格

图 6.4.2　单层网壳网格常用形式

② 单层球面网壳的网格可采用肋环型网格[图 6.4.3(a)]、肋环斜杆型网格[图 6.4.3(b)]、三向网格[图 6.4.3(c)]、扇形三向网格[图 6.4.3(d)]、葵花形三向网格[图 6.4.3(e)]和短程线性网格[图 6.4.3(f)]。

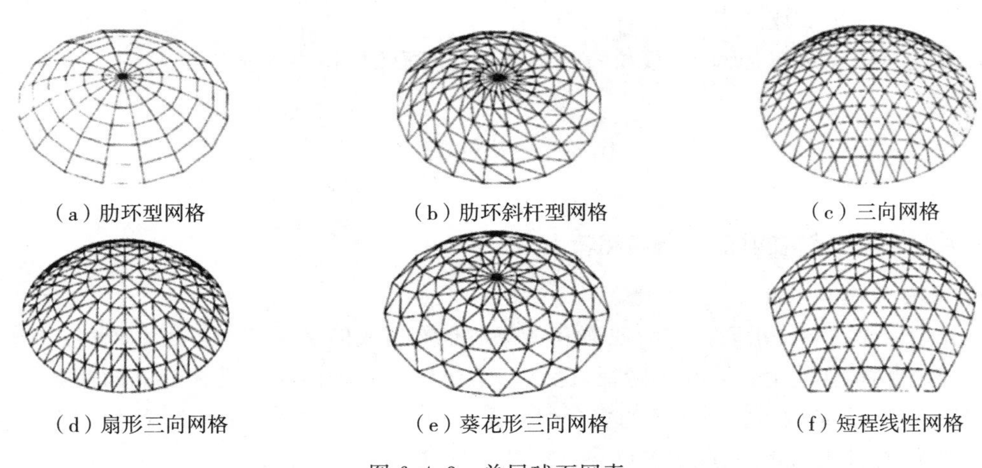

(a) 肋环型网格　(b) 肋环斜杆型网格　(c) 三向网格

(d) 扇形三向网格　(e) 葵花形三向网格　(f) 短程线性网格

图 6.4.3　单层球面网壳

③ 单层椭圆抛物面网壳可采用三向网格[图 6.4.4(a)]或单向斜杆正交正放网格[图 6.4.4(b)]。

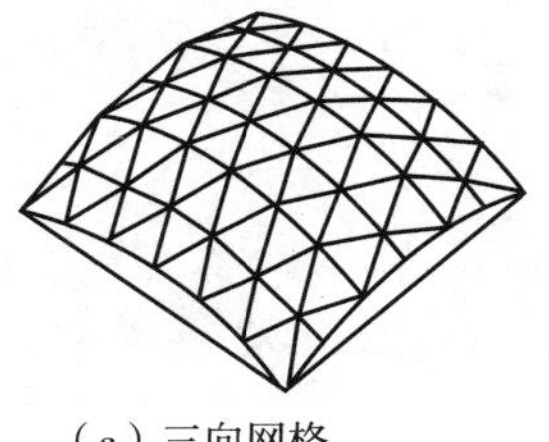

(a) 三向网格　(b) 单向斜杆正交正放网格

图 6.4.4　单层椭圆抛物面网壳

④ 单层双曲抛物面网壳宜采用三向网格[图 6.4.5(a)]，其中两个方向沿直纹布置，也可采用两向正交网格[图 6.4.5(b)]，沿主曲率方向布置，必要时可加设斜杆。

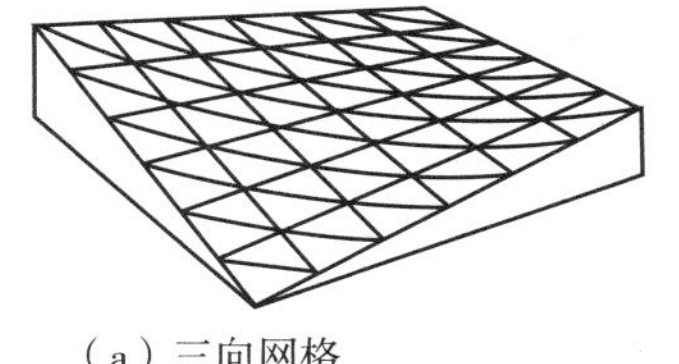
（a）三向网格

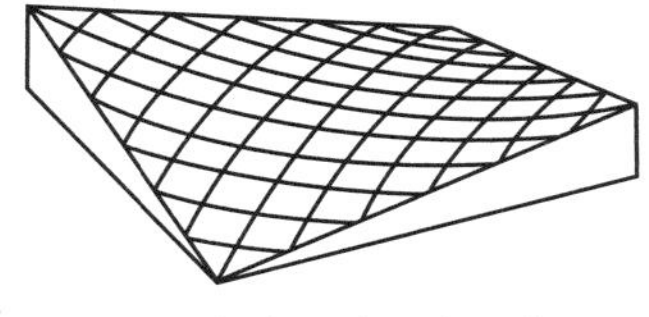
（b）两向正交网格

图 6.4.5 单层双曲抛物面网壳

(2)双层网壳的网格以两向或三向交叉的桁架单元组成时，可采用三向网格或两向正交网格布置。双层网壳以四角锥、三角锥的锥体单元组成时，其上弦或下弦也可采用三向网格或两向正交网格布置。

3. 网壳结构的主要特点

(1)网壳结构兼有杆件结构和薄壳结构的主要特性，受力合理，可以跨越较大的跨度。

(2)具有优美的建筑造型，无论是建筑平面、外形和形体都能给设计师以充分的创作自由。

(3)应用范围广泛，即可用于中、小跨度的民用和工业建筑，也可用于大跨度的各种建筑，特别是超大跨度的建筑。

(4)综合经济指标较好，可以用细小的构件组成很大的空间，而且杆件单一，这些构件可以在工厂预制实现工业化生产，安装简便快捷，速度快，适应采用各种条件下的施工工艺，不需要大型设备。

(5)计算方便，目前我国已有许多适用于网壳计算的软件，为网壳结构的计算、设计和应用创造了有利条件。

(6)由于网壳结构呈曲面形状，形成了自然排水功能，不需要像网架结构那样采用小立柱找坡。

6.4.2 网壳结构的材料和受力特征

1. 杆件材料和截面形式选择

网壳的杆件可采用普通型钢和薄壁型钢。管材宜采用高频焊接管或无缝钢管，当有条件时采用薄壁管型截面。杆件的钢材应按现行国家规范《钢结构设计规范》GB 50017 的规定选用，一般不用厚壁管材。网壳杆件的截面不仅根据强度确定，更多是根据稳定性来确定。网壳杆件截面的最小尺寸必须与网壳的跨度及网格大小相匹配，但钢管不宜小于$\phi 45\times 3$，普通型钢不宜小于∟ 50×3。

网壳杆件在构造设计时，宜避免造成难以检查、清理、油漆以及积留湿气或灰尘的死角，钢管端部应进行封闭。

2. 网壳结构杆件的受力特征

网壳杆件的受力一般有两种状态：一种为轴心受力；另一种为拉弯或压弯。

当网壳节点的力学模型为铰接且荷载都作用于节点时，杆件只承受轴向拉力或轴向压力。此时网壳结构杆件截面设计与网架结构的杆件设计相同。

当网壳节点的力学模型为刚接时，网壳的杆件除承受轴力外，还承受弯矩作用。此时应按拉弯杆件或压弯杆件设计。

3. 节点形式及选择

网壳结构的节点形式主要有：焊接空心球节点、螺栓球节点。

4. 网架的支座

网壳结构的支座分为下列形式。

(1)固定铰支座

固定铰支座允许节点可以转动但不能产生位移，适用于仅要求传递轴向力与剪力的单层或双层网壳的支座节点。

① 球铰支座[图 6.4.6(a)]：适用于大跨度或点支承的网壳结构。

② 弧形铰支座[图 6.4.6(b)]：适用于较小跨度的网壳结构。

③ 双向弧形支座[图 6.4.6(c)]：对较大跨度、落地的网壳结构可以采用双向弧形铰支座。

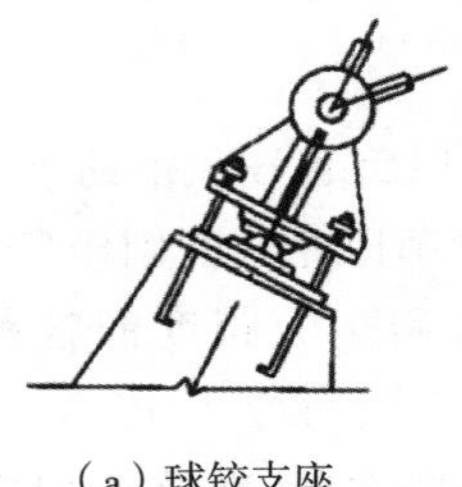
(a) 球铰支座

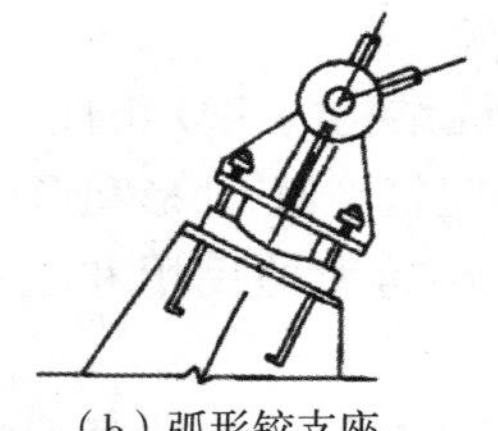
(b) 弧形铰支座

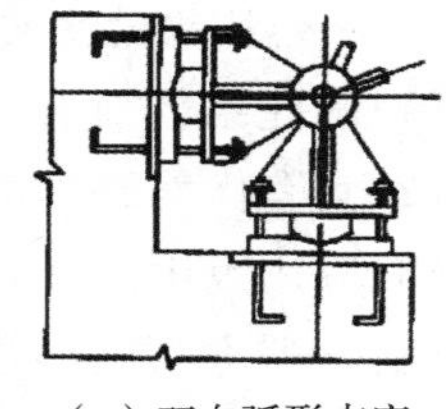
(c) 双向弧形支座

图 6.4.6　固定铰支座

(2)弹性支座

弹性支座一般用于对水平推力有限制或需释放温度应力的网壳结构中，如图 6.4.7 所示。

(3)刚性支座

刚性支座节点既能传递轴向力，又能传递弯矩、剪力和扭矩。因此这种支座节点除本身具有足够刚度外，支座的下部支承结构也应具有较大刚度，使下部结构在支座反力作用下所产生的位移和转动都能控制在设计允许范围内，如图 6.4.8 所示。

(4)滚轴支座

滚轴支座在网壳结构中应用较少，一般仅用于扁平曲面的网壳结构中，当采用滚轴支座时，边界在水平方向不受约束，支座将不承受水平推力，如图 6.4.9 所示。

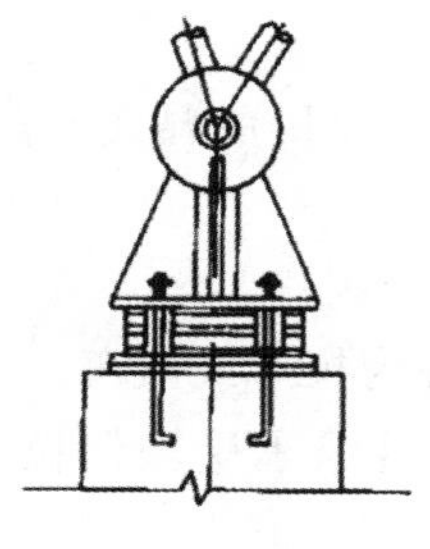
图 6.4.7　弹性支座

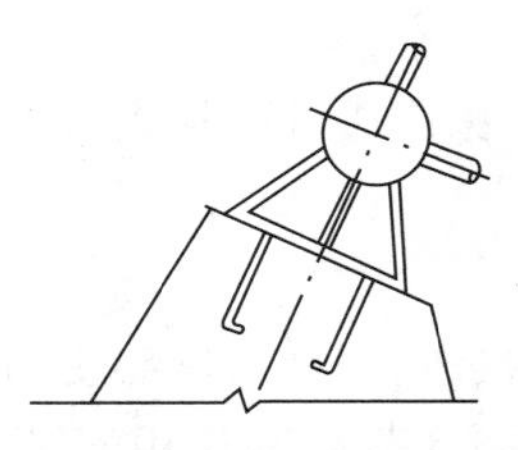
(a) 空心球刚性支座

(b) 螺栓球刚性支座

图 6.4.8　刚件支座

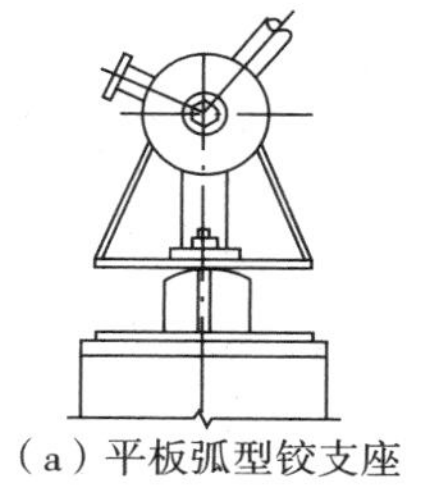
（a）平板弧型铰支座

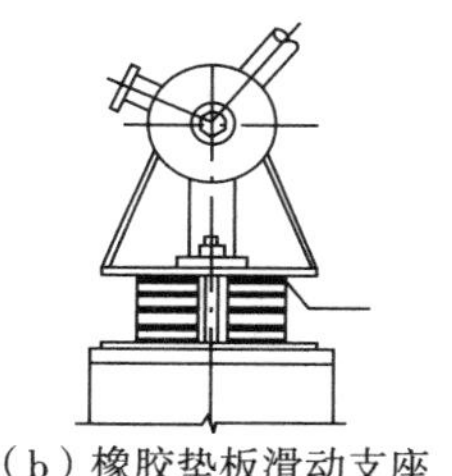
（b）橡胶垫板滑动支座

图 6.4.9　滚轴支座

6.5　悬索结构

6.5.1　悬索结构的概念、分类和特点

1. 悬索结构的概念

悬索结构是以一系列受拉钢索为主要承重构件，按照一定规律布置，并悬挂在边缘构件或支承结构上而形成的一种空间结构。它通过钢索的轴向拉伸来抵抗外部作用。钢索多采用高强钢丝组成的钢丝束、钢绞线和钢丝绳，也采用圆钢筋或带状的薄钢板。边缘构件或支承结构用于锚固钢索，并承受悬索的拉力。根据建筑物的平面和结构类型不同，可采用圈梁、拱、桁架、框架等，也可采用柔性拉索作为边缘构件。

2. 悬索结构的形式

悬索结构根据几何形状、组成方式、受力特点等不同因素可以划分为很多种类。将悬索结构按受力特点分成以下几种类型：单层悬索体系、双层悬索体系和索网结构。

(1)单层悬索体系

由一群单层承重索组成的结构体系。

单层悬索体系的工作与单根悬索相似，稳定性较差。首先，它是一种可变体系，平衡形式随荷载分布方式而变，特别在不对称荷载或局部荷载下会产生相当大的机构性位移。悬索抵抗机构性位移的能力，即索的稳定性，与索内初始拉力的大小有关，索内拉力愈大，稳定性愈好；其次，抗风能力差，作用在屋盖上的风力主要是吸力，而且分布不均匀，使其稳定性降低，当屋面较轻时，甚至可被风掀起。

① 单层单向悬索结构

由一群平行走向的承重索组成，并构成单曲下凹屋面。单层单向悬索结构如图 6.5.1 所示。

② 单层辐射状悬索结构

当屋盖为圆形平面时，悬索一般按辐射状布置，整个屋面形成下凹的旋转曲面，悬索支承在周边构件受压圈梁上，中心宜设置受拉环。单层辐射状悬索结构如图 6.5.2 所示。

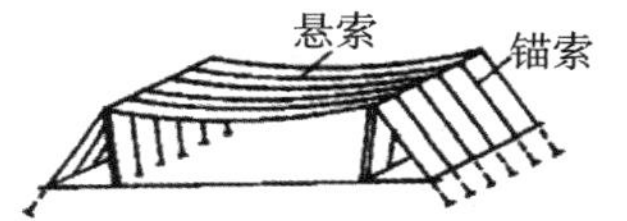

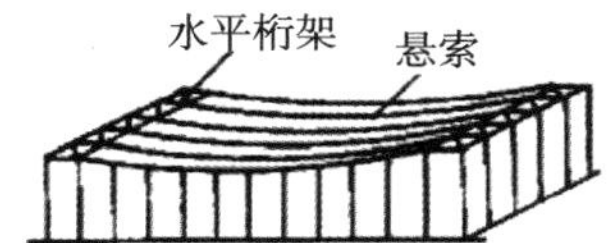

图 6.5.1　单层单向悬索结构

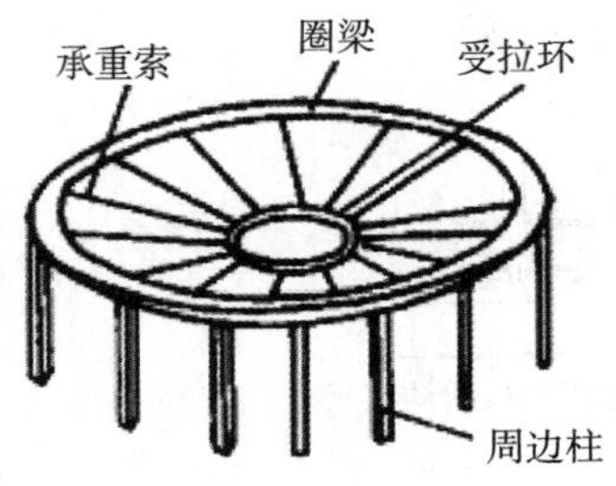

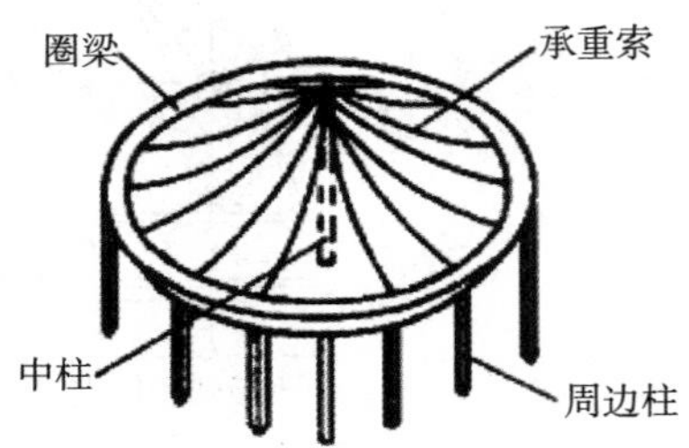

图 6.5.2　单层辐射状悬索结构

(2)双层悬索体系

由一系列一层承重索和一层曲率与之相反的稳定索组成的结构体系。双层悬索体系可以分为以下几类：

① 双层单向悬索结构[图 6.5.3(a)]；

② 双层辐射状悬索结构[图 6.5.3(b)]；

③ 双层双向悬索结构[图 6.5.3(c)]。

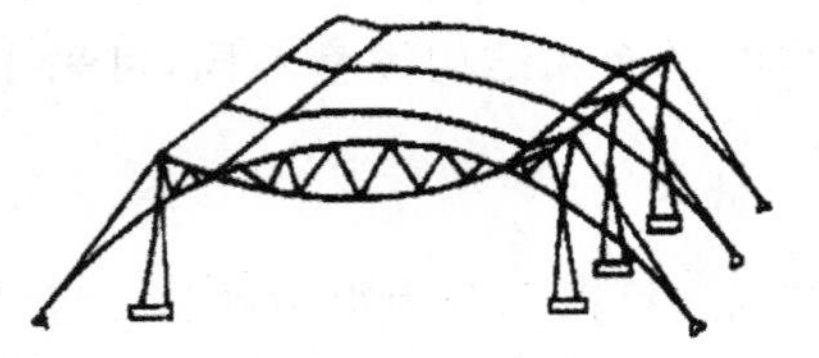

(a) 双层单向悬索结构

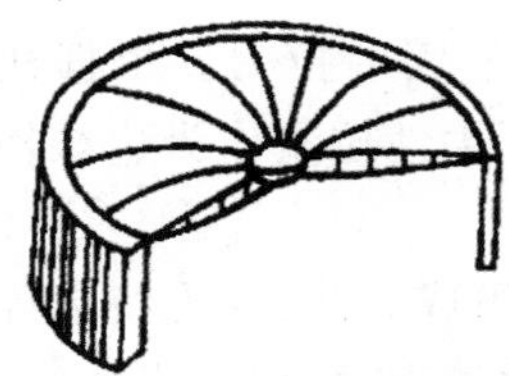

(b) 双层辐射状悬索结构

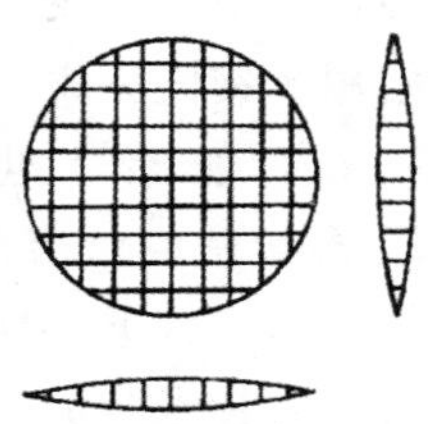

(c) 双层双向悬索结构

图 6.5.3　双层悬索体系

(3)索网结构

由两组相互正交、曲率相反的承重索和稳定索叠交连接组成。索网结构如图 6.5.4 所示。

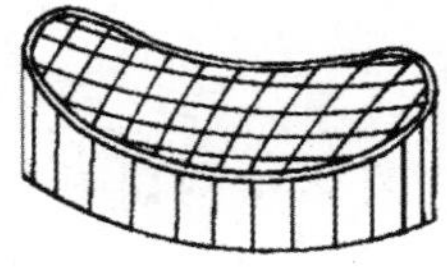

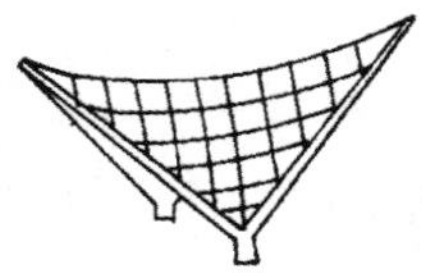

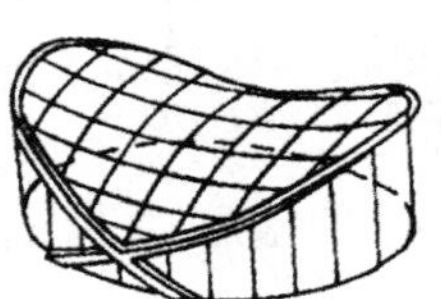

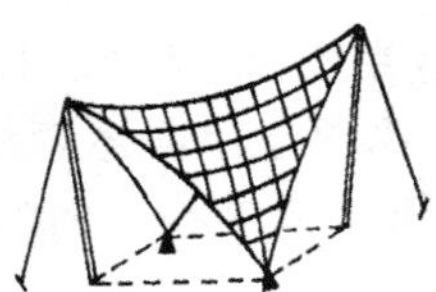

图 6.5.4　索网结构

3. 悬索结构的主要特点

悬索结构与其他结构形式相比，具有如下特点：

(1)受力合理，经济性好。悬索结构依靠索的受拉抵抗外荷载，因此能够充分发挥高强钢索的力学性能，用料省，结构自重轻，可以较经济地跨越很大跨度。

(2)施工方便。钢索自重小，屋面构件一般也较轻。施工、安装时不需要大型起重设备，也不需要脚手架，因而施工周期短，施工费用相对较低。

(3)建筑造型美观。悬索结构不仅可以适应各种平面形状和外形轮廓的要求，而且可以充分发挥建筑师的想象力，较自由地满足各种建筑功能和表达形式的要求，实现建筑和结构较完美的结合。

(4)悬索结构的边缘构件或支承结构受力较大，往往需要较大的截面、耗费较多的材料，而且其刚度对悬索结构的受力影响较大，因此，边缘构件或支承结构的设计极为重要。

(5)悬索结构的受力属大变位、小应变，非线性强，常规结构分析中的叠加原理不能利用，计算复杂。

6.5.2 悬索结构的材料和受力特征

1. 悬索结构的材料

拉索是由索体与锚具组成。拉索索体宜采用钢丝束、钢绞线、钢丝绳或钢拉杆，拉索两端锚具的构造应由建筑外观、索体类型、索力、施工安装、索力调整、换索等多种因素确定。

(1)钢绞线索体的选用应满足下列要求：钢绞线的质量、性能应符合国家现行标准《预应力混凝土用钢绞线》GB/T 5224、《高强度低松弛预应力热镀锌钢绞线》YB/T 152、《镀锌钢绞线》YB/T 5004 的规定；不锈钢绞线的质量、性能、极限抗拉强度应符合现行行业标准《建筑用不锈钢绞线》JG/T 200 的规定。

(2)钢丝绳索体的选用应满足下列要求：钢丝绳的质量、性能应符合现行国家标准《一般用途钢丝绳》GB /T 20118 的规定，密封钢丝绳的质量、性能应符合现行行业标准《密封钢丝绳》YB/T 5295 的规定。不锈钢钢丝绳的质量、性能、极限抗拉强度应符合现行国家标准《不锈钢丝绳》GB/T 9944 的规定。

(3)钢拉杆索体的选用应满足下列要求：钢拉杆的质量、性能应符合现行国家标准《钢拉杆》GB/T 20934 的规定。

2. 悬索结构的受力特征

悬索结构中索主要承受拉力，不承受剪力和弯矩。

6.6 膜结构

6.6.1 膜结构的概念、分类和特点

1. 膜结构的概念

膜结构是 20 世纪中期发展起来的一种新型建筑结构形式，是由多种高强薄膜材料及加强构件(钢架、钢柱或钢索)通过一定方式使其内部产生一定预张应力以形成某种空间形状，并能承受一定外荷载作用的一种空间结构形式。

2. 膜结构的形式

膜结构可分为骨架式膜结构[图 6.6.1(a)]、张拉膜结构[图 6.6.1(b)]、充气膜结构[图 6.6.1(c)]和组合式膜结构几类。

(1)骨架式膜结构是以钢结构或集成材构成的屋顶骨架，在其上方张拉膜材的构造形式，下部支撑结构安定性高，因屋顶造型比较简单，开口部不易受限制，且经济效益高等特点，广泛适用于任何规模的空间。

(2)张拉膜结构以膜材、钢索及支柱构成，利用钢索与支柱在膜材中导入张力以达设计的形式。因施工精度要求高，结构性能强，具有丰富的表现力，所以造价略高于骨架式膜结构。

(3)充气膜结构是将膜材固定于屋顶结构周边，利用送风系统让室内气压上升到一定压力后，使屋顶内外产生压力差，以抵抗外力，可得更大空间，施工快捷，经济效益高，但需维持24小时送风机运转，持续运行及机器维护费用的成本较高。

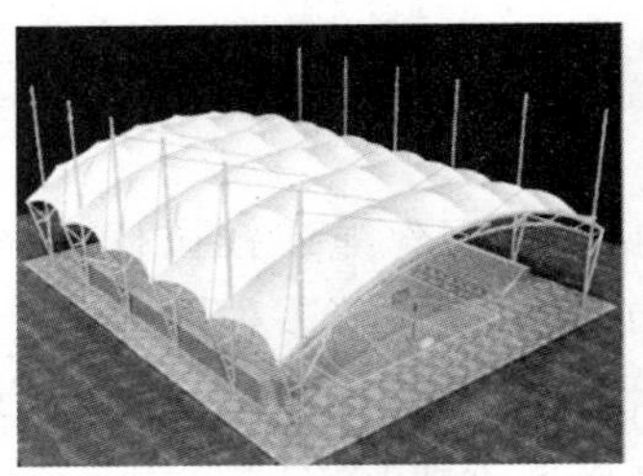
(a) 骨架式膜结构

(b) 张拉膜结构

(c) 充气膜结构

图 6.6.1　膜结构的形式

3. 膜结构的主要特点

膜结构是一种全新的建筑结构形式，集建筑学、结构力学、精细化工与材料科学、计算机技术等为一体，具有很高的技术含量。其曲面可以随着建筑师的设计需要任意变化，结合整体环境，建造出标志性的形象工程。

(1)支撑结构和柔性膜材使建筑物造型更加多样化，新颖美观，同时体现结构之美，且色彩丰富，可创造更自由的建筑形体和更丰富的建筑语言。

(2)由于膜材具有一定的透光率，白天可减少照明强度和时间，能很好地节约能源。膜建筑屋面重量仅为常规钢屋面的1/30，这降低了墙体和基础的造价。所以，膜结构具有很好的经济性。

(3)膜结构可以从根本上克服传统结构在大跨度(无支撑)建筑上所遇到的困难，可创造巨大的无遮挡可视空间，有效增加空间使用面积。

(4)膜建筑中采用具有防护涂层的膜材，可使建筑具有良好的自洁效果，同时保证建筑的使用寿命。

(5)膜建筑工程中所有加工和制作均在工厂内完成，可减少现场施工时间，避免出现施工交叉，相对传统建筑工程工期较短。

6.6.2　膜结构的材料和受力特征

1. 膜结构的材料

建筑用膜材可按不同基材和涂层形成若干组合。常用基材有玻璃纤维和聚酯类纤维、聚乙烯醇类纤维、聚酰胺类纤维。常用涂层有聚四氟乙烯、聚氧乙烯、氟化树脂。

膜材应根据建筑物使用年限、建筑功能、建筑物所处的环境、建筑物防火要求及建筑物承受的荷载进行选择。

2. 膜结构的受力特征

膜结构最主要的受力特征是只承受切面方向的拉力，不承受剪力和弯矩。

6.7 管桁架结构

6.7.1 管桁架结构的概念、组成和特点

1. 管桁架结构的概念

由钢管弦杆和钢管腹杆组成，腹杆和弦杆采用焊接直接连接的受力构件称之为钢管桁架，以钢管桁架为主要受力构件的结构称之为钢管桁架结构，图 6.7.1 为管桁架屋盖。

图 6.7.1 管桁架屋盖

2. 管桁架结构的组成和特点

管桁架结构具有外观简洁、线形流畅的外观效果，其空间造型也比较多样，广泛用于门厅、航站楼、体育馆、会议中心和展览中心等建筑。

(1)空间管桁架结构的优点

① 由于在节点连接的处理方式上，空间管桁架结构采用直接焊接各根杆件，摒弃传统的连接方式，节点连接方式比较简单，因而具有施工简便、节省钢材的优点。

② 结构外观简洁、线形流畅、空间造型多样化。

③ 采用的钢管壁比较薄，截面有比较大的回转半径，因而拥有较好的抗压和抗扭性能，使得结构整体刚度比较大，几何特性比较好。

④ 钢管与大气接触的表面积比较小，节点处各根杆件又是直接焊接，无积留湿气和大量灰尘的死角或凹处，便于清刷、油漆，维护和防锈，并且管构件对端部及全长范围内作封闭处理后，在其内部不易生锈。

⑤ 从流体动力学角度来讲，圆管截面的管桁架结构其性能是有优势的，在风力或水流等荷载作用下，圆管结构比其他截面形式的结构其荷载作用效应要低得多。

(2)空间管桁架结构的局限性

空间管桁架结构对其生产和施工工艺以及加工的设备是有一定要求的，这主要是由于其采用相贯焊接节点，因而空间管桁架结构在应用上也存在一定局限性。

① 加工和放样相贯节点的工艺比较复杂，手工切割很难做到其相贯线上的坡口变化，因此一般采用机械加工，且要求施工单位配备数控的五维切割机床设备，对机械加工的工艺要求也很高。由于工艺精度的需求以及材料自身的质量问题，易导致相贯线不能满足施工要求。

② 空间管桁架结构的节点一般采用焊接方式，需要在焊接时控制其收缩量，对焊缝的质量要求也比较高，因是现场焊接，所以相对来讲其工作量也比较大。

③ 在用钢量上空间管桁架结构往往比网架结构大。对于不同内力的杆件，应采用不同壁厚但相同外径的钢管，壁厚不宜有太多的厚度变化，在弦杆方向上相贯节点应尽可能使用同一外径的钢管作为杆件，不然各钢管间的拼接会比较复杂，其拼接数量也太多，从而造成钢材用量的增加，也不能充分发挥材料的强度。

3. 管桁架的分类

根据受力特性和杆件布置不同，可分为平面管桁结构和空间管桁结构。

平面管桁结构的上弦、下弦和腹杆都在同一平面内，结构平面外刚度较差，一般需要通过侧向支撑保证结构的侧向稳定。

空间管桁结构通常为三角形截面，与平面管桁结构相比，它能够具有更大的跨度，且三角形桁架稳定性好，扭转刚度大且外表美观。

6.7.2 管桁架结构的材料和受力特征

1. 管桁架结构的材料

钢管桁架构件的管材应根据结构的重要性、荷载特征、应力状态、连接方式、工作环境、钢材厚度和价格等因素合理选取牌号和质量等级。

钢管宜采用 Q 345、Q 390、Q 420 等级 B、C、D、E 的低合金高强度结构钢以及 Q 235 等级 B、C、D 的碳素结构钢，其质量标准应分别符合国家现行标准《低合金高强度结构钢》GB/T 1591 和《碳素结构钢》GB/T 700 的规定。当采用其他品种的钢材时，尚应符合相应有关标准的规定和要求。用于加工钢管的钢板板材尚应具有冷弯试验的合格保证。

钢管可采用冷成型的直焊缝接管或热轧管，也可采用冷弯型钢和热轧钢板、型钢焊接成型的钢管。焊缝宜采用高频焊和自动焊。

焊接钢管应采用熔透焊缝，焊缝强度不应低于选用的钢管母材强度，焊缝质量应符合一级焊缝质量标准。钢管应有专业工厂生产，并应提供符合标准的出厂质量合格证。

2. 管桁架结构的受力特性

与传统的开口截面（H 型钢和 I 字钢）钢桁架相比，管桁架结构截面材料绕中和轴较均匀分布，使截面同时具有良好的抗压和抗弯扭承获能力及较大刚度，不用节点板，构造简单；制作安装方便、结构稳定性好、屋盖刚度大。空间三角形钢管桁架在受到竖向均布荷载作用的时候，表现出腹杆抗剪、弦杆抗拉的受力机理。

6.8 张弦梁结构

6.8.1 张弦梁结构的概念

张弦梁结构（图 6.8.1）是一种由钢构件上弦、柔性拉索下弦、中间连以撑杆构成的一种新型自平衡体系。张弦梁结构通过在下弦拉索中施加预应力使上弦钢构件产生反挠度，从而使结构在荷载作用下的最终挠度得以减少，而撑杆对上弦的刚性构件提供了弹性支撑，改善了结构的受力性能，充分发挥了每种结构材料的作用，其刚度和稳定性较好。

图 6.8.1　张弦梁结构

6.8.2　张弦梁结构的分类

张弦梁结构的上弦构件一般采用梁拱或桁架拱。按受力特点可以分为平面张弦梁结构和空间张弦梁结构。平面张弦梁结构是指其结构构件位于同一平面内，且以平面内受力为主的张弦梁结构。空间张弦梁结构是以平面张弦梁结构为基本组成单元，通过不同形式的空间布置所形成的张弦梁结构。

空间张弦梁结构主要有单向张弦梁结构、双向张弦梁结构、多向张弦梁结构和辐射式张弦梁结构。

单向张弦梁结构由于设置了纵向支撑索形成的空间受力体系，保证了平面外的稳定性，适用于矩形平面的屋盖结构。

双向张弦梁结构由于交叉平面张弦梁相互提供弹性支撑，形成了纵横向的空间受力体系，该结构适用于矩形、圆形、椭圆形等多种平面屋盖结构。

多向张弦梁结构是平面张弦梁结构沿多个方向交叉布置而成的空间受力体系，该结构形式适用于圆形和多边形平面的屋盖结构。

辐射式张弦梁结构是由中央按辐射状放置上弦梁，梁下设置撑杆用环向索而连接形成的空间受力体系，适用于圆形平面或椭圆形平面的屋盖结构。

6.8.3　张弦梁结构的特点

1. 承载能力高

张弦梁结构中索内施加的预应力可以控制刚性构件的弯矩大小和分布。

2. 结构变形小

张弦梁结构中的刚性构件与索形成整体刚度后，这一空间受力结构的刚度就远远大于单纯刚性构件的刚度，在同样使用荷载作用下，张弦梁结构的变形比单纯刚性构件小得多。

3. 自平衡功能

当刚性构件为拱时，将在支座处产生很大的水平推力。索的引入可以平衡侧向力，从而减少对下部结构抗侧性能的要求，并使支座受力明确，易于设计与制作。

4. 结构稳定性强

张弦梁结构在保证充分发挥索的抗拉性能的同时，由于引进了具有抗压和抗弯能力的刚性构件而使体系的刚度和形状稳定性大为增强。同时，若适当调整索、撑杆和刚性构件的相对位置，可保证张弦梁结构的整体稳定性。

5. 建筑造型适应性强

张弦梁结构中刚性构件的外形可以根据建筑功能和美观要求进行自由选择，而结构的受力特性不会受到影响。

6. 制作、运输、施工方便

与网壳、网架等空间结构相比，张弦梁结构的构件和节点的种类、数量大大减少，这将极大地方便该类结构的制作、运输和施工。此外，通过控制钢索的张拉力还可以消除部分施工误差，提高施工质量。

第 7 章　市政基础设施钢结构建筑应用技术指南

7.1　术语及标准

7.1.1　术语

(1)智能立体车库。指采用智能立体车库管理系统利用非接触式智能 IC 卡作为车辆出入停车场的凭证,以先进的图像对比功能实时监控出入场车辆,以超大的 LED 显示屏引导车主寻找其所分配的车库车位,以稳定的通信和强大的数据库管理每一辆车及车位信息,以先进的电子地图实时监控现场车辆停放动态信息的一类用来最大量存取储放车辆的机械或机械设备系统。

(2)地下钢结构。指深入地面以下的、为开发利用地下空间资源所建造的地下钢结构,如地铁、地下空间钢结构等。

(3)市政工程。泛指市政设施建设工程。在我国,市政设施是指在城市区、镇(乡)规划建设范围内设置、基于政府责任和义务为居民提供有偿或无偿公共产品和服务的各种建筑物、构筑物、设备等,如城市道路、人行天桥、高架、地铁等。

(4)海港工程。指为沿海兴建水陆交通枢纽和河口兴建海河联运枢纽所修造的各种工程设施。主要包括防波堤、码头、修造船建筑物,陆上装卸、储存、运输设施和港池、进港航道及其水上导航设施等。

(5)耐候钢。即耐大气腐蚀钢,是介于普通钢和不锈钢之间的低合金钢系列。由普碳钢添加少量铜、镍等耐腐蚀元素而成,具有优质钢的强韧、塑延、成型、焊割、磨蚀、高温、抗疲劳等特性。耐候钢主要用于铁道、车辆、桥梁、塔架等长期暴露在大气中使用的钢结构。

(6)钢板桩。是一种边缘带有联动装置,且这种联动装置可以自由组合以便形成一种连续紧密的挡土或者挡水墙的钢结构体。

7.1.2　市政基础设施钢结构相关标准

国家标准《地铁设计规范》GB 50157

国家标准《铁路工程抗震设计规范》GB 50111

国家标准《钢结构设计规范》GB 50017

国家标准《汽车库、修车库、停车场设计防火规范》GB 50067

国家标准《机械式停车设备通用安全要求》GB 17907

国家标准《钢结构工程施工质量验收规范》GB 50205

国家标准《建筑结构荷载规范》GB 50009

国家标准《建筑抗震设计规范》GB 50011

国家标准《建筑地基与基础工程施工质量验收规范》GB 50202

国家标准《混凝土结构设计规范》GB 50010
国家标准《建筑地基基础设计规范》GB 50007
国家标准《地下工程防水技术规范》GB 50108
铁路运输行业标准《铁路桥涵设计基本规范》TB 10002.1
铁路运输行业标准《铁路桥涵钢筋混凝土和预应力混凝土设计规范》TB 10002.3
铁路运输行业标准《铁路桥涵地基和基础设计规范》TB 10005.1
铁路运输行业标准《铁路结合梁设计规定》TBJ 24
铁路运输行业标准《铁路桥梁钢结构设计规范》TB 10091
铁路运输行业标准《铁路混凝土结构耐久性设计规范》TB 10005
交通行业工程标准《公路桥涵设计通用规范》JTGD 60
交通行业工程标准《公路钢筋混凝土和预应力混凝土桥涵设计规范》JTGD 62
交通行业工程标准《公路桥涵地基和基础设计规范》JTGD 63
交通行业工程标准《海港工程混凝土结构防腐蚀技术规范》JTG 275
交通行业工程标准《港口工程混凝土设计规范》JTG 267
交通行业工程标准《港口工程桩基工程规范》JTG 254
交通行业工程标准《公路钢结构桥梁设计规范》JTGD 64
机械行业标准《机械式停车设备类别、型式与基本参数》JB/T 8713
机械行业标准《升降横移机械式停车设备》JB/T 8910
城市建设行业标准《城市人行天桥与人行地道技术规范》CJJ 69
注:以上相关标准以发行的最新版本为准。

7.2 市政基础设施钢结构体系的概念、应用范围及特点

7.2.1 市政基础设施钢结构体系的概念

市政基础设施是指城市生存和发展所必须具备的工程性基础设施和社会性基础设施的总称,是城市中为顺利进行各种经济活动和其他社会活动而建设的各类设备的总称。工程性基础设施一般指能源系统、给排水系统、交通系统、通信系统、环境系统、防灾系统等工程设施。社会性基础设施则指行政管理、文化教育、医疗卫生、商业服务、金融保险、社会福利等设施。本章中的市政基础设施指工程性基础设施。市政基础设施钢结构体系就是指城市生存和发展所必须具备的采用钢结构体系进行建设的各类工程设施的总称。

7.2.2 市政基础设施钢结构的应用范围

市政基础设施钢结构的应用(图 7.2.1):由于具有外观简洁、轻质高强等优点,在我国市政领域中应用广泛。

首先,能源建设的加快会增加火力电厂的主厂房和锅炉钢架钢结构应用(包括核电厂厂房用钢、风力发电用钢等)。其次,在交通工程中的应用,钢桥越来越普及,尤其铁路桥梁均

采用钢结构，近几年来公路桥梁采用钢结构已成为发展趋势，京沪高速、跨海、跨江大桥采用钢桥，高速公路中的护栏、收费站、交通标志、停车场的钢用量也不少。飞机场候机楼、火车站候车大厅和站台的新建和扩建项目不断增加。港口工程中船坞、基础、钢板桩围护中也将大量应用钢结构。再次，随着城市化进程的加快，城市内部地铁和轻轨工程、城市立交桥、人行天桥、高架桥、环保工程、城市公共设施及临时房屋等均越来越多地采用钢结构。智能车库的推广应用，地下通道和地下商场的新建均用到钢结构体系。最后，钢结构景观和景观桥梁等将增加。

（a）地铁　（b）人行天桥　（c）跨江桥梁　（d）地下智能车库　（e）机场站楼　（f）海港

图7.2.1　市政基础设施钢结构的应用

7.2.3　市政基础设施钢结构的特点

钢材与其他材料相比具有可塑性强和韧性好的特点，可以提升钢结构市政基础设施的抗震性能。当地震发生时，由于钢材具有较好的塑性和韧性，因此可以通过形变吸收大量的能量，避免了桥梁或者建筑物在地震中由于材料性能较差而发生坍塌，造成灾难。特别是在地震发生比较频繁并且震级通常比较大的地区，钢结构市政设施更是发挥着巨大作用。基础设施钢结构的主要优点有以下几点：

(1)辅助材料成本低，适应性强。钢材的抗拉、抗压能力及抗剪强度比其他材料好，并且构件断面小、自身重量轻、外观优美，在适应各种工程需要的同时，可以减少辅助材料的投入,降低工程成本。

(2)施工不受气候条件限制。遇到恶劣天气,可以在工厂内将构件制作完成后再运到施工现场进行安装。零星部件可在现场制作,连接简便,安装方便,施工周期短。

(3)符合绿色要求。如果发现钢结构市政基础设施在投入使用后有缺陷,可以比较容易地进行拆装改造;拆卸下来的钢材部件可以通过熔炉后二次利用,有效地节约了能源。

(4)抗震性能好。钢结构使市政基础设施的抗震性能良好。由于钢材有良好的塑性和韧性,在地震作用下通过结构的变形能较多地吸收能量。抗震和抗风是建筑物及桥梁安全的保障,钢结构优良的抗震性能扩展了其使用范围,尤其在高烈度地震区。

(5)市政管线布置方便。在钢结构市政基础设施的结构空间中,有许多孔洞与空腔,使管线的布置较为方便,而且管线的更换、修理较方便。

7.3 桥梁钢结构

7.3.1 钢结构桥梁的应用范围

随着我国钢结构桥梁在设计、施工等方面技术的日益进步,钢结构桥梁广泛应用于我国的铁路、公路及城市人行天桥等。钢结构桥梁发展迅猛,引领桥梁建设的新时代。

钢结构桥梁的应用范围主要有以下几点:

(1)城市高架桥中跨越交通要道处。钢结构桥梁不仅跨径较大,且在施工前保持交通的运行。

(2)桥梁需跨越较大的河道处。当跨径过大时,混凝土结构无法实现,此时可采用钢结构桥梁。

(3)城市立交小半径匝道在地形限制下采用大跨径时,优先选用钢结构。

(4)跨越已建高速公路、高架道路及地铁结构时,为保障施工的安全和高效,可采用钢结构,尽量减少对现有道路交通的影响。

(5)平面变宽、分岔和大跨径的桥梁,钢结构具有更为优良的适应性。

(6)利于行人过街的人行天桥,钢结构易于施工,施工工期短,且易于造型设计。

(7)景观桥梁,钢结构能够满足设计师对造型的要求。

我国钢结构桥梁的主要形式及代表性桥梁如下:

(1)钢拱桥。承重结构拱肋,其特点是主要承重轴向力,无弯矩或弯矩极小。桥梁的主拱构件多采用钢管,桥梁主拱和横梁可以分别进行吊装、现场焊接。其代表有乌江大桥[图 7.3.1(a)]、汉江大桥[图 7.3.1(b)]等。

(2)斜拉桥。通过加肋梁桥面体系与钢索索塔体系共同组成,其桥面体系为钢箱梁、结合梁、钢桁架。其代表有武汉长江二桥[图 7.3.1(c)]、江阴公路大桥[图 7.3.1(d)]等。

(3)悬索桥。主要是索塔的主缆支撑梁跨,主缆为承重索。悬索桥是目前跨径最大的桥梁,是跨千米以上桥梁的优选桥型。其代表有金门大桥[图 7.3.1(e)]、克里夫顿悬索桥[图 7.3.1(f)]等。

(a) 乌江大桥　(b) 汉江大桥

(c) 武汉长江二桥　(d) 江阴公路大桥

(e) 金门大桥　(f) 克里夫顿悬索桥

图 7.3.1　典型的钢结构桥梁

7.3.2　钢结构桥梁的特点

钢桥最大特点即使用的钢材强度和塑性好，从而具有较好的强度和抗震性能。钢结构桥梁的优点主要有以下几点：

(1)强度高，自重轻。强度高，适于建造荷载很大的桥梁；自重轻，则可减轻基础的负荷，降低基础造价，同时还便于运输和吊装。

(2)塑性好。钢结构桥梁的抗震性能好。抗震和抗风是桥梁安全的保障，钢结构桥梁具有优良的抗震性能，扩展了其使用范围，尤其在高烈度地震区。

(3)施工工期短。钢结构的材料可轧制成多种型材，加工简易而迅速；建筑材料的运输量少，施工现场占地面积小；零星部件可在现场制作，连接简便，安装方便，施工周期短。

(4)钢桥质量容易保证。钢结构构件一般都在工厂制造、加工，工业化程度较高，精度高。

(5)钢结构桥梁在使用过程中易于改造，如加固、接高、拓宽路面，变动比较容易、灵活。

(6)绿色环保。从钢桥上拆换下来的旧部件可重新熔炼，可节约能源，符合可持续发展的要求。

(7)管线布置方便。在钢桥的结构空间中，有许多孔洞与空腔，使管线的布置较为方便，而且管线的更换、修理较方便。

(8)适用范围广,且易做成大跨度。实践和研究表明:钢筋混凝土结构适用于500 m以下跨度的拱桥和斜拉桥,不适用于悬索桥;钢结构桥适用于不同跨度的拱桥、悬索桥和斜拉桥,特别是大跨度的悬索桥。

钢结构桥梁的劣势主要体现在造价以及防腐防火问题上,要是能更好地控制成本以及处理好防腐问题,钢结构桥梁应用前景广阔。由于钢桥自身在湿热、酸雨、烟雾、工业大气、海洋大气等环境中遭受着严重的腐蚀,没有有效的防腐蚀方法对钢结构进行限制,再加上对钢结构防腐蚀的重视程度不够,钢桥发生锈蚀造成的工程事故接连发生。如广东海印大桥的拉索锈断事故、四川宜宾拱桥的吊杆腐蚀造桥梁提前报废事件。所以,为新建钢桥寻求长效的防腐蚀方法是钢桥梁建设的重点。

针对以上问题,世界各国开发了新工艺及新材料,成功研发出热喷涂长效防腐技术。热喷涂现有喷锌、喷铝两种。该技术于20世纪90年代就在我国桥梁领域得到部分应用,目前取得了良好效果。

7.3.3 钢结构桥梁的组成

钢桥主要由“五大部件”和“五小部件”组成。“五大部件”包括:桥跨结构、支座系统、桥墩、桥台、墩台基础。前两个部件是桥跨上部结构,后三个部件是桥跨下部结构。

(1)桥跨结构。包括桥面板,桥面梁以及支撑它们的结构构件如大梁、拱、悬索,其作用是承受桥上的行人和车辆。

(2)支座系统。支承上部结构并传递荷载于桥梁墩台上,它应保证上部结构预计的在荷载、温度变化或其他因素作用下的位移功能。

(3)桥墩。是在河中或岸上支承两侧桥跨上部结构的建筑物。

(4)桥台。设置在桥的两端:一端与路堤相接,并防止路堤滑塌;另一端则支承桥跨上部结构的端部。为保护桥台和路堤填土,桥台两侧常做一些防护工程。

(5)墩台基础。是保证桥梁墩台安全并将荷载传至地基的结构。

“五小部件”是指直接与桥梁服务功能有关的部件,也称为桥面构造。包括:桥面铺装、防水排水系统、栏杆、伸缩缝、灯光照明。

(1)桥面铺装(或称行车道铺装)。铺装的平整、耐磨性、不翘曲、不渗水是保证行车舒适的关键。

(2)防水排水系统。城市桥梁排水系统应保证桥下无滴水和结构上无漏水现象。

(3)栏杆(或防撞栏杆)。它既是保证安全的构造措施,又是有利于观赏的最佳装饰件。

(4)伸缩缝。桥跨上部结构之间或桥跨上部结构与桥台端墙之间所设的缝隙,以保证结构在各种因素作用下的变位。为使行车顺适、不颠簸,桥面上要设置伸缩缝构造。

(5)灯光照明。大跨桥梁通常是一个城市的标志性建筑,大多装置了灯光照明系统。桥梁的灯光照明也是构成城市夜景的重要组成部分。

7.3.4 钢结构桥梁的分类

以主要受力构件为基本依据,可分为梁式桥、拱式桥、斜拉桥、悬索桥几大类。

按使用性分为公路桥、公铁两用桥、人行桥、机耕桥、过水桥等。

按行车道位置分为上承式桥、中承式桥、下承式桥。

按使用年限可分为永久性桥、半永久性桥、临时桥。

按跨径大小和多跨总长分为小桥、中桥、大桥、特大桥。

表 7.3.1 桥梁按跨径大小分类

桥梁分类	多孔跨径总长 L(m)	单孔跨径 L_0(m)
特大桥	$L>1000$	$L_0>150$
大桥	$100<L\leqslant1000$	$40<L_0\leqslant150$
中桥	$30<L\leqslant100$	$20<L_0\leqslant40$
小桥	$8<L\leqslant30$	$5<L_0\leqslant20$
涵洞	$L\leqslant8$	$L_0\leqslant5$

主要按体系分类来介绍。

1. 梁式桥

主梁为主要承重构件，受力特点为主梁受弯。优点：工业化施工方便、耐久性好、适应性强、整体性好且美观，这种桥型在设计理论及施工技术上都发展得比较成熟。缺点：结构本身自重大，占全部设计荷载的30%～60%，且跨度越大其自重所占的比值显著增大，大大限制了其跨越能力。

梁式桥主要有钢板梁桥、钢箱梁桥。

(1)钢板梁桥(图 7.3.2)：由型钢、钢板焊接或铆接等而成的实腹式工字形截面钢梁作为主梁的结构。钢板梁桥钢梁组成如图 7.3.3 所示。主梁为桥梁承重，把纵横向联结系和桥面系传来的荷载传递到支座。横向联结系为荷载横向分布、防止主梁侧向失稳，将主梁连接成整体。

(2)钢箱梁桥(图 7.3.4)：由钢板通过焊接、螺栓或铆钉等连接而成的箱型截面的实腹式钢梁作为主要承重结构的桥梁。钢箱梁桥箱梁组成如图 7.3.5 所示。

根据实腹梁的截面形式可分为板梁、方形梁、T 型梁或箱型梁等。按照主梁的静力图，梁桥又可分为简支梁桥、连续梁桥和悬臂梁桥。

图 7.3.2 钢板梁桥

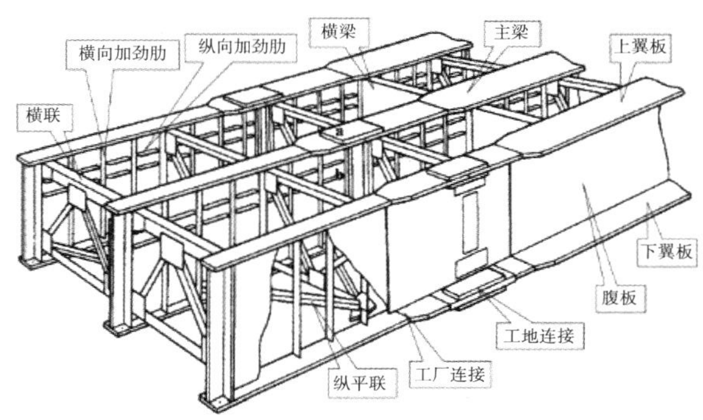

图 7.3.3 钢板梁桥钢梁组成

图 7.3.4　钢箱梁桥

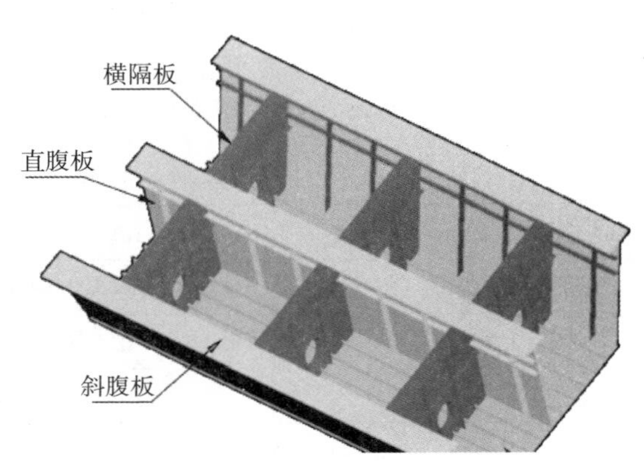

图 7.3.5　钢箱梁桥箱梁组成

2. 拱式桥

拱肋为主要承重构件，受力特点为拱肋承压，没有弯矩或弯矩很小，支承处有水平推力。主拱多用钢管，主拱和横梁可以分别吊装、现场焊接，解决了一次吊装质量过重的问题；现场施工吊装方便，大大缩短了工期。

优点：跨越能力较大；钢桥与钢筋混凝土梁桥相比，可以节省大量钢材和水泥；耐久，且养护、维修费用少；外形美观；构造较简单，有利于广泛采用。缺点：由于它是一种推力结构，对地基要求较高。其钢桥代表有重庆乌江大桥、四川万县长江大桥、广州丫髻沙大桥。

按照承重方式的不同，可分为上承式钢拱桥(图 7.3.6)和下承式钢拱桥(图 7.3.7)。

按照主拱圈的静力图式，拱桥可分为三铰拱、两铰拱和无铰拱。

按照主拱圈的构成形式，拱桥又可分为板拱、肋拱、双曲拱、箱形拱、桁架拱等。

图 7.3.6　上承式钢拱桥

图 7.3.7　下承式钢拱桥

3. 斜拉桥

梁、索、塔为主要承重构件，利用索塔上伸出的若干斜拉索在梁跨内增加了弹性支承，减小了梁内弯矩而增大了跨径。受力特点为外荷载从梁传递到索，再到索塔。其桥面体系为钢箱梁、结合梁、钢桁架。主要材料为预应力钢索、混凝土、钢材。适宜于中等或大型桥梁。斜拉桥的缆索张拉成直线形，整个结构为几何不变体，其刚度比悬索桥大。主梁同弹性支承上的连续梁的性能相似。

优点：梁体尺寸较小，使桥梁的跨越能力增大；受桥下净空和桥面标高的限制小；抗风稳定性优于悬索桥，且不需要集中锚锭构造；便于无支架施工。缺点：由于是多次超静定结构，计算复杂；索与梁或塔的连接构造比较复杂；施工中高空作业较多，且技术要求严格。其代表有苏通长江大桥（图 7.3.8）、香港昂船洲大桥（图 7.3.9）。

图 7.3.8　苏通长江大桥

图 7.3.9　香港昂船洲大桥

4. 悬索桥

悬索桥是以承受拉力的缆索或链锁作为主要承重构件的桥梁。悬索桥由悬索、索塔、锚锭、吊杆、桥面系等部分组成。悬索桥的主要承重构件是悬索，它主要承受拉力，一般用抗拉强度高的钢材（钢丝、钢绞线、钢缆等）制作。由于悬索桥可以充分利用材料强度，并具有用料省、自重轻的特点，因此悬索桥在各种体系桥梁中的跨越能力最大，跨径可以达到 1000 m 以上。受力特点为外荷载从梁经过系杆传递到主缆，再到两端锚锭。主要材料为预应力钢索、混凝土、钢材，适宜于大型及超大型桥梁。优点：由于主缆采用高强钢材，受力均匀，具有很大的跨越能力。缺点：整体刚度小，抗风稳定性不佳；需要极大的梁端锚锭，费用高，难度大。其代表有英国恒比尔悬索桥（图 7.3.10）、江阴长江大桥（图 7.3.11）等。悬索桥的主要缺点是刚度小，在荷载作用下容易产生较大的挠度和振动，注意采取相应的措施。

图 7.3.10　英国恒比尔悬索桥

图 7.3.11　江阴长江大桥

7.3.5　钢结构桥梁的设计计算

1. 钢结构桥梁荷载

公路桥涵设计采用的荷载作用类型分为永久作用、可变作用和偶然作用三类。

公路桥涵结构设计应考虑结构上可能同时出现的作用，按承载能力极限状态和正常使用极限状态进行作用效应组合，取其最不利效应组合进行设计。

表 7.3.2 钢结构桥梁荷载

编号	作用分类	作用名称
1	永久作用	结构重力(包括结构附加重力)
2		预加力
3		土的重力
4		土侧压力
5		混凝土收缩及徐变作用
6		水的浮力
7		基础变位作用
8	可变作用	汽车荷载
9		汽车冲击力
10		汽车离心力
11		汽车引起的土侧压力
12		人群荷载
13		汽车制动力
14		风荷载
15		流水压力
16		冰压力
17		温度(均匀温度和梯度温度)作用
18		支座摩阻力
19	偶然作用	地震作用
20		船舶或漂流物的撞击作用
21		汽车撞击作用

2. 钢结构桥梁设计

(1)抗倾覆稳定设计

在实际工作中,合理的采用钢结构能够提高桥梁工程的质量,增强其强度,但是在对一些小半径、多车道的设计与施工中,必须要对其横向抗倾覆深入研究。在过去的桥梁工程施工中,往往会因为设计不够合理以至于桥梁的某部位发生倾覆现象。这是由于在钢结构施工中,桥梁跨度大,连续钢梁的半径小,并且该钢梁的宽度小于桥面的现象,这种现象就会直接导致桥梁的承载力不够均匀,从而发生倾覆现象。在桥梁工程的设计过程中,必须要对桥梁的跨度以及钢梁的半径、宽度进行合理的计算,深入分析横梁的受力情况,只有这样才能够满足桥梁的受力平衡,防止发生倾覆。在施工过程中,施工人员可以在横梁处灌入细砂,这样可以有效提高整个桥梁的稳定性。

(2)结构完整性设计要点

桥梁钢结构中,因结构受力不同,需要焊接的接头形式也会有所不同。由于接头微观组织的不均匀性会导致与母材力学性能的差异,同时由于焊接残余应力焊接变形以及因构造细节带来的几何应力集中焊接缺陷等因素使焊接接头成为控制部位,会对焊接结构完整性带来影响。在满足常规设计要求和使用寿命的前提下应考虑:

① 针对疲劳或者静力要求来决定焊缝形式,在工艺上作焊接性和可检测性要求。

② 关键构造细节设计遵循简洁传力,焊接不留死角,方便安装,利于维护的原则。

③ 根据荷载环境细节按抗疲劳与抗断裂要求作损伤分析和寿命评估。

④ 按焊接缺陷预防焊接应力与焊接变形,焊接收缩量的控制目标是制造工艺和焊接工艺确定的依据。

⑤ 以损伤监测和维护方法为内容的使用维修要求。

a. 加劲肋设置

加劲肋是在支座或有集中荷载处,为保证构件局部稳定并传递集中力所设置的条状加强件。加劲肋是否设置,是由腹板的 h_0/δ 的值来决定。如果确定需要设置加劲肋,则优先考虑竖向加劲肋,并且其设置距离由腹板厚度以及相关剪应力决定。当竖向加劲肋仍然不能满足要求时,可设置水平加劲肋,水平加劲肋是竖向加劲肋的补充形式。

加劲肋的设置是因为原有构件截面的不足而用来增强抵抗弯矩和剪力,因为设置加劲肋可以缩小原构件截面大小,从而有效地降低用钢量、压缩成本,所以在工程中一般设置在原有构件上起到增强抵抗弯矩和剪力的作用。

b. 钢箱梁横梁设计

当桥梁主道设计过宽时,必须优化车道钢结构宽箱梁,在设计中,重点满足其竖向计算要求,对于横梁的跨径,需要从支座间双悬臂简支梁的计算中得知,在支座处可采取竖向加劲肋相关措施,当竖向加劲肋不能满足要求时,考虑横向加劲肋,其计算措施与纵向计算措施相仿。

c. 施工人孔的设置

在人孔是为了方便施工,在桥梁箱梁顶板和腹板上开设。顶板施工人孔的具体位置可设置在1.5跨径处,而腹板的施工人孔的具体位置必须设置在应力相对薄弱地方。对于简支梁,其腹板施工人孔可设置在跨中;对于连续梁,必须精确计算剪力,选取剪力最小处。不能将所有人孔分布在相同断面,必须错开设置。应力较大的地方必须加设施工人孔,采取加强措施。

将桥梁纵向划分为多个单元,并对每个单元截面进行编号,然后进行项目原始数据输入。输入的数据信息有:项目总体信息、单元特征信息、预应力钢束信息、施工阶段和使用阶段信息。按全预应力构件对全桥结构安全性进行验算,计算的内容包括预应力、收缩徐变及活载计算。桥台处滑动设支座,桥墩处设固定支座,碇梁与挂梁间存在主从约束,挂梁一端设置固定支座,另一端设滑动支座。牛腿计算是对预先设计好的牛腿尺寸和配筋分4个步骤进行验算:

第一,牛腿的截面内力。求出截面内力后对各种危险截面进行强度校核。

第二,竖截面验算。按偏心受压杆件验算抗弯和抗剪强度或按受弯杆件验算强度。

第三，最弱斜截面验算。求得最弱斜截面位置后，按偏心受拉构件验算此斜截面的强度。

第四，45°斜截面的抗拉验算。

3. 钢结构桥梁计算

(1)结构及构件计算

结构计算采用结构力学方法，按照结构的特点(桁架、桁拱、梁)、外荷载大小及分布等情况，计算各杆件的内力(轴力、弯矩、剪力、扭矩等)；内力计算可采用经典结构力学方法，也可采用通用或专用程序进行结构分析，如 SAP 2000，MIDAS 等。

对于施工阶段的计算，要根据施工过程、结构体系转换等具体情况，采用叠加原理进行计算；对于钢箱拱、钢桁拱、斜拉桥的钢加劲梁，每一施工阶段及成桥状态要重点验算钢结构的应力、整体稳定性、变形等指标；对于桁架，还应详细验算结构恒载变形、节点板强度、桥门架稳定性、支座承压性能等指标。

计算内容主要包括结构在自重作用下的内力；结构在二期恒载作用下的内力；结构在活荷载作用下的内力；结构在其他附加荷载(风、车辆制动力、温度)作用下的内力。应按照规范进行荷载效应组合。

(2)连接计算

① 普通螺栓、铆钉

普通螺栓、铆钉的传力机理是依靠螺杆或铆钉的受剪或受拉来传递荷载，传力大小取决于螺杆、铆钉的抗剪能力或螺孔的承压能力。

受剪承载力：

$$\text{抗剪}:N=\frac{nf_{v}d^{2}}{4} \tag{7.3.1}$$

$$\text{承压}:N=dtf_{b} \tag{7.3.2}$$

受剪承载力取两者的较小值。

$$\text{受拉承载力}:N=\frac{f_{t}d^{2}}{4} \tag{7.3.3}$$

② 高强螺栓

高强螺栓的传力机理是预紧螺杆，使接触面产生较大压力，依靠接触面的摩擦来传力。

$$\text{承载力}:N=0.9nP \tag{7.3.4}$$

高强螺栓规格从 M16～M30，摩擦面应按规定严格处理，预紧力 P 有严格的规定。

③ 焊接

焊接的材料及强度要求：与母材材质相适应，焊接后强度不低于母材；

焊缝类型：对接焊缝、角焊缝、侧面焊缝；

焊缝基本要求：避免焊缝集中交叉，尽量避免手工焊缝，避免仰焊，尽量减少工地焊缝；

焊缝检验：超声波检测、磁粉检测、X 射线检测，以检测成型不良、未焊透、气孔、余高不足等缺陷。

7.4 智能立体车库钢结构

7.4.1 智能立体车库的概念

智能立体车库是指采用智能立体车库管理系统，利用非接触式智能 IC 卡作为车辆出入停车场的凭证，以先进的图像对比功能实时监控出入场车辆，以超大的 LED 显示屏引导车主寻找其所分配的车库车位，以稳定的通信和强大的数据库管理每一辆车及车位信息，以先进的电子地图实时监控现场车辆停放动态信息，最大量存取储放车辆的机械或机械设备系统。

智能体现在两个方面：智能立体停车设备和车库信息管理系统。设备是停车服务的主体。智能立体停车设备由以下几个功能模块构成：基于经济实用性的机械系统人性化设计；基于安全可靠性的电气设备控制系统；留有未来多元化功用的智能模块扩展接口。车库的智能性，最大体现在其信息管理系统中。该信息管理系统主要由下列功能模块构成：本地停车信息数据库管理系统；基于三层次安全数据库型智能车库联机控制系统；基于 XML 与 WEB 技术的城市交通管理中心的数据通信接口模块。智能立体车库施工总体流程如图 7.4.1 所示。

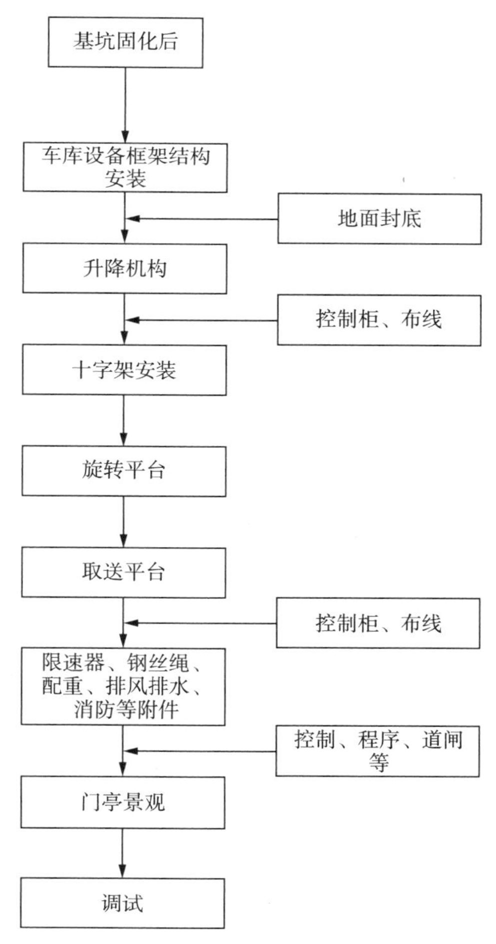

图 7.4.1 智能立体车库施工总体流程

7.4.2 智能立体车库的应用范围

在城市中，典型的功能区域有商业圈、住宅区、娱乐场所、学校等。对于城市不同功能区域，其静态交通的特征不尽相同，并且道路交通组织以及土地价格水平也不相同，因此以下功能区更适合立体停车库。

1. 商务区(CBD)智能立体车库的应用

在城市 CBD 区，需要的停车位数量相对较大，停车也相对集中，而在此区域内的建筑物大多数以高层建筑、商务楼为主，人员也相对集中，因此对于立体停车库的选择应该结合建筑物的结构，可以选用电梯式立体停车库或者垂直循环式立体停车库，这两种车库具有占地面积小、可以依附建筑物修建、停车容积率高等优点;而如在 CBD 内需建设大型集中式车库,可以选用堆垛式立体停车库,它具有停车位容量大、存取方便、安全可靠的特点,可以满足 CBD 地区的停车需求。

2. 住宅区智能立体停车库的应用

在住宅区,发生存取车辆事件的时间段主要集中在早上时分和傍晚时分,并且在住宅区由于居民时间比较充裕,对于存取车时间的要求比较低,因此存取车时间可以比商业圈的存取车时间要长。对于住宅区的停车方式,可以采用两种方法:一种方法是将住宅底层改造或者设计为停车层,采用升降横移式立体停车库扩大住宅区的停车能力:另外一种方法是结合住宅区周边的综合设施,如超市、学校、商业场所等建造大型集中式立体停车库,如魔方式立体停车库等。

3. 饭店、电影院以及其他娱乐场所智能立体停车库的应用

由于在电影院等地区,在存取车过程中易出现相对比较集中的情况,在这段时间内车库的工作强度大大高于其他时段,因此进行结构设计应该按照在这种情况下工况进行,以保证车库有足够的强度和安全性。

由于大部分高档饭店、宾馆都处于地价比较高昂的地段,对周围景观的要求也相对较高,因此停车空间适合向上或者向下发展,比较适合采用的类型是电梯式立体停车库或者沉箱升降式立体停车库。这种车库将停车空间设计在地下,在不破坏周围环境的前提下可以很好地解决停车问题,并且保证停车车辆的安全。

4. 超市和商贸中心的智能立体停车库的应用

在超市或者大型商贸中心应该集中建设大型高速智能化立体停车库,比如巷道式立体停车库或者魔方式立体停车库。这两种车库的停车能力非常巨大,并且适合超市的平面结构,而且运行速度快,安全可靠,适应各类型车辆的停放,适应超市和商贸中心的需求。智能车库存取车流程如图 7.4.2 所示。

7.4.3 智能立体车库的特点

(1)立体车库具有突出的节地优势。以往的地下车库由于要留出足够的行车通道,平均一辆车要占据 40 m^2 的面积,如果采用双层立体车库,可使地面使用率提高 80%～90%。例如采用地上多层立体车库,50 m^2 的面积可存放 40 辆车,可以大大节省有限土地资源,节省开发成本。

(2)立体车库与地下车库相比可有效地保证人身和车辆的安全,人在车库内或车不停准位置,由电子控制的整个设备便不会运转。立体车库从管理上可以做到彻底的人车分流。

(3)在地下车库中采用机械存车,还可以免除采暖通风设施。因此,运行中的耗电量比工人管理的地下车库低得多。立体车库一般不做成套系统,而是以单台集装而成。可以充分发挥其用地少、化整为零的优势,在住宅区的每个组团中或每栋楼下都可以随机设立立体车库。这对目前车库短缺的小区解决停车难的问题提供了有效途径。

(4)钢结构立体车库具有较好的延性,故其塑性变形能力较其他材料的结构要好,可提高车库结构的安全性。

(5)钢结构立体车库开间较大,空间布局比较灵活。

(6)钢结构立体车库的结构构件可以在加工厂生产,运到现场进行拼装,可以保证工程质量和施工进度。

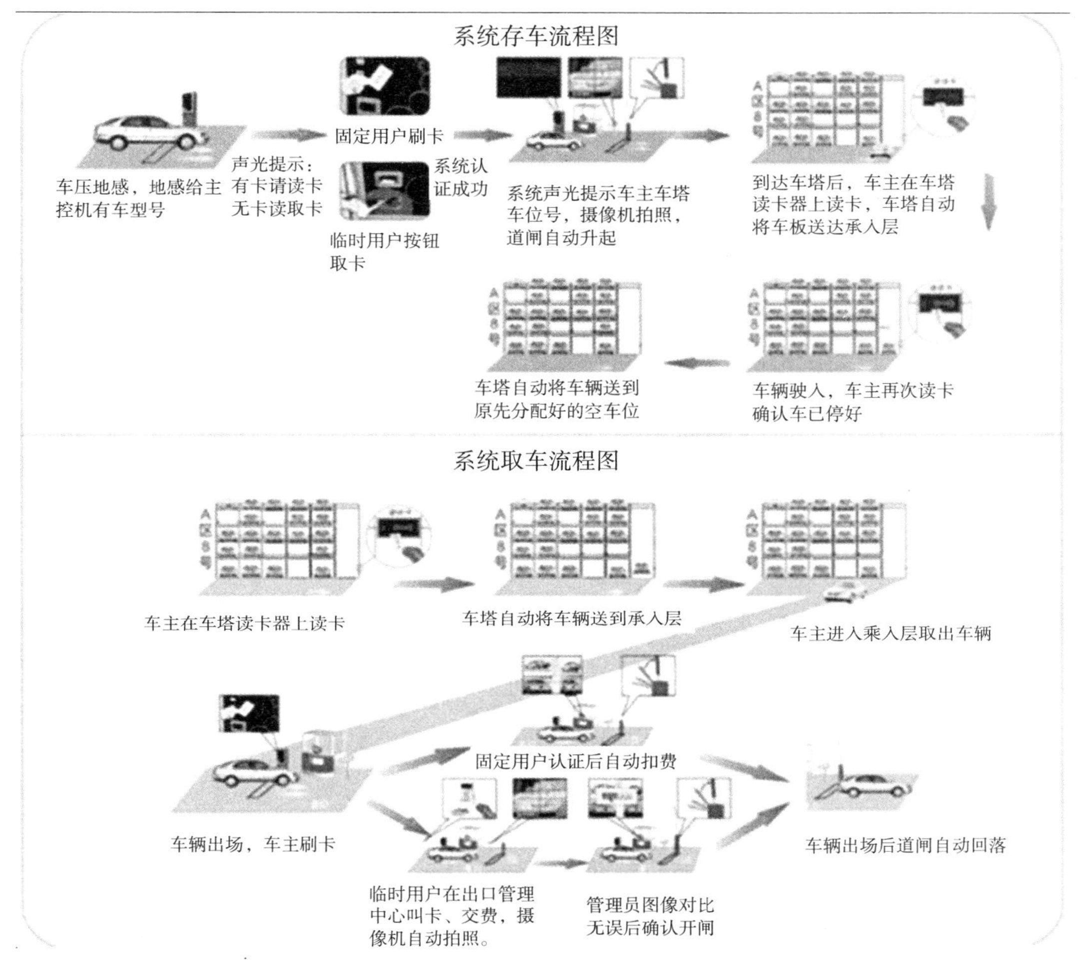

图 7.4.2　智能车库存取车流程

7.4.4　智能车库的组成

智能立体车库主要由以下几部分组成。

1. 车库钢结构构架

钢结构是整个车库的支撑部分。目前立体车库多采用多、高层钢结构构架。针对钢结构可靠性高、制造简便、施工工期短等优点，车库整体采用钢结构建造，有较大优势。在设计中，首先要保证车库有足够的安全性，有足够的刚度与强度，同时考虑车库建造的经济性，需对钢结构部分进行优化设计。

2. 升降、横移系统

智能立体车库升降系统结构原理如图 7.4.3 所示。在升降横移式立体车库中，升降横移系统速度决定车库运行的效率。升降系统由电动机、链轮、链条等组成。升降系统负责在车辆存取过程中将停车托盘落下或升起。运行时，电动机带动链轮转动，链轮带动链条，使得托盘在链条的牵引下上下运动。在进行存取车操作时，升降系统负责将所要存取的车辆提升到停车托盘或将车辆从托盘中落下。同时，为了保证上层车能够进出，在车库运行时，要对相应下层停车托盘进行平移操作。横移系统负责停车托盘在横梁上的横移运动。

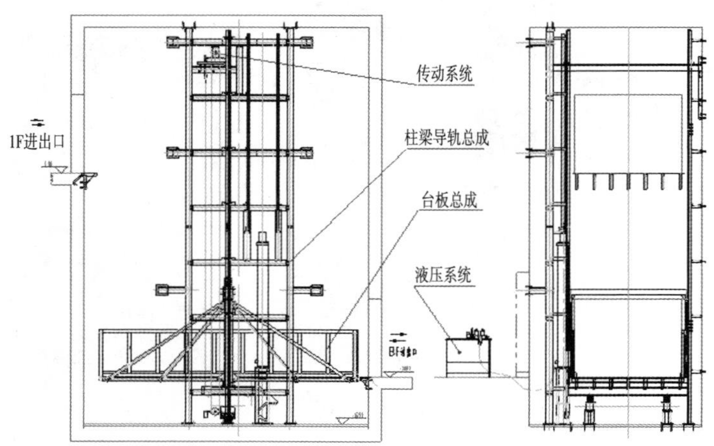

图 7.4.3　智能立体车库升降系统结构原理

3. 控制系统

控制系统是整个立体车库系统运行的指挥中心。车库的所有存取车操作,都要由控制系统来进行控制。相同的系统功能可以由不同的硬件控制系统来完成。对立体车库系统,为提高运行效率以及结合目前的控制技术水平,选用 PLC 控制是经济且安全可靠的控制方案。由于立体车库是对安全性要求特别高的系统,为保证其安全,就要在选用可靠的硬件的前提下,对车库运行进行全面的监控。

4. 停车托盘

停车托盘必须具有足够的强度和刚度,以保证停放汽车的安全和存取车动作的正常进行。在车库运行中,托盘有升降和横移两种运动方式,其中升降运动是依靠升降系统来完成的,横移运动是依靠电机直接驱动在横梁上运动。

5. 运行

系统运行时可采用自动控制,也可采用手动控制。车库的运行采取手动、半自动、全自动三种控制方式,便于操作人员根据需要对各种情况进行设备调试和故障处理。

7.4.5　智能立体车库的分类

立体车库的种类比较多,目前国内外常用的类型有以下几种。

1. 升降横移式

升降横移式智能车库(图 7.4.4)是立体停车设备中最普遍的一种结构类型。升降横移式通过载车板的垂直升降和水平移动来进行车辆的存取,设备结构简单,适用车型比较广泛,而且相对其他车库,安装和布置比较灵活,非常适用于地下以及室外停车。

升降横移式立体停车设备结构非常灵活,可以根据具体应用情况将车库布置为两层或者两层以上,通过增加停车层数可以增加停车容量,其基本单元是两层结构,可停放 5 辆汽车,上层 3 个托板可以升降,下层设有 2 个托板,能左右平移,但不能升降。整个单元由钢结构框架、托板、升降机构、平移机构和控制系统组成。

双层托板升降平移式停车设备的主要特点是:存、取车极为方便,托板直接落在地面上,既可用于户外停车场,也可用于地下车库。大型地下车库如采用这种机械化停车系统,对有效利用地下车库的空间、增加存车容量、降低车库总造价均极其有利。

2. 电梯式

电梯式智能车库(图7.4.5)是指以固定的或安装于可移动构架上的升降机作为汽车的垂直运输工具,并在电梯轿厢底部机构可将汽车作水平移送,使汽车自动平移至两侧泊车位并进行存放的机械式立体停车设备。

图7.4.4 升降横移式智能车库

图7.4.5 电梯式智能车库

电梯式立体停车设备包括一个有入口的垂直框架结构,轿车通过入口被引导进来。停车空间是按照一排或者多排垂直排列。一个电梯包括一个可以在框架结构里上下移动的升降机。升降机适合于接收一个装载有轿车的载车盘。在升降机上有一个推进器,这个推进器可以朝停车空间推进。在每一个停车空间里都有一个搁板,而且这个搁板不受推进器的约束,搁板适用于支撑载车盘,并且有一个旋转器用来把轿车旋转到适合的姿态停泊在载车盘上面。

电梯式立体停车库与其他类型停车库相比较,具有以下特点:(1)平面和空间的利用率较高;(2)控制系统先进,存取车迅速,运行平稳,运转效率较高;(3)具有安全可靠的机械及光电安全装置,同时由于封闭可防火、防盗、防异物伤害;(4)与垂直循环类相比,整个系统不作整体运动,节省电能;(5)噪声较低;(6)电脑操作,使用方便。因此,电梯式停车库适用于城市中的繁华中心区等需要车辆集中停放的场所。

当然,这类停车设备也有一定缺点:(1)升降机构的通道不能作为停车位使用;(2)垂直升降和水平横移动作之间有间歇,而使存取车周期加长;(3)一次性投资设置需要较多资金。

3. 循环式

循环式立体停车设备在结构上分为垂直循环式立体停车设备(图7.4.6)、水平循环式立体停车设备(图7.4.7)、索道循环式立体停车设备、圆形循环式立体停车设备和箱型循环式立体停车设备。在传动方案上可以采用链条和钢丝绳传动。循环式立体停车设备可以独立设置,也可附设在建筑物内,存车数可多可少,大型车库可用多套设备并列布置。与其他方式相比,此类车库不需要运输车辆所需的车道,因而所需的面积与容积量小,可根据建筑物和地形的不同来灵活配置,但由于受到传动功率的限制,循环式立体停车设备的停车容量比较小,一般在12个车位以下。

循环式立体停车设备特点是:结构十分庞大,需要的驱动力大,并且传动的距离相对较远,因此发出的振动和噪音也大。为降低振动和噪音,目前开发了共同基座式方式,将驱动装置与基座一体化。循环式立体停车库采用计算机控制，实现了高度自动化。但是，此类系统需要不停地循环，对于不是存取车高峰期来讲，造成较大的能源浪费。有时为了存取一辆车，需要循环一周才能实现，一旦系统的某一环节出现故障，则整个系统无法正常运行，呈现瘫痪状态，因此从长远效益来看并非最佳。

图 7.4.6 垂直循环式立体停车设备

图 7.4.7 水平循环式立体停车设备

4. 巷道式

巷道式立体停车库(图 7.4.8)的原理和立体仓库的工作原理相类似：大型门座式起重机(堆垛机)在 *XYZ* 三个方向上运动，将车辆运送到相应存储位置，按照电脑指令准确定位，利用堆垛机上的伸缩装置完成存取车辆的动作。

巷道式立体停车库的工作效率极高，车库容量极大，可以存放数百辆车。巷道式立体停车设备可以理解为电梯式立体停车设备的衍生，但这种停车设备有一定的局限性。

(1)占地大，技术制造与维护成本高，只适合 CBD(中央商业区)，但无法解决城市零散多点停车需求。

(2)无法对现有地下与地上坡道式零散停车用地进行机械化改造，且无法扩充停车单元。

5. 魔方式立体停车库

魔方式立体停车库(图 7.4.9)由升降横移式立体停车设备发展而来。它在升降横移式多层多列的基础上实现了多排的结构，使其不仅具备巷道式 *XYZ* 三方向高密度停车的特点(且没有堆垛机空间的占用)，而且可以根据实际情况灵活扩展 *XYZ* 方向车位数量，真正实现魔方式立体停车的意义。

魔方式的灵活扩展性与机械控制方面的智能化，可以成为城市停车库网点切实可行的采用模式。

图 7.4.8 巷道式立体停车库

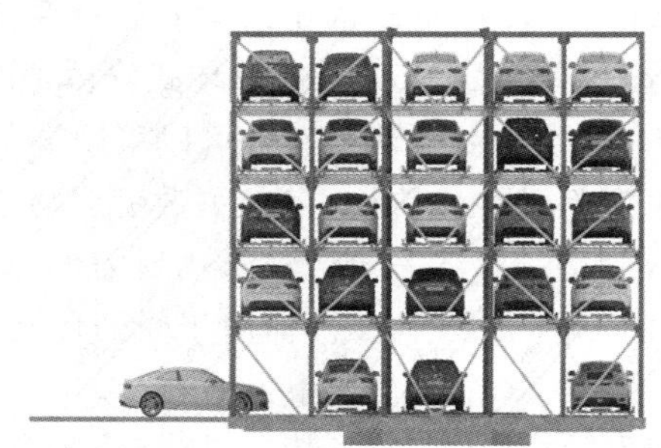

图 7.4.9 魔方式立体停车库

7.4.6 智能车库的应用

近几年来，我国私人购车占售车总量的比例大幅递增，到2004年已经突破了50%。中国汽车需求量和保有量出现了加速增长的趋势。2010—2012年，实际汽车保有量分别为8608.91万、9802.04万和11053.17万辆，年均增速分别为10.73%、12%、13.94%。

随着汽车数量日益剧增，解决停车问题日益严重，尤其是居民小区、大型公共消费场所等，寸土如金，因此停车场向空间发展，已势在必行。根据有关市场调查，目前在大中型城市对立体车库的年需求量至少为30万个车位，但该类产品供应量很少，国内只有100家左右企业的少量产品供应市场。外国的相关公司看好这一巨大的市场，目前开始有产品向中国出口，但是其价格高，使用成本与收费高，国内市场难以接受，限制了其推广使用。在我国，除北京、上海、广州等特大城市外，沿海工业发达、人口密集、土地成本高的中等城市和地区也已陆续开始安装和使用立体车库，表现出强劲的市场需求。

7.5 地下钢结构

7.5.1 地下钢结构概念

地下钢结构是指深入地面以下，为开发利用地下空间资源所建造的钢结构地下工程，如地下房屋、地下铁道等。地下钢结构按构造形式分为拱形结构、圆形和矩形管状结构、框架结构、薄壳结构、异形结构。

7.5.2 地下钢结构工程特点

与一般地上钢结构工程相比，地下钢结构工程具有规模大、风险高、专业复杂、涉及主体多、与工程周边环境相互影响大等特点。

(1)工程地质复杂。例如：上海、广州、深圳等沿海城市或南方城市的工程地质及水文地质条件复杂多变，地铁线路、地下通道、管廊或地下商场等经过海积、海冲积、冲积平原和台地等多种地貌单元，常位于“软硬交错”地层，还常遇到断裂破碎带和溶洞等特殊地质构造，穿越或邻近江河湖海，地下水丰富、水位高。

(2)工程上部荷载大。地下隧道钢结构承受上部荷载，荷载大，轴向力大，弯矩小。例如，地铁长距离穿行于城市交通要道和人员密集区域，建(构)筑物、轨道交通设施、桥梁、隧道、道路、管线、地表水体等周边工程环境复杂，不可预见因素较多。

(3)工程建设规模大。例如，地铁工程的每公里造价一般在5亿～7亿元，有的高达8亿～9亿元，一条线路投资动辄在100亿元以上，合理工期一般为5～6年。

(4)工程技术复杂，防腐要求高。地下工程往往是土建及机电设备复杂的综合性系统工程，随着轨道交通和城市建筑技术水平的提升，土建工程不断向“深、大、险”发展。例如，地铁车站深基坑一般在20 m，甚至30 m以上，长度在200 m，甚至600 m以上。

(5)工程协调量大，基建的结合要求更高。地下钢结构工程参建单位包括建设、勘察设计、施工、监理、监测、检测和材料设备供应等单位，专业多、项目多、环节多、接口多，作业时空交叉，组织协调量大。同时，工程与周边社区居民、与工程周边环境的权属与管理单位的利益攸关、关系密切，沟通协调难度大。

(6)控制标准严格。为确保隧道、深基坑施工(含降水)过程中,建(构)筑物、轨道交通设施、桥梁、隧道、道路、管线、地表水体等工程周边环境不发生过量沉降和坍塌,确保其安全,要求严格控制沉降(包括绝对值和速率等)。例如:暗挖法施工的标准断面隧道地面累计沉降量一般要求控制在 30 mm 以内。

(7)安全风险大。前面的工程特点决定了地下工程施工的安全风险(包括工程本身的风险和对工程周边环境的风险)大,风险关联强。例如:如果水文工程地质条件不明,工程周边环境不清,措施准备不充分,很容易出现安全质量和险情。

7.5.3 地下钢结构应用范围

我国地下钢结构的应用会逐步增加:(1)管道管廊。能源建设加快,随着国家西气东输政策的落实和城市的发展,城市地下管网越来越错综复杂,管廊工程只增不减。(2)地铁及地下综合交通枢纽工程。在交通工程中,各个城市会陆续开通或增加地铁数量,地铁站台、行车隧道等将采用大量采用钢结构。(3)高层结构地下停车场及地下商场。地下市政建设中采用钢结构的数量增加,导致各种高楼大厦的地下室、地下商场和地下停车场等越来越多采用钢结构。智能车库的推广应用,地下通道和地下商场的新建。(4)各种利于通行的地下通道。在交通安全上,政府建设各类过街地道,同时与地铁站台相连接,方便人们出行。

7.5.4 地下钢结构应用

我国地下钢结构发展前景良好,随着城市的建设,地铁(图 7.5.1)、地下管廊(图 7.5.2)、地下商场、地下停车场等数量剧增。例如地铁,我国城市轨道交通通车里程数过去十年快速增长,年均增速达到 25%。城市轨道交通作为新型城镇化的重要内容之一,从 2011 年开始各地上报城市轨道交通项目大幅增加,发改委批复也在加速,城轨进入了大规模建设时期,地铁车辆段的数量快速增加。根据中国城市轨道交通协会的统计,截至 2015 年末,我国累计有 25 个城市建成投运城轨线路 111 条,路网长度达 3286 km,2005 年至 2015 年城轨里程数复合增速达到 23.7%。从总投资上看,2014 年全国城市轨道交通总投资达 2899 亿元,2015 年超过 3000 亿元。相对于通车里程而言,由于老线路车辆密度不断提升、出口订单上升等因素,主车厂的城轨车辆订单增速更高。未来地铁的普及定会推动地下钢结构的发展。

图 7.5.1 地铁

图 7.5.2 地下管廊

第 8 章 钢结构围护体系与部品件应用技术指南

8.1 术语及标准

8.1.1 术语

(1)砌块。砌块是砌筑用的人造块材,是一种新型墙体材料,外形多为直角六面体,也有各种异型体砌块。

(2)压型钢板。薄钢板经冷压或冷轧成型的钢材。

(3)楼板。楼板是墙、柱水平方向的支撑及联系杆件,保持墙柱的稳定性,并能承受水平方向传来的荷载(如风载、地震载),把这些荷载传给墙、柱,再由墙、柱传给基础。

8.1.2 钢结构维护体系及部品件相关标准

国家标准《建筑用压型钢板》GB/T 12755

国家标准《钢结构设计规范》GB 50017

国家标准《屋面工程技术规范》GB 50345

国家建筑标准设计图集《钢框轻型屋面板》09CG11、09CJ18

国家建筑标准设计图集《钢骨架轻型板》09CG12、09CJ20

国家建筑标准设计图集《钢梯》02J401

建工行业标准《建筑轻质条板隔墙技术规程》JGJ/T 157

建工行业标准《预制带肋底板混凝土叠合楼板技术规程》JGJ/T 258

建工行业标准《采光顶与金属屋面技术规程》JGJ 255

中国工程建设标准化协会标准《轻型钢结构住宅技术规程》CECS 280

中国工程建设标准化协会标准《装配式玻纤维增强无机材料复合保温墙板应用技术规程》CECS 396

中国工程建设标准化协会标准《组合楼板设计与施工规范》CECS 273

地方标准《建筑复合保温墙板》DB52/T 887

注:以上相关标准以发行的最新版本为准。

8.2 钢结构建筑用墙板

钢结构建筑用墙板可分为内墙板和外墙板。

内墙板有横墙板、纵墙板和隔墙板三种。横墙板与纵墙板均为承重墙板,隔墙板为非承重墙板。内墙板应具有隔声和防火的功能。钢结构建筑内墙板一般采用单一材料(轻质砌块、轻质条板或整体墙板)制成,有实心和空心两种。

外墙板除应具有隔声和防火的功能外，还应具有隔热保温、抗渗、抗冻融、防碳化等作用和满足建筑艺术装饰的要求，钢结构住宅外墙板可用轻集料单一材料制成，也可采用复合材料（结构层、保温隔热层和饰面层）制成。

8.2.1 轻质砌块

1. 蒸压加气混凝土砌块

（1）蒸压加气混凝土砌块的概念

蒸压加气混凝土砌块（图 8.2.1）是由水泥（或部分用水淬矿渣、生石灰代替）和含硅材料（如砂、粉煤灰、尾矿粉等）经过磨细并与发气剂（如铝粉）及其他材料按比例配合，再经料浆浇注、发气成型、静停硬化、坯体切割与蒸汽养护（蒸压或蒸养）等工序制成的一种轻质多孔的建筑材料。

图 8.2.1　蒸压加气混凝土砌块

（2）蒸压加气混凝土砌块的特点

蒸压加气混凝土是一种具有多孔结构的人造石材，其内部均匀分布着无数微小的气孔，总孔隙率高达 70%～85%，其特点如下：

① 质轻

国内生产的蒸压加气混凝土砌块容重一般为 500 kg/m^3，其重量仅为普通黏土砖的 1/3，是钢筋混凝土的 1/5。

② 强度低

蒸压加气混凝土砌块墙体抗压强度在 4.0～5.0 MPa，并且砌块制品具有较好的均匀性、较高的强度利用系数、长期的稳定性能和良好的耐久性。

③ 保温隔热

在生产过程中，蒸压加气混凝土砌块内部形成的微小气孔，在材料中形成了静空气层，使得蒸压加气混凝土砌块的导热系数是普通黏土砖的 1/4。通常 200 mm 厚的蒸压加气混凝土砌块墙体相当于 490 mm 厚的普通黏土砖的保温效果。

④ 隔音

蒸压加气混凝土砌块具有的多孔结构使其具有良好的隔音效果。蒸压加气混凝土砌块墙体结合建筑构造措施，可满足各类建筑围护结构隔音的标准。

⑤ 节能环保

蒸压加气混凝土砌块无放射性，生产耗能低，可利用工业废料，适应建筑节能的新型墙体材料之一。在生产能耗方面，每立方米烧结实心砖的能耗为 91 kg 标准煤，而每立方米其能耗仅为 56.8 kg 标准煤，比烧结实心砖节约能耗约 7.6%。

⑥ 可加工性好，施工方便

由于蒸压加气混凝土砌块的尺寸相比普通黏土砖大很多，重量又相对较轻，显著提高了墙体砌筑的效率，减轻了劳动强度。同时，蒸压加气混凝土砌块因质轻和没有粗骨料而具有较好的可加工性能，可钻、刨、锯，易于加工成各种型号的砌块，能够适应于砌筑不同模数的墙体。

(3)蒸压加气混凝土砌块的工艺流程

蒸压加气混凝土砌块的生产工艺包括：①原料储存和供料；②原材料处理；③砌块配料、搅拌及浇筑；④砌块初养和切割；⑤蒸压及成品。蒸压加气混凝土砌块的工艺流程如图 8.2.2 所示。

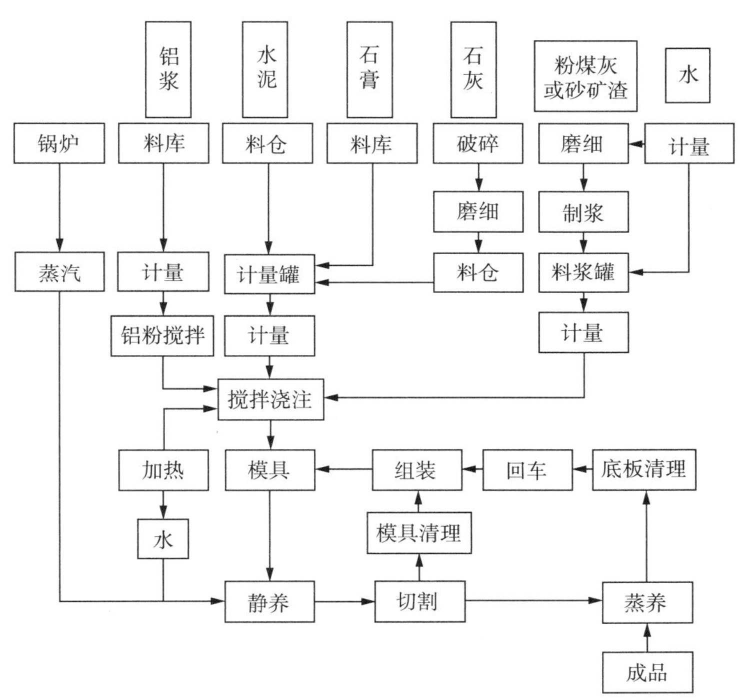

图 8.2.2 蒸压加气混凝土砌块的工艺流程

(4)蒸压加气混凝土砌块的适用范围

蒸压加气混凝土砌块适用于各类建筑地面(±0.000)以上的内、外填充墙和地面以下的内填充墙。

蒸压加气混凝土砌块不应直接砌筑在楼面、地面上。对于厕浴间、露台、外阳台以及设置在外墙面的空调机承托板与砌体接触部位等经常受干湿交替作用的墙体根部，宜浇筑宽度同墙厚、高度不小于 0.15 m 的 C20 素混凝土墙垫；对于其他墙体，宜用蒸压灰砂砖在其根部砌筑高度不小于 0.15 m 的墙垫。

蒸压加气混凝土砌块不得使用在下列部位：

① 建筑物±0.000 以下(地下室的室内填充墙除外)部位。

② 长期浸水或经常干湿交替的部位。

③ 受化学侵蚀的环境,如强酸、强碱或高浓度二氧化碳等。

④ 砌体表面经常处于 80℃以上的高温环境。

⑤ 屋面女儿墙。

2. 陶粒混凝土砌块

(1)陶粒混凝土砌块的概念

以陶粒代替石子作为混凝土的骨料,以普通砂或陶砂为细骨料,这类混凝土称为陶粒混凝土。它是由胶凝材料和轻骨料配制而成的,可分为全轻混凝土(用轻砂)和砂轻混凝土(用普通砂)。陶粒混凝土砌块如图 8.2.3 所示。

按用途可分为保温用,密度为 800 kg/m^3 以下;结构保温用,密度为 800～1400 kg/m^3;结构用,密度为 1400 kg/m^3 以上。

图 8.2.3 陶粒混凝土砌块

(2)陶粒混凝土砌块的特点

① 重量轻

其容重比普通混凝土轻 1/5～2/3,标号可达 CL 5～CL 60,由于自重轻,可减少基础荷载,因而可使整个建筑物自重减轻。

② 保温性能好,热损失小

陶粒混凝土导热系数比普通混凝土低 50%以上可减小墙体厚度,相应地增加室内空间,在相同墙厚条件下,可大大改善房间保温隔热性能。

③ 抗渗性好

陶粒表面比碎石粗糙,具有一定吸水能力,所以陶粒与水泥砂浆之间的黏结能力较强,因而陶粒混凝土具有较高的抗渗能力和耐久性。

④ 耐火性好

防火试验结果表明,陶粒混凝土耐火极限温度可达 3 小时以上。普通混凝土的耐火极限温度一般为 1.5～2 小时。

⑤ 施工适应性强

不仅可根据建筑物的不同用途和功能配制出不同容重和强度的混凝土材料,而且施工简便,适应于各种施工方法进行工业化生产,不仅可以采用预制工艺制作各种类型的构件

(如板、块、梁、柱等),且可以采用现浇机械化施工。

8.2.2 轻质条板

轻质条板按照材料可分为单一材料条板和复合条板。单一材料条板包含蒸压轻质混凝土条板和水泥发泡板。复合条板主要指钢材夹芯复合条板,是用彩色涂层钢板做面层,保温材料做芯材,通过特定的生产工艺复合而成的隔热夹芯板。芯材又分为聚氨酯、聚苯乙烯泡沫塑料和岩棉三种。

1. 蒸压轻质混凝土板

(1)蒸压轻质混凝土板的概念

蒸压轻质混凝土板(图8.2.4)是以硅砂、水泥、石灰等为原材料,配上防锈处理的钢筋网片,经过高温、高压、蒸汽养护和表面加工而成的轻质加气混凝土条板。

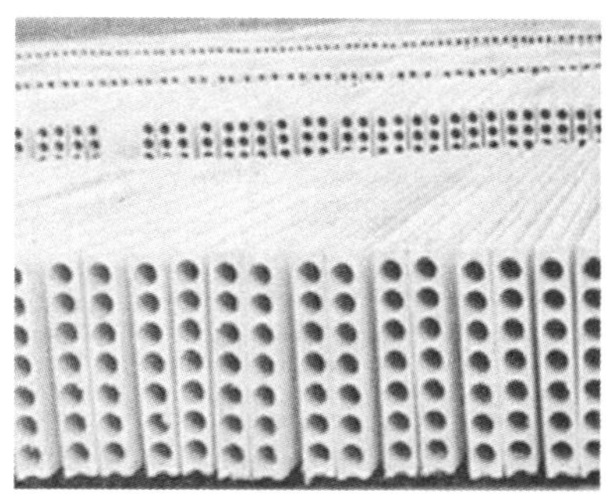

图8.2.4 蒸压轻质混凝土板

(2)蒸压轻质混凝土板的特点

蒸压轻质混凝土板的优点如下:

① 容重小,质量轻。蒸压轻质混凝土条板比重小到0.5 g/cm^3,被称为“可以浮在水面上的混凝土板”。

② 隔音效果好。由大量均匀的、互不连通的微小气孔组成的多孔材料,具有很好的隔音性能。

③ 耐火性能好。蒸压轻质混凝土条板是一种不燃的无机材料,具有很好的耐火性能,超过了一级耐火标准。

④ 施工便捷,速度快,造价低。蒸压轻质混凝土条板生产工业化、标准化,安装产业化。可锯、切、刨、钻,施工干作业,速度快。使用蒸压轻质混凝土条板不需要抹灰,可降低工程造价。

⑤ 施工时表面干燥,不易开裂。采用干法施工,板面不存在空鼓裂纹现象。

蒸压轻质混凝土板也有一些缺点,容易产生裂缝。ALC板与聚合物砂浆彼此联成一体,当季节变换、内外温差等温度变化时,由于材料的线膨胀系数不同,彼此约束牵制而产生温度应力。当这种温度应力超过砂浆的容许应力时将会导致裂缝的产生。

2. 水泥发泡板

(1)水泥发泡板的概念

水泥发泡板(图8.2.5)是用泡沫剂制备的泡沫与水泥,搅拌混合浇注成形后,经养护而成的一种水泥基轻质多孔无机防火保温板。

图 8.2.5　水泥发泡板

(2)水泥发泡板的特点

水泥发泡板具有如下优点：

① 轻质。密度为 180 kg/m^3，可减轻建筑自重。

② 绿色环保。碳排放量少；不存在重复保温拆除的废料给环境造成污染。

③ 保温隔热性好。水泥发泡保温板闭孔率大于 97%，高闭孔率使空气对流传热显著降低，可满足建筑保温隔热的需要。

④ 成本低廉。水泥发泡保温板的使用效果、节能指数优于同类产品，寿命可达 50 年，免去建筑物试用期内多次重复进行有机材料外墙保温施工，可降低建筑物保温成本。

水泥发泡板也具有强度低、易脆、吸水率高的缺点。在发泡过程中会产生很多的空洞，导致发泡板容易吸水。

3. 钢丝网岩棉夹芯复合板

(1)钢丝网岩棉夹芯复合板的概念

钢丝网岩棉夹芯复合板简称 GY 板，是采用两层钢丝网片中间填充半硬质岩棉板，用短的联系钢丝与两层网片焊接起来组成一个稳定的、性能优越的半空间网架体系。钢丝网岩棉夹芯复合板如图 8.2.6 所示。

图 8.2.6　钢丝网岩棉夹芯复合板

(2)钢丝网岩棉夹芯复合板优缺点

① 优点

钢丝网岩棉夹芯复合板具有质轻、体薄、强度和稳定性好、保温隔热效果好、防火性能优越、隔声性能好、抗冻融性能好、抗震性能优越等优点。

② 缺点

为保证钢丝网岩棉夹芯复合板正常发挥使用功能，需要在产品的生产、安装和抹灰工艺等方面进行严格控制。

(3)钢丝网岩棉夹芯复合板的应用

GY 板可用于高层建筑的围护外墙及轻质内隔墙，外保温复合外墙的保温层，低层建筑的承重墙、楼地面和屋面板。

4. 聚苯颗粒复合板

(1)聚苯颗粒复合板的概念

聚苯颗粒全称为膨胀聚苯乙烯泡沫颗粒，又称膨胀聚苯颗粒。该材料是以可发性聚苯乙烯树脂珠粒为基础原料膨胀发泡制成的。聚苯颗粒复合板(图 8.2.7)是用彩色涂层钢板做面层，聚苯颗粒材料做芯材，通过特定的生产工艺复合而成的隔热夹芯板。

图 8.2.7 聚苯颗粒复合板

(2)聚苯颗粒复合板的特点

重量轻，相当于砖墙的 1/30；隔热保温，吸引及密封性能好；施工方便，安装灵活快捷，施工工期可缩短 40%以上；色泽鲜艳，外形美观，无须再进行表面装饰。

(3)聚苯颗粒复合板的适用范围

该材料适用于建筑节能 50%和 65%目标要求的新建、扩建和既有房屋改造的工业与民用建筑的外墙的内、外保温和分户墙、内隔墙等。

8.2.3 整体式板

1. 钢丝桁架夹芯复合墙

(1)钢丝桁架夹芯复合墙的概念

钢丝桁架夹芯复合墙(图 8.2.8)是由双向斜插钢筋与上、下层钢筋网形成空间受力桁架，中间夹一定厚度的聚苯乙烯泡沫板，然后内、外侧分别浇注混凝土所构成的钢丝网架-混凝土板组合结构。

图 8.2.8 钢丝桁架夹芯复合墙

(2)钢丝桁架夹芯复合墙的特点

① 优点

与普通的墙体材料相比，具有承载力高、保温隔热效果好、可工厂化生产、现场装配施工、工程进度快的优点。

② 缺点

钢筋桁架模板价格高；施工过程中钢筋绑扎复杂；雨季施工时钢筋容易锈蚀。

(3)钢丝桁架夹芯复合墙的适用范围

适用于大型厂房、仓库、体育馆、办公楼等工业与民用建筑的外墙和内墙。

2. 轻钢龙骨注浆复合墙

(1)轻钢龙骨注浆复合墙的概念

轻钢龙骨复合墙体是指采用冷弯薄壁型钢龙骨和蒙皮板作为主要受力结构构件的轻钢建筑结构墙体。典型的轻钢龙骨墙体由立龙骨柱、天龙骨、地龙骨、托梁、腰支撑、斜支撑以及各种配套的扣件和加劲件组成。

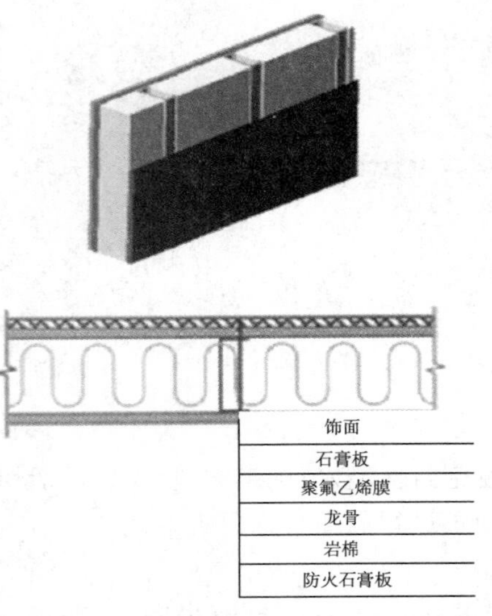

图 8.2.9 轻钢龙骨注浆复合墙构造图

图 8.2.10 轻钢龙骨注浆复合墙

(2)轻钢龙骨注浆复合墙的特点

轻钢龙骨注浆复合墙具有如下优点：

① 装配化程度高、施工快捷

轻钢龙骨墙体可由工厂预制，现场组装；同时轻钢龙骨墙体施工为干作业，施工受季节影响小，施工周期与传统结构形式相比缩短 1/3 左右。

② 节能环保

轻钢龙骨墙体内填优质保温隔热材料岩棉，墙体保温性能良好，能有效降低墙体能量耗散，减少采暖消耗。

③ 保温材料无机化

轻钢龙骨墙体选用保温材料如岩棉、玻璃棉，是由矿石、玻璃等无机材料加工而成，属无机材料，无机材料是较好的耐火材料。轻钢龙骨墙体实现了保温材料的无机化，有效地避免了因保温材料耐火性能差造成的安全隐患。

8.3 钢结构建筑用楼板

8.3.1 压型钢板混凝土组合楼板

1. 压型钢板混凝土组合楼板的概念

压型钢板混凝土组合楼板(图 8.3.1):利用凹凸相间的压型薄钢板做衬板与现浇混凝土浇筑在一起支承在钢梁上构成整体楼板,主要由楼面层、组合板和钢梁三部分组成。

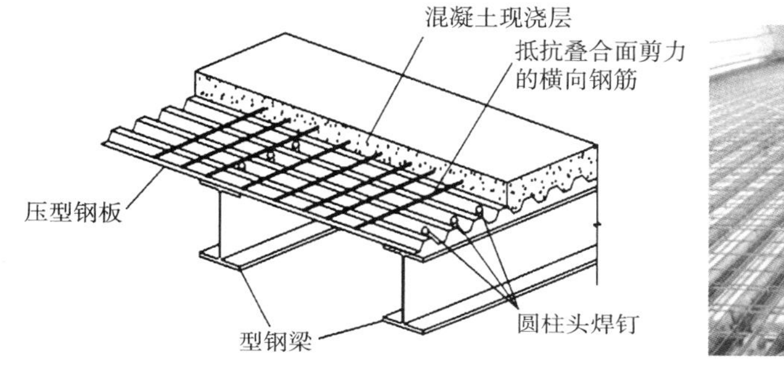

(a)压型钢板组合楼板构造

(b)压型钢板组合楼板

图 8.3.1 压型钢板混凝土组合楼板

2. 压型钢板混凝土组合楼板的特点

(1)压型钢板可作为浇筑混凝土的永久模板,节省施工中搭设脚手架和安装与拆模的时间。大大缩短了施工周期,节约成本。

(2)压型钢板安装完毕,可以为施工提供较为宽敞的工作平台,一般情况下不必设置临时支撑,不会影响楼层的施工;同时压型钢板单位面积的自重较轻,易于运输和安装,可以提高施工效率,实现立体交叉施工。

(3)压型钢板通过与混凝土的组合作用,可以部分或全部代替楼板中受力钢筋,从而减少钢筋制作与安装工作量。

(4)在组合楼板与钢梁形成的组合楼盖中,压型钢板一般通过圆柱头栓钉与钢梁连接,压型钢板在施工阶段可对钢梁侧向支撑,提高了钢梁的整体稳定,同时又保证了施工人员在压型钢板上行走和操作安全。

8.3.2 钢筋桁架混凝土组合楼板

1. 钢筋桁架混凝土组合楼板的概念

钢筋桁架混凝土组合楼板是由腹杆钢筋与上、下弦钢筋焊接而成的空间小桁架,结合混凝土板组成的楼板体系。

施工时将钢筋桁架楼承板直接铺设在结构上,钢筋桁架楼承板三角桁架,承受施工期间荷载,底模托住湿混凝土,因此这种技术可免去支模、拆模的工作和费用。钢筋桁架楼承板(图 8.3.2、图 8.3.3)由钢筋桁架、镀锌底板两部分组成:(1)钢筋桁架:施工阶段提供无支撑刚度,使用阶段成为楼板中需配置的钢筋;(2)镀锌底板:承担楼板施工阶段的模板。

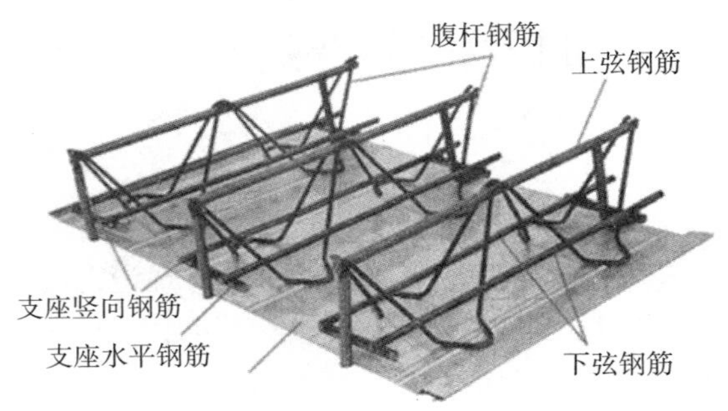

图 8.3.2 钢筋桁架楼承板构造

图 8.3.3 钢筋桁架楼承板

2. 钢筋桁架混凝土组合楼板的特点

(1)安装便捷,缩短工期

如图 8.3.4 所示,施工中减少了支模板和搭设脚手架的工序,钢筋桁架楼承板之间通过扣缝连接,安装完成后,由于有一定的刚度,可以成为可靠的施工平台,并支持多层同时立体施工与多工种交叉作业。

(a)楼承板铺设 (b)边模安装 (c)剪力钉安装

(d)管线铺设 (e)钢筋桁架楼承板 (f)混凝土浇注

图 8.3.4 钢筋桁架楼承板施工过程

钢筋绑扎工作大大简化,现场工作量可减少 60%~70%,当设计成双向板时,在施工现场完成模板拼接后,只需要布置垂直于钢筋桁架方向的受力及构造钢筋,提高了楼板的施工效率。

(2)安全可靠

钢筋桁架楼承板由工厂进行标准化生产,钢筋排列均匀,上、下弦及腹杆钢筋节点间距和钢筋保护层厚度比较稳定,最大程度地保障在施工中实现设计意图,楼板质量有可靠保证。

钢筋桁架组合楼板力学性能优于传统现浇楼板,在使用阶段抗裂性能好;由于钢筋桁架组合楼板中底部钢板一般仅有 0.4~0.6 mm,端部栓钉的焊接质量容易保证,使用阶段栓钉与支座竖向钢筋共同工作,抗剪能力强。组合楼板双向刚度接近,对抗震有利。

(3)综合造价经济

当设计成双向板时,通过设置少量临时支撑,可以满足大跨度设计要求,节省钢筋用量,降低造价。钢筋桁架受力模式合理,选材经济,能够充分利用原材料,节约资源。由于极大地减少了现场安装、钢筋绑扎、支模板等工作量,降低了人力成本。钢筋桁架混凝土组合楼板在施工完成后,板底外观光洁平整,不需要吊顶,降低了造价。

3. 钢筋桁架混凝土组合楼板的应用

钢筋桁架混凝土组合楼板在多高层钢结构、大跨度结构、不规则楼面结构等建筑中应用广泛。采用钢筋桁架组合楼板,单层施工速度快,可以同时形成多个施工面,保证了主体结构的快速施工,发展前景广阔。

钢筋桁架组合楼板可根据实际需要设计为双向板,采用双向配筋保证楼板双向刚度一致。目前这种组合楼板已在多个建成的工程中有成功应用,如北京居然大厦、芜湖奇瑞蓝领公寓、广州博物馆新馆、上海华敏帝豪大酒店、北京政泉花园、海控国际广场等。

8.3.3 叠合楼板

1. 叠合楼板的概念

叠合楼板是由预制板和现浇钢筋混凝土层叠合而成的装配整体式楼板,如图 8.3.5、图 8.3.6 所示。

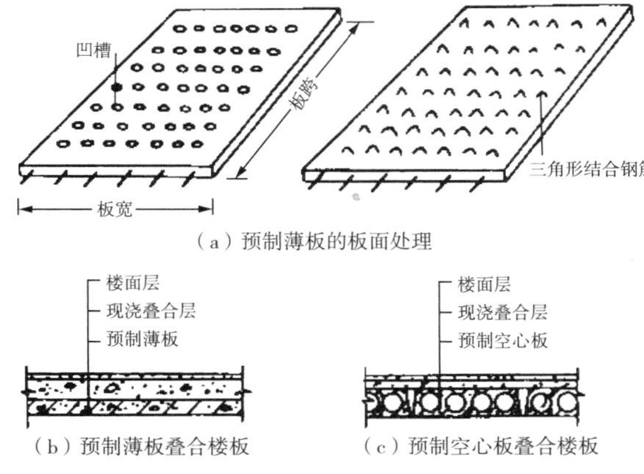

(b)预制薄板叠合楼板　(c)预制空心板叠合楼板

图 8.3.5　叠合楼板构造

图 8.3.6　叠合楼板

2. 叠合楼板的分类及特点

目前,钢结构住宅中采用的叠合楼板有三种形式:普通钢筋混凝土叠合楼板、高效预应力混凝土叠合楼板和预制预应力混凝土薄板叠合楼板。

(1)普通钢筋混凝土叠合楼板

普通钢筋混凝土叠合楼板由普通钢筋混凝土预制底板和现浇钢筋混凝土层组成,叠合面可以采用不同的构造做法来保证叠合面具有足够的抗剪强度,从而使普通钢筋混凝土板与现浇钢筋混凝土层协同工作,共同受力。

由于此种叠合楼板采用普通钢筋混凝土板作为预制底板,为保证预制底板具有足够的抗弯刚度,预制底板的厚度通常较大,基本与现浇层部分等厚,这样就会增加叠合板的自重,减少楼层净高,同时由于预制底板中采用普通钢筋,相对于使用预应力钢筋,预制底板钢筋的使用量大,预制构件厚度大、自重大,预制底板的抗裂性差,使得普通钢筋混凝土叠合楼板在钢结构住宅中应用难。

(2)高效预应力混凝土叠合楼板

高效预应力混凝土叠合楼板是用高效预应力混凝土作为底板,后浇混凝土形成叠合板,其中高效预应力混凝土板是由具有优良锚固性能的高强低松弛的钢绞线、单根螺旋肋钢筋等,配以强度较高的混凝土制作而成,具有强度高、截面小、承载力大并且不需要设置支撑的优点。目前常用的高效预应力混凝土叠合板是PK预应力混凝土叠合板(图8.3.7),它是以预应力带肋预制单向薄板为底板,并在肋上预留方形孔以穿置非预应力钢筋以实现非预应力方向的传力,通过后浇混凝土叠合成双向受力性能的混凝土整体式楼板。

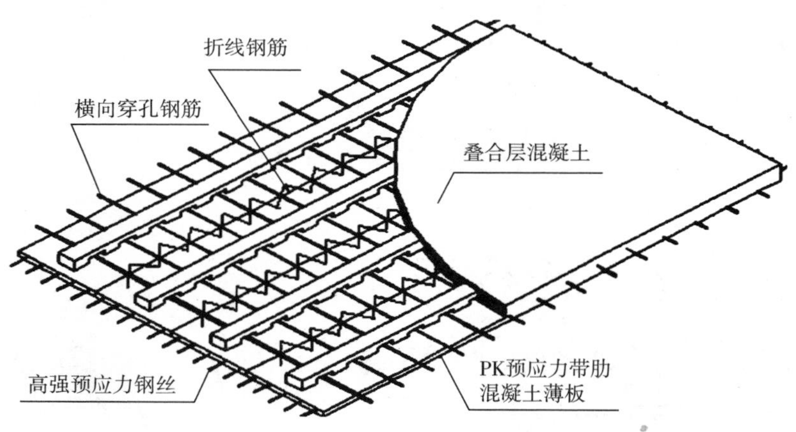

图8.3.7 PK预应力混凝土叠合板

(3)预制预应力混凝土薄板叠合楼板

预制预应力混凝土薄板叠合楼板由预制预应力混凝土薄板(薄板厚度范围为50~80 mm)和现浇钢筋混凝土层组成,其特点是由于采用预应力钢筋,使得钢筋用量省,预制构件轻,结构整体自重轻,抗裂性能高,且预制板表面仅需进行网状滚筒成型,可满足叠合面的抗剪强度要求,满足预制板与现浇层共同工作的要求。

这种形式的叠合板不仅性能优越,能够完全满足实际工程的需要,而且设计简单,生产加工方便,易于实现预制板的产业化生产,能够推动钢结构住宅的集约化和工业化生产。

3. 叠合楼板的应用

楼板跨度在8 m以内,能广泛用于旅馆、办公楼、学校、住宅、医院、仓库、停车场、多层工业厂房等各种房屋建筑工程。

8.4 钢结构建筑用屋面板

屋面是房屋建筑工程中不可缺少的重要组成部分。通常它是由承重结构、保温隔热和防水层三大部分组成,与建筑结构的安全使用、人们居住环境的舒适程度和建筑节能关系极大。大量的工程实践证明,在同等结构材料和施工水平条件下,保温隔热做得好的屋面,屋面结构所承受的温度应力小,防水层出现空鼓、裂缝及由此而引起的屋面渗漏现象也少。所以,在选择屋面材料时,应注意选用表观密度小、导热系数小、防水隔气性能好的材料。

钢结构建筑用屋面板可分为轻型屋面板和复合型屋面板。

8.4.1 轻型屋面板

轻型屋面板还可细分为金属屋面板和非金属屋面板。其中金属屋面板主要包括金属拱型屋面板和金属屋面薄板;非金属屋面板主要包括超轻型CRC屋面板、CLP屋面板和植物纤维水泥防水屋面板。

1. 金属屋面板

(1)金属拱型屋面板

金属拱型屋面板(图8.4.1)是一种新型的拱壳结构,按槽板的截面型式分为两大类:直边槽形截面和斜边槽形截面。其加工成型过程为:先将厚度0.6～0.15 mm的建筑彩涂钢板模压成具有一定截面形状的直板,再将直板辊压成单个具有波纹的圆拱,最后把各单拱沿侧边通过锁边机依次相连。这种结构具有较强的跨越能力而无须梁檩,机械化施工。

(2)金属屋面薄板

金属屋面薄板(板厚≤1.2 mm)系统(图8.4.2)又称高级金属屋面系统,以具有自防腐能力、轻质高强、耐久的钛锌、铜、钛镀铝锌彩板等金属薄板及铝合金、不锈钢薄板作为面板材料的建筑屋面系统。金属屋面薄板系统通过合理选材和合理系统设计,可以获得独特的艺术效果和良好性能,而且比厚板(板厚≥2.0 mm),金属屋面系统成本低,因而在公共建筑、商业建筑、工业建筑中大量应用。

图8.4.1 金属拱型屋面板

图8.4.2 金属屋面薄板系统

目前常见的金属屋面板系统有搭接式、暗扣式、扣盖式和直立锁缝式。每种连接方式都有各自不同的特点。

搭接式屋面板系统安装方便、造价低廉，但紧固件穿透屋面板，存在漏水的可能性，而紧固件又约束了屋面板的热胀冷缩变形，在温度应力的反复作用下，屋面板连接处会产生较大变形，引起漏水；温度应力过大亦可能导致紧固件的破坏失效。搭接式连接的紧固件易松弛，金属易疲劳、锈蚀。

暗扣式和扣盖式屋面板系统抗风荷载能力低，密封性欠佳，安装时可能出现假扣合，存在安全隐患。直立锁缝式屋面板系统密封防水性能较好，抗风荷载能力高，具有很好的热胀冷缩和防渗能力，因此直立锁缝屋面板系统成为当今重要钢结构建筑金属屋面系统的首选。

2. 非金属屋面板

(1)超轻型 CRC 屋面板

用玻璃纤维增强水泥和钢结构有效复合制成，集合了 CRC 材料轻质、耐冲击、韧性好等特点。

(2)CLP 屋面板

暗扣式屋面板系统中整个屋面板除了边缘外没有因连接造成的穿孔，避免了屋面板由于穿孔导致的屋面渗漏，大大提高了屋面系统的防水性能。CLP 屋面板的压型钢板和檩条之间通过新型卡扣连接，这种卡扣是在传统卡扣基础上，加大突出的肋部以增强与压型钢板的结合，使 CLP 屋面板抗风能力提高。

(3)植物纤维水泥防水屋面板

植物纤维水泥防水屋面板(图 8.4.3)克服了传统防水材料的一些不足，如耐老化性差、成本高等，走出了一条与传统房屋建筑依靠后期处理或表层防水方式完全不同的新路，简化了施工工序，减轻了屋面质量，降低了屋面造价，利用了农业废物，值得推广应用。

图 8.4.3　植物纤维水泥防水屋面板

综上所述，轻型屋面板具有轻质高强、色泽丰富、抗震防火、防雨、寿命长、免修等特点，并且施工方便，施工时不受季节影响。轻型屋面板由板材和夹芯材料组成，因夹芯材料可灵活选择，从而使屋面板质量轻、安装方便、适合工业化生产。轻型屋面板可根据屋面确定板材长度，避免纵向搭接，板与板之间扣接咬合，有利于减少渗漏。由于板材和夹芯采用高强度黏合剂在专用设备上自动加压、加温黏合而成，能根据所需自动定尺切断，因而广泛应用于各种形式的屋面。

8.4.2　复合型屋面板

复合型屋面板也可以分为金属屋面板和非金属屋面板。其中，非金属屋面板包括加气混凝土屋面板、TQ复合屋面板、预应力混凝土夹芯屋面板等。金属屋面板包括彩钢保温隔热夹芯屋面板、LCF金属岩棉夹芯屋面板。

1. 金属屋面板

(1)彩钢保温隔热夹芯屋面板

彩钢保温隔热夹芯屋面板(图8.4.4)是以0.5～0.7 mm厚彩色涂层钢板为表皮材,泡沫保温材料为芯材,用热固化胶在连续成型机内加热加压复合而成的建筑板材,是直接附于檩条之上构成保温、承重、防水的金属复合屋面板。彩钢夹芯板的表面钢板由基板和涂层组成;基板主要有镀锌钢板、镀铝锌钢板两种;涂层有聚酯漆、改良聚酯漆和氟碳漆三种。由于彩色涂层钢板有强度高、防水、防腐蚀、色泽鲜艳等优点,而泡沫保温材料质量轻、保温性能好,又可承受一定的剪力,因此彩钢保温隔热夹芯板是取代传统的钢筋混凝土用于大跨度建筑屋面非常理想的建筑材料,可以按建筑师的意图创造出各种形状的屋面。

图8.4.4 彩钢保温隔热夹芯屋面板

(2)LCF金属岩棉夹芯屋面板

LCF金属岩棉夹芯屋面板是将两层压型钢板和中间的结构岩棉通过专用黏结剂黏结在一起,然后加压固化成型,成型后的夹芯板上、下两层钢板与岩棉形成整体,共同作用,因此具有质轻、承重、保温、防火、防水、隔声等一系列优良性能,是一种新型的多功能复合板材。

LCF金属岩棉夹芯屋面板根据板型分为波瓦型复合板和平板型复合板。LCF金属岩棉夹芯屋面板板不仅适合用作大型工业厂房、公共建筑的屋面及墙体围护结构材料(特别是大跨度工业建筑、公共建筑),也适合作机房、商亭及民用建筑的外围护材料。该产品作为屋面或墙面的构件,具有运输、安装方便(现场全部为干作业)的特点,且施工速度快,建设周期短,有良好的经济效益。

2. 非金属屋面板

(1)加气混凝土屋面板

加气混凝土屋面板(图8.4.5)的生产与应用在我国已有20多年的历史。目前,我国加气混凝土屋面配筋板材的生产与应用已突破传统模式,且结合我国具体国情,针对保温节能要求严格、抗震设防地区较多等特点,从板材的生产工艺入手,对板的外形尺寸、制品的基本强度、钢筋配置、屋面保温、抗震构造等进行了深入的研究与探讨。

(2)TQ复合屋面板

TQ复合屋面板是一种多层复合的轻质薄板,以轻质材料为本体,由三层不同材料有机结合组成。其平面尺寸与厚度可根据设计要求而定,从而形成多种规格的系列产品。TQ复合屋面板面层以优质陶瓷板覆盖,不但使构件坚固、美观,满足人的使用要求,还能很好地保护主体轻质材料,而且表面光洁,太阳辐射热吸收系数小,保温隔热性能良好。

图 8.4.5 加气混凝土屋面板

TQ 复合屋面板体外壳由水泥砂浆构成，可使构件轮廓尺寸准确、规整，对主体材料起保护作用，还方便与屋顶基层结合。

因此，TQ 复合屋面板构件所采用的材料都充分发挥了其材性特长，并有机地形成了整体优势，从而保证构件应有的各项性能，同时又具有较好的经济性。

(3)预应力混凝土夹芯屋面板

预应力混凝土夹芯屋面板为完全工厂化生产的三层叠合式屋面板，其下方混凝土层内加有预应力钢丝。板运至施工现场吊装后，通过预埋件或钢筋等，与下部承重结构连接，该类板也可以做成半预制装配整体式屋面板。芯板及下部预应力钢筋混凝土在工厂预制成型，运至施工现场铺设拼装后再现浇上层细石混凝土，形成整体式承重、保温屋面板。

预应力混凝土夹芯屋面板芯板可以裁切成梯形、平行四边形、三角形等，以供拼装使用。尤其适用于带有天窗或无窗的坡形屋面，具有整体性好、适应性强的优点。该屋面板采用现场拼装、复合形式，施工简便，工期缩短，造价比现浇钢筋混凝土板加保温层做法降低约 15%。

8.5 钢结构建筑用部品部件

8.5.1 节能门窗

1. 铝合金窗

铝合金窗(图 8.5.1)采用彩色粉末喷涂铝合金型材。铝合金窗具有美观、密封、强度高的特点，广泛应用于建筑工程领域。

图 8.5.1 铝合金窗

铝合金窗的分类有两种：普通铝合金门窗和断桥铝合金门窗。普通铝合金窗的优点是具有较好的耐候性和抗老化能力，具有良好的隔音性、隔热性、防火性、气密性、水密性、防腐性、保温性、免维护等。断桥铝门窗的优点是在普通铝合金门窗的基础上加上了隔热层，隔热效果更好。断桥铝门窗是金属铝性型材，可以长期使用不变形、不掉色。

2. 塑钢门窗

塑钢门窗是继木、钢、铝合金窗之后的第四代门窗产品，具有密封、保温、隔热、隔音、耐腐蚀、阻燃的优点，尤其对于具有冷暖空调设备的现代建筑，能较好地防止冷暖气逸散，可节约能源30％以上。特别是色彩丰富的彩色型材，更具有自然装饰和美化室内环境的优点，且耐老化性经国外实际使用和国内人工加速老化试验，使用寿命可达30年以上。

塑钢门窗（图8.5.2）是以聚氯乙烯（UPVC）树脂为主要原料，加上一定比例的稳定剂、着色剂、填充剂、紫外线吸收剂等，经挤出成型材，然后通过切割、焊接或螺接的方式制成门窗框扇，配装上密封胶条、毛条、五金件等，同时为增强型材的刚性，超过一定长度的型材空腔内需要填加钢衬（加强筋）。

图8.5.2　塑钢门窗

塑钢门窗除了具备标准化生产的能力，还有多样化的产品规格。可制作固定、内外平开、推拉、百叶、异型门窗及各式隔断，适用于各种建筑风格及不同客户对门窗的个性化需求。

3. 节能门窗的特点

（1）节能环保，还有良好的通风效果。由于良好的通风效果，所以室内总是充满新鲜的空气。

（2）节能门窗还具有实用性的优点，由于其材料和结构，使用年限比普通门窗使用的时间要长。

（3）由于独特造型和结构特点，对居住环境起到了美化作用。节能门窗因为奇特构型，为房子增添了不少色彩。

8.5.2　钢楼梯

1. 钢楼梯的概念及分类

（1）钢楼梯的概念

钢楼梯（图8.5.3）的结构支承体系以楼梯钢斜梁为主要结构构件。楼梯梯段以踏步板为主，其栏杆形式一般采用与楼梯斜梁相平行的斜线形式。

图 8.5.3　钢楼梯

(2)钢结构楼梯的类型

① 按使用位置分为室外楼梯和室内楼梯。

② 按使用性质可分为主要楼梯、辅助楼梯、安全楼梯、防火楼梯。其中安全楼梯也称为太平梯,是供发生火灾或意外事故时安全逃生或疏散人群用的;防火楼梯主要是供消防人员紧急救援用的。

钢楼梯的形式取决于楼梯段与平台的组合形式、楼梯间的平面形状与大小、楼层高低与层数、人流多少与缓急等因素。常用的主要形式有:直上楼梯、曲尺楼梯、双折楼梯(又称转弯楼梯、双跑楼梯、平行楼梯)、三折楼梯、弧形楼梯、螺旋形楼梯、有中柱的盘旋形楼梯、剪刀式和交叉式楼梯等。

2. 钢楼梯的特点

钢结构楼梯与其他材料楼梯相比,具有如下特点。

(1)施工时占地小

由于钢结构楼梯不需要支撑模板,不需要浇捣混凝土,不仅可以节省占地面积,又可以节省人力资源,减少造价。

(2)造型美

钢结构楼梯有 U 字转角,有 90 度转直角形、S 形 360 度螺旋式、180 度螺旋形,造型多样、线条美观。

(3)实用性强

钢结构楼梯采用铸钢管件,有无缝钢管、扁钢等多种钢材骨架。另外连接比较简单,有焊接和螺栓连接,实用性较强。

(4)色彩亮

钢楼梯表面处理工艺多样,可以是全自动静电粉末喷涂(即喷塑),也可以全镀锌或全烤漆处理,外形美观,经久耐用。适用于室内或室外等大多数场合使用,能体现钢结构建筑艺术。

3. 钢楼梯的应用

钢结构楼梯多应用于工业与民用建筑中。在不同的建筑类型中,对楼梯性能的要求不同,楼梯的形式也不同。表 8.5.1 是两类建筑钢楼梯形式的主要区别。

表 8.5.1 两类建筑钢楼梯形式的主要区别

	工业建筑楼梯	民用建筑楼梯
美观	要求低	要求高，一般装饰的比较精美
刚度	要求低	要求高，必须满足人的舒适度要求
噪音	要求低	要求高，必须满足人的舒适度要求
建筑材料	钢材	钢材与混凝土有机结合
活载取值	取值大，很可能有各种设备	相对较小
恒载取值	取值小，通常仅一层钢板	取值大，上面铺混凝土，自重大

8.5.3 阳台

1. 阳台的概念

阳台是建筑物室内的延伸，是居住者呼吸新鲜空气、晾晒衣物、摆放盆栽的场所，其设计需要兼顾实用与美观的原则。阳台一般有悬挑式、嵌入式、转角式三类。阳台不仅可以使居住者接受光照、呼吸新鲜空气、进行户外锻炼、观赏、纳凉、晾晒衣物，如果布置得好，还可以变成宜人的小花园。阳台兼顾实用与美观的原则，使人足不出户也能欣赏到大自然中最可爱的色彩，呼吸到清新且带着花香的空气。阳台如图 8.5.4 所示。

图 8.5.4 阳台

2. 阳台产品的类型

(1)按材料分类，有玻璃顶、断桥铝顶、德高瓦顶、彩钢板顶、钢阳台。

(2)按立面材料分类，有风铝断桥铝门窗、兴发断桥铝门窗、铝包木门窗、塑钢门窗。

(3)按结构分类，有钢结构、铝结构、钢铝结构、木结构、复合结构(含钢木复合结构、铝木复合结构)。

(4)按位置分类，有露台、花园封露台、庭院封阳台。

(5)按造型分类，有创意顶封阳台、组合顶封阳台、造型顶封阳台、单斜顶封阳台。

(6)按各种系统分类，有斜顶天窗系统、智能遮阳系统、自然通风系统、节能玻璃、落水系统。

3. 钢阳台的特点

(1)钢结构构件较小，质量较轻，便于运输和安装，便于装拆、扩建。

(2)钢材的材质均匀，质量稳定，可靠度高。

(3)钢材的强度高，塑性和韧性好，抗冲击和抗振动能力强。

(4)钢结构工业化程度高，工厂制造，工地安装，加工精度高，制造周期短，生产效率高，建造速度快。

(5)钢结构抗震性能好。

(6)耐腐蚀和耐火性差。

8.5.4 雨棚

1. 钢结构玻璃雨棚

钢结构玻璃雨棚(图 8.5.5)顶部为钢化玻璃,或夹胶安全玻璃,两边都是安全玻璃。

2. 钢结构铝板雨棚

钢结构铝板雨棚(图 8.5.6)主龙骨架以钢结构为主,顶部采用铝板。

铝板雨棚的优点:铝合金永远不生锈,不变形,也不用担心高空有坠落物掉下砸坏铝板雨棚。钢结构铝板雨棚性价比高,是寿命最长的雨棚,适合于飞机场、银行、大型超市、政府工程、学校、酒店等。

3. 钢结构聚碳酸酯板雨棚

钢结构聚碳酸酯板雨棚(图 8.5.7)可分为耐力板雨棚、阳光板雨棚类。这类雨棚重量轻,质保期可以达到 10 年以上,特别适合温室棚、菜棚。

图 8.5.5 钢结构玻璃雨棚

图 8.5.6 钢结构铝板雨棚

图 8.5.7 钢结构聚碳酸酯板雨棚

案　例　篇

第 9 章　安徽钢结构建筑应用典型案例

案例一　低层钢结构建筑案例——合肥朱巷新农村建设项目

1. 工程概况

朱巷新农村建设项目位于合肥市长丰县朱巷镇，于 2017 年建成，由合肥国瑞集成建筑科技有限公司建造，合肥工业大学开展了相关技术研究工作。该工程为两层轻钢建筑，总建筑面积 2627 m^2，层高 3.35 m；抗震设防烈度为 7 度，地震加速度 0.10 g；建筑安全等级为二级，建筑耐火等级为四级；设计使用年限 50 年。朱巷新农村建筑平面和立面如图 9.1.1 所示，朱巷新农村建筑实景如图 9.1.2 所示。

2. 结构体系

采用两层连排的江淮民居风格建筑，共五栋 23 户。主体结构为冷弯薄壁型钢结构，基础采用现浇钢筋混凝土基础；内、外墙采用喷涂式冷弯薄壁型钢-喷涂轻聚合物复合墙体；楼盖采用冷弯薄壁 C 型钢-压型钢板混凝土楼板；楼梯采用冷弯薄壁型钢楼梯，现场拼装；屋盖采用冷弯薄壁型钢屋架，上方铺设 OSB 板、防水卷材和屋面瓦等。

3. 工程施工与技术要点

3.1　工程施工顺序

两层冷弯薄壁型钢建筑的施工顺序为：基础施工──→管道预埋──→轻钢龙骨加工──→施工现场轻钢龙骨组装──→水电管线预埋──→楼面 C 型梁安装──→楼面压型钢板安装──→轻钢屋架安装──→墙体内部喷涂轻聚合物填料──→楼面压型钢板现场浇筑混凝土──→屋面防水卷材的铺设和屋面瓦安装──→工程内外装修以及门窗安装。图 9.1.3 为朱巷新农村建筑现场施工照片。

3.2　技术要点

(1)基础做法

基础为条形基础或独立基础，基础梁截面尺寸一般为高 300 mm×200 mm。基础挖深按实际土质情况开挖，基础梁出自然地坪一般为 250～300 mm。

(2)冷弯薄壁 C 型钢-压型钢板混凝土楼板

本项目采用冷弯薄壁 C 型钢-压型钢板混凝土组合楼板[图 9.1.4(a)]，底板厚 30 mm，带混凝土肋，肋上开孔供管线及钢筋穿过。冷弯薄壁 C 型钢梁自重轻，便于吊装；组合楼板抗弯承载力及刚度大，开裂荷载及极限承载力大。由于采用开口型压型钢板，大大减少了现场混凝土的用量，提高了施工效率，减少了现场湿作业。楼面压型钢板铺设如图 9.1.4(b)所示。

（a）建筑底层平面

（b）建筑立面

图9.1.1 朱巷新农村建筑平面和立面

图 9.1.2 朱巷新农村建筑实景

（a）基础施工

（b）管道预埋

（c）轻钢龙骨加工及工厂组装

（d）轻钢龙骨拼装

（e）楼面C型梁与压型钢板安装

（f）墙体内部喷涂轻聚合物

（g）楼面压型钢板现场浇筑混凝土

（h）工程内外装修

图 9.1.3 朱巷新农村建筑现场施工照片

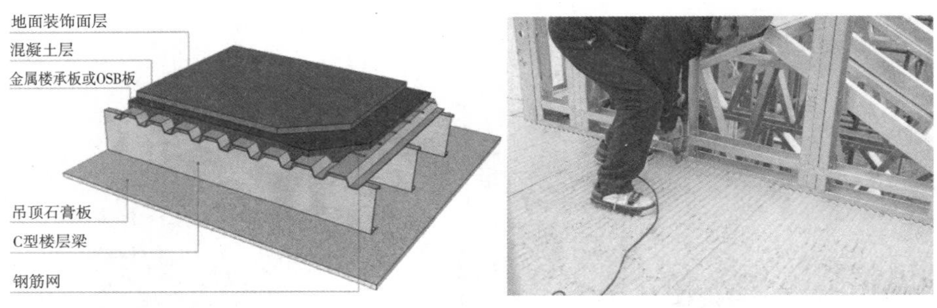

（a）冷弯薄壁C型钢-压型钢板混凝土组合楼板　　（b）楼面压型钢板铺设

图 9.1.4　冷弯薄壁 C 型钢-压型钢板混凝土组合楼板构造

(3)冷弯薄壁型钢-轻聚合物复合墙板

该项目的内外墙板为喷涂式冷弯薄壁型钢-轻聚合物复合墙板(图 9.1.5)。与普通冷弯薄壁型钢墙体相比,这种复合墙板具有良好的保温、隔声、耐火性能与抗震性能优良等优点。

（a）复合外墙板构造　　（b）复合内墙板构造

图 9.1.5　喷涂式冷弯薄壁型钢-轻聚合物复合墙板

墙体龙骨拼装如图 9.1.6(a)所示;墙体与基础连接如图 9.1.6(b)所示;轻聚合物填料喷涂如图 9.1.6(c)所示;抗裂砂浆与网格布铺设如图 9.1.6(d)所示。

(4)楼梯与屋面板

该项目采用的楼梯为冷弯薄壁型钢楼梯。楼梯构件在工厂生产,现场拼装,采用自攻螺钉连接,现场钢楼梯施工照片如图 9.1.7 所示。冷弯薄壁型钢楼梯形状平整,安装快捷,减少模板,可以在施工中快速形成竖向通道,提高建筑整体的施工效率。屋面板采用轻钢骨架,内填轻聚合物保温层,外层铺设 OSB 板、防水卷材、屋面瓦。该种屋面板强度高,自重轻,安装快捷,保温防渗效果好,屋面板构造如图 9.1.8 所示。

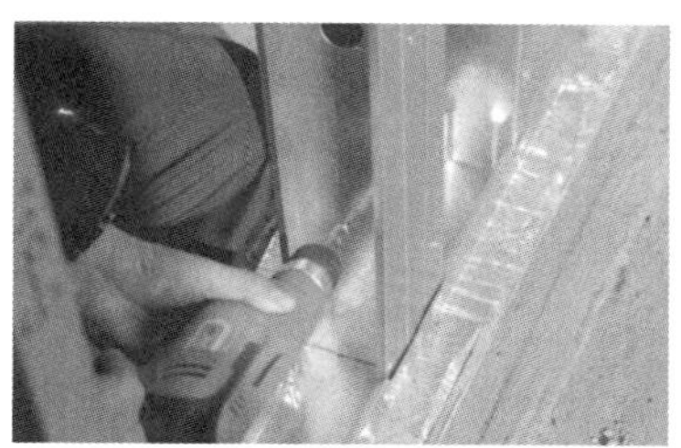
（a）墙体龙骨拼装

（b）墙体与基础连接

（c）轻聚合物填料喷涂

（d）抗裂砂浆与网格布铺设

图 9.1.6 冷弯薄壁型钢-轻聚合物复合墙体现场施工照片

图 9.1.7 现场钢楼梯施工照片

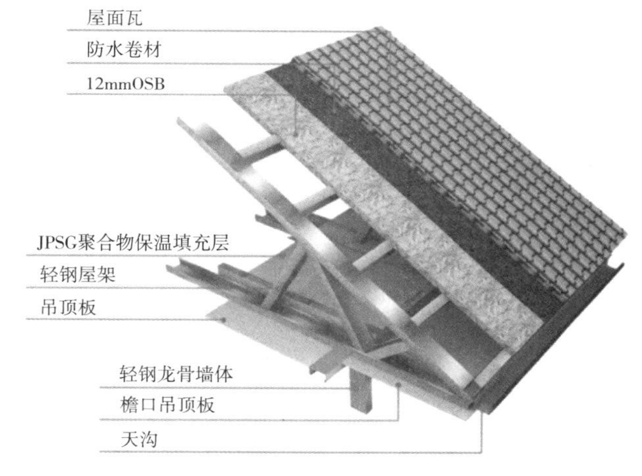

图 9.1.8 屋面板构造

案例二 低层钢结构建筑案例——宿州泗县光伏发电别墅项目

1. 工程概况

宿州泗县光伏发电别墅项目由合肥国瑞集成建筑科技有限公司与汉能控股集团共同开发，合肥工业大学开展了相关技术研究工作。汉能一号样板房为两层轻钢建筑，于 2017 年 8 月竣工，总建筑面积 197.6 m^2，建筑高度 8 m，层高 3.35 m；抗震设防烈度为 7 度，地震加速度 0.15 g；建筑安全等级为二级，建筑耐火等级为四级；设计使用年限 50 年。宿州泗县光伏发电别墅建筑平面和立面如图 9.2.1 所示，宿州泗县光伏发电别墅建筑竣工照片如图 9.2.2 所示。

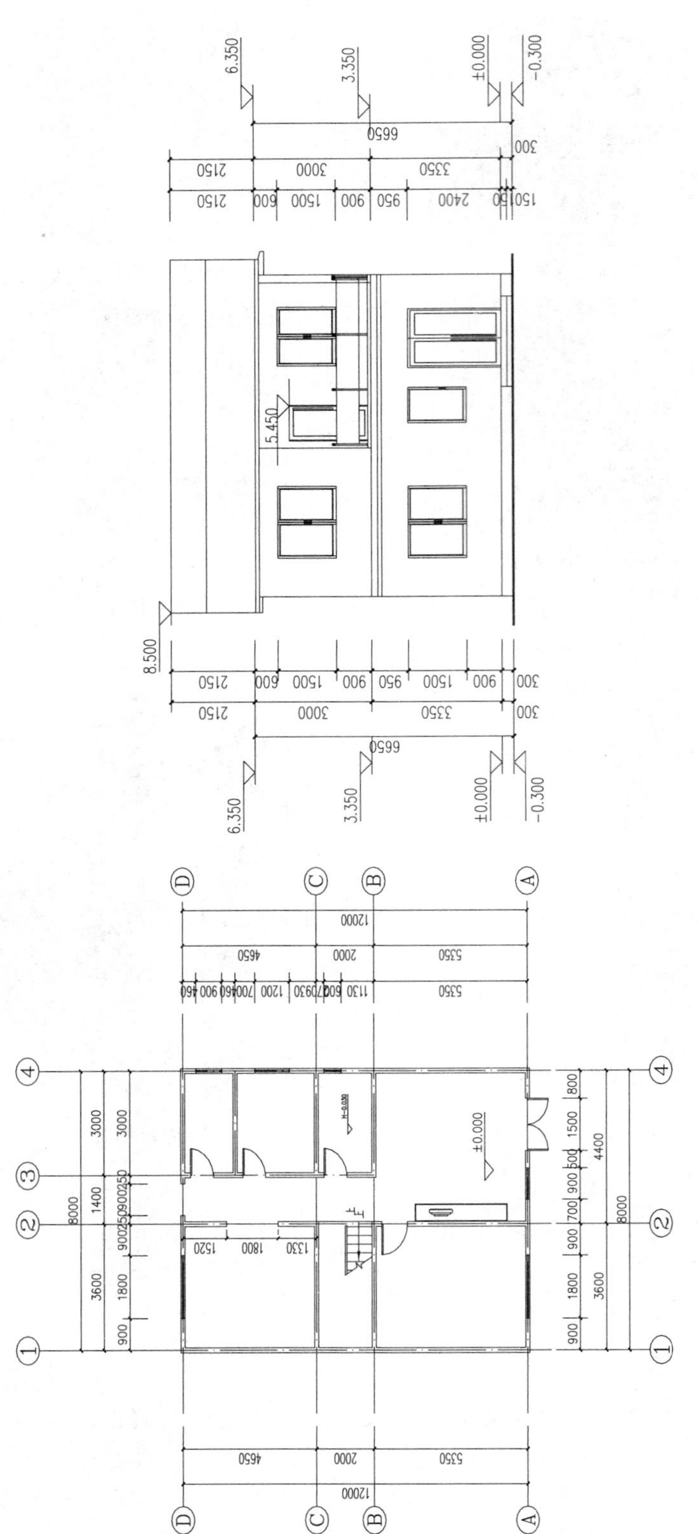

（a）建筑底层平面

（b）建筑立面

图9.2.1 宿州泗县光伏发电别墅建筑平面和立面

图 9.2.2 宿州泗县光伏发电别墅建筑竣工照片

2. 结构体系

该项目主体结构为冷弯薄壁型钢结构，基础采用现浇钢筋混凝土基础，内、外墙采用预制冷弯薄壁型钢-轻聚合物复合墙体，楼板采用冷弯薄壁C型钢-压型钢板混凝土楼板；楼梯采用冷弯薄壁型钢楼梯，现场拼装；屋盖采用冷弯薄壁型钢屋架，上方铺设OSB板、防水卷材，安装汉能光伏发电板。光伏发电屋面板示意图如图9.2.3所示。

图 9.2.3 光伏发电屋面板示意图

3. 工程施工与技术要点

3.1 工程施工顺序

工程施工顺序为：基础施工⟶管道预埋⟶现场拼装预制冷弯薄壁型钢-轻聚合物复合墙体⟶楼面C型梁安装⟶楼面压型钢板安装⟶轻钢屋架安装⟶屋面防水卷材铺设和屋面瓦安装⟶冷弯薄壁型钢楼梯安装⟶楼面压型钢板混凝土浇筑⟶工程内外装修和门窗安装。工程施工过程照片如图9.2.4所示。

（a）装配式墙板吊装

（b）装配式墙板现场安装

（c）压型钢板铺设与安装

（d）屋面板铺设

（e）楼梯安装

（f）楼板混凝土浇筑

图 9.2.4　工程施工过程照片

3.2　技术要点

该项目内、外墙体均采用预制冷弯薄壁型钢-轻聚合物复合墙体，预制复合墙板在工厂生产，先将拼装好的轻钢框架置入流水线钢模中，然后采用一体式搅拌注浆机将浆料以高压注入轻钢框架中，与轻钢无缝连接形成整体，按照标准条件在车间进行养护。干结后抗压强度可达 3 MPa 以上，质量稳定、可控，运输到施工现场进行组装。

采用预制冷弯薄壁型钢-轻聚合物复合墙体的优点如下：(1)浆料均匀度好，高压喷注更密实，完成后的墙体表面平整度更好、强度更高；(2)保温性能更好；(3)防水防火隔音性能好，墙体均匀密实，可满足不同要求；(4)抗震性能好；(5)工厂流水线生产，作业环境好、无污染；(6)重量轻，养护时间短；(7)全装配式施工，全天候施工，施工速度快，建造周期短。

案例三　多层钢结构建筑案例——芜湖奇瑞蓝领公寓宿舍楼项目

1. 项目概况

安徽奇瑞汽车蓝领公寓宿舍楼(图9.3.1)位于芜湖市三山区，由安徽杭萧钢结构有限公司建造。该项目地上6层，每层层高均为3.1 m，建筑面积15651.2 m^2。

图9.3.1　安徽奇瑞汽车蓝领公寓宿舍楼

2. 结构体系

该项目结构形式为钢框架，柱采用矩形钢管混凝土柱，梁采用H型钢梁；地下室采用混凝土挡土墙；楼板采用自承式楼承板(图9.3.2)现浇混凝土；柱脚采用插入式柱脚。内、外墙体采用CCA板灌浆墙板，墙厚分别为8 mm、10 mm。收缩缝处屋面防水节点如图9.3.3所示。

图9.3.2　自承式楼承板

图9.3.3　收缩缝处屋面防水节点

CCA轻质混凝土板是以进口原生木浆纤维、硅酸盐水泥、精细石英砂、添加剂和水等物质，经液压机压实及高温高压蒸压养护等技术处理而制成的墙板产品。CCA板灌浆墙板(图9.3.4)是将CCA板固定在轻钢龙骨上形成的非承重体系，用接缝和填缝料进行接缝处理，后抹腻子形成平整的表面。

采用CCA板灌浆墙板具有以下优点：板材表面做装饰面处理后无须找平，直接可做涂料处理；由于采用整体墙体，后期不会开裂，墙的整体性能好；管线在隔墙空腔内铺设，不破坏墙体结构，易安装；安装方便，施工速度快；保温、隔音性能好。

图 9.3.4　CCA板灌浆墙板

3. 工程施工与技术要点

该项目施工顺序为：基础施工⟶梁柱安装⟶钢筋混凝土楼梯施工⟶吊装自承式楼承板⟶布置楼板钢筋及管线⟶浇筑楼板混凝土⟶施工内墙⟶施工外墙⟶安装自保温屋面板⟶板缝打胶密封⟶施工屋面系统及安装门窗。主要施工步骤如图9.3.5所示。

（a）基础施工

（b）柱、梁安装

（c）自承式楼承板吊装

（d）内墙安装

（e）外墙安装

（f）屋面系统及门窗安装

图 9.3.5　主要施工步骤

案例四　高层钢结构建筑案例——芜湖双翼花苑小区项目

1. 工程概况

芜湖双翼花苑小区(图9.4.1)项目位于芜湖国营机械厂内，是芜湖市首个钢结构住宅项目。芜湖双翼花园小区于2009年建成，由芜湖天航科技(集团)股份有限公司建造。

图9.4.1　芜湖双翼花苑小区

项目共分为四期，总建筑面积85508.10 m^3，每栋建筑高度均为34.45 m。一期工程2栋11层，建筑面积12545.52 m^3；二期工程4栋11层住宅，建筑面积2868.96 m^3；三期工程5栋11层住宅，建筑面积44272.98 m^3；四期工程7栋11层建筑。6#楼平面图如图9.4.2所示。

2. 结构体系

该项目的结构形式为钢管混凝土框架-混凝土剪力墙结构。建筑工程等级为二类建筑，屋面防水等级二级；设计使用年限50年；抗震设防烈度为6度；防火设计建筑分类为二类；耐火等级二级。现场施工照片如图9.4.3所示。

基础采用柱下条形基础和剪力墙下筏板基础两种形式。柱采用直径为300 mm和400 mm的圆钢管混凝土柱，梁采用H型钢梁。钢结构构件主要采用Q345B钢，采用高强螺栓连接。手工焊Q345B采用E50系列焊条；所有对接焊、坡口焊均应熔透，符合二级质量标准，角焊缝必须符合三级质量标准。钢柱采用防火砂浆包裹成正方形，满足防火要求，使用户从外观上易于接受；钢梁采用硅酸钙防火板保护，再用金属网抹混凝土包覆。楼板厚度分别为110 mm和90 mm。钢管内混凝土采用C40，其余混凝土采用C30。厨房、阳台卫生间采用防水混凝土。

3. 工程施工与技术要点

3.1　工程施工顺序

该工程施工顺序为：施工准备⟶基础施工⟶安装钢柱、钢梁⟶模板工程⟶混凝土楼板、剪力墙浇筑⟶砌体工程⟶外墙保温⟶装饰工程。

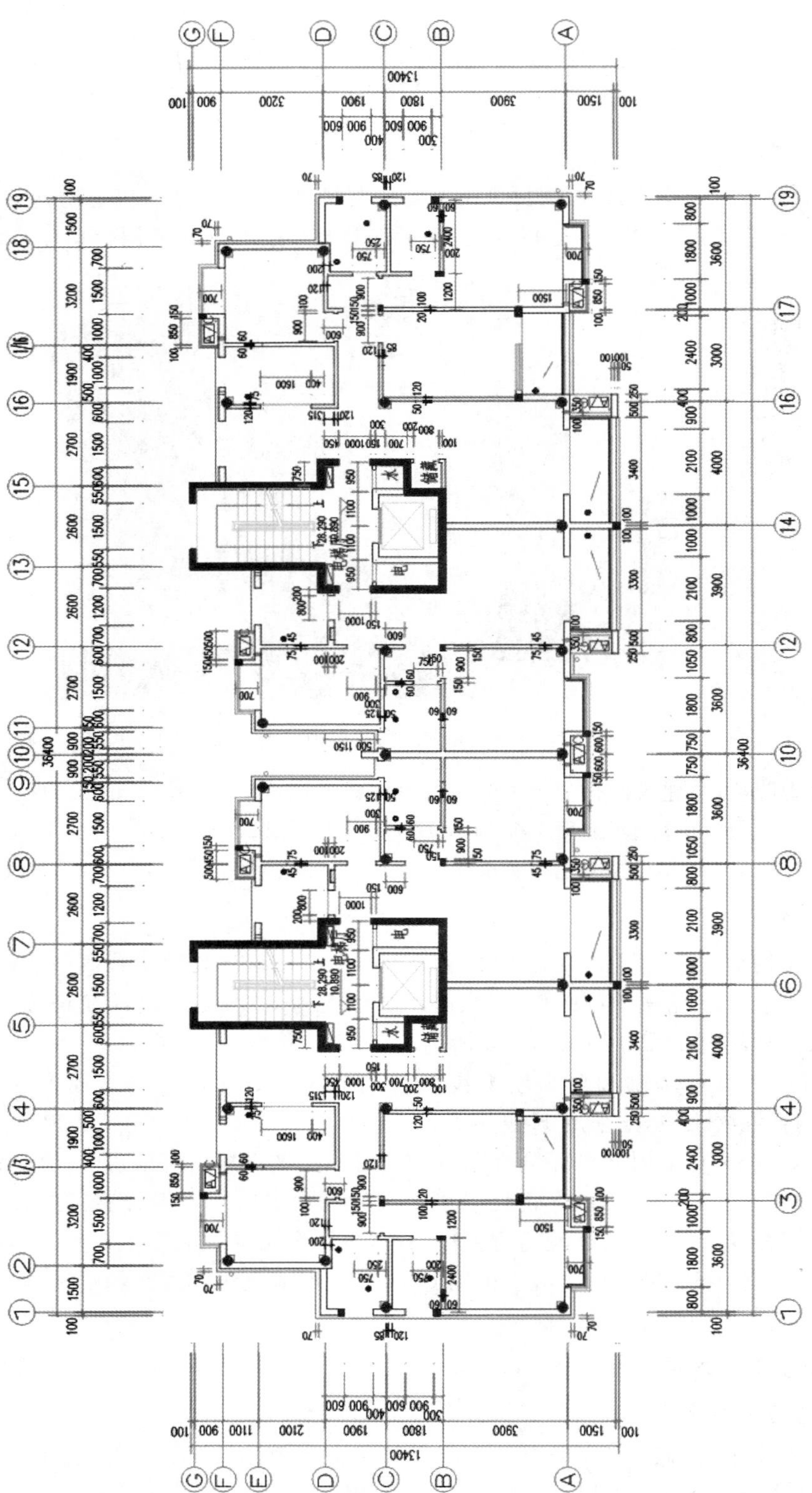

图9.4.2 6#楼平面图

(a) 柱吊装

(b) 压型钢板安装

图 9.4.3 现场施工照片

3.2 技术要点

(1)基础施工

采用筏板基础底板施工时，为保证上下两层钢筋的间距，在上下两层钢筋中采用构造柱式马凳，间距 1.2 m，确保钢筋绑扎质量。

① 第一道水平施工缝设在底板上 300 mm 处，施工缝采用止水带止水。底板施工完成后，外墙模板采用多层板，对拉螺栓加固装置，以保证混凝土墙板的施工质量，对拉螺栓的安装间距，水平和垂直方向分别为 500 mm 和 500 mm，对拉螺栓安装示意图如图 9.4.4 所示。

② 在施工缝上浇筑混凝土前，将混凝土表面凿毛，清除杂物，冲净并湿润，再铺一层 20～30 mm厚水泥砂浆或同一配合比的减半石子混凝土，浇筑第一步其高度为 400 mm，以后每步浇筑 500～600 mm，严格按施工方案规定的顺序浇筑，混凝土由高处自由倾落不应大于 2 m；如果高度超过 2 m，要用串桶、溜槽下落。

③ 应用机械振捣，以保证混凝土密实，振捣时间一般 20 s 为宜，不应漏振或过振，振捣延续时间应使混凝土表面浮浆，无气泡，不下沉为止。铺灰和振捣应选择对称位置开始，防止模板走动，结构断面较小、钢筋密集的部位严格按分层浇筑、分层振捣的要求操作，浇筑到最上层表面，必须用刮尺刮平、搓板搓毛，使表面密实平整。

④ 养护：常温浇筑后，6～10 小时用草包覆盖浇水养护，要保持混凝土表面湿润，养护不少于 14 天。预埋套管防水处理如图 9.4.5 所示。

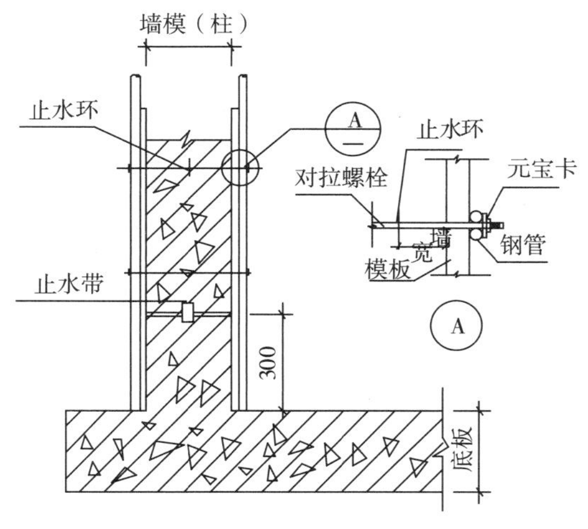

图 9.4.4 对拉螺栓安装示意图

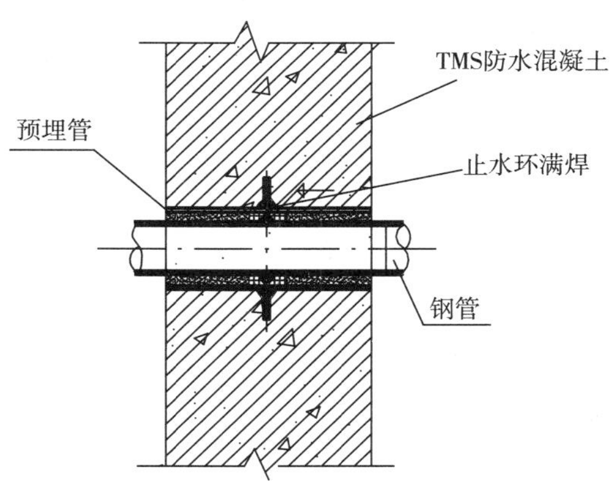

图 9.4.5 预埋套管防水处理

(2)钢结构安装

钢管柱基础地角螺栓埋件的精度，直接影响钢管柱安装速度和精度。钢管混凝土柱如图 9.4.6 所示。在钢管柱吊装前，必须对已完成施工的预埋螺栓的轴线间距进行认真核查、验收。构件吊装顺序：安装准备⟶钢管柱安装⟶钢管柱校正⟶钢梁安装⟶安装临时螺栓固定⟶钢管柱、钢梁精校⟶高强螺栓安装⟶焊接施工⟶节点油漆封闭。

图 9.4.6　钢管混凝土柱

钢梁的安装顺序：相邻钢管柱安装完毕后，及时安装钢梁形成稳定的框架。每天安装完钢管柱，须用钢梁连接起来。若不能及时连接，应用缆风绳固定。遵循先主梁后次梁，先下层后上层的安装顺序进行安装。对于较轻的钢梁可采取一机多吊的方法。

(3)内外墙板

外墙为涂料面层保温外墙和贴面砖外保温外墙两种，外保温材料为挤塑聚苯板。外围护墙采用专用砂浆砌筑 200 mm 厚蒸压轻质砂加气混凝土砌块；外墙为混凝土部位采用挤塑保温板进行保温处理。钢结构与墙体间采用专用构件形成弹性连接，使主体结构的延性和墙体的刚性达到协调统一。内墙采用专用砂浆砌筑 120 mm 厚蒸压轻质砂加气混凝土砌块。进户门为甲级防火门，外窗为彩铝双层中空玻璃窗，保温、隔热、隔音性能良好。

(4)屋面防水

屋面防水分为两类。①不上人屋面：现浇钢筋混凝土屋面板⟶最薄处 30 mm 厚找坡⟶30 mm 厚挤塑聚苯乙烯泡沫塑料板⟶基层处理剂⟶高聚物改性沥青防水涂膜⟶高聚物改性沥青防水卷材⟶保护层；②上人屋面：现浇钢筋混凝土屋面板⟶最薄处 30 mm厚找坡⟶40 mm 厚挤塑聚苯乙烯泡沫塑料板⟶20 mm 厚 1∶3 水泥砂浆找平层⟶防水层⟶粗砂垫层⟶铺块材。

案例五　高层钢结构建筑案例——蚌埠大禹家园公租房项目

1. 工程概况

蚌埠大禹家园公租房项目是安徽省装配式钢结构住宅产业化试点项目，位于蚌埠东海大道和黄山大道交叉口处，由安徽鸿路钢结构(集团)股份有限公司建设，合肥工业大学开展了相关研发和技术研究工作。该项目于2017年底竣工，大禹家园建筑效果图如图9.5.1所示。

图9.5.1　大禹家园建筑效果图

该项目建筑单体共计5个，分别为1－10＃、1－11＃、2－10＃、2－11＃、2－12＃，总建筑面积约为53133 m^2，每个建筑单体地上均为18层，地下1层；标准层层高2.9 m，建筑总高度52.5 m。该钢结构构件选用Q345B钢材，楼板混凝土强度等级为C30，钢管内混凝土强度等级为C40。

2. 结构体系

结构形式为钢管混凝土框架－支撑体系，框架柱采用矩形钢管混凝土柱，梁、支撑采用焊接和热轧H型钢，基础采用筏板基础。

框架柱采用矩形钢管混凝土柱，钢柱主要规格为：200 mm×200 mm×8 mm、200 mm×200 mm×10 mm、300 mm×300 mm×8 mm、300 mm×300 mm×10 mm、300 mm×500 mm×12 mm、350 mm×350 mm×8 mm、350 mm×350 mm×10 mm、400 mm×400 mm×10 mm，钢管混凝土柱截面尺寸由底层到顶层分段减小，钢柱平面布置如图9.5.2所示。

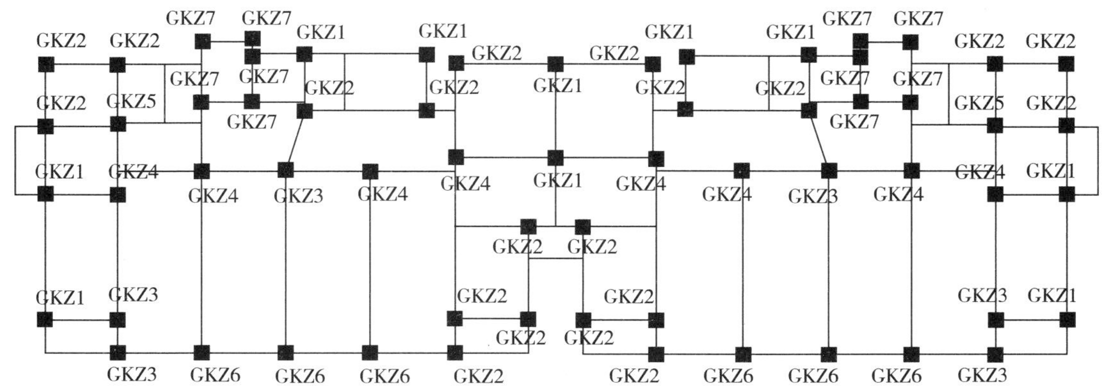

图9.5.2　钢柱平面布置

钢梁采用焊接或热轧H型钢，主要规格有：H500×150×10×10、H400×150×8×10、H400×120×8×10、H350×150×6×10、H350×120×6×8、H300×150×6×10、H248×

124×5×8、H198×99×4.5×7。

结构形式为钢管混凝土框架-支撑体系，每层设置 8 道支撑；支撑规格为 180×180×10，钢支撑平面布置如图 9.5.3 所示。

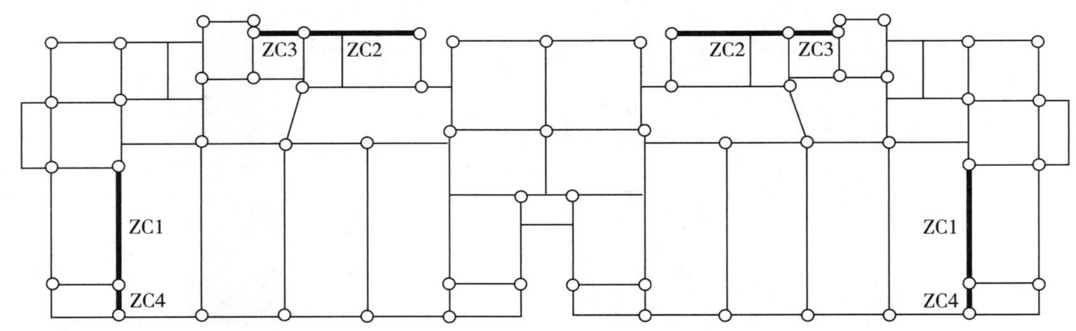

图 9.5.3　钢支撑平面布置

地下室采用 90 mm 厚 GRC 内墙；±0.000 以上外墙为 150 mm 厚预制混凝土复合外墙板，分户墙为 200 mm 厚 GRC 板，其余内墙采用 180 mm/200 mm 厚预制混凝土复合内墙板和 90 mm/120 mm 厚 GRC 内墙板。

3. 工程施工与技术要点

3.1　外墙板

大禹家园项目的外墙板采用预制混凝土夹芯保温复合板，是由内外两层钢筋混凝土板和夹在中间的保温材料通过专用拉结件连接。两侧的混凝土面层采用 50 mm 厚 C30 普通混凝土，中间保温层为 50 mm 厚聚苯乙烯泡沫板（EPS 板，B1 级），在墙板两侧的混凝土面层中布置有直径为 4 mm 的冷拔低碳钢丝网片，钢丝间距为 100 mm。外墙板两侧的混凝土面板与中间的聚苯乙烯泡沫板通过直径为 6 mm 的钢筋桁架复合在一起，钢筋桁架贯穿中间的保温层，两侧与混凝土面板中的钢丝网片连接，锚固在混凝土面板中，钢丝桁架竖向布置，相邻两列间距为 600 mm。复合外墙板通过下托上拉式节点与主体结构连接，外墙板立面如图 9.5.4 所示。

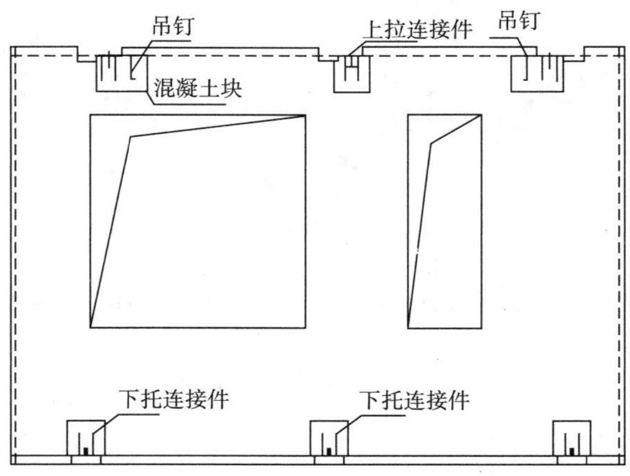

图 9.5.4　外墙板立面

外墙板及其节点在工厂预制成型，外墙板通过下托上拉式节点与主体结构连接，连接件与钢梁全熔透焊，高强螺栓连接形式保证强度要求。外墙板节点连接照片如图 9.5.5 所示。

（a）下托构造　　（b）上拉构造

图 9.5.5　外墙板节点连接照片

3.2　内墙板

大禹家园项目 1～4 层所采用的内墙板类型为预制混凝土夹心轻质内墙板，由内外混凝土面板和中间的轻质材料组成，两侧的混凝土面板采用 30 mm 厚 C25 的普通混凝土，中间保温层采用 100/120/140 mm 的泡沫混凝土板，在墙板两侧的混凝土面层中布置直径为 4 mm，间距为 100 mm 的冷拔低碳钢丝网片，两侧的混凝土面板与中间的泡沫混凝土板通过直径为 6 mm 的钢筋桁架复合在一起。

钢梁与内墙板之间通过焊接在钢梁底部的连接钢筋进行连接，钢梁与墙板顶部交界面设置岩棉构造处理。内墙板与钢梁在工厂预制成整体构件，现场与钢柱通过钢梁两端螺栓进行栓焊连接。

墙板安装过程中，梁部底端用楔块调整标高，底部间隙不大于 30 mm，水平方向与楼板连接处间隙采用砂浆封堵，竖向与钢柱连接间隙处填塞防火型岩棉毡。预制混凝土夹心轻质内墙板属于梁下挂板结构形式，待墙板标高、垂直度校准完成，墙面限位角焊接完成，钢梁端部连接螺栓拧紧后，墙体底部的空隙用垫块填充。待其上一层楼板浇筑完成后，可使用柔性抗裂砂浆对墙板底部缝隙进行封堵。施工现场内墙板安装照片如图 9.5.6 所示。

图 9.5.6　施工现场内墙板安装照片

3.3　楼板体系

大禹家园项目的楼板体系采用钢筋桁架现浇混凝土楼板，即在木模板上放置工厂预制的钢筋桁架，然后现场浇筑混凝土。现场木模板的支模方式分为两种，对于内墙板不与钢梁整浇的部位，直接将钢桁架支撑于钢梁翼缘；对于内墙板与钢梁整浇的部位，采用脚手架支撑，楼板现场施工照片如图 9.5.7 所示。

（a）楼板管线铺设

（b）楼板支撑

图 9.5.7　楼板现场施工照片

3.4　楼梯

大禹家园项目的楼梯采用预制混凝土楼梯，预制楼梯堆放和施工照片如图 9.5.8 所示。

（a）预制混凝土楼梯堆放

（b）预制混凝土楼梯现场施工

图 9.5.8　预制楼梯堆放和施工照片

案例六　高层钢结构建筑案例——阜阳金鹰大厦商业住宅楼项目

1. 项目概况

阜阳金鹰大厦项目位于安徽省阜阳中心市区，是阜阳市地标性建筑，也是皖北首座高层钢结构。本项目建筑总面积为 88418 m^2，地上面积为 62235 m^2。由安徽杭萧钢结构有限公司建造，目前正在建设中。

项目包括了三幢百米高层主楼及六层商业大底盘；七层以上有三幢塔楼，其中 1＃、

2#楼为 29 层住宅，3#楼为 27 层办公楼；地下为三层地下室。该项目地理位置优越，地块小，在项目设计阶段发现传统的混凝土结构无法满足实际施工和建设要求，故采用钢结构体系。

2. 结构体系

金鹰大厦 1#、2#楼均采用矩形钢管混凝土框架-钢支撑组成的双重抗侧力结构体系，3#采用矩形钢管混凝土框架-混凝土核心筒结构体系。建筑楼面均采用可拆卸式钢筋桁架混凝土楼板，柱子为高频焊接矩形钢管混凝土柱，梁为高频焊接 H 型钢梁，采用贯通横隔板式刚接节点。现场施工照片如图 9.6.1 所示。

（a）钢支撑

（b）贯通横隔板式刚接节点

（c）基础短柱

（d）钢筋桁架混凝土楼板

图 9.6.1 现场施工照片

梁柱节点对于钢结构建筑的抗震具有重要意义，也是建筑钢结构设计的关键。本项目的梁柱节点采用贯通横隔板式刚接节点，具有以下优点：(1)避免了由于电渣焊热输入对钢材材质影响较大的问题；(2)避免了柱壁发生层状撕裂；(3)节点延性得到改善；(4)避免了柱壁板较薄时，焊接工艺问题；(5)便于机械化加工制作；(6)具有良好的抗震性能。

3. 工程施工与技术要点

工程施工顺序为：基础施工⟶安装柱梁⟶安装钢楼梯⟶吊装自承式楼承板⟶布置楼板钢筋及管线⟶浇筑楼板混凝土⟶施工内墙⟶施工外墙⟶安装自保温屋面板⟶板缝打胶密封⟶安装屋面瓦及门窗。

案例七　空间钢结构建筑案例——合肥滨湖会展中心登录大厅项目

1. 工程概况

合肥滨湖国际会展中心位于合肥市滨湖新区庐州大道与锦绣大道交口西南角，由中铁四局集团有限公司、安徽富煌钢结构股份有限公司等单位建设，合肥工业大学开展了相关技术研究和现场监测工作。项目于 2011 年投入使用，占地 58.62 公顷，总建筑面积约 33.28 万 m^2，包括展览中心、会议中心和配套酒店，其中展览部分建筑面积约 23.08 万 m^2，投资估算 15 亿元，是中国规模最大、配套最齐全的会展项目之一。一期工程建筑面积约 17.96 万 m^2，包括合肥滨湖国际会展中心登录大厅(图 9.7.1)、办公大厅、商业长廊、主展馆、5＃、6＃、7＃、8＃、9＃、10＃标准馆以及能源中心；二期工程包括地下停车场、1＃、2＃、3＃、4＃标准馆。

图 9.7.1　合肥滨湖国际会展中心登录大厅

2. 结构体系

登录大厅是合肥滨湖会展中心的标志性建筑，也是华东地区最复杂的钢结构工程之一，为大跨度异形双曲面拱桁架空间网格钢结构。东西两翼对称建有 2 座 4 层椭圆型钢框架办公楼。登录大厅单体建筑面积为 10400 m^2，重约 3000 吨，最大跨度为 75 m，屋面高程为 10.285～28.965 m。主体结构包括由 4 榀锥形拱脚柱(即柱脚铰接的倒四角锥状格构柱)和 48 榀幕墙柱(即柱脚铰接的平面桁架柱)构成的结构承重体系，由 2 榀主拱桁架梁、11 榀纵向桁架梁、4 榀横向桁架梁、1 榀环形桁架梁、56 片单层曲面网格梁和 138 榀悬挑梁构成的异型双曲面屋盖结构。主拱桁架梁、纵横桁架梁和环形桁架梁的截面均为倒三角形圆钢管桁架。登录大厅结构计算模型如图 9.7.2 所示。

3. 工程施工与技术要点

根据结构特点，将合肥滨湖国际会展中心登录大厅主体结构分为两个施工区：两榀主桁架梁之间区域为施工一区，为登录大厅钢结构的主受力区；施工一区两侧的区域为施工二区，分为东、西两个作业区。

为了保证施工过程中结构安全性和整体稳定性，施工安装从中间向东西对称进行，首先

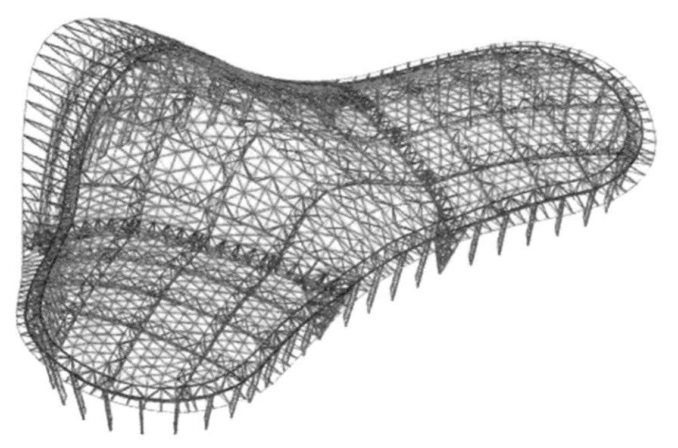

图 9.7.2 登录大厅结构计算模型

在施工一区安装，在施工一区的主体结构基本安装完毕后，进入施工二区施工。施工二区的东、西两个作业区同时施工，以保证施工一区主体结构受力均衡。登录大厅主结构安装流程和登录大厅施工安装现场照片如图 9.7.3 和图 9.7.4 所示。

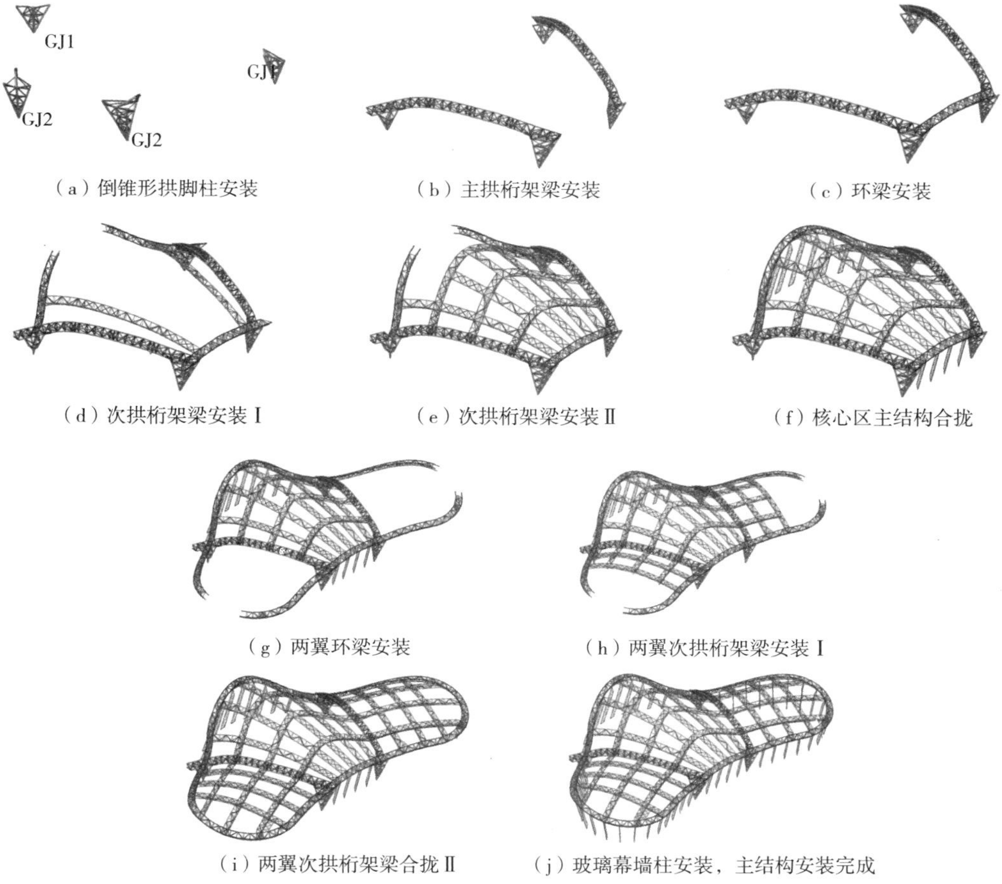

（a）倒锥形拱脚柱安装 （b）主拱桁架梁安装 （c）环梁安装

（d）次拱桁架梁安装Ⅰ （e）次拱桁架梁安装Ⅱ （f）核心区主结构合拢

（g）两翼环梁安装 （h）两翼次拱桁架梁安装Ⅰ

（i）两翼次拱桁架梁合拢Ⅱ （j）玻璃幕墙柱安装，主结构安装完成

图 9.7.3 登录大厅主结构安装流程

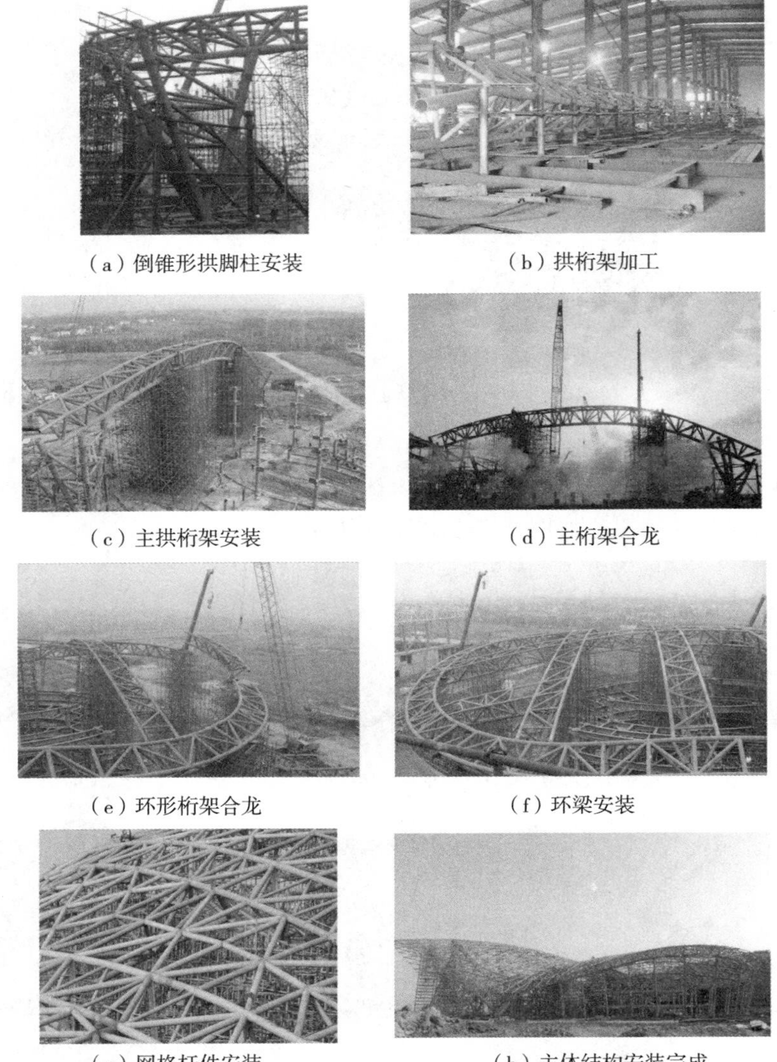

(a) 倒锥形拱脚柱安装　(b) 拱桁架加工
(c) 主拱桁架安装　(d) 主桁架合龙
(e) 环形桁架合龙　(f) 环梁安装
(g) 网格杆件安装　(h) 主体结构安装完成

图 9.7.4　登录大厅施工安装现场照片

案例八　空间钢结构建筑案例——上海世博会西班牙馆项目

1. 工程概况

2010 年上海世博会西班牙馆位于浦东 C 片区 C 09 地块，项目用地面积 7149 m^2，总建筑面积 8482 m^2，由安徽富煌钢构股份有限公司建造，合肥工业大学开展了相关技术研究工作。西班牙馆被国际展览局(BIE)授予建筑设计类铜奖。建筑占地面积 4714 m^2，建筑高度超过 20 m。地上 3 层(局部 4 层)包括多功能、展厅、餐厅、报告厅、SEEI 办公和辅助用房，用钢量 2300 吨。根据建筑用途的不同，工程分为办公区、展厅 1、展厅 2、展厅 3 及建筑入口。

西班牙国家馆结构空间示意图如图 9.8.1 所示。

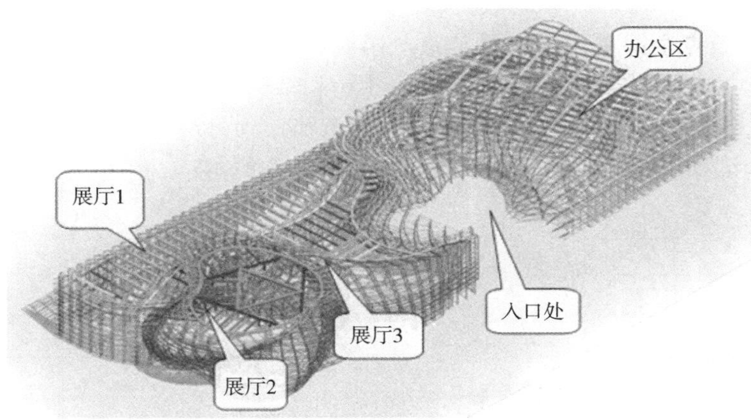

图 9.8.1 西班牙国家馆结构空间示意图

2. 结构体系

结构主体共分内外两层，建筑表面装饰幕墙支撑于外层框架上，结构楼面采用压型钢板混凝土组合板。建筑物北面长 120 m，南面长 134.3 m；宽 51.2 m；办公区和展厅 1 外侧为倒 L 形竖向桁架柱，间距为 2.4 m。倒 L 形竖向桁架柱共 93 榀。展厅 2、展厅 3 和入口处外侧为 S 型平面桁架。世博会西班牙展馆各区域按功能区分，多曲面扭曲、高低错落明显。桁架柱轴线共分 10 个区，分别是 F1～F9、F18 区，共 264 榀，桁架柱在每个立面上都不是完全一样，立面弧度、高度都富有变化。

西班牙国家馆结构主体采用空间刚架结构，其典型的形态特征是：竖向及水平向构件相交成“篮子”的骨架并沿建筑立面在不同部位发生扭曲，形成空间三维曲线形构件，与空间扭转曲面相适应。竖向荷载通过板、梁等水平构件传递至外围钢架，继而通过基础传至地基。水平荷载（包括风和地震）由双层空间曲线钢框架承担。

3. 工程施工与技术要点

现场钢结构安装的主要施工内容包括竖向桁架柱系统和楼面、屋面梁（桁架）系统。钢管截面尺寸多样，钢材牌号为 Q345，其中弦杆截面规格有 Φ200 mm×25 mm、Φ150 mm×10 mm和 Φ200 mm×20 mm 等，腹杆截面规格有 Φ140 mm×5.5 mm、Φ152 mm×5.5 mm、Φ133 mm×5.0 mm 和 Φ159 mm×10 mm 等。现场安装施工照片如图 9.8.2 所示。

图 9.8.2 现场安装施工照片

为了体现"篮子"独特的建筑造型，该工程大量采用空间弯扭形态构件，曲率多变，因而构件空间线型不统一，导致结构成型过程复杂，施工工况多样。由于建筑造型的要求，外系杆与主桁架连接节点全部采用半相贯节点。同时因该馆在世博会结束后要拆除运回西班牙，为便于拆卸，边梁与桁架柱采用销轴连接，主桁架结构杆件的接长连接均采用法兰连接。外系杆（截面规格为 Φ152 mm×14 mm、Φ121 mm×8 mm 等）与主桁架杆件大部分采用半相贯节点连接。部分相贯节点与全相贯节点如图 9.8.3 所示。

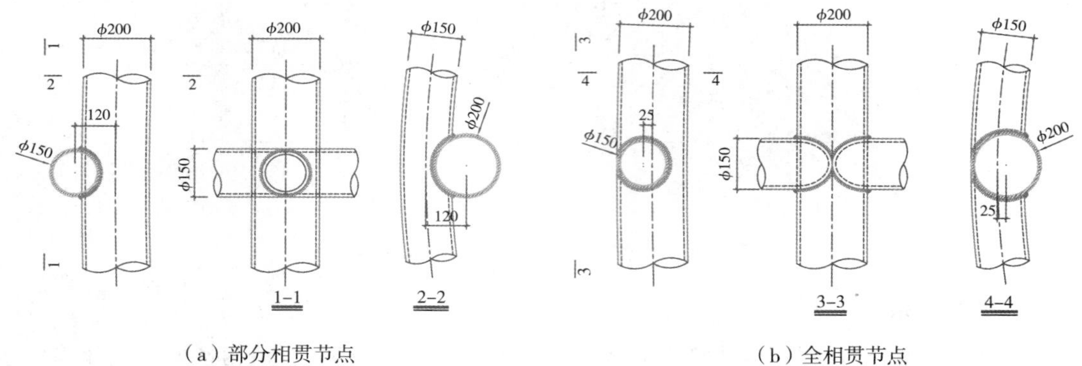

（a）部分相贯节点　　（b）全相贯节点

图 9.8.3　部分相贯节点与全相贯节点

案例九　空间钢结构建筑案例——霍邱县体育中心项目

1. 工程概况

霍邱县体育中心项目位于六安市霍邱县新店镇境内，规划用地面积约 230 亩、总建筑面积约 153341 m²，由中铁四局集团有限公司建设，合肥工业大学开展了相关监测工作。霍邱县体育中心项目包括可容纳 4000 人的体育馆、可容纳 10000 人的体育场、8000 m² 左右全民健身活动中心及室外配套设施。目前该工程正在建设中，霍邱体育中心鸟瞰图如图 9.9.1 所示。

图 9.9.1　霍邱体育中心鸟瞰图

2. 结构体系

体育馆基础为筏板基础，地下一层，地上三层，总建筑面积为 41196.25 m²，其中地下室面积为16245.91 m^2，设计使用年限为50年，抗震设防烈度为6度，建筑高度23.95 m，体育馆屋盖钢结构为纵横平面桁架梁体系，体育馆模型图如图9.9.2所示。钢结构投影面积6410 m^2。桁架长86.63 m，宽77.91 m；横向跨度78.3 m，纵向跨度69.6 m，体育馆实体外观图如图9.9.3所示。

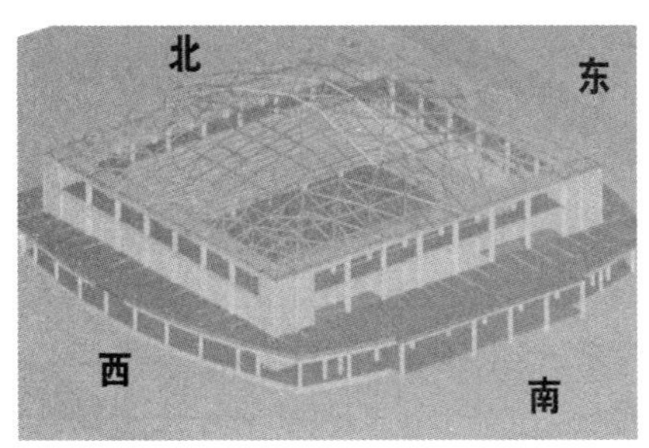

图9.9.2　体育馆模型图

图9.9.3　体育馆实体外观图

3. 工程施工与技术要点

3.1　工程施工流程

体育馆屋盖钢结构施工顺序为：纵桁架地面拼装⟶滑移节间操作平台拼装⟶累积滑移⟶安装铰支座⟶整体落梁⟶整体卸载⟶安装屋面瓦及门窗。图9.9.4为体育馆施工照片。

（a）滑移节间拼装

（b）滑移施工现场

图9.9.4　体育馆施工照片

3.2　桁架高空拼装累积滑移方案

将体育馆屋盖钢结构分为9个节间进行施工，将每个节间桁架进行分段吊装，如第1节间桁架滑移施工将其纵向桁架分三段吊装，使用QY100t汽车吊吊装。然后横向桁架、支撑和檩条使用塔吊散拼，典型桁架分段示意图如图9.9.5所示。

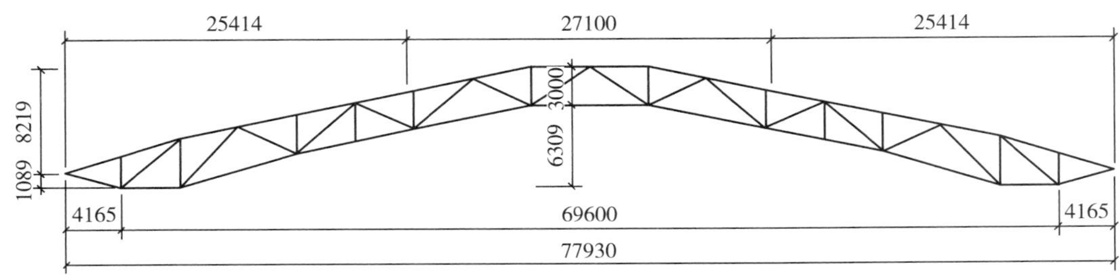

图9.9.5　典型桁架分段示意图

当第 1 节间桁架拼装完成后，将拼装支架顶端和跨中支撑点拆除。使用连续千斤顶，将桁架由西向东拖拉滑移 8.7 m。以第 1 次滑移过程为例，第 1 节间桁架滑移示意图如图 9.9.6 所示。第 2 至 9 节间滑移步骤与第 1 节间相同，每拼装完成一个节间后滑移 8.7 m。

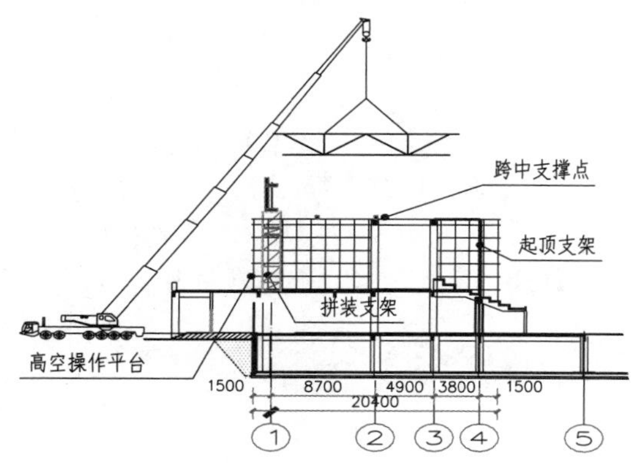

(a) 第1节间纵向桁架拼装

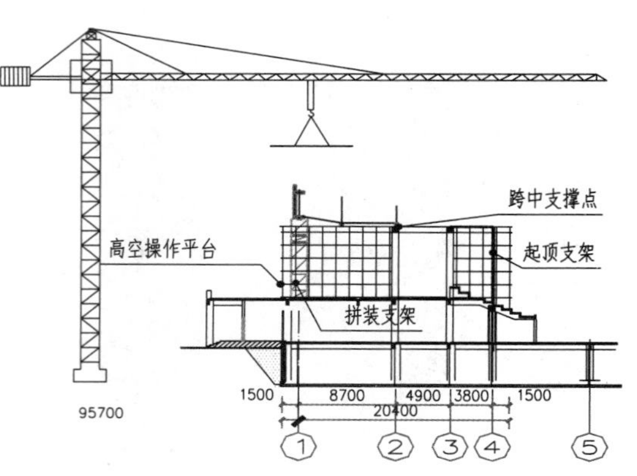

(b) 第1节间横向桁架、支撑和檩条拼装

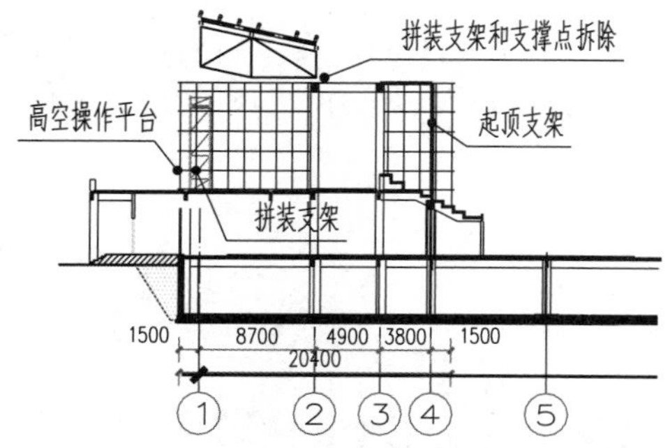

(c) 第1节间拼装支架顶端和支撑点拆除

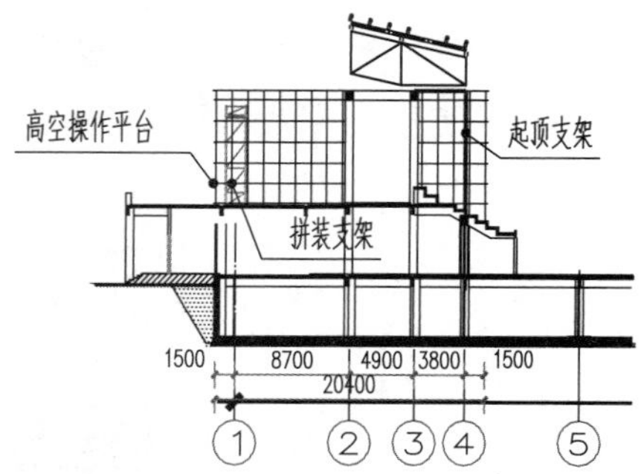

(d) 第1节间由西向东滑移8.7m

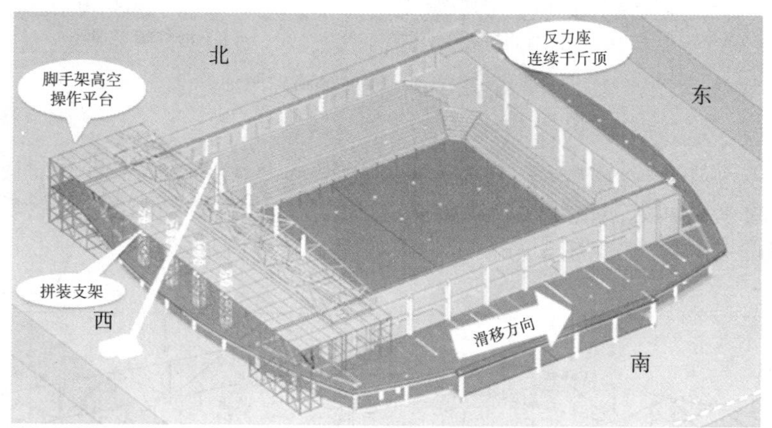

(e) 第1节间滑移完成后模型图

图 9.9.6　第 1 节间桁架滑移示意图

案例十 空间钢结构建筑案例——蚌埠体育中心项目

1. 工程概况

蚌埠体育中心工程位于蚌埠市南侧蚌山区，项目东临解放路，北临燕山路，南侧为货场八路，为安徽省第十四届省运会主场馆，预计2018年竣工。该项目由中国建筑第八工程局承建，合肥工业大学开展了相关技术研究和现场监测工作。本工程由体育场、体育馆、多功能综合馆、体校、景观塔组成。室外部分由连桥、室外平台以及市政景观工程组成。总占地面积304019 m^2，总建筑面积144751 m^2。设计融入了“龙”的元素，体现了“龙行天下，龙腾戏珠”的设计理念。结构设计使用年限为50年；耐火等级为一级；抗震设防烈度为7度。蚌埠体育中心项目鸟瞰如图9.10.1所示。

图9.10.1 蚌埠体育中心项目鸟瞰

2. 结构体系

体育场平面形状呈椭圆形，直径258 m。主要由下部混凝土看台和上部屋面钢罩棚组成。看台分东、西、南、北四个区域，整体外围两层设置环形高架平台。屋面钢罩棚划分为东、西两部分，呈蛟龙形态，龙头建筑高度约55 m，龙尾建筑高度约10 m，龙身起伏变化。屋面采用铝锰镁金属板构造做法，实现蛟龙鳞片的建筑形态。蚌埠市体育场剖面图如图9.10.2所示。

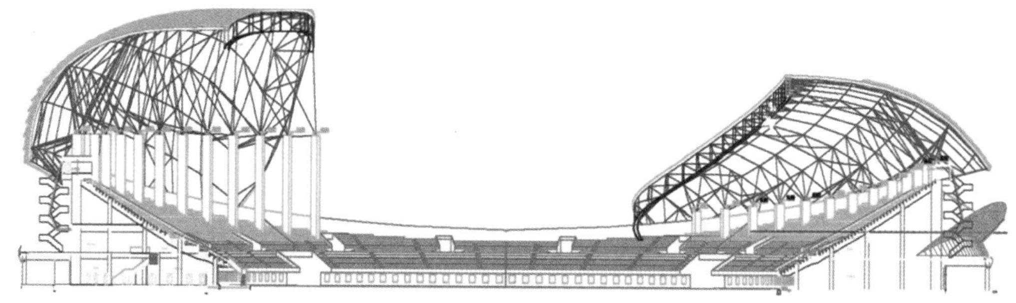

图9.10.2 蚌埠市体育场剖面图

体育馆为中型乙级体育馆，共 7944 座。体育馆平面形状呈圆形，直径约为 140 m。主要由地下停车库、钢筋混凝土看台、附属用房和钢屋盖等组成。屋盖呈球形，中间高，四周低，屋顶周边柱顶标高 16.672~~18.889 m，钢屋盖最高点结构标高为 27.4 m。室外平台地上一层，层高为 6 m，上部屋盖体系主要包括主体钢屋盖、屋盖上部及外围的框架结构、外侧飘带三大部分结构。钢屋盖最高点标高约为 23.0 m。蚌埠市体育馆剖面图如图 9.10.3 所示。

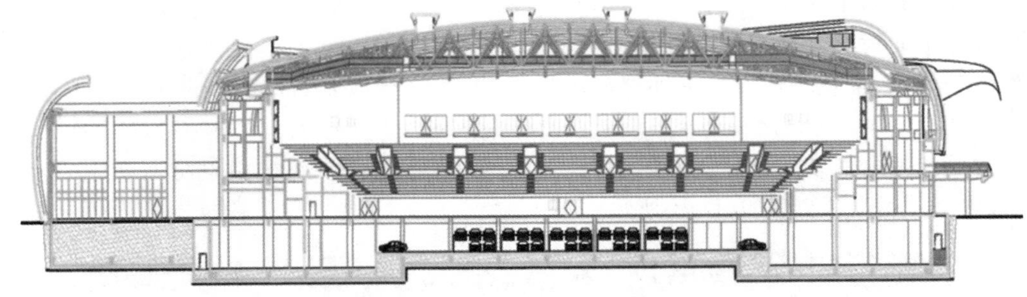

图 9.10.3　蚌埠市体育馆剖面图

3. 工程施工与技术要点

3.1　体育场施工

蚌埠市体育场在土建完成看台施工后，从西区Ⅱ-52 轴线开始顺时针方向安装钢结构罩棚，体育场施工顺序示意图如图 9.10.4 所示。体育场钢结构主要为劲性钢柱、钢支撑、屋盖变截面 H 型钢梁及钢梁间联系杆件组成。

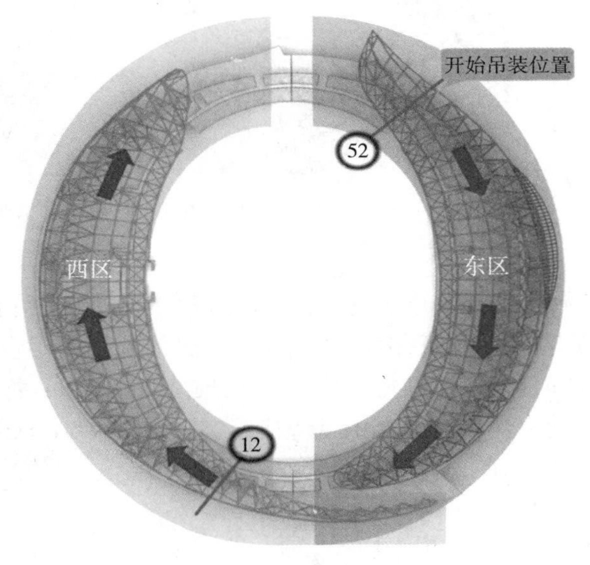

图 9.10.4　体育场施工顺序示意图

看台土建施工时，穿插进行预埋件、劲性柱的施工，劲性柱考虑运输超限尺寸、吊装设备性能、施工工期及工厂备料情况等进行合理分段，主要采用汽车吊装首节柱及二节柱及履带吊进行三四节柱吊装，工期紧张时在东区及西区各布置一台吊机。

钢罩棚采取“分段吊装＋格构式胎架支撑”的方法进行施工。根据钢罩棚结构形式，施工区域分为东区、西区两个区，从东区的Ⅱ-52 轴线开始顺时针方向安装钢结构罩棚，外环采用一台履带吊负责吊装中间段径向钢梁及分段重量较大的尾段径向钢梁，两台履带吊负责尾段径向钢梁及连系梁、圆管支撑的吊装；内环采用一台履带吊负责格构柱支撑、悬挑段径向钢梁、圆管支撑及马道部分的吊装。罩棚主体结构安装完成后，经检测和检查达到卸载条件时，东区小罩棚及西区大罩棚分别进行整体结构的分级同步卸载，卸载完成后拆除临时支撑措施。

3.2　体育馆施工

蚌埠市体育馆钢结构主要由劲性结构、交叉平面桁架屋盖、外围弧形次结构及飘带平面网壳组成。

体育馆土建结构施工时，穿插劲性预埋件、劲性柱及劲性梁的施工，劲性结构考虑运输超限尺寸、吊装设备性能等进行合理分段，屋盖部分劲性柱主要采用汽车吊吊装，内圈个别钢柱采用土建塔吊及履带吊吊装；飘带位置圆管柱主要采用汽车吊进行吊装。

滑移采用累计滑移的方式进行，自西向东进行，滑移时采用两台履带吊配合吊装。滑移桁架安装完成后进行东西两侧非滑移区域钢结构部分的安装，随后采用2台履带吊进行外围次结构的安装。同时现场配备6台汽车吊配合构件卸车及拼装。蚌埠市体育馆主屋盖施工顺序示意图如图9.10.5所示。

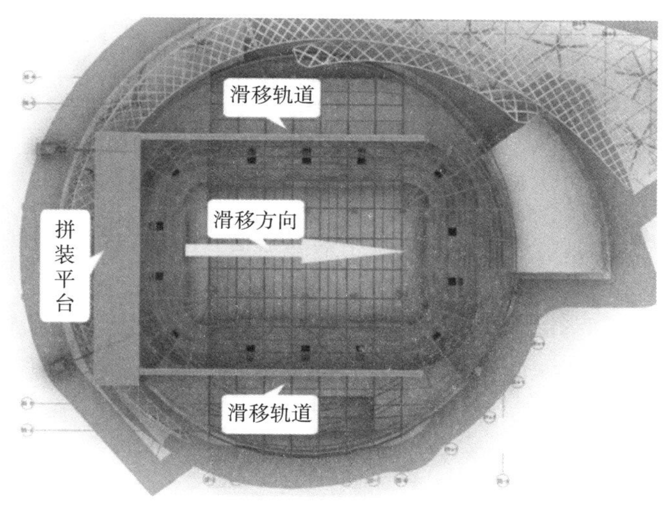

图9.10.5　蚌埠市体育馆主屋盖施工顺序示意图

屋盖外围飘带由叉状柱及网格结构构成，按照安装胎架、叉状柱、网格的顺序进行，从Ⅲ-2轴线附近结构缝处向两侧同时安装，胎架和叉状柱采用履带吊吊装，屋盖网格采用履带吊分块吊装。

案例十一　市政基础设施钢结构建筑案例 ——合肥新桥国际机场航站楼项目

1. 工程概况

合肥新桥国际机场是安徽省“十一五”规划的重点项目之一，由合肥市重点工程建设管理局投资，中国五洲工程设计集团有限公司设计，中建八局第二建设有限公司建设，合肥工业大学、清华大学、同济大学开展了相关技术研究，获2014年安徽省科学技术进步一等奖。合肥新桥机场定位为国际定期航班机场和国内干线机场，是安徽省的中心机场，共设有19个近机位、8个远机位，于2013年5月投入运营。机场位于合肥市肥西县高刘镇，距合肥市中心 31.8 km，年旅客吞吐量 1100 万人次，高峰小时旅客量 4031 人，货邮吞吐量 15 万吨的需求。航站楼位于基地北侧，总建筑面积约 125000 m^2。铝镁合金复合保温板屋面，墙体采用框架式和单层索网式幕墙或部分金属、石材幕墙。合肥新桥国际机场航站区鸟瞰图如图 9.11.1 所示。

图 9.11.1　合肥新桥国际机场航站区鸟瞰图

2. **结构体系**

合肥新桥国际机场航站楼形状为不规则的扇形面，柱网的布置、结构体系的选择等直接影响建筑功能和结构性能，是设计的关键。航站楼长 860 m，宽 161 m，地上 3 层（局部 4 层），局部地下一层，属于超长建筑。为解决混凝土结构温度影响，沿航站楼纵向设置 4 道伸缩缝，分别为 1，2，3，4，5 段，将整个结构划分为 5 个温度区段，最大区段的长度约为 190 m。每段的基本轴网尺寸分别为 11 m×18 m×15 m×18 m 和 18 m×18 m。航站楼结构分区示意图如图 9.11.2 所示。

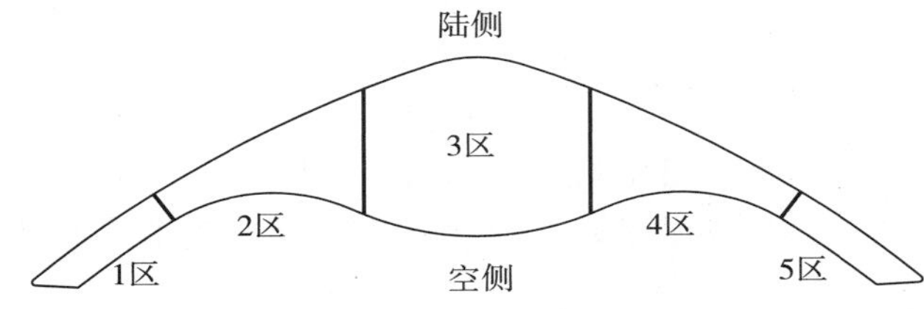

图 9.11.2　航站楼结构分区示意图

5 区采用钢管混凝土柱和钢梁构成的钢框架结构，2、3、4 区下部（二层以下）采用钢筋混凝土框架，上部采用钢框架结构。2、3、4 区混凝土结构的每个区域设置数道膨胀加强带，即采用掺膨胀剂配置的补偿收缩混凝土，以控制混凝土裂缝。膨胀加强带的间距 30～35 m，位于柱间偏离柱轴线三分之一柱距处。

航站楼 2、3、4 区一、二层采用钢筋混凝土柱和预应力混凝土梁组成的框架结构体系，楼板采用现浇钢筋混凝土井字楼盖。屋盖体系为大跨钢结构，与下部混凝土结构固接或直接固结于基础上，中部由最多 3 根室内钢柱支撑，形成横向平面钢框架。跨度大的部分采用立体桁架，在两侧转换为箱形截面柱；跨度小的部分直接采用箱形梁柱形式。为保证结构的纵向刚度，沿纵向设置联系桁架、水平支撑，并设置必要的柱间支撑。

3 区最大跨度为 41＋54＋36＋27 m，纵向结构柱距为 18 m，3 区结构平面布置图如图 9.11.3 所示；3 区刚架结构构件组成示意图如图 9.11.4 所示。

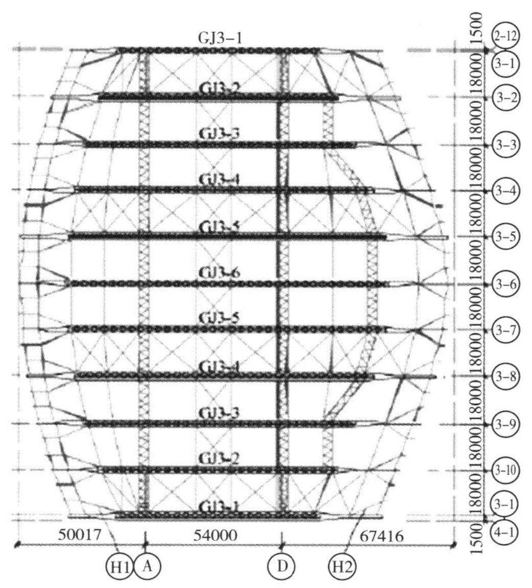

图 9.11.3　3 区结构平面布置图

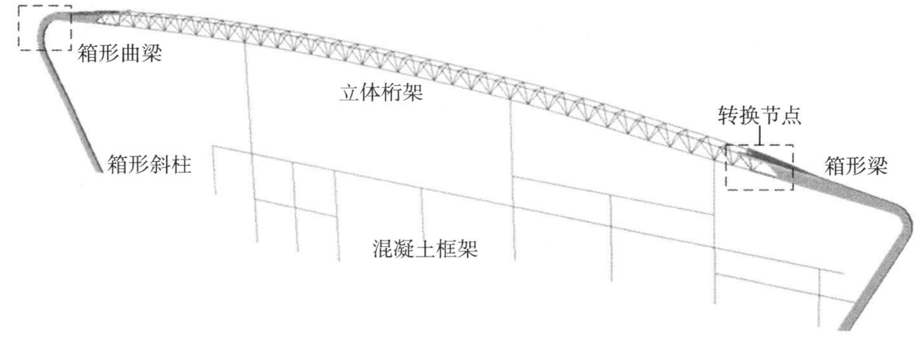

图 9.11.4　3 区刚架结构构件组成示意图

2 区最大跨度 56.8 m，纵向结构柱距 11 m 至 15 m 不等，总长度约 190 m。2 段与 4 段基本对称，2 区结构平面布置图如图 9.11.5 所示。航站楼 1、5 区由于建筑形式的需要，选用钢结构。地上三层，一层结构外露，无封闭外墙，顶层为大跨钢结构，采用箱形梁柱门式刚架形式，箱形柱柱脚刚接，最大跨度 36 m，纵向结构柱距约 11 m，各跨不等。5 区与 1 区基本对称，1 区结构平面布置图如图 9.11.6 所示。

航站楼位于合肥市区西部，位于江淮分水岭西北侧，地貌形态属于江淮丘陵岗地与坳沟交错的地貌单元，岗地平坦、开阔，平面形态呈不规则带状，呈近东西向展布，坳沟地形坡缓、沟宽、底平，整体坡度一般小于 5 度，人工大小水塘分布较多，地形表现为坳岗相间的变化特征，地面高程一般为 60.93～65.80 m，最大高差 4.87 m。航站楼钢结构部分不设缝，对应下部伸缩缝处，结构构件连接采用抗震滑动支座处理。

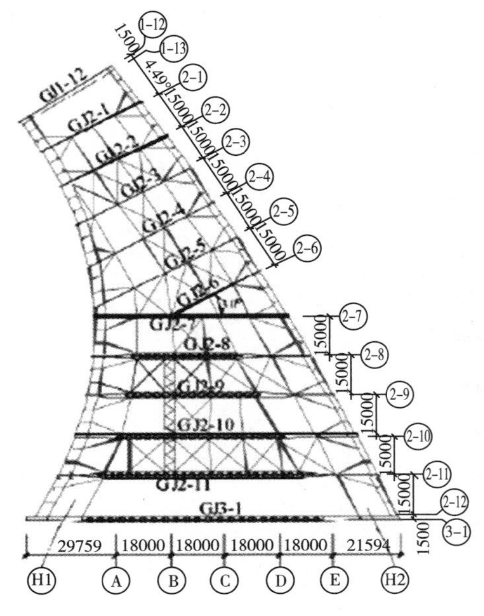

图 9.11.5　2 区结构平面布置图

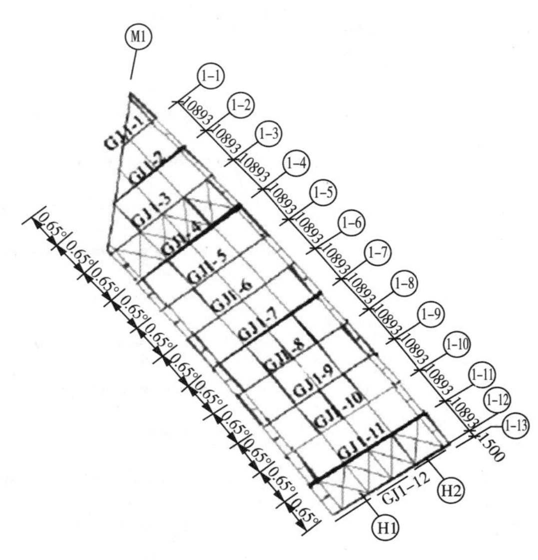

图 9.11.6　1 区结构平面布置图

3. 工程施工与技术要点

航站楼 2、3、4 区屋面结构采用含转换节点的形式，转换节点由渐变箱形梁、立体桁架杆件与弧形渐变段组成。渐变箱形梁段截面高度由 1.4 m 渐变至 2.6 m 左右，箱形梁内部按照设计构造要求设置 4 至 5 道纵向加劲肋，弧形渐变段长度在 12 m 左右，用于桁架上弦杆向箱形梁的过渡。立体桁架下弦杆与斜腹杆焊接在箱形梁端部的圆弧形盖板上。

刚架结构示意图如图 9.11.7 所示。在转换节点构件中，下弦杆端部，上弦杆与矩形管

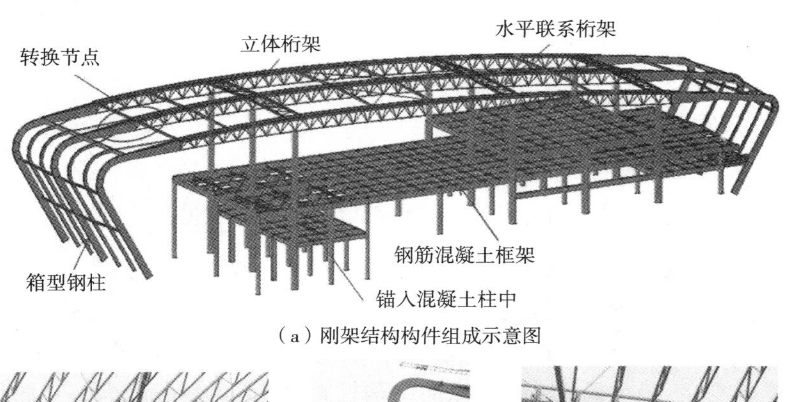

（a）刚架结构构件组成示意图

（b）转换节点

（c）箱型曲梁和斜柱

（d）立体桁架

图 9.11.7　刚架结构示意图

连接节点，以及立体桁架多管相贯节点处的应力水平均较高，设计时局部增加短加劲肋，避免局部应力集中。另外对于轴压过大的斜杆做局部加强处理。

案例十二 市政基础设施钢结构建筑案例 ——合肥博微智慧立体停车库项目

1．工程概况

合肥博微智慧立体车库设计及配套服务工程，位于中国电子科技集团公司第三十八研究所。建筑总面积 5893 m^2，地上建筑五层，无地下室，于 2017 年建成。建筑总高度 15.80 m。建筑结构安全等级为二级，耐火等级为二级，建筑类别为Ⅱ类汽车库，设防烈度 7 度，屋面防水等级为Ⅱ级。智能立体车库照片如图 9.12.1 所示。合肥工业大学开展了相关技术研究工作。

图 9.12.1 智能立体车库照片

2．结构体系

博微智慧立体车库设计及配套服务工程为一幢敞开式、全自动机动车立体车库，整体结构类型采用钢结构框架体系。立体车库共五层，可停车 98 辆，首层为摆渡区和充电车位，二层至五层为存储车位。工程标准层平面图和工程南立面图分别如图 9.12.2 和图 9.12.3 所示。

整个上部结构采用双筒式结构体系，最内圈为转盘，半径 3.5 m。在半径为 6.5 m、12.5 m 的圆周上各有一圈承重框架柱，内圈共有 14 根框架柱，外圈共有 18 根承重框架柱，相邻两个柱之间的夹角为 24°，在电梯间处相邻框架柱夹角 38°，结构内置四部升降电梯。上部结构平面布置图如图 9.12.4 所示。

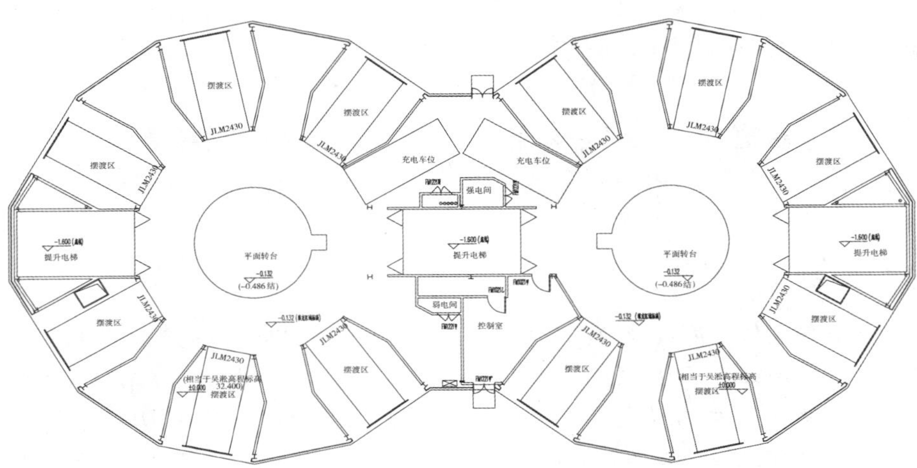

图 9.12.2　工程标准层平面图

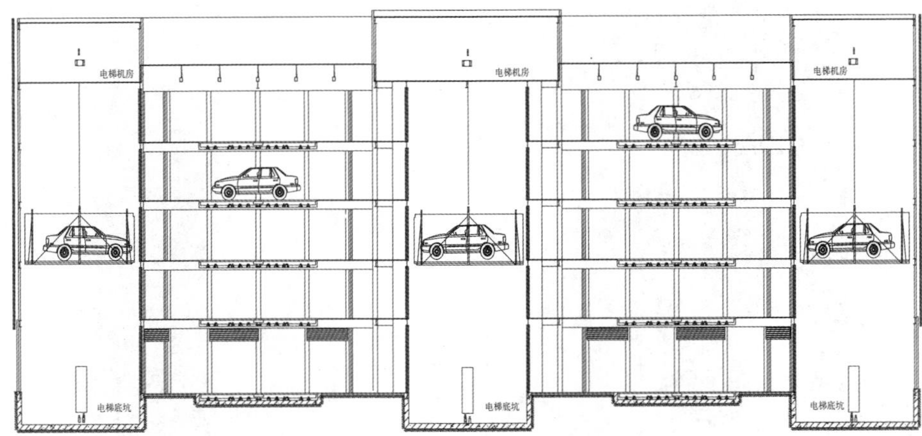

图 9.12.3　工程南立面图

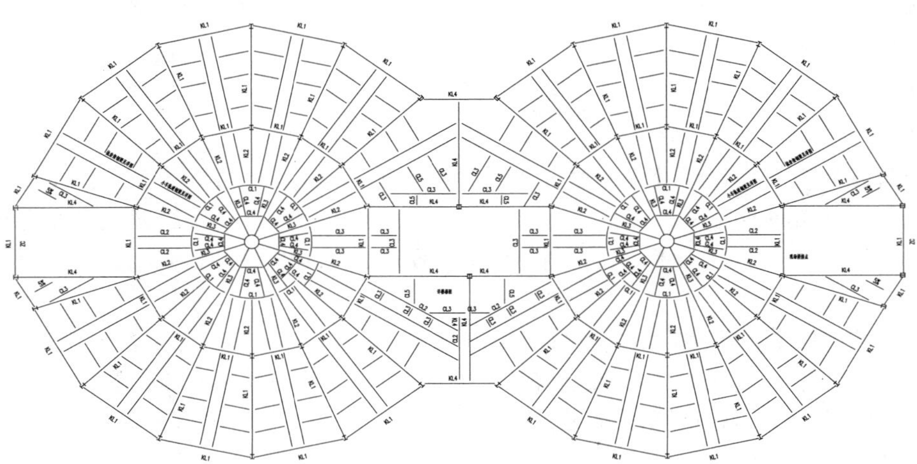
图 9.12.4　上部结构平面布置图

整个上部结构在内部除转盘外均铺设压型钢板作为楼承板。上部结构梁柱均采用 H 形钢梁，框架柱与主梁、主梁与主梁均采用刚接。次梁与主梁采用铰接连接。梁柱节点、主次梁节点采用高强螺栓连接。外墙采用外挂式玻璃幕墙，除现浇独立基础外，所有主要建筑构件均为工厂生产、现场装配。

3. 工程施工与技术要点

3.1 基础与钢框架

基础为现浇独立基础，埋深 2.3 m，柱脚为锚栓刚接。框架柱为 H250×200×8×12，框架梁为 H 型钢梁，钢材型号为 Q345B。梁柱节点采用外环板焊接牛腿的形式，牛腿和主次梁的翼缘和腹板均采用螺栓连接，主次梁节点腹板均采用螺栓连接。

3.2 转台和停车梳齿架

智能立体车库每层中心处有半径约为 3.5 m 的圆形转台，转台自重 6 t，自重均匀分布到 25 个滑轮支点处，圆形转台和滚轮支座示意图如图 9.12.5 所示。

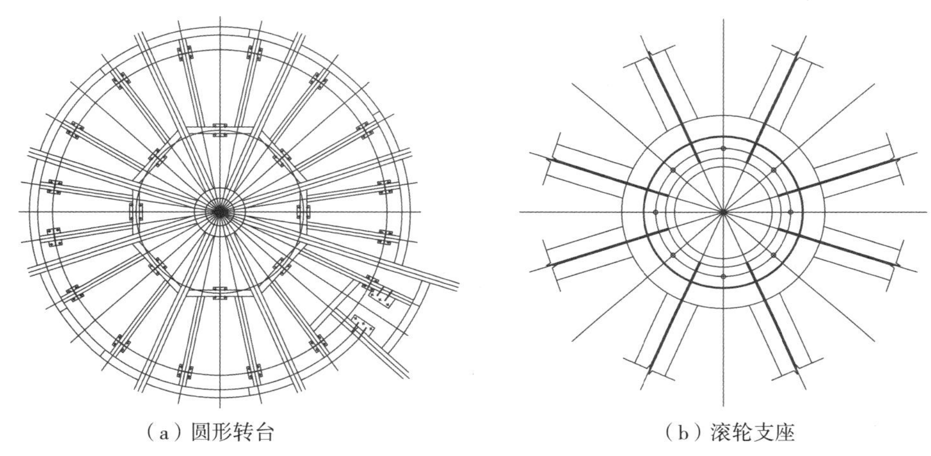

(a) 圆形转台　　(b) 滚轮支座

图 9.12.5 圆形转台和滚轮支座示意图

停车梳齿架是在不使用载车板的情况下，由搬运机器人将车辆运送到指定位置后，在指定的停车位和叉式载车板交叉停车的方式。本工程中的停车梳齿架重 4 t，均匀分布到 4 个梳齿架支点处，在每个支点处下部设置钢梁支撑。

案例十三 市政基础设施钢结构建筑案例
——合肥铁路枢纽南环线南淝河/经开区特大桥项目

1. 工程概况

合肥经开区特大桥和南淝河特大桥是沪汉蓉快速铁路引入合肥枢纽南环线的重点控制工程，由中国中铁四局集团有限公司建设，合肥工业大学开展了相关技术研究工作，获得第十一届“中国钢结构金奖”，安徽省科学技术进步二等奖。

合肥经开区特大桥和南淝河特大桥采用下承式、等高度、连续、刚性桁梁柔性拱结构，全长 461 m，主跨跨度 229.5 m，在国内同类型桥梁中居于首位，制作、安装总吨位达 23000 t，合同造价 3.98 亿元。工程于 2010 年 8 月开工建设，2014 年 6 月竣工并顺利通过验收。桥梁架设过程中采用国内首创的"带拱顶推，拱脚合拢"多点同步顶推施工法，实现了超长、超高、万吨级钢梁的顶推施工，在国内铁路钢桥上首次采用正交异性不锈钢复合桥面板等新技术。

2. **结构体系**

南淝河特大桥于里程 DK 466＋191.02～DK 466＋420.52 处跨越合宁高速，与线路夹角 26°。大桥为(114.75 m＋229.5 m＋114.75 m)下承式、等高度、连续、刚性桁梁柔性拱桥，为双线铁路，ZK 活载。铁路桥面采用参与主桁共同受力的正交异性板整体桥面，钢桁梁采用带竖杆 N 型三角桁架，节间长度 12.75 m，边跨 9 个节间，主跨 18 个节间；桁高 15.0 m，斜腹杆倾角 40.36°；柔性拱肋采用圆曲线，矢高 45 m，矢跨比为 1/4.5，梁端距支座中心距为 1 m，全长 461 m，总重达 11500 t。合肥铁路枢纽南环线经开区特大桥如图 9.13.1 所示，主桥立面图和主桥断面图分别如图 9.13.2 和图 9.13.3 所示。

图 9.13.1　合肥铁路枢纽南环线经开区特大桥

柔性拱钢桁梁采用两片主桁，主桁中心距 15 m，双线铁路间距 4.6 m，道砟槽内宽 9.0 m，两侧人行道宽各 1.35 m；上弦及拱肋设纵向平联，交叉形布置；每两个节间设置一道横联(桥门架)；吊杆为箱型截面，中间不设置横撑。

钢桁梁结构主要有主桁及拱肋、钢桥面系、纵向连接系、桥门架及横联、支座等组成。设计总重量为 11500 t，单根杆件最大重量约 78.3 t。

主桁连接采用焊接整体节点，最大板厚 56 mm，上弦杆、下弦杆、拱肋及吊杆采用箱型截面，腹杆采用 H 型截面。桥面采用正交异性钢桥面板，钢桥面系与主桁下弦连接，由桥面板、横梁、次横梁、纵向 U 肋、I 肋共五部分组成，其中钢桥面板全桥纵、横向连续，纵向与下弦顶板伸出肢焊接，横向分段焊接。纵向平联采用交叉式结构，包括上弦平联及拱肋平联两部分。每两节间设置一道横联或桥门架，其中边支座及拱肋桥面以上的第一个节间处为斜向桥门架，其他位置为横联，边跨上弦及中跨均为半框横联，横向为两格。

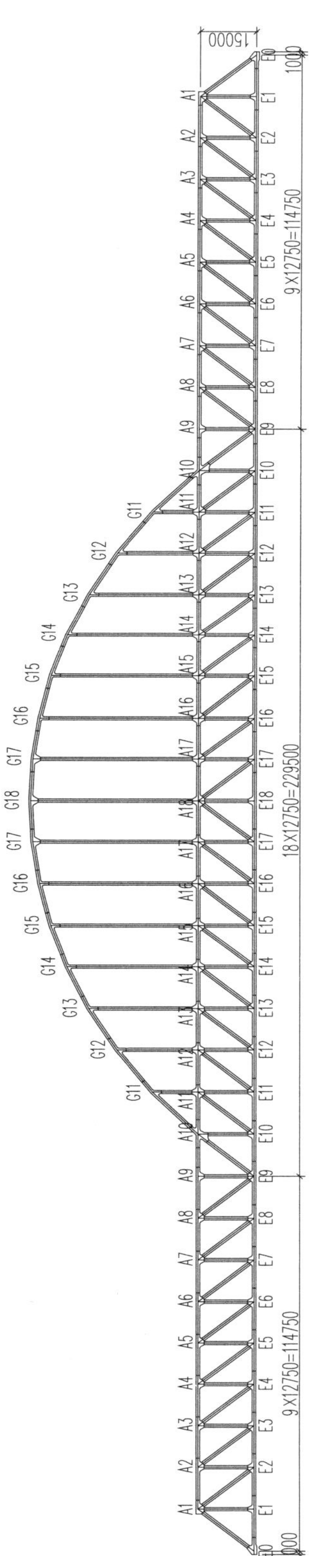

图9.13.2 主桥立面图

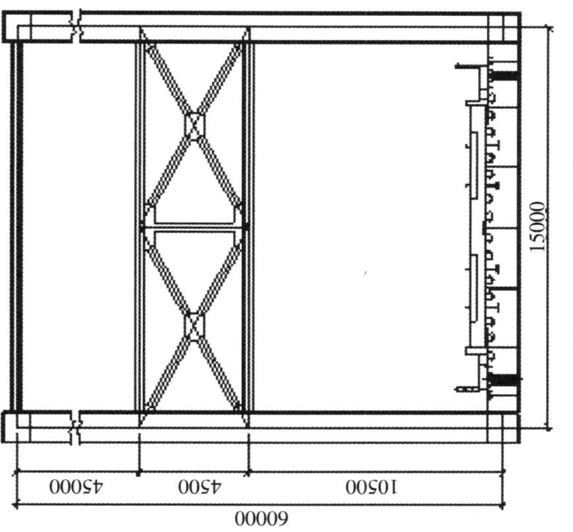

图9.13.3 主桥断面图

用于主桁整体节点焊接的钢材采用 Q370qD 级钢，当板厚超过 40 mm 采用 Q370qE 级钢，用于上平纵联、横联及桥面系纵肋、横梁(肋)的钢材采用 Q345qD 级钢，桥面系钢桥面板采用不锈复合钢板 321 - Q345qD，下弦杆内侧腹板或节点板为厚度方向性能板。

3. 工程施工与技术要点

采用“带拱顶推，拱脚合拢”架设钢桁梁柔性拱，即在钢桁梁架设过程中，在高速公路运营限界外单向退步法架设柔性拱，拱脚合拢。钢桁梁带拱顶推，完成剩余部分钢桁梁顶推架设。钢桁梁顶推架设主要施工工艺流程如图 9.13.4 所示。

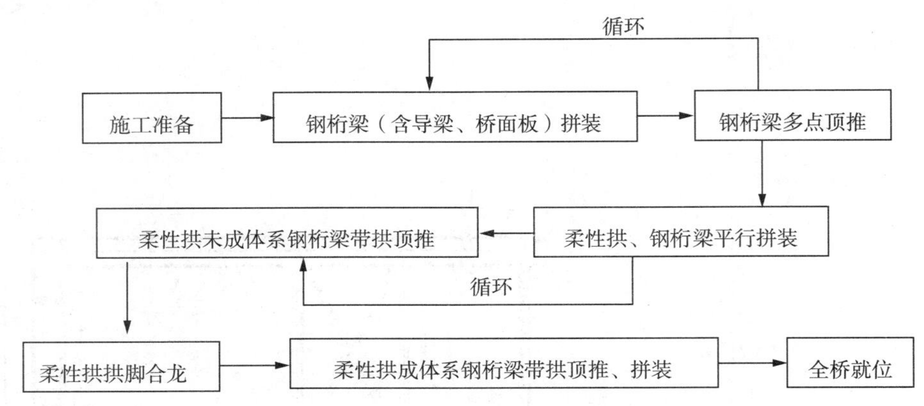

图 9.13.4　钢桁梁顶推架设主要施工工艺流程

在 123＃墩与 122＃墩间设置拼装场，安装 60 t 跨线龙门吊机；在主拼装场东侧设置 130×30 m 预拼场，架设 50t 龙门吊机。主拼场与预拼场之间杆件采用汽车转运。

在 123＃～122＃墩之间设置 5 个节间的临时拼装支架，利用 60 t 跨线龙门吊拼装导梁和钢桁梁，按照由 123＃墩向 120＃墩方向顶推架设钢桁梁。

当钢桁梁柔性拱拱脚顶推至 L7＃墩上方，E12E13 节间钢桁梁拼装完毕，共完成 24 个节间钢桁梁的拼装，此时开始利用架梁吊机在高速公路运营限界范围外单向退步法架设钢桁梁和柔性拱，直至柔性拱拱脚合拢。先完成柔性拱受力体系的转化，继续拼装钢桁梁并带拱顶推至钢桁梁全桥就位。在柔性拱架设过程中，为确保柔性拱吊杆安全稳定，设置柔性拱临时支撑体系。主桥现场施工照片如图 9.13.5 所示。

（a）拼装支架现场照片

（b）钢桁梁多点顶推架设至最大悬臂工况

（c）柔性拱未成体系、钢桁梁带拱顶推架设

（d）柔性拱架设

（e）钢桁梁带拱顶推、柔性拱拱脚合龙

（f）钢桁梁带拱顶推就位

图 9.13.5　主桥现场施工照片

案例十四　市政基础设施钢结构建筑案例——济南黄河公铁两用桥项目

1. 工程概况

济南黄河公铁两用桥（图 9.14.1）为石济铁路客运专线工程、邯长邯济铁路扩能改造工程及济南市城市空间发展战略向北跨越黄河的公铁合建桥梁，是石济客运专线控制性重点工程，由中国中铁四局集团有限公司建造，合肥工业大学开展了相关技术研究工作。其中下层桥面为石济客专线（设计速度 250 km/h）及邯济胶济铁路联络线（设计速度120 km/h）四线铁路，上层桥面为双向六车道公路（设计速度 80 km/h）。大桥主桥部分采用（128＋3×180＋128）m 刚性悬索加劲连续钢桁梁跨越黄河主槽，全长 798.3 m，总重达 36249 t，是我国第一座大跨度刚性悬索加劲连续钢桁梁公铁两用桥。

图 9.14.1　济南黄河公铁两用桥

2. 结构体系

刚性悬索加劲连续钢桁梁主桁由三片钢桁架组成，形成竖杆三角形桁架，主桁中心距14.65 m，桁宽29.3 m，桁高15 m。钢桁梁采用焊接整体节点，支座位置下弦底面局部加高600 mm。主桁节间长度12.8 m，跨中局部增加为13 m。公铁桥面均采用正交异性板整体桥面。加劲弦线形采用圆曲线，支点高24 m。

2.1 主桁

上、下弦杆均采用箱型截面，腹杆采用箱型或H型截面，箱型截面内宽采用1.0 m、1.2 m和1.44 m三种，H型截面宽度采用0.9 m，板厚20～50 mm。受力较大的箱型腹杆与节点板的连接方式采用全截面拼接，以改善杆件接头的受力性能，减小节点板尺寸；受力较小的H型杆件采用插入式连接方式，主桁杆件拼接位置受桥面系横梁与弦杆连接构造的影响，以及防撞护栏立柱连接构造的影响。

主桁下弦中支点高度局部加高0.6 m，从拼接缝位置开始变高，两侧拼接缝对称于支座中心设置，至支座中心7.45 m，加劲弦与主桁上弦连接接头设在主桁上弦节点上。

2.2 加劲弦与吊杆

加劲弦线形采用圆曲线，支点高24 m，在主跨跨中与上弦杆叠置，加劲弦和立柱杆件截面均采用箱型。加劲弦杆件划分成两段制造，每个杆件中间段按照圆曲线制作，而两端考虑高强度螺栓拼接各设置0.9 m左右的直线段，吊杆采用直径为120 mm的钢拉杆，为满足吊杆安装要求，在吊杆下锚固端连接耳板处的上弦杆上设置了预应力筋张拉锚固台架。

2.3 铁路桥面

铁路桥面采用纵横梁体系的正交异性板整体桥面，节点处设横梁，节点横梁中间设置3道倒T型截面横肋。为了提高轨道的竖向刚度，桥面板上对应每条铁路的两根钢轨分别设置高0.6 m的倒T型纵梁。桥面板厚16 mm，桥面板与混凝土砟道板相对应的部位设闭口加劲肋，肋间距600 mm，板厚度8 mm，在弦杆附近设置板式肋加劲。

2.4 公路桥面

公路桥面也采用纵横梁体系的正交异性板整体桥面。横梁与横肋间距及截面型式均与铁路桥面板相同。

2.5 桥门架及横联

仅在钢桁梁支点位置和加劲弦立柱上设桥门架或横联，横联采用三角形桁式结构，其截面形式为工字形，截面高度400 mm，宽度400 mm，板厚12～16 mm；立柱横联采用交叉三角形桁架式结构，顶部的水平杆件截面采用箱型，高度760 mm、内宽500 mm，斜杆采用工字形截面，高度和宽度分别为500 mm、480 mm，两种杆件翼板板厚均为20 mm，腹板板厚16 mm，水平箱型杆件与节点板的连接采用全截面拼接，斜杆采用嵌入式连接。

2.6 加劲弦平联

采用交叉式的腹杆体系，水平杆件及斜杆均采用工字型截面，截面高度520 mm、宽度500 mm，板厚16～20 mm。节点板焊接在加劲弦竖板上，平联杆件与平联节点板的连接形式为嵌入式。

3. 工程施工与技术要点

钢桁梁带加劲弦顶推架设主要施工工艺有：主拼场基础施工（包括拼装支架钢管桩基础、100 t 龙门吊轨道基础及主拼场地硬化等）、拼装支架及墩旁托架施工、100 t 龙门吊安装、滑道梁安装、导梁安装、钢桁梁拼装、加劲弦拼装、钢桁梁带加劲弦整体顶推、起落梁及支座安装，其中钢桁梁拼装、顶推与加劲弦拼装同步施工、平行推进。钢桁梁顶推架设主要施工工艺流程如图 9.14.2 所示。

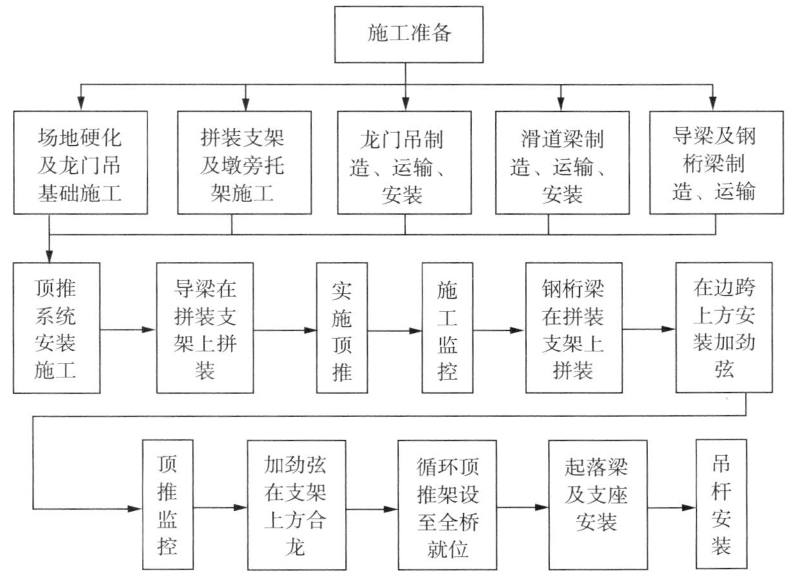

图 9.14.2 钢桁梁顶推架设主要施工工艺流程

采用钢桁梁带加劲弦北岸向南岸顶推架设方案，在支架上顶推架设导梁及一定数量的钢桁梁后，利用公路桥面上的汽车吊架设加劲弦立柱及加劲弦。钢桁梁带加劲弦从黄河北岸（小里程）向黄河南岸（大里程）方向多点顶推架设，钢桁梁和加劲弦架设平行作业，利用边跨拼装支架及 617＃主墩调整钢桁梁线形实现加劲弦合龙。继续钢桁梁带加劲弦顶推，拼装剩余节间钢桁梁，直至全桥顶推就位。

钢桁梁全部顶推就位后，拆除滑道梁及墩旁托架，进行钢桁梁起落梁，在钢梁主、边墩上起顶，纵横移调整钢桁梁状态满足设计要求，安装支座。按照由短至长的顺序安装吊杆，利用吊杆张拉调整钢梁线形至设计成桥状态。图 9.14.3 为济南黄河公铁两用桥现场施工照片。

（a）导梁及部分钢桁梁架设

（b）加劲弦安装

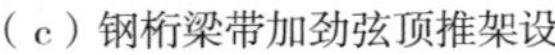
（c）钢桁梁带加劲弦顶推架设

（d）第一跨加劲弦合龙

（e）第二跨加劲弦安装

（f）钢桁梁上619#主墩

（g）钢桁梁上620#主墩

（h）钢桁梁顶推就位

图 9.14.3　济南黄河公铁两用桥现场施工照片

参考文献

[1] 关于化解产能严重过剩矛盾的指导意见．国发〔2013〕41 号,2013.

[2] 关于钢铁行业化解过剩产能实现脱困发展的意见．国发〔2016〕6 号,2016.

[3] 关于钢铁行业化解过剩产能实现脱困发展的实施意见．皖政〔2016〕77 号,2016.

[4] 重庆市钢铁行业化解过剩产能实施方案．渝府办发〔2016〕99 号,2016.

[5] 河北省钢铁产业结构调整和化解过剩产能攻坚行动计划．冀政字〔2015〕60 号,2015.

[6] 山西省人民政府关于化解钢铁焦化水泥电解铝行业产能严重过剩矛盾的实施意见．晋政发〔2013〕40 号,2013.

[7] 关于钢铁行业化解过剩产能实现脱困发展的实施意见．苏政发〔2016〕170 号,2016.

[8] 黑龙江省钢铁行业化解过剩产能实现脱困发展实施方案．黑政办发〔2016〕83 号,2016.

[9] 浙江省钢铁行业化解过剩产能实现脱困发展实施方案．浙政办发〔2016〕59 号,2016.

[10] 山东省钢铁行业化解过剩产能实现脱困发展组织实施方案．鲁经信原〔2016〕313 号,2016.

[11] 湖北省钢铁和煤炭行业化解过剩产能实施方案．鄂政办函〔2016〕72 号,2016.

[12] 湖南省钢铁行业化解过剩产能实现脱困发展的实施方案．湘政办发〔2016〕49 号,2016.

[13] 云南省人民政府关于钢铁行业化解过剩产能实现脱困发展的实施意见．云政发〔2016〕51 号,2016.

[14] 关于推进国有企业供给侧结构性改革的实施意见．云政办发〔2016〕108 号,2016.

[15] 关于煤炭行业化解过剩产能实现脱困发展的实施意见．川办发〔2016〕59 号,2016.

[16] 国务院办公厅关于转发发展改革委住房城乡建设部绿色建筑行动方案的通知．国办发〔2013〕1 号,2013.

[17] 住建部建筑节能与绿色建筑发展“十三五”规划．建科〔2017〕53 号,2017.

[18] 湖南省人民政府关于印发绿色建筑行动实施方案的通知．湘政发〔2013〕18 号,2013.

[19] 吉林省绿色建筑行动方案．吉政办发〔2013〕13 号,2013.

[20] 山东省人民政府关于大力推进绿色建筑行动的实施意见．鲁政发〔2013〕10 号,2013.

[21] 河北省关于开展绿色建筑行动创建建筑节能省的实施意见．冀政办〔2013〕6 号,2013.

[22] 江苏省绿色建筑行动方案．苏政发〔2013〕103 号,2013.

[23] 青海省绿色建筑行动实施方案．青政办〔2013〕135 号,2013.

[24] 海南省绿色建筑行动实施方案．琼政办〔2013〕96 号,2013.

[25] 北京市绿色建筑行动实施方案．京政办发〔2013〕32 号,2013.

[26] 四川省绿色建筑行动实施方案．川办发〔2013〕38 号,2013.

[27] 河南省绿色建筑行动实施方案．豫政办〔2013〕57 号,2013.

[28] 兵团“十二五”绿色建筑行动实施方案．新兵办发〔2013〕88 号,2013.

[29] 陕西省绿色建筑行动实施方案．陕政办发〔2013〕68 号,2013.

[30] 山西省开展绿色建筑行动实施意见．晋政办发〔2013〕88 号,2013.

[31] 湖北省绿色建筑行动实施方案．鄂政办发〔2013〕59 号,2013.

[32] 安徽省绿色建筑行动实施方案．皖政办〔2013〕37 号,2013.

[33] 江西省发展绿色建筑实施意见．赣发改委资〔2013〕587 号,2013.

[34] 广西壮族自治区绿色建筑行动实施方案．桂发改环资〔2013〕1407 号,2013.

[35] 福建省绿色建筑行动实施方案．闽政办〔2013〕129 号,2013.

[36] 广东省绿色建筑行动实施方案的通知．粤政办〔2013〕49 号,2013.

[37] 贵州省绿色建筑行动实施方案．黔府办发〔2013〕55 号,2013.

[38] 新疆维吾尔自治区绿色建筑行动方案．新政办发〔2013〕135 号,2013.
[39] 甘肃省绿色建筑行动实施方案．甘政办发〔2013〕185 号,2013.
[40] 宁夏回族自治区绿色建筑行动实施方案．宁政办发〔2013〕168 号,2013.
[41] 重庆市绿色建筑行动实施方案．渝府办发〔2013〕237 号,2013.
[42] 黑龙江省绿色建筑行动实施方案．黑政办发〔2013〕61 号,2013.
[43] 上海市绿色建筑发展三年行动计划．沪府办发〔2014〕32 号,2014.
[44] 内蒙古自治区绿色建筑行动实施方案的通知．内政办发〔2014〕1 号,2014.
[45] 浙江省深化推进新型建筑工业化促进绿色建筑发展实施意见的通知．浙政办发〔2014〕151 号,2014.
[46] 关于推进建筑业发展和改革的若干意见．建市〔2014〕92 号,2014.
[47] 中共中央国务院关于加快推进生态文明建设的意见．〔2015〕14 号,2015.
[48] 关于加快绿色建筑和建筑产业现代化计价依据编制工作的通知．建办标函〔2015〕1179 号,2015.
[49] 关于优化 2015 年住房及用地供应结构促进房地产市场平稳健康发展的通知．国土资发〔2015〕37 号,2015.
[50] 关于大力发展装配式建筑的指导意见．国办发〔2016〕71 号,2016.
[51] 关于促进建筑业转型升级加快发展的实施意见．皖政〔2013〕4 号,2013.
[52] 关于加快推进建筑产业化的指导意见．皖政办〔2014〕36 号,2014.
[53] 安徽省财政厅关于做好首批建筑产业现代化综合试点城市和示范基地建设工作的通知．建科函〔2014〕1983 号,2014.
[54] 中国制造 2025 安徽篇．皖政〔2015〕106 号,2015.
[55] 关于在化解钢铁煤炭行业过剩产能中做好职工安置工作的实施意见．皖政〔2016〕52 号,2016.
[56] 加快调结构转方式促升级行动计划．皖发〔2015〕13 号,2015.
[57] 安徽省住房城乡建设厅关于加快推进钢结构建筑发展的指导意见．2016.
[58] 安徽省人民政府办公厅关于大力发展装配式建筑的通知．皖政办秘〔2016〕240 号,2016.
[59] 关于推进本市住宅产业化的指导意见．京建发〔2010〕125 号,2010.
[60] 关于加强装配式混凝土结构产业化住宅工程质量管理的通知．京建发〔2014〕16 号,2014.
[61] 关于加快推进本市住宅产业化若干意见的通知．沪府办发〔2011〕33 号,2011.
[62] 关于本市鼓励装配整体式住宅项目建设的暂行办法．沪建交联〔2011〕286 号,2011.
[63] 关于本市进一步推进装配式建筑发展的若干意见．沪建交〔2013〕1243 号,2013.
[64] 关于推进本市保障性住房实施装配式建设若干事项的通知．沪建建材〔2016〕 1 号,2013.
[65] 上海市装配式建筑预制混凝土构件工厂建设导则．沪建市管〔 2016〕 51 号,2013.
[66] 关于推进住宅产业化的行动方案．深府〔2008〕42 号,2008.
[67] 关于加快推进现代建筑产业化发展的指导意见．沈政办发〔2011〕89 号,2011.
[68] 沈阳市装配式建筑工程建设管理实施细则．沈建发〔2015〕52 号,2015.
[69] 关于推动沈阳市现代化建筑产业化工程建设的通知．沈建发〔2013〕68 号,2013.
[70] 沈阳市加快推进现代建筑产业发展若干政策措施．沈政办发〔2014〕16 号,2014.
[71] 济南市人民政府办公厅关于促进住宅产业化发展的指导意见．济政办发〔2011〕21 号,2011.
[72] 关于在新建商品房项目中大力推广住宅产业化的通知．济建发〔2013〕14 号,2013.
[73] 济南市加快推进建筑(住宅)产业发展的若干政策措施．济建发〔2014〕17 号,2014.
[74] 滕州市关于加快推进建筑产业现代化发展的指导意见．滕政发〔2016〕12 号,2016.
[75] 关于加快推进两型住宅产业化的意见．长政发〔2014〕29 号,2014.
[76] 湖南省推进住宅产业化实施细则．湘政发〔2014〕312 号,2014.
[77] 关于推进住宅产业化的指导意见．湘政发〔2014〕12 号,2014.

[78] 娄底市关于加快推进住宅产业化的实施意见．娄政发〔2015〕26 号,2015.
[79] 湘西自治州关于加快推进住宅产业化的实施意见．州政发〔2016〕8 号,2016.
[80] 加快推进我市建筑产业化的指导意见．渝建发〔2011〕53 号,2011.
[81] 关于加快推进建筑产业现代化意见的通知．渝府办发〔2014〕176 号,2014.
[82] 关于加快钢结构推广应用及产业创新发展的指导意见．渝府发〔2016〕2 号,2016.
[83] 关于加快推进住宅产业工作的指导意见．吉政发〔2013〕28 号,2013.
[84] 关于加快推进建筑产业现代化促进建筑产业转型升级的意见．苏政发〔2014〕111 号,2014.
[85] 常州市关于加快推进建筑产业现代化发展的实施意见．常政发〔2015〕195 号,2015.
[86] 江苏省装配式建筑(混凝土结构)项目招标投标活动的暂行意见．苏建规字〔2016〕1 号,2016.
[87] 关于推进建筑业转型升级加快改革发展的指导．陕政发〔2014〕31 号,2014.
[88] 天津城乡建设和交通领域 2013 年科技工作要点．津建科〔2013〕292 号,2013.
[89] 关于加快推进本市建筑产业现代化发展(2015—2017 年)实施意见的通知．津建科〔2015〕543 号,2015.
[90] 关于加快建筑业发展的意见．黔府发〔2014〕15 号,2014.
[91] 关于进一步推进全区住宅产业化工作的意见．宁建(房)字〔2010〕18 号,2010.
[92] 四川省关于推进建筑产业现代化发展的指导意见．川府发〔2016〕12 号,2016.
[93] 成都市关于加快推进装配式建设工程发展的意见．成府发〔2016〕16 号,2016.
[94] 浙江省深化推进新型建筑工业化促进绿色建筑发展实施意见．浙政办发〔2014〕151 号,2014.
[95] 浙江省人民政府办公厅关于推进新型建筑工业化的意见．浙政办发〔2012〕152 号,2012.
[96] 2016 年杭州市新型建筑工业化项目实施计划．杭建工业〔2016〕1 号,2016.
[97] 湖州市关于加快推进新型建筑工业化的实施意见．湖政办发〔2016〕7 号,2016.
[98] 河北省人民政府关于推进住宅产业现代化的指导意见．冀政发〔2015〕5 号,2015.
[99] 河北省人民政府办公厅关于大力发展装配式建筑的实施意见．冀政办字〔2017〕3 号,2017.
[100] 关于推进建筑产业现代化试点的指导意见．闽政办〔2015〕68 号,2015.
[101] 湖北省人民政府关于加快推进建筑产业现代化发展的意见．鄂政发〔2016〕7 号,2016.
[102] 武汉市人民政府关于加快推进建筑产业现代化发展的意见．武政规〔2015〕2 号,2015.
[103] 关于推进建筑产业现代化的指导意见．豫建〔2015〕78 号,2015.
[104] 关于海南省促进建筑产业现代化发展指导意见．琼府办〔2016〕48 号,2016.
[105] 关于推进建筑钢结构发展与应用的指导意见．甘建科〔2016〕31 号,2016.
[106] 云南省住房和城乡建设厅关于加快发展钢结构建筑的指导意见．云建设〔2015〕355 号,2015.
[107] 1996—2010 年建筑技术政策．建设部,1996.
[108] 2010 年发展规划纲要建筑钢结构工程技术政策．建设部,2000.
[109] “十一五”期间我国钢结构行业形势及发展对策．建设部,2007.
[110] 钢铁产业调整和振兴规划．国务院,2009.
[111] 建筑业十项新技术．住建部,2010.
[112] 中国制造 2025. 国务院,2015.
[113] 同济大学国家土建结构预制装配化研究技术研究中心．中国建筑工业化发展报告[M]. 北京:中国建筑工业出版社,2016.

附　　录

安徽省住房和城乡建设厅关于促进建筑业转型升级加快发展的实施意见

建市〔2013〕53号

各市住房城乡建设委(城乡建设委),广德、宿松县住房城乡建设委(局):

为贯彻落实《安徽省人民政府关于促进建筑业转型升级加快发展的指导意见》(皖政〔2013〕4号),按照扩规模、重品质、调结构、强活力的总体要求,加快全省建筑业改革发展步伐,以促进建筑业转型升级加快发展为动力,着力扩大建筑业产值和规模,着力提高产业集中度和外向度,着力提升行业核心竞争力,巩固和提升建筑业支柱产业地位,推动我省向建筑业大省迈进,特提出如下实施意见。

一、培育扶持建筑业骨干企业和成长性企业。加强分类指导,整合各种资源,支持骨干企业和成长性企业发展,在企业资质晋级、增项等方面予以重点扶持。优化建筑业产业结构,鼓励建筑企业向交通、铁路、城市轨道交通、电力、水利等高附加值领域拓展,逐步提升在高端建筑市场的专业施工能力。加快培育一批经营特色强、科技含量高、市场前景好的专业企业,重点扶持一批钢结构、幕墙、防腐等专业承包企业做专做精。以建大院、出大师、创精品为目标,促进勘察设计业转型升级做大做强,鼓励大型设计企业向工程咨询、项目管理和工程总承包领域发展,支持中小型工程勘察设计企业向专业技术公司发展。

二、积极推进建筑工业化。支持和引导有实力的企业开拓符合国家产业政策和重点投资产业领域,实现"一业为主、多种经营",向节能环保、新型建材、建筑构配件工业化生产等产业和上下游产品发展。支持钢结构、商品混凝土企业规模化发展,推动建筑产业园区建设,促进建筑部件工业化生产、机械化装配,加快建筑工业化、住宅产业化进程。提高建筑施工装备水平和装配能力,推进建筑装备制造业加快发展。

三、创新设计施工能力。充分发挥科技进步和新技术应用在勘察设计行业转型升级中的先导性作用,鼓励大中型勘察设计企业与科研机构和高等院校合作设立研发中心或博士后工作站。弘扬徽派建筑文化,繁荣建筑设计创作,提升建筑设计品质。支持建筑业企业利用高新技术改造传统建筑业,提升建筑产品品质,打造"徽匠"建筑品牌。支持鼓励大型骨干企业申报高新技术企业和组建国家、省级技术研发机构,享受相关优惠政策。

四、大力实施"走出去"战略。依托各级政府驻外办事机构和驻外建筑业服务机构为推动我省建筑业企业参与国内市场竞争创造条件。扩大设立区域性驻外建筑业服务机构,举办多形式推介活动,千方百计提高国内市场占有份额。支持鼓励我省一级及以上资质建筑业企业、工程设计甲级企业申报对外承包工程资格和援外成套项目实施企业资格,积极参与国际市场竞争。引导我省建筑业企业和工程设计企业与国内外矿产勘探开发企业合作,探索"以工程换资源"等方式开展对外工程承包。

五、规范建筑业市场秩序。依据招标投标法律法规，引导企业良性竞争。保证合理设计费、工程造价和工期，提倡实行建筑工程优质优价，并在工程合同中予以明确。获得“鲁班奖”“黄山杯”奖和国家、省级优秀工程勘察设计行业奖的企业，参加政府性投资工程项目的招标投标，在同等条件下可优先入围。支持本省大型骨干企业参与政府投资项目和重点工程投标活动，各地不得设置排斥性条款。建立健全建筑市场信用管理体系，建立全省统一信息共享的工程建设监管与信用体系平台。按照差别化的原则，创新建筑市场监管机制，强化建筑市场与施工现场两场联动，建立市场准入、清出机制。转变“重准入、轻监管”方式。完善守信奖励、失信惩戒制度，对依法诚信经营企业在有关管理事项中给予绿色通道服务等措施，将企业信用与各项保证(障)金下浮收取标准挂钩，形成公平竞争、规范有序的建筑市场环境。

六、强化工程质量安全监管。严格落实建设、勘察、设计、施工、监理等各方主体责任和政府部门监管责任。加强对施工图设计文件审查机构和检测机构的管理，加强对施工现场深基坑、高支模、脚手架和建筑起重机械等危险性较大分部、分项工程的重点监控和隐患排查，加强对质量安全监管人员和一线作业人员的安全教育培训，强化质量安全监管队伍和监管能力建设，充实技术力量和装备，提高质量安全监管人员监督执法水平。加快施工现场重大危险源数字化监管系统和施工现场关键岗位人员考核系统建设，进一步落实施工现场关键岗位人员在岗履职制度，有效防范建筑工程质量安全事故。

七、深化行政审批制度改革。简政放权，提高效能，委托下放部分审批事项，为企业资质升级和人员执业创造条件。推行企业资质网上申报审批，取消专家审查制度，减少审查审批环节，优化审批流程，将资质审批时间压缩至10个工作日，确保资质审批公平公正和公开透明，为建筑业企业转型升级做大做强提供优质服务。

八、开展建筑业评优评先活动。实施品牌战略，提升企业形象和竞争力。结合建筑业企业资质类别和等级制定评选办法和标准，每年表彰一批优秀建筑项目和优秀建筑业企业、优秀建筑业企业家。鼓励勘察设计企业和我省企业承担的省外工程项目，参加“黄山杯”工程奖和优秀建筑项目的申报评选。获得外省省级工程奖项的，享受本省同等待遇。加强宣传和舆论导向，积极营造建筑业发展良好的社会氛围。

九、加强人才队伍建设。进一步加快建筑业人才培养，着力培养和造就一批高素质的企业家、一批勘察设计领军人物、一批市场急需的项目经营管理人才和一批技术精湛的技术能手。落实相关政策支持，试行小型项目建造师制度，制定符合我省实际的建造师管理办法和实施意见，加强建造师继续教育，切实有效解决建造师等执业资格人员较为紧缺的问题。继续开展“建筑徽匠技能大赛”等行业竞赛，扩大“徽匠”品牌影响力，产生一批名师高徒和能工巧匠，促进社会就业。

十、积极落实建筑业发展支持政策。各级住房城乡建设行政主管部门要结合当地实际，认真制定行业发展规划和计划，纳入地方政府经济社会发展规划和年度工作目标，加强协调服务、指导监督和具体落实。制定落实扶持建筑业发展的具体政策措施，确保各项激励政策和措施执行落实到位，为建筑业做大做强提供有力保障。

2013年4月24日

安徽省人民政府办公厅关于印发安徽省绿色建筑行动实施方案的通知

皖政办〔2013〕37号

各市、县人民政府，省政府各部门、各直属机构：

经省政府同意，现将省住房和城乡建设厅制定的《安徽省绿色建筑行动实施方案》印发给你们，请结合实际，认真贯彻落实。

安徽省人民政府办公厅

2013年9月24日

安徽省绿色建筑行动实施方案

绿色建筑是在建筑的全寿命期内，最大限度地节约资源、保护环境和减少污染，为人们提供健康、适用和高效的使用空间，与自然和谐共生的建筑。开展绿色建筑行动，对转变城乡建设模式，破解能源资源瓶颈约束，改善群众生产生活条件，具有十分重要的意义。根据《国务院办公厅关于转发发展改革委、住房城乡建设部绿色建筑行动方案的通知》(国办发〔2013〕1号)要求，结合我省实际，制定本实施方案。

一、总体要求

把生态文明融入城乡建设的全过程，树立全寿命周期理念，切实转变城乡建设模式，提高资源利用效率，合理改善建筑舒适度，全面推进绿色建筑行动，推动我省城乡建设走上绿色、循环、低碳的科学发展轨道，加快建设资源节约型和环境友好型社会。

二、主要目标

“十二五”期间，全省新建绿色建筑1000万平方米以上，创建100个绿色建筑示范项目和10个绿色生态示范城区。到2015年末，全省20%的城镇新建建筑按绿色建筑标准设计建造，其中，合肥市达到30%。到2017年末，全省30%的城镇新建建筑按绿色建筑标准设计建造。

三、重点任务

(一)进一步强化建筑节能工作

1. 提升新建建筑节能标准执行率。加强建筑节能产品、技术市场和施工现场的监督管理，不断提高城镇建筑设计和施工阶段建筑节能标准执行率。鼓励有条件的地区和政府投资公益性建筑执行更高能效水平的建筑节能标准。

2. 推进既有建筑节能改造。建立完善既有建筑节能改造工作机制，国家机关既有办公建筑、政府投资和以政府投资为主的既有公共建筑未达到民用建筑节能强制性标准的，应当制定节能改造方案，按规定报送审查后开展节能改造。旧城区改造、市容整治、老旧小区综合整治、既有建筑抗震加固、围护结构装修和用能系统更新，应当同步实施建筑节能改造。鼓励采取合同能源管理模式进行公共建筑节能改造。

3. 加快可再生能源建筑规模化发展。推动太阳能、浅层地能、生物质能等可再生能源规模化应用，在适宜推广地区开展可再生能源建筑应用集中连片建设，加快推动美好乡村可再生能源建筑应用。建筑面积在1万平方米以上的公共建筑，应当至少利用1种可再生能源。具备太阳能利用条件的新建建筑，应当采用太阳能热水系统与建筑一体化的技术设计、建造和安装。

4. 加强公共建筑节能管理。建立住房城乡建设领域重点用能单位能源统计制度，建设公共建筑和公共机构能耗数据库及监测平台，完善公共建筑和公共机构能耗统计、能源审计和能耗公示制度。新建国家机关办公建筑和大型公共建筑应安装用能分项计量装置，强化建筑用能系统监测数据传输管理。开展大型公共建筑能耗限额管理试点，探索超限额用能用电差别化定价机制。加强建筑施工过程能耗监管，完善住房城乡建设领域重点用能单位能源统计工作，确保到"十二五"末，全省建筑业单位增加值能耗比"十一五"末下降10%。

（二）大力执行绿色建筑标准

推动公共建筑率先执行绿色建筑标准，其中公共机构建筑和政府投资的学校、医院等公益性建筑以及单体超过2万平方米的大型公共建筑要全面执行绿色建筑标准。鼓励各地保障性住房按绿色建筑标准建设，自2014年起，合肥市保障性住房全部按绿色建筑标准设计、建造。积极引导房地产项目执行绿色建筑标准，推动绿色住宅小区建设。

（三）积极推进绿色农房建设

住房城乡建设、农业等部门要加强农村村庄建设整体规划管理，针对不同类型村镇，编制农村住宅绿色建设和改造推广图集、村镇绿色建筑技术指南等，免费提供技术服务。大力推广太阳能热利用、围护结构保温隔热、省柴节煤灶等农房节能技术，科学引导农房执行建筑节能标准。

（四）深入开展绿色生态城区建设

省住房城乡建设厅制定出台安徽省绿色生态城区建设技术导则，指导各地做好城乡建设规划与区域能源规划的衔接，优化能源系统集成利用。加快绿色生态城区规划建设，建立包括绿色建筑比例、生态环保、公共交通、可再生能源利用、土地集约利用、再生水利用、废弃物回收利用等内容的指标体系，将其纳入控制性详细规划、修建性详细规划和专项规划，并落实到具体项目。

（五）加快推广适宜技术

开展绿色建筑共性和关键技术研究，探索符合我省实际的绿色建筑技术路线。加快编制安徽省绿色建筑技术指南和适宜技术推广目录，因地制宜推广可再生能源建筑一体化、屋面（立体）绿化、自然采光、自然通风、遮阳、高效空调、雨水收集、中水利用、隔音等成熟技术。

（六）大力发展绿色建材

因地制宜、就地取材，结合当地气候特点和资源禀赋，大力发展安全耐久、节能环保、施工便利的绿色建筑材料。加快发展防火隔热性能好的建筑保温体系和材料以及节能新型墙体材料，积极推广应用高性能混凝土、高强钢筋、散装水泥、预拌混凝土、预拌砂浆。建立绿色建材产品认证制度，编制安徽省绿色建材产品目录，强化绿色建材产品质量监督。

（七）推动建筑工业化

加快建立建筑工业化的设计、施工、部品生产等标准体系，积极推广适合工业化生产的预制装配式混凝土、钢结构等建筑体系，推进绿色施工。开展建筑工业化综合城市试点工作，努力提升建筑工业化应用率，试点城市保障性住房应率先采用建筑工业化方式建造。积极推行住宅全装修，鼓励新建住宅一次装修到位或菜单式装修，促进个性化装修和产业化装修相统一。

（八）严格建筑拆除管理

加强城市规划管理，维护规划的严肃性和稳定性。除基本的公共利益需要外，任何单位和个人不得随意拆除符合城市规划和工程建设标准且在正常使用寿命内的建筑。对违规拆除行为，要依法依规追究有关单位和人员的责任。住房城乡建设部门要研究制定建筑拆除的相关管理制度。

（九）推进建筑废弃物循环利用

严格落实建筑废弃物处理责任制，按照"谁产生、谁负责"的原则进行建筑废弃物的收集、运输和处理。加强建筑废弃物的分类、破碎、筛分等技术研发，推广利用建筑废弃物生产新型墙材产品。推行建筑废弃物集中处理和分级利用，设区城市要因地制宜设立专门的建筑废弃物集中处理基地。

四、保障措施

（一）严格责任落实

省政府将绿色建筑行动目标完成情况和措施落实情况纳入各市政府节能目标责任评价考核体系。成立由省住房城乡建设厅牵头，省有关部门组成的绿色建筑行动协调小组，负责研究制定全省绿色建筑行动年度工作计划，协调解决工作中的重大问题。发展改革部门要严格落实固定资产投资项目节能评估审查制度，强化对公共建筑项目执行绿色建筑标准情况的审查。住房城乡建设部门要强化绿色建筑项目规划设计及施工图审查，严肃查处违反工程建设标准和建筑材料不达标等行为。财政、税务部门要落实税收优惠政策，鼓励房地产开发商建设绿色建筑，引导消费者购买绿色住宅。各地要强化对绿色建筑行动的组织领导和统筹协调。

（二）加强政策扶持

省财政厅要加大投入力度，支持绿色建筑及绿色生态城区建设。省国土资源厅要研究制定促进绿色建筑发展在土地转让方面的政策。省科技厅要设立绿色建筑科技发展专项，组织开展绿色建筑科技研究，加快绿色建筑研究、创新载体建设。改进和完善对绿色建筑的金融服务，金融机构对绿色建筑的消费贷款利率可下浮 0.5%、开发贷款利率可下浮 1%。鼓励各地结合实际，对绿色建筑行动实行奖补，制定城市配套费减免等政策，研究容积率奖励等政策，在土地招拍挂出让规划条件中明确绿色建筑的建设用地比例。省有关部门在组织"黄山杯"、"鲁班奖"、勘察设计奖、科技进步奖等评选时，对取得绿色建筑评价标识的项目应优先入选或优先推荐。

（三）强化能力建设

加快完善绿色建筑设计、检测、星级评价标准规范，制定绿色建筑工程定额和造价标准，推进绿色建筑示范项目及政府投资的公益性建筑开展能效测评及绿色建筑评价标识工作。支持高等院校、科研院所、设计咨询企业等开展绿色建筑科研攻关，加强建筑规划、设计、施工、评价、运行等从业人员培训，开展绿色建筑规划和设计方案竞赛，组织绿色建筑创新奖评选，加快提升城乡生态规划和绿色建筑设计水平。

（四）推进示范引导

启动一批绿色生态城区示范建设和绿色校园、绿色医院、绿色办公建筑等示范项目，重点推进公共机构建筑和政府投资的公益性建筑、保障性住房等开展示范建设。鼓励有条件的地方开展绿色小城镇示范建设，推进既有城区的绿色改造。

各地、各有关部门要按照本方案的部署和要求，尽快制定相应的绿色建筑行动工作方案，加强统筹协调，狠抓工作落实，推动城乡建设模式和建筑业发展方式加快转变，努力推进生态强省建设。

安徽省人民政府办公厅关于加快推进建筑产业现代化的指导意见

皖政办〔2014〕36 号

各市、县人民政府，省政府各部门、各直属机构：

建筑产业现代化是指采用标准化设计、工业化生产、装配式施工和信息化管理等方式来建造和管理建筑，将建筑的建造和管理全过程联结为完整的一体化产业链。推进建筑产业现代化有利于节水节能节地节材，降低施工环境污染，提高建设效率，提升建筑品质，带动相关产业发展，推动城乡建设走上绿色、循环、低碳的发展轨道。为加快推进我省建筑产业现代化发展，经省政府同意，现提出以下指导意见：

一、总体要求

以工业化生产方式为核心，以预制装配式混凝土结构、钢结构、预制构配件和部品部件、全装修等为重点，通过推动建筑产业现代化，推进建筑业与建材业深度融合，切实提高科技含量和生产效率，保障建筑质量安全和全寿命周期价值最大化，带动建材、节能、环保等相关产业发展，促进建筑业转型升级。

二、主要目标

到 2015 年末，初步建立适应建筑产业现代化发展的技术、标准和管理体系，全省采用建筑产业现代化方式建造的建筑面积累计达到 500 万平方米，创建 5 个以上建筑产业现代化综合试点城市。综合试点城市当年保障性住房和棚户区改造安置住房采用建筑产业现代化方式建造比例达到 20%以上，其他设区城市以 10 万平方米以上保障性安居工程为主，选择 2～3 个工程开展建筑产业现代化试点。

到 2017 年末，全省采用建筑产业现代化方式建造的建筑面积累计达到 1500 万平方米；创建 10 个以上建筑产业现代化示范基地、20 个以上建筑产业现代化龙头企业；综合试点城市当年保障性住房和棚户区改造安置住房采用建筑产业现代化方式建造比例达到 40%以上，其他设区城市达到 20%以上。

2015 年起，保障性住房和政府投资的公共建筑全部执行绿色建筑标准。在新建住宅中大力推行全装修，合肥市全装修比例逐年增加不低于 8%，其他设区城市不低于 5%，鼓励县城新建住宅实施全装修。到 2017 年末，政府投资的新建建筑全部实施全装修，合肥市新建住宅中全装修比例达到 30%，其他设区城市达到 20%。

三、重点任务

(一)建立健全标准体系

以预制装配式混凝土(PC)和钢结构、预制构配件和部品部件等为重点，加快制定建筑产业现代化项目设计、生产、装配式施工、竣工验收、使用维护、评价认定等环节的标准和规范，健全工程造价和定额体系，提高部品部件的标准化水平，加快完善建筑产业现代化产品质量保障体系。制定新建住宅全装修技术和质量验收标准,完善设计、施工、验收技术要点,确保质量和品质。

(二)大力培育实施主体

引进国内外建筑产业现代化优势企业,吸收推广先进技术和管理经验,带动省内相关建筑业企业发展。支持引导省内建筑业企业整合优化产业资源,向建筑产业现代化方向发展,研究和建立企业自主的技术体系和建造工法。推广工程项目总承包和设计施工一体化,扶持一批创新能力强、机械化和装配化水平高的技术研发、设计、生产、施工龙头企业组成联合体,加快形成适应建筑产业现代化发展的产业集团。大力发展建筑产业现代化咨询、监理、检测等中介服务机构,完善专业化分工协作机制。

(三)加快发展配套产业

大力发展构配件和部品部件产业,完善研发、设计、制造、安装产业链,引导大型商品混凝土生产企业、钢材及传统钢结构生产企业加快技术改造,调整产品和工艺装备结构,向构配件和部品部件生产企业转型。围绕建筑产业现代化,积极发展设备制造、物流、绿色建材、建筑机械、可再生能源等相关产业,培育一批具有自主知识产权的品牌产品和重点企业。大力推进建筑产业现代化基地建设,形成完善的产业链,促进产业集聚发展。

(四)大力实施住宅全装修

加快推进新建住宅全装修,在主体结构设计阶段统筹完成室内装修设计,大力推广住宅装修成套技术和通用化部品体系,减少建筑垃圾和粉尘污染。引导房地产企业以市场需求为导向,提高全装修住宅的市场供应比重。推广菜单式装修模式,推出不同价位的装修清单,满足消费者个性化需求。合理确定不同类型保障性住房装修标准,保障性住房、建筑产业现代化示范项目全部实施全装修。房地产开发项目未按土地出让合同要求实施全装修的,不予办理竣工备案手续。实施住宅全装修分户验收制度,落实保修责任,切实保障消费者利益。

(五)加强科技创新推广

积极创建国家级建筑产业现代化研发推广展示中心,培养一批建筑产业现代化研发团队,支持高等院校、科研院所以及设计、施工等企业,围绕预制装配式混凝土结构、钢结构、全装修的先进适用技术、工法工艺和产品开展科研攻关,集中力量攻克关键材料、关键节点连接、钢结构防火防腐、抗震等核心技术,突破技术瓶颈,提升成果转化和技术集成水平。大力推广外遮阳、墙体保温一体化、厨卫一体化、可再生能源一体化等先进适用技术,以及叠合楼板、非砌筑类内外墙板、楼梯板、阳台板、雨棚板、建筑装饰部件、钢结构、轻钢结构等构配件和部品部件,不断提升应用比例。

(六)健全监管服务体系

加强管理制度建设,根据建筑产业现代化生产特点,创新项目招标、施工组织、质量安全、竣工验收等管理模式,建立结构体系、现场装配与施工、部品部件与整体建筑评价认证制度和资质审批认证制度,健全检验检测体系。实施建筑产业现代化构配件和部品部件推广目录管理制度,定期发布推广应用、限期使用和强制淘汰的建筑产业现代化技术、工艺、材料、设备目录,引导市场消费。建立建筑产业现代化全过程管理信息系统,实现建筑构配件和部品部件全过程的追踪、定位和维护,提升建筑产业现代化工程质量。加快培育建筑节能服务市场，建立健全建筑节能监管体系，建设省建筑能耗监管数据中心，不断提高建筑能源利用效率。

四、保障措施

（一）加强组织领导

省政府将建筑产业现代化工作纳入各市政府节能目标责任评价考核体系，建立由省住房城乡建设厅牵头、省有关部门参加的推进建筑产业现代化联席会议制度，负责研究制定全省建筑产业现代化发展规划和实施计划，协调解决工作推进中的重大问题，联席会议办公室设在省住房城乡建设厅。省住房城乡建设厅要组建专家委员会，指导编制行业发展规划和标准规范，加强对各地建筑产业现代化工作的技术指导。各市、县政府要根据当地实际，加强对建筑产业现代化工作的组织领导和统筹协调。

（二）落实扶持政策

采用建筑产业现代化方式建造的建筑享受绿色建筑扶持政策，符合条件的建筑产业现代化企业享受战略性新兴产业、高新技术企业和创新型企业扶持政策。省财政厅整合绿色建筑、产业发展、科技创新与成果转化、外经外贸、节能减排、人才引进与培训等专项资金，支持建筑产业现代化发展；会同省人力资源社会保障厅等部门制定出台建筑产业现代化工程工伤保险费计取优惠政策，按照国家部署加快推进建筑产业现代化构配件和部品部件生产装配环节营业税改征增值税试点。省科技厅每年从科技攻关计划中安排科研经费，用于支持建筑产业现代化关键技术攻关以及设计、标准、造价、工法、建造技术研究。鼓励高等院校、科研院所、企业等开展建筑产业现代化研究，符合条件的可享受相关科技创新扶持政策。省经济和信息化委加大建筑产业现代化产品推广力度，对预制墙体部分认定为新型墙体材料并享受有关优惠政策。省国土资源厅研究制定促进建筑产业现代化发展的差别化用地政策，在土地计划保障等方面予以支持。省物价局研究完善建筑产业现代化项目的设计收费政策。鼓励金融机构对建筑产业现代化产品的消费贷款和开发贷款给予利率优惠，开发适合建筑产业现代化发展的金融产品，支持以专利等无形资产作为抵押进行融资。

各地要结合实际，研究制定对建筑产业现代化及新建住宅全装修项目实行奖补、全装修部分对应产生的营业税和契税给予适当奖励等政策。在符合法律法规和规范标准的前提下，对建筑产业现代化及新建住宅全装修项目研究制定容积率奖励政策，具体奖励事项在地块招标出让条件中予以明确。土地出让时未明确但开发建设单位主动采用建筑产业现代化方式建造的房地产项目，在办理规划审批时，其外墙预制部分建筑面积（不超过规划总建筑面积的3%）可不计入成交地块的容积率核算。对采用建筑产业现代化方式建造的商品房项目，在办理《商品房预售许可证》时，允许将装配式预制构件投资计入工程建设总投资额，纳入进度衡量。各地在制定年度土地供应计划时，应明确采用建筑产业现代化方式建造和实施住宅全装修建筑的面积比例。对确定为采用建筑产业现代化方式建造和实施住宅全装修的项目，应在项目土地出让公告中予以明确，并将预制装配率、住宅全装修等内容列入土地出让和设计施工招标条件。

（三）推进示范带动

开展建筑产业现代化省级综合试点城市创建工作，支持产业基础良好、创建意愿较强的地方争创国家级建筑产业现代化综合试点城市。开展建筑产业现代化示范园区创建工作，辐射带动周边地区发展。各地要以保障性住房等政府投资项目和绿色建筑示范项目为切入点，全面开展建筑产业现代化试点和新建住宅全装修示范工作，新开工的保障性住房和棚户区改造安置住房要大力推广应用预制叠合楼板、预制楼梯、阳台板、空调板和厨卫一体化等部品部件，鼓励采用工业化程度较高的结构体系。积极引导房地产开发项目采用建筑产业现代化方式建造和实施全装修，推动企业在设计理念、技术集成、居住形态、建造方式和管理模式等方面实现根本性转变。

（四）强化培训宣传

加强建筑产业现代化设计、构配件和部品部件生产以及施工、管理、评价等从业人员培训，将相关政策、技术、标准等纳入建设工程注册执业人员继续教育内容，大力培养适应建筑产业现代化发展需求的产业工人，提高设计、生产、建造能力。充分发挥新闻媒体和行业协会作用，加强对企业和消费者的宣传，提高建筑产业现代化产品和新建住宅全装修在社会中的认同度，为推进建筑产业现代化发展营造良好氛围。

安徽省人民政府办公厅

2014 年 12 月 3 日

安徽省住房和城乡建设厅安徽省财政厅关于做好首批建筑产业现代化综合试点城市和示范基地建设工作的通知

建科函〔2014〕1983 号

各市住房城乡建设委(城乡建设委)、房地产管理局、财政局,宿松、广德县住房城乡建设委(局)、房地产管理局、财政局,各有关单位:

为深入贯彻落实安徽省人民政府办公厅《关于加快推进建筑产业现代化的指导意见》(皖政办〔2014〕36 号)精神,大力推进我省建筑产业现代化发展,省住房和城乡建设厅、省财政厅联合开展了安徽省建筑产业现代化综合试点城市和示范基地建设,经申报、评审、公示,合肥、蚌埠、滁州 3 个城市和安徽省建筑设计研究院有限责任公司等 6 家单位列入首批安徽省建筑产业现代化综合试点城市和示范基地,现予以公布,并就有关事项通知如下,请认真贯彻执行。

一、充分认识建筑产业现代化综合试点城市和示范基地建设的重要意义

推进建筑产业现代化发展是促进新型城镇化和新型工业化相互融合、转变城乡建设发展模式、推动节能减排和区域经济发展、实现建筑业转型升级的重要举措。开展综合试点城市及示范基地建设,有助于发挥地区整体优势,推进建筑产业现代化高水平、规模化应用,是推进建筑产业现代化发展的重要抓手。各地各单位要进一步提高思想认识,充分认识到试点示范工作的重要性,切实增强抓好工作的责任感与使命感,按照建设资源节约型、环境友好型社会的总体要求,以生态文明建设为目标,以建筑产业现代化综合试点城市和示范基地为载体,通过政策引导和试点示范引领,逐步形成龙头企业带动、产业资源集聚、社会分工明确,行业协同发展的新格局。

二、建筑产业现代化综合试点城市建设要求

(一)以政府为主体,建立建筑产业现代化长效推广协调机制

试点城市人民政府是综合试点城市的责任主体,应建立由政府牵头,住房城乡建设、房地产管理、财政等相关部门参加的议事协调机构,确定议事协调机构办公室,明晰发改、建设、房产、国土、规划、科技等部门及县区责任,统筹资源、形成合力,完善管理制度,抓好组织实施。

(二)以规划为核心,健全建筑产业现代化扶持政策法规体系

按照“积极稳妥、因地制宜”的原则,完善和出台推进建筑产业现代化发展的指导意见和发展规划,明确发展目标、重点任务和保障措施,提出约束性指标,并将其纳入地方经济社会发展规划和年度计划;在制定年度土地供应计划时,应明确采用建筑产业现代化方式建造和实施住宅全装修建筑的面积比例;应研究制定切实可行的配套激励政策,对建筑产业现代化

建设项目给予强力支持，逐步建立健全建筑产业现代化相关政策法规体系，加大建筑产业现代化推广力度。

（三）以保障性安居工程为重点，落实建筑产业现代化试点示范项目

各综合试点城市应以保障性住房、棚户区改造安置住房为重点，尽快落实试点示范项目，推行建筑产业现代化方式建造。同时，应激发市场主体内生动力，积极引导商品房项目采用建筑产业现代化方式建造。要遵循“分类实施、循序渐进”的原则，选取合适的技术路径和结构类型，鼓励在成熟应用预制叠合楼板、预制楼梯、阳台板、空调板等预制构配件和装配式装修的基础上，逐步推广工业化程度较高的结构体系。

（四）以改革为动力，开展建筑产业现代化监管模式创新

各综合试点城市应从项目立项、土地出让、规划审批、工程招标、设计审查、监管验收等方面，积极探索和建立与建筑产业现代化发展相适应的管理机制和模式。市建设行政主管部门应及时修订工程定额、工程量清单计价规范和造价标准；对拟运用尚无相应标准的结构体系、技术工艺项目，应组织专家严格论证，确保工程质量安全；加大 BIM 技术（建筑信息模型）应用范围，建立建筑产品全寿命期信息管理系统，保障建筑产业现代化健康发展，为全省推广提供试点经验。

（五）以转型发展为引导，加快建筑产业现代化龙头企业培育和产业集聚

各地要抓住建筑业转型升级机遇，引进、吸收国内外先进技术和管理经验，促进当地建筑业企业向建筑产业现代化方向转型，培育实施主体。要大力发展构配件和部品部件产业，加大土地保障、试点项目建设等方面扶持力度，鼓励当地大型商品混凝土生产企业、钢材及传统钢结构生产企业加快技术改造，调整产品和工艺装备结构，向构配件和部品部件生产企业转型，积极创建国家及省建筑产业现代化示范基地。

三、建筑产业现代化示范基地建设要求

（一）明确技术类型

各示范基地应优先选取、应用成熟的结构体系、部品部件、成套技术，重点推广装配式混凝土结构、钢结构和其他符合产业化标准的结构体系；符合标准化设计、工厂化生产、装配化施工条件的建筑墙板、楼梯板、叠合楼板、阳台板等非砌筑类部品部件；节能和新能源利用、整体厨卫、智能化等成套设备和技术。

（二）提升技术能力

各示范基地应总结提炼示范经验，加大科技研发投入力度，积极参与建筑产业现代化研发推广展示中心的建设，承担相关研究任务。积极参与相关标准规范的编制和建筑产业经济技术政策研究，加大科技投入，集中力量攻克关键材料、关键节点连接、钢结构防火防腐、抗震等核心技术，提升企业核心竞争力，积极争取战略性新兴产业、高新技术企业、创新型企业。

（三）扩大辐射范围

各示范基地应按“立足当地、辐射周边、面向全国”的原则，优化资源配置和产业布局，吸收推广先进技术和管理经验，打造拥有自主知识产权的品牌及产品，积极创建国家建筑产业现代化示范基地，带动相关配套产业发展，在满足当地市场需求的同时，逐步辐射带动周边地区，实现技术输出，扩大在全国的影响。

四、建筑产业现代化综合试点城市和示范基地建设任务

建筑产业现代化综合试点城市和示范基地应切实履行职责，按照时间节点，按时按质按量试点示范建设目标任务。综合试点城市和示范基地要严格实行统计报表制度，于每年5月15日、11月15日向省住房和城乡建设厅、省财政厅报告试点示范实施进展情况。

省住房和城乡建设厅、省财政厅将根据试点示范工程进度，进行不定期的监督检查、指导，对未能按照规定任务组织实施的综合试点城市和示范基地，限期整改，整改后仍不能达到要求的，将取消其综合试点城市、示范基地资格。

安徽省住房和城乡建设厅

安徽省财政厅

2014年12月25日

重点任务分工方案

序号	任　务	牵头部门	参加部门
1	推进制造过程智能化。编制智能制造发展规划，着力发展智能装备和产品，推进企业研发、生产、管理、服务过程智能化。引导制造方式向智能制造、网络制造转变，组织模式向专业化、小型化转变，组织实施智能制造试点示范专项行动，推进智能制造项目建设，打造智能工厂和数字化车间。引导企业开展智能制造基础性研究，加强产品标准化建设。提高智能装备应用水平。加快重点行业生产设备的智能化改造，大力实施“机器换人”工程，搭建工业机器人产需对接平台，组织实施工业机器人应用专项，在机械、钢铁、石化等领域选择重点企业实施工业机器人规模化应用。鼓励企业加强智能成套装备的整机集成设计、技术攻关与市场开拓，组织研发具有深度感知、智慧决策、自动执行功能的智能制造装备以及智能化生产线，提高精准制造、敏捷制造能力	省经济和信息化委员会	省发展和改革委员会、省科技厅、省财政厅、省质监局
2	推进“互联网＋”融合发展。制定我省“互联网＋”制造业融合发展路线图，发展基于互联网的众包设计、云制造、个性化定制等新型制造模式。实施安徽工业云及工业大数据创新应用试点，建设一批高质量的工业云服务和工业大数据平台。组织开发智能控制系统、工业应用软件、故障诊断软件和相关工具、传感和通信系统协议，推动软件与服务、设计与制造资源、关键技术与标准的开放共享，以协同制造方式提升互联网和产业融合发展水平	省经济和信息化委员会、省发展和改革委员会	
3	推广“两化”融合管理标准体系。加强示范引导，支持企业、行业和区域开展对标贯标工作。培育发展“两化”融合第三方服务机构，构建第三方服务体系。通过贯标工作，提高企业工艺流程、生产装备、过程控制等环节的信息技术集成应用水平	省经济和信息化委员会	省质监局
4	推进“名牌”计划。引导支持企业实施品牌价值管理体系国家标准，实施卓越绩效模式、精益生产等先进质量管理方法，围绕研发创新、生产制造、质量管理、营销服务、品牌推广全过程，提升内在素质，夯实品牌发展基础。建设品牌文化，引导企业增强以质量和信誉为核心的品牌意识，树立品牌消费理念，提高品牌附加值和软实力，促进安徽品牌向中国品牌、世界品牌提升。提升中药材品牌和加工水平	省经济和信息化委员会、省质监局	省工商局、省商务厅、省卫生计生委

（续表）

序号	任　务	牵头部门	参加部门
5	推进“名品”计划。围绕产业发展重点，引导企业参与国际标准、国家标准、行业标准的制订修订，形成一批拥有自主知识产权的技术、产品和标准。积极争取和参与标准创新研究基地建设，继续开展标准化示范企业创建，打造一批“技术领先、质量上乘、性能优良、用户赞誉、效益显著”的安徽工业精品	省经济和信息化委员会、省质监局	省科技厅
6	推进“名家”计划。实施企业经营者素质提升工程、新生代培养“万人计划”和战略性新兴产业“111”人才集聚工程，打造“皖军徽匠”。选拔培养一批制造业学术技术带头人，引进一批行业创新型团队和领军人才，打造一支高技能人才队伍，大力引进境外先进智力项目。建立经营人才库和企业家培训基地、高技能人才培训基地。支持企业建立院士工作站、博士后科研工作站和技能大师工作室	省经济和信息化委员会	省科技厅、省人力资源和社会保障厅
7	开展“强基强企强区”行动。强化工业基础能力建设，开发核心基础零部件，发展关键基础材料，推广先进工艺，建立完善重点领域公共技术创新和服务平台。培育领军企业，推进企业管理创新示范和优秀企业工程，做强骨干企业，积极培育“专精特新”中小企业和科技型小巨人企业，打造一批行业“单打冠军”和“配套专家”。支持现有工业园区改造升级，加快优势产业、企业、产品向园区集聚，加快安徽省战略性新兴产业集聚发展基地、高新技术产业基地建设，积极推进以省级产业集群专业镇为重点的县域工业园区和乡镇工业集中区转型升级，建设新型工业化示范基地和特色产业集群	省经济和信息化委员会	省发展和改革委员会、省科技厅、省教育厅、省财政厅、省质监局、省国防科工办
8	培育创新新动力。大力发展众创空间和网络众创平台，提供开放共享服务，集聚各类创新资源，吸引更多的人参与创新创造。鼓励用众包等模式开展设计研发、生产制造和运营维护，释放新需求、创造新供给，形成开发新产品新技术的不竭动力。进一步深化科技成果使用、处置和收益权改革，加大股权和分红激励，促进科技成果资本化、产业化	省经济和信息化委员会、省发展改革委、省科技厅	省财政厅、省人力资源和社会保障厅、省工商局
9	强化企业创新主体地位。构建以企业为主体、市场为导向、产学研相结合的创新体系。加强以企业技术中心为重点的科技创新体制机制建设，加快培育国家、省和市多层次的企业技术中心，建立优胜劣汰的考核评价机制，提升企业技术中心的整体效能和影响力	省经济和信息化委员会、省发展和改革委员会、省科技厅	
10	强化协同创新。开展省级行业技术中心的创建工作，鼓励产学研用协同创新，共同开展行业关键、共性技术研发，推动跨学科技术研究和应用，加速科技成果产业化，推进行业技术进步。建立一批产业创新联盟，完善科技成果转化协同推进机制	省经济和信息化委员会、省发展和改革委员会、省科技厅	

（续表）

序号	任 务	牵头部门	参加部门
11	强化知识产权运用。做好省级知识产权优势企业的培育和认定，树立一批以知识产权带动技术创新和生产经营的典型。加强自主知识产权新产品培育，健全知识产权创造、运用和保护机制，保护企业的合法权益，激发企业知识产权创造的积极性。鼓励组建知识产权联盟，通过专利评估、收购、转让交易，促进专利技术的转移转化，稳步推进专利标准化	省科技厅、省经济和信息化委员会、省发展和改革委员会	省财政厅、省工商局
12	高起点、大力度推进技术改造。每5年左右时间将规模以上工业企业改造一遍，推动制造业向中高端迈进。坚持改革、改组、改造结合，做优增量、盘活存量，支持企业瞄准国际同行业标杆，采用新技术、新设备和新工艺，推进技术改造升级。推动技术、产品、管理创新并举，引导企业加大科研投入，适应消费升级趋势，研发生产一批创新产品，加速产品更新换代。创新企业管理，改造优化采购物流、生产运营、营销服务等组织体系，提升企业运营效率。推动新技术、新产业、新业态发展，促进产品、企业、产业全面升级	省经济和信息化委员会	省发展和改革委员会、省科技厅、省财政厅、省国土资源厅、省环保厅、省质监局
13	稳步化解过剩产能。加强和改善宏观调控，按照“消化一批、转移一批、整合一批、淘汰一批”的原则，分业分类施策，有效化解产能过剩矛盾。建立完善预警机制，引导企业主动退出过剩行业。发挥市场机制作用，组织好钢铁、水泥等行业的准入和产业政策指导工作，综合运用法律、经济、技术及必要的行政手段，加快淘汰落后产能	省经济和信息化委员会、省发展和改革委员会	省财政厅、省工商局、省质监局
14	推动绿色制造。以节能环保产业“五个一百”专项行动为基础，研发推广节能环保工艺技术装备，加快推进传统制造业绿色改造升级，积极引领新兴产业高起点绿色发展。持续提高资源产出效率和绿色低碳能源使用比率，增强绿色精益制造能力。全面推行循环生产方式，推进资源高效循环利用和再制造产业发展。支持企业开发绿色产品，推行生态设计，建设绿色工厂和绿色园区，打造绿色供应链，壮大绿色产业，强化绿色监管，开展绿色评价	省经济和信息化委员会	省发展和改革委员会、省科技厅、省财政厅、省环保厅、省商务厅、省质监局
15	积极发展服务型制造。顺应“互联网＋”大趋势，倒逼制造业机制转型。鼓励工业企业开展个性化定制服务、全生命周期管理、网络精准营销和在线支持等制造服务，加快发展电子商务、文化创意等新型业态。发展互联网金融，支持企业建立财务公司、金融租赁公司、融资租赁公司等金融机构，推广大型设备、成套生产线等融资租赁服务	省经济和信息化委员会、省发展和改革委员会	省科技厅、省商务厅、省国资委、省质监局、省银监局

（续表）

序号	任　务	牵头部门	参加部门
16	大力发展生产性服务业。进一步放宽市场准入，完善行业标准，推动生产性服务业发展提速、比重提高、水平提升。重点发展工业设计、节能环保服务、检验检测、现代物流、信息技术服务等产业，提高对制造业转型升级的支撑能力。依托中心城市和工业集聚地，建设一批生产性服务业集聚区和示范园区	省经济和信息化委员会、省发展和改革委员会	省科技厅、省商务厅、省质监局
17	强化工业设计。开展国家级和省级工业设计中心的创建工作，调动市、县和企业开展工业设计的积极性。规范建设区域性、专业性工业设计服务平台，打造一批工业设计产业园区，培育壮大工业设计人才队伍，促进工业设计和工艺美术产业集聚发展，推动新型工业设计成果的孵化产业化	省经济和信息化委员会	省发展和改革委员会、省教育厅、省科技厅、省人力资源和社会保障厅
18	推动商业模式创新。鼓励企业发展移动电子商务、在线定制、O2O、C2B、C2M等新模式，通过细分市场或改变消费方式来创造新的需求，创新业务协作流程，对产品设计、品牌推广、营销方式、物流渠道、支付结算、售后服务等环节进行创新，发挥实体店展示、体验功能，以新型业态促进线下生产与销售	省经济和信息化委员会	省商务厅
19	重点推动新一代电子信息、智能装备、节能和新能源汽车、智能家电、节能环保、新材料、生物医药和高性能医疗器械、农机装备和工程机械、航空航天装备、轨道交通装备、海洋工程装备及高技术船舶、电力装备等高端制造业领域发展和冶金、建材、化工、纺织、食品加工等优势传统产业改造提升	省经济和信息化委员会、省发展和改革委员会	省科技厅、省财政厅、省交通运输厅、省农委、省食品药品监管局、省国防科工办
20	坚持项目带动。按照经济工作项目化、项目工作责任化要求，针对中国制造2025重点领域，研究建立投资项目库，引导企业和社会投资，积极对接《中国制造2025》重大工程和重点领域、国家重大工程包、专项建设基金等，争取国家项目支持。建设工业和信息化领域专家库及制造业公共服务平台，汇集各类生产要素，整合社会资源，建立健全多层次项目体系。落实督新建保开工、督续建保竣工、督竣工保达产、督储备保转化“四督四保”责任要求，一企一诊断、一企一方案，加快推进项目实施，提高项目开工率、竣工率、达产率和转化率	省经济和信息化委员会、省发展和改革委员会	省财政厅、省科技厅、省国土资源厅、省住房和城乡建设厅、省环保厅

（续表）

序号	任　务	牵头部门	参加部门
21	加大财税扶持。统筹使用省开发投资基金和省高新技术产业投资基金，设立安徽制造2025、传统产业改造升级、中小企业发展、电子信息产业（集成电路）、云计算大数据等子基金，用足用活国家和省产业基金政策。发挥财政资金导向作用，加大财政专项资金整合支持力度，扩大技术改造专项资金规模，用好省战略性新兴产业集聚发展基地建设专项资金，重点支持智能制造、"四基"工程等领域。全面落实技改贴息补助、设备补助、购买诊断服务、研发费用加计扣除、固定资产加速折旧、进口设备免税等优惠政策，完善首台（套）重大技术装备保险补偿机制。运用政府和社会资本合作（PPP）模式，引导社会资本参与制造业重大项目建设和企业技术改造	省财政厅、省国税局、省地税局、省经济和信息化委员会、省发展和改革委员会	省科技厅、省政府金融办
22	加强金融支持。加快多层次资本市场建设，支持企业在境内外资本市场挂牌、上市、发债，扩大资本市场融资规模，支持上市公司再融资和并购重组，发展区域性股权交易市场、供应链金融和互联网金融，加快债券发行和创新。加强政策性融资担保体系建设，实施"4321"新型政银担合作机制。设立续贷"过桥"资金，全面开展"税融通"、小额票据贴现等业务，引导银行扩大贷款规模，提高制造业贷款审批效率。积极发展小微金融服务主体，支持企业开展融资租赁，创新开展多元化质押业务和资产证券化试点	省政府金融办、人行合肥中心支行、省银监局、省证监局、省保监局、省经济和信息化委员会、省发展和改革委员会	省财政厅、省商务厅、省国资委
23	推进创业创新。积极发展众创、众包、众扶、众筹"四众"创新模式，围绕产业链、部署创新链，打造创新支撑平台，大力扶持研发机构、产业联盟、技术联盟等产业创新平台建设，培育一批国家和省级小微企业创业示范基地。修改中小企业促进条例，着力推进"个转企、小升规、规改股"，大力培育市场主体，大力培育专精特新企业，建设智慧产业集群，助推小微企业和创业者成长。进一步落实我省创新型省份建设"1＋6＋2"配套政策、科技企业孵化器税收优惠政策，以及工业设计中心、企业技术中心奖补政策，高层次科技人才团队在皖创业创新扶持政策等，构建普惠性创新支持政策体系。厚植创业创新文化，营造创业光荣、创新得利、创造伟大的氛围	省科技厅、省经济和信息化委员会、省发展和改革委员会	省财政厅、省政府金融办、省人力资源和社会保障厅、省商务厅、省教育厅、省证监局、人行合肥中心支行、省银监局

（续表）

序号	任　务	牵头部门	参加部门
24	夯实人才支撑。创新人才使用、引进、培养机制，优化人才发展环境，打造一批“新徽商”企业家和“皖军徽匠”。实施人才高地建设工程，开展企业经营者素质提升和新生代培养“万人计划”，培育认定一批“徽商英才”“明日之星”“创业能手”；发挥高校作用，实施卓越工程师培养计划和江淮英才工程，重点培养紧缺专业技术人才；加强应用型高校、职业院校和技师（技工）院校、公共职业训练基地建设，打造一批高素质产业队伍。建立安徽省制造强省专家咨询委员会，完善各类人才信息库和信息发布平台。创新人才评价机制，推进职称制度和职业资格制度改革，加强制造业引智力度，完善人才配套服务措施	省人力资源和社会保障厅、省教育厅、省经济和信息化委员会	省科技厅
25	优化发展环境。成立省推进制造强省建设领导小组，由省政府负责同志任组长、省有关单位负责同志为成员，统筹协调推进制造强省建设全局性工作。领导小组办公室设在省经济和信息化委，承担日常综合协调和督促检查等工作。建立安徽制造业发展评价指标体系，加强运行监测分析，并纳入各级政府目标管理绩效考核和评价指标体系。推进简政放权，深化商事制度改革，严格实施“三个清单”制度，加强制造业发展战略、规划、政策、标准等制定和实施。深化国有企业改革，积极发展混合所有制企业。推进制造业开放发展，深化与央企、知名民企和外企合作，鼓励省外企业在我省设立研发机构，引导省外资金、技术投向我省先进制造业；鼓励优势企业开展跨境先进技术合作、并购和投资，建立境外研发中心、实验基地和全球营销及服务体系，提升企业国际经营能力和竞争力	省经济和信息化委员会	省有关部门

安徽省人民政府关于在化解钢铁煤炭行业过剩产能中做好职工安置工作的实施意见

皖政〔2016〕52 号

各市、县人民政府，省政府各部门、各直属机构：

为全面贯彻落实习近平总书记视察安徽重要讲话精神，根据中央关于推进供给侧结构性改革的部署，以及省委、省政府《关于印发〈安徽省扎实推进供给侧结构性改革实施方案〉的通知》（皖发〔2016〕21 号）和人力资源社会保障部、国家发展改革委、工业和信息化部、财政部、民政部、国资委、全国总工会《关于在化解钢铁煤炭行业过剩产能实现脱困发展过程中做好职工安置工作的意见》（人社部发〔2016〕32 号）要求，现就我省在化解钢铁、煤炭行业过剩产能中做好职工安置工作提出以下实施意见：

一、总体要求

坚持企业主体、地方组织、依法依规的原则，更多运用市场办法，因地因企制宜，分类有序施策，通过鼓励企业挖潜消化一批、落实岗位补贴稳定一批、实施内部退养分流一批、组织岗位对接就业一批、落实扶持政策创业一批、提供援助服务托底一批，稳妥做好职工安置工作，维护好职工和企业双方的合法权益，兜牢民生底线，扎实增进人民群众的获得感，为推进我省供给侧结构性改革营造和谐稳定的社会环境。

二、主要任务

（一）鼓励企业挖潜消化一批

支持企业利用现有场地、设施和技术，通过转型转产、多种经营、主辅分离、辅业改制、培训转岗、开展“双创”等方式，多渠道分流安置富余人员。对企业为促进职工转岗安置开展的职业培训，可按规定从就业补助资金中给予 200～1300 元/人的职业培训补贴。支持兼并重组后的新企业更多吸纳原企业职工。对政策性关闭的企业，从失业保险省级调剂金中给予职工安置补贴。

（二）落实岗位补贴稳定一批

支持企业通过与工会或职工依法协商，采取协商薪酬、灵活工时等，稳定现有岗位。对不裁员或少裁员的企业，按规定由失业保险基金给予稳岗补贴。

（三）实施内部退养分流一批

对距法定退休年龄 5 年之内、再就业有困难的，在职工自愿选择、企业同意，并签订协议后，可实行内部退养。由企业发放生活费，并缴纳基本养老保险费和基本医疗保险费，个人缴费部分由职工继续缴纳，达到退休年龄时正式办理退休手续。企业主体消亡的，可通过预留社会保险费和生活费、由所在市政府指定的机构代发生活费方式实行退养。

1. 免缴 3 项社会保险费。对退养人员，免除企业和个人缴纳的失业、工伤和生育保险费，个人按规定享受相关社会保险待遇。

2. 增补稳岗补贴。统筹地区可以在不超过当年征收失业保险费50%限额内，由失业保险基金根据退养人数适当增补稳岗补贴。

3. 给予社会保险补贴。根据企业退养人数，从就业补助资金中给予适当社会保险补贴。

4. 退养人员应在企业职工安置方案通过时一次性确定。

(四)组织岗位对接就业一批

1. 提供精准就业服务。全面了解拟分流职工的技能水平、就业愿望、岗位需求等情况，制订再就业帮扶计划，举办专场招聘会，让职工获得更多的转岗就业机会。

2. 实施“就业新起点”计划。为失业人员及时办理失业登记，对领取失业保险金人员给予800元以内的求职补贴，免费提供就业指导、职业介绍、政策咨询等“一对一”就业服务。

3. 开展就业技能培训。对有培训意愿的职工和失业人员，开展转岗培训或技能提升培训，重点开展订单定向技能培训，确保“培训一人、就业一人”。对就业困难人员，培训期间给予生活费补助。

4. 支持企业吸纳就业。用人单位招用领取失业保险金人员，签订12个月以上劳动合同并按时足额缴纳失业保险费6个月以上的，按所招用领取失业保险金人员应领未领失业保险金的一定比例给予用人单位不超过每人5000元的就业补贴。具体标准由各市确定。

5. 组织转移就业。对钢铁、煤炭企业较为集中的市及独立工矿区，开展跨地区或跨行业就业岗位对接和有组织的劳务输出，通过公开招标、委托等方式，动员人力资源服务机构组织职工或失业人员转移就业，根据组织就业的人数，从就业补助资金中给予人力资源服务机构就业创业服务补助和一次性奖励，对就业困难人员给予一次性交通补贴。

(五)落实扶持政策创业一批

1. 提供创业服务。对有创业意愿的职工和失业人员，提供创业培训，有针对性地提供创业指导、项目咨询和跟踪服务。

2. 落实创业扶持政策。对从事个体经营或注册企业的，按规定给予税费减免、创业担保贷款、场地安排等政策扶持。

3. 鼓励失业人员创业。领取失业保险金人员自主创业的，可申领创业补贴，标准为其应领未领的失业保险金和同期由失业保险基金代缴的城镇职工基本医疗保险费。上述新创办企业连续缴纳失业保险费满6个月的，可申领5000元创业成功补贴。

(六)提供援助服务托底一批。

1. 实施就业援助。对就业困难人员建档立卡，提供“一对一”就业援助，确保零就业家庭动态“清零”。通过购买服务等方式，引导人力资源服务机构为就业困难人员提供就业服务，根据服务成效给予就业创业服务补助。对与就业困难人员签订劳动合同并为其缴纳社会保险费的用人单位，给予社会保险补贴，标准是单位为劳动者缴纳的5项社会保险费用(不含劳动者自己缴纳部分)。对从事灵活就业的就业困难人员，每人每月给予250元养老保险补贴、60元医疗保险补贴。

2. 开发公益性岗位安置。对通过市场渠道确实难以就业的大龄困难人员和零就业家庭人员，通过政府购买公益性岗位予以托底安置，并给予社会保险和岗位补贴。社会保险补贴以单位为劳动者缴纳的5项社会保险费用为标准(不含劳动者自己缴纳部分)给予用人单位，岗位补贴按每人每月不超过当地最低工资50%的标准给予劳动者，按每人每月100元标准给予用人单位。

三、保障措施

（一）加强组织领导

做好在化解钢铁煤炭行业过剩产能中的职工安置工作涉及面广，政策性强，工作难度大，各地要更加关注就业问题，把职工安置工作作为化解过剩产能工作的重中之重，纳入整体改革方案。要在各级政府化解过剩产能工作领导小组的统一领导下，建立人力资源社会保障部门牵头，发展改革、经济和信息化、财政、民政、国有资产监管、工会等部门和组织参加的工作协调机制。人力资源社会保障部门负责统筹本地区职工安置工作，制定工作方案，督促政策落实，开展工作调度。国有资产监管部门负责国有企业职工安置工作，会同人力资源社会保障、财政等部门共同审核企业职工安置方案，协调处置突发问题。财政部门负责资金保障工作。对涉及职工人数多、安置任务重、稳定压力大并可能引发不稳定因素的地区和企业，有关部门要及早有针对性地采取防范措施，并及时向当地党委、政府和上级人力资源社会保障部门、工会组织报告。

（二）指导企业制定职工安置方案

企业要按照国家有关法律法规和政策制定并落实职工安置方案。职工安置方案应明确涉及职工情况、职工分流安置方式、劳动关系处理、经济补偿支付、偿还拖欠职工工资及社会保险费、职工安置资金来源渠道、促进再就业等内容，按规定经职工代表大会或全体职工讨论通过后公布实施，并报上级人力资源社会保障、国有资产监管、财政部门备案。

（三）落实政策和资金保障

落实失业保险待遇和稳岗补贴所需资金，从失业保险基金中支出。企业职工、失业人员享受就业创业扶持政策所需资金，可从就业补助资金中列支，其中社会保险补贴、公益性岗位补贴的期限，除对距法定退休年龄不足5年（含5年）的人员可延长至退休外，其余人员最长不超过3年（以初次核定其享受补贴时年龄为准）。中央财政下拨的工业企业结构调整专项奖补资金，由省统筹用于解决钢铁、煤炭行业化解过剩产能中企业职工安置问题。

（四）妥善处理劳动关系

企业实施兼并重组吸纳原企业职工的，继续履行原劳动合同。发生合并或分立等情形的，由承继其权利和义务的企业继续履行原劳动合同，经与职工协商一致可以变更劳动合同约定的内容，职工在企业合并、分立前的工作年限合并计算为在现企业的工作年限；职工转岗安置或内部退养的，双方协商一致后依法变更劳动合同，不支付经济补偿金。企业在被依法宣布破产、责令关闭或决定提前解散等情形下主体消亡的，应与职工依法终止劳动合同，职工可自愿选择领取经济补偿金或预留社会保险费和生活费。企业与职工解除或终止劳动合同的，应依法支付经济补偿金，偿还拖欠职工在岗期间的工资，补缴欠缴的社会保险费。企业使用被派遣劳动者的，要按照《劳动合同法》《劳务派遣暂行规定》妥善处理好用工单位、劳务派遣单位、被派遣劳动者三方的权利和义务。

（五）加强社会保障衔接

对符合领取失业保险金条件的人员，按规定发放失业保险金和其他失业保险待遇。对符合最低生活保障条件的家庭，应按规定纳入最低生活保障范围。对解除或终止劳动合同人员重新就业的，新就业单位要为其及时办理参保缴费、社会保险关系及档案转移接续手续，原企业及存档单位要配合做好相关工作。对未被其他单位招用的人员自愿参加养老保险、医疗保险的，可按灵活就业人员办法执行。按照《工伤保险条例》和人力资源社会保障部、财政部等四部委《关于做好国有企业老工伤人员等纳入工伤保险统筹管理有关工作的通知》（人社部发〔2011〕10号）规定，妥善解决工伤人员的待遇问题。

（六）注重宣传引导

要重视做好政策解释和思想政治工作，充分发挥基层党组织、工会等作用，深入宣传化解过剩产能的重要性和紧迫性，宣传职工分流安置政策，引导分流安置职工认清形势、转变观念，更好地理解、支持并主动参与改革。要推广职工安置工作先进典型经验，发挥示范带动作用。要加强舆论引导，及时回应社会关切，耐心细致解读政策，不回避问题，不激化矛盾，正确引导社会预期，努力营造良好舆论氛围。

本实施意见的各项政策实施期限暂定为2016—2020年。具体实施细则由省人力资源和社会保障厅、省财政厅等部门另行制定。

安徽省人民政府

2016年6月10日

安徽省人民政府关于钢铁行业化解过剩产能实现脱困发展的实施意见

皖政〔2016〕77号

各市、县人民政府，省政府各部门、各直属机构：

为贯彻落实《国务院关于钢铁行业化解过剩产能实现脱困发展的意见》（国发〔2016〕6号）和《中共安徽省委安徽省人民政府关于印发〈安徽省扎实推进供给侧结构性改革实施方案〉的通知》（皖发〔2016〕21号）精神，结合我省实际，现就做好我省钢铁行业化解过剩产能，推动钢铁企业脱困发展、提质增效，提出以下实施意见。

一、总体要求

（一）指导思想

全面贯彻落实党的十八大和十八届三中、四中、五中全会精神，深入贯彻落实习近平总书记系列重要讲话特别是视察安徽重要讲话精神，按照“五位一体”总体布局和“四个全面”战略布局，牢固树立并贯彻落实创新、协调、绿色、开放、共享的发展理念，按照党中央、国务院和省委、省政府关于深化国有企业改革的决策部署，扎实推进科技、产业、企业、产品、市场创新，深入实施调结构转方式促升级行动计划，按照市场倒逼、企业主体、政府支持、依法处置的原则，综合运用市场机制、经济手段和法治办法，因地制宜、分类施策、标本兼治，积极稳妥化解过剩产能，加快转型升级。

（二）基本原则

坚持市场倒逼、企业主体。健全公平开放透明的市场规则，强化市场竞争机制和倒逼机制，提高有效供给能力，引导消费结构升级。发挥企业主体作用，保障企业自主决策权。

坚持政府推动、政策引导。完善体制机制，规范政府行为。发挥政府和企业主动作用，积极有序化解过剩产能，确保社会稳定。

坚持突出重点、依法依规。把省属钢铁企业化解过剩产能作为重点，率先取得突破。强化法治意识，依法依规化解过剩产能，切实保障企业和职工的合法权益，落实好各项就业和社会保障政策。

（三）工作目标

2016—2020年，全省压减生铁产能384万吨、粗钢产能506万吨；分流安置职工约2.9万人，力争2018年底前完成。到2020年，钢铁企业生产经营成本和资产负债率进一步降低，全员劳动生产率和企业盈利能力显著提高，年人均产钢量力争达到1000吨，现代企业制度进一步完善，市场竞争力和抗风险能力明显增强。

二、主要任务

（一）严禁新增产能

加强钢铁行业项目管理，各地、各部门不得以任何名义、任何方式备案新增钢铁产能项目。积极引导有效产能向优势企业集中;所有新备案钢铁项目必须落实产能置换指标,并向社会公告。对新增钢铁产能项目,各相关部门和机构不得办理土地供应、能评、环评、安评审批和新增授信支持等相关业务。对违法违规建设的,要追究责任。

(责任单位:省发展和改革委员会、省经济和信息化委员会、省国资委、省国土资源厅、省环保厅、省质监局、省安全监管局、人行合肥中心支行,各市政府。列第一位的为牵头单位,下同)

(二)化解过剩产能

1. 依法依规退出。充分发挥市场在资源配置中的决定性作用,对已不具备生存发展条件的企业,不得给予输血保护。严格执行环保、能耗、质量、安全、技术等法律法规和产业政策,达不到标准要求的钢铁产能要依法依规退出。

环保方面:严格执行环境保护法,对污染物排放达不到《钢铁工业水污染物排放标准》《钢铁烧结、球团工业大气污染物排放标准》《炼铁工业大气污染物排放标准》《炼钢工业大气污染物排放标准》《轧钢工业大气污染物排放标准》等要求的钢铁产能,实施按日连续处罚;情节严重的,报经有批准权的人民政府批准,责令停业、关闭。

能耗方面:严格执行节约能源法,对达不到《粗钢生产主要工序单位产品能源消耗限额》等强制性标准要求的钢铁产能,应在 6 个月内进行整改。确需延长整改期限的,可提出不超过 3 个月的延期申请,逾期未整改或未达到整改要求的,依法关停退出。

质量方面:严格执行产品质量法,对钢材产品质量达不到强制性标准要求的,依法查处并责令停产整改,在 6 个月内未整改或未达到整改要求的,依法关停退出。

安全方面:严格执行安全生产法,对未达到企业安全生产标准化三级、安全条件达不到《炼铁安全规程》《炼钢安全规程》《工业企业煤气安全规程》等标准要求的钢铁产能,要立即停产整改,在 6 个月内未整改或整改后仍不合格的,依法关停退出。

技术方面:按照《产业结构调整指导目录(2011 年本)(修正)》的有关规定,关停并拆除 400 立方米及以下炼铁高炉(符合《铸造用生铁企业认定规范条件》的铸造用高炉除外)、30 吨及以下炼钢转炉(铁合金转炉除外)、30 吨及以下炼钢电炉(机械铸造电炉除外)等落后生产设备。对生产地条钢的企业,要立即关停,拆除设备,并依法处罚。

2. 引导主动退出。鼓励有条件的企业根据自身发展需要,调整发展战略,尽快退出已停产的产能。鼓励有条件的钢铁企业实施跨行业、跨地区、跨所有制减量化兼并重组,退出部分过剩产能。对实施减量化重组的企业办理生产许可证的,优化程序,简化办理。对不符合城市发展规划的钢厂,不具备搬迁价值和条件的,鼓励其实施转型转产;具备搬迁价值和条件的,支持其实施减量搬迁。鼓励企业结合“一带一路”建设,通过开展国际产能合作转移部分产能,实现互利共赢。

3. 拆除相应设备。钢铁产能退出须拆除相应冶炼设备。具备拆除条件的应立即拆除;暂不具备拆除条件的设备,应立即断水、断电,拆除动力装置,封存冶炼设备,企业向社会公开承诺不再恢复生产,同时在省经济和信息化委网站公示,接受社会监督,并限时拆除。

(责任单位:省经济和信息化委员会、省发展和改革委员会、省国资委、省国土资源厅、省环保厅、省商务厅、省质监局、省安全监管局、合肥海关、人行合肥中心支行,有关市政府)

(三)深化企业改革

马钢集团要围绕增强活力深化改革,完善内部治理结构,形成激励约束相统一的薪酬分配和用工用人市场化机制，充分调动广大干部职工干事创业的积极性；围绕优化布局深化改革，优化国有资本投向，着力向产业链、价值链中高端集中，努力提高国有资本质量和效率；围绕提质增效深化改革，大力瘦身健体、降本增效，加快解决历史遗留问题；围绕防止流失深化改革，强化内部管控、外部监督，确保国有资产保值增值；围绕加强党建深化改革，充分发挥企业党组织的政治核心作用，从严落实管党治党责任。通过深化改革，努力降低生产经营成本、降低资产负债率，提高全员劳动生产率、提高企业盈利能力，加快建立现代企业制度，提升企业综合竞争力。

（责任单位：省国资委、省发展和改革委员会、省经济和信息化委员会、省财政厅、省人力资源和社会保障厅，有关市政府）

（四）推动转型升级

各地要把化解过剩产能与实施区域发展规划、产业规划等重点工作相结合，加大技术创新和技术改造力度，支持优势钢铁企业实施智能制造，深入推进绿色发展；加强与下游用钢企业合作，研发高端品种和特专产品定制；树立质量标杆，升级产品标准，加强品牌建设，全面提升主要钢铁产品的质量稳定性和性能一致性，形成一批具有较强竞争力的企业品牌和产品品牌。优化钢材消费结构，推广应用节能、节材、轻量化高品质钢材和钢结构建筑。

（责任单位：省发展和改革委员会、省经济和信息化委员会、省国资委、省财政厅、省住房和城乡建设厅、省工商局、省质监局，有关市政府）

（五）严格执法监管

大力度、高频率地开展执法检查。加强环保执法，全面排查钢铁行业环保情况，依法处置环保不达标的钢铁企业。加大能源消耗执法检查力度，全面调查钢铁行业能源消耗情况，严格依法处置生产工序单位产品能源消耗不达标的钢铁企业。加强产品质量管理执法，严厉打击无证生产等违法行为。对因工艺装备落后、环保和能耗不达标被依法关停的企业，注销生产许可证。严格安全生产监督执法，依法查处不具备安全生产条件的钢铁企业。加大信息公开力度，依法公开监测信息，接受社会公众监督。对典型案例严肃处理、联合惩戒、公开曝光，保持对违法违规行为的高压态势，维护公平竞争的市场秩序。

（责任单位：省环保厅、省发展改革委、省质监局、省安全监管局，有关市政府）

三、政策措施

（一）落实资金支持

化解钢铁过剩产能职工分流安置费用，原则上中央和省共同承担50%，市（县）政府和企业共同承担50%，企业承担费用兜底责任。根据任务困难程度、完成进度、职工安置情况等因素，合理分配奖补资金，充分发挥奖补资金在化解过剩产能中的支持和激励作用。人员安置费用要设立共管账户，实行专户管理、专账核算、专款专用，确保资金使用安全。

（责任单位：省财政厅、省发展和改革委员会、省经济和信息化委员会、省国资委、省人力资源和社会保障厅、省国土资源厅，有关市政府）

（二）做好职工安置

要把职工安置作为化解过剩产能工作的重中之重，坚持企业主体、依法依规，科学编制职工分流安置方案，细化政策措施，通过鼓励企业挖潜消化一批、落实岗位补贴稳定一批、实施内部退养分流一批、组织岗位对接就业一批、落实扶持政策创业一批、提供援助服务托底一批，稳妥做好职工安置工作，维护好职工和企业双方的合法权益。职工安置计划不完善、资金保障不到位以及未经职工代表大会或全体职工讨论通过的职工安置方案，不得实施。具体政策按照《安徽省人民政府关于在化解钢铁煤炭行业过剩产能中做好职工安置工作的实施意见》(皖政〔2016〕52 号)执行。

(责任单位：省人力资源和社会保障厅、省财政厅、省发展和改革委员会、省经济和信息化委员会、省国资委，有关市政府)

(三)加大金融支持

1. 落实有保有控的金融政策，对化解过剩产能、实施兼并重组以及有前景、有效益的钢铁企业，按照风险可控、商业可持续原则加大信贷支持力度，支持各类社会资本参与钢铁企业并购重组。

2. 运用市场化手段妥善处置企业债务和银行不良资产，落实金融机构呆账核销的财税政策，以及金融机构加大抵债资产处置力度的财税支持政策。支持银行加快不良资产处置进度，支持银行向金融资产管理公司打包转让不良资产，提高不良资产处置效率。

3. 支持社会资本参与企业并购重组，鼓励保险资金等长期资金创新产品和投资方式，参与企业并购重组，拓展并购资金来源。

4. 严厉打击企业逃废银行债务行为，依法保护债权人合法权益。有关市政府建立企业金融债务重组和不良资产处置协调机制，组织协调相关部门支持金融机构做好企业金融债务重组和不良资产处置工作。

(责任单位：省政府金融办、省国资委、省发展和改革委员会、省财政厅、省国税局、省地税局、人行合肥中心支行、安徽银监局、安徽证监局、安徽保监局，有关市政府)

(四)盘活用好土地资源

产能过剩退出企业涉及的国有土地可交由政府收回，政府收回国有土地使用权后的出让收入，可按规定通过预算安排支付退出国有企业职工安置费用；也可由企业自行处理，在符合规划和转让条件的前提下，允许土地使用权人分割转让土地使用权。涉及原划拨土地使用权转让的，经批准可采取协议出让方式办理用地手续。兼并重组、转产转型企业的土地，涉及改变用途的，经批准可采取协议出让方式办理用地手续，转产为国家鼓励发展的生产性服务业的，可以 5 年为限继续按原用途和土地权利类型使用土地；工业用地不涉及改变用途的，提高土地利用率和增加建设容积率可不再增收土地价款。

(责任单位：省国土资源厅、省发展和改革委员会、省财政厅、省国资委，有关市政府)

(五)加快"三供一业"移交

加快推进省属钢铁企业分离办社会职能，尽快完成"三供一业"(供水、供电、供热和物业管理)移交。2016 年启动实施分离移交工作，2018 年底前基本完成，促进企业轻装上阵、公平参与竞争，集中资源做强钢铁主业。

(责任单位：省国资委、省财政厅、省电力公司，有关市政府)

四、组织实施

(一)加强组织领导

成立安徽省煤炭钢铁行业化解过剩产能实现脱困发展工作领导小组，由常务副省长担任组长，分管副省长担任副组长，省发展改革委、省经济和信息化委、省财政厅、省人力资源社会保障厅、省国土资源厅、省国资委等部门为成员单位。领导小组下设钢铁行业化解过剩产能实现脱困发展办公室，承担日常工作，办公室设在省经济和信息化委。省属钢铁企业化解过剩产能工作由省国资委牵头组织实施，地方钢铁企业由所在市（县）政府牵头组织实施。

（二）强化责任落实

钢铁企业是化解过剩产能、实现脱困转型发展工作的责任主体，去产能企业要切实肩负化解过剩产能、分流安置富余人员、处置资产债务、实现转型发展和维护社会稳定等责任。省煤炭钢铁行业化解过剩产能工作领导小组成员单位制定实施细则和配套政策，加强综合协调，细化工作措施，形成工作合力，督促任务落实。

（三）实施精准帮扶

坚持“一企一策”，精准帮扶，促进政策落地见效。强化要素保障，对确需支持的，实施合理的、差别化的激励政策，帮助企业脱困发展。积极搭建产销对接平台，加强重点企业与相关行业、重点项目产销对接，帮助企业开拓市场。指导和支持企业谋划一批有利于产业转型升级的项目，增强企业发展后劲。

（四）强化监督检查

建立健全目标责任制，将化解过剩产能年度目标任务分解落实到各有关市和省有关部门，对目标任务落实情况进行月调度，并开展专项督查。建立化解过剩产能社会公示和举报制度。强化考核机制，将化解过剩产能工作列入相关考核项目。自 2017 年起，每年 3 月底前，对化解过剩产能上年度目标完成情况进行验收考核。

（五）营造良好环境

通过报刊、广播、电视、互联网等方式，宣传化解钢铁过剩产能的重要意义，强化政策解读，及时回应社会关切，形成良好的舆论环境。加强分析研判，充分预估可能引发的问题和风险，制定突发事件应急预案。关注重点企业职工思想动态，依法妥善处理职工诉求，确保社会稳定。

安徽省人民政府

2016 年 7 月 30 日

安徽省扎实推进供给侧结构性改革实施方案

为全面贯彻落实中央经济工作会议特别是习近平总书记视察安徽时的重要讲话精神，扎实推进供给侧结构性改革，优化存量、引导增量、主动减量，为经济持续增长培育新动力、打造新引擎，省委、省政府决定围绕调结构、稳市场、防风险、提效益、增后劲，推进去产能、去库存、去杠杆、降成本、补短板，特制定本方案。

一、总体要求

全面贯彻落实党的十八大和十八届三中、四中、五中全会精神，深入贯彻落实习近平总书记系列重要讲话特别是视察安徽时的重要讲话精神，按照“五位一体”总体布局和“四个全面”战略布局，牢固树立并贯彻落实创新、协调、绿色、开放、共享的发展理念，落实宏观政策要稳、产业政策要准、微观政策要活、改革政策要实、社会政策要托底的要求，扎实推进科技创新、产业创新、企业创新、产品创新、市场创新，深入实施“调转促”行动计划，着力扩大有效需求，扎实推进供给侧结构性改革，注重加减乘除并举，提高供给结构对需求变化的适应性，提高供给体系质量和效率，加快培育新的发展动能，增强持续增长动力，促进全省经济持续健康较快发展。

二、基本原则

——坚持企业主体。尊重企业意愿和发展规律，保障企业自主决策权，充分调动企业的主动性和积极性，激发企业活力和创造力，提高资源要素配置效率。

——坚持政府推动。更好发挥政府作用，强化政府组织引导和协调服务，分类施策、分业引导，在改革发展稳定上营造良好环境。

——坚持市场引导。发挥市场在资源配置中的决定性作用，运用市场机制，倒逼企业技术、产品、业态、商业模式等创新，提高供给结构适应性和灵活性。

——坚持依法依规。注重运用法治思维和法治方式，严格遵照国家政策规定，依法依规推进“去降补”，确保在法治轨道上推进各项工作。

——坚持突出重点。统筹当前和长远，坚持问题导向、目标导向，科学确定即期、三年和五年改革重点任务，抓住牵一发动全身的关键环节，把握节奏、有序推进，解决突出矛盾和问题。

——坚持改革创新。依靠全面深化改革推进供给侧和需求侧改革，全力推进高水平的双向开放，创新体制机制，最大限度激发和调动各方面积极性创造性，促进社会生产力大解放大发展。

三、主要目标任务和措施

坚持稳中求进，抓住关键点，在优化现有生产要素配置和组合、增强经济内生增长动力上下功夫，在优化现有供给结构、提高产品和服务质量上下功夫，在培育发展新产业新业态、提供新产品新服务上下功夫，力争全省各级“去降补”主要目标任务一年有所突破、三年基本完成、五年全面完成，供给侧结构性改革攻坚取得显著进展，发展效益和效率显著提升，发展动能显著增强，引领我省经济迈上新台阶。

（一）围绕调结构，推进去产能

按照做优增量、调整存量的双重任务要求，2018 年底，基本实现“僵尸企业”市场出清，全面完成国家下达的淘汰落后产能任务。到 2020 年，产能利用率达到合理水平，转型升级取得明显成效。

1. 处置“僵尸企业”。（1）积极稳妥处置“僵尸企业”，倒逼过剩产能特别是落后产能退出，保障市场出清、社会稳定。（2）坚持因地制宜、分类有序、一企一策、精准处置，对已停产半停产、连年亏损、资不抵债、靠政府补贴和银行续贷存在的企业，通过兼并重组、债务重组、破产清算等方式，实现市场出清。（3）司法机关要加快破产清算案件审理，依法为实施市场化破产程序创造条件。（4）坚持多兼并重组、少破产清算，积极推进破局性、战略性兼并重组和结构调整。支持发行优先股、定向发行可转换债券作为并购重组方式。（5）停止对“僵尸企业”的财政补贴和各种形式保护。落实财税支持、不良资产处置、失业人员再就业和生活保障，以及对“僵尸企业”处置任务重、财政困难的地方给予专项奖补等政策。争取国家工业企业结构调整专项奖补资金支持，盘活企业存量土地。

2. 化解过剩产能实现脱困发展。（1）坚持市场倒逼、企业主体、政府推动，综合运用市场机制、经济手段和法治办法，积极稳妥化解过剩产能，促进钢铁、煤炭行业结构优化、脱困升级、提质增效。（2）2016 年起，按 5 年规划、前 3 年攻坚的要求，压减粗钢、煤炭过剩产能。（3）严控新增煤炭产能，加快淘汰落后产能，有序退出过剩产能，减量重组保留产能，推进企业改革重组，促进行业调整转型，严格治理不安全生产，严格控制超能力生产，严格治理违法违规建设，严格限制劣质煤使用。（4）严控新增钢铁产能，依法依规退出达不到环保、能耗、质量、安全、技术等标准要求的产能，鼓励企业通过主动压减、兼并重组、转型转产、搬迁改造等退出部分产能，严格执法监管，推动行业升级。（5）围绕落实“一带一路”战略，支持和引导煤炭、钢铁、有色、建材等企业富余产能向境内外转移。（6）综合运用奖补、税收、金融、土地、标准等政策措施，形成化解过剩产能的工作合力。（7）把职工安置作为化解过剩产能的重中之重，通过企业主体作用和社会保障相结合，多措并举做好职工安置工作，维护职工合法权益。

3. 深化国资国企改革。（1）按照“推进企业重组、推进整体上市，完善现代企业制度、完善国资管理体制，防止国有资产流失”的总体思路，分类推进国有企业改革。（2）积极稳妥发展混合所有制经济，开展混合所有制企业员工持股试点。（3）积极创造条件将更多的主业资产注入上市公司，推进省属企业集团整体上市。（4）以管资本为主推进国有资产监管机构职能转变，针对企业类别和功能定位，积极推进分类改革、分类发展、分类监管、分类考核，提高国有资本运营效率，确保国有资产保值增值。（5）加快改组完善国有资本投资、运营公司，改组设立若干具有保障服务功能或产业引领作用的国有资本投资运营公司。（6）加快推进规范董事会建设，扩大企业负责人市场化选聘比例，推进有条件的企业试行职业经理人制度。

4. 优化国有资本布局结构。（1）加大结构性改革力度，推动国有资本合理流动优化配置，加快从缺乏竞争优势的非主业领域及一般产业的低端环节退出。（2）盘活国有资产，按照市场方式，坚持依法、自愿、互利原则，依托优强省属企业，通过股权合作、资产置换、无偿划转等方式，强化同质化业务和细分行业整合，推进同一集团公司内部相同或相近业务、同一产业链业务重组整合，推动企业资源向优势产业和价值链高端聚集。(3)严格控制国有企业非主营业务投资，优化组织结构，合理限定法人层级，加快三级以下公司清理，有效压缩管理层级。

5. 剥离企业办社会功能。(1)坚持市场导向、政企分开，分类指导、分步实施，多渠道筹资、合理分担成本，以人为本、维护稳定的原则，加快剥离国有企业办社会职能和解决历史遗留问题。(2)推进国有企业职工家属区"三供一业"分离移交，剥离国有企业办医疗、教育、市政、消防、社区管理等公共服务机构，对国有企业退休人员实行社会化管理，推进厂办大集体改革，集中解决少数国有大中型企业问题。(3)支持工业企业分离企业内部的生产性服务业，组建独立经营的市场主体。(4)2020 年，基本完成剥离国有企业办社会职能和解决历史遗留问题。

(二)围绕稳市场，推进去库存

坚持分类指导，因城施策，用 3 年左右时间，去化商品房库存 2500 万平方米。到 2018 年底，全省商品住宅去化周期控制在 15 个月以内，商业办公等非住宅商品房去化周期控制在 48 个月左右。到 2020 年，实现供需基本平衡，房价总体稳定，有效控制市场潜在风险。

1. 实行差别化调整。(1)合肥市房地产去库存重点是保障供求平衡，保持市场稳定，避免大起大落。(2)房地产库存较大的城市重点是有序调控房地产用地供应，提高新市民住房购租能力，提高棚户区改造货币化安置比例，有序扩大和优化住房需求。(3)强化用地管理，分类确定土地供应规模，促进房地产市场健康发展。

2. 建立购租并举的住房制度。(1)取消过时限制性政策，积极落实支持城镇居民住房消费相关政策。(2)支持将有稳定就业的进城务工人员、城市个体工商户、非全日制从业人员，以及其他灵活就业人员纳入住房公积金制度范围。连续缴存住房公积金一定时限的，享有住房公积金提取、贷款等相关权益。(3)通过发放商业银行和住房公积金组合贷款、公转商贷款贴息、信贷资产证券化等方式，拓展贷款资金来源，支持住房公积金缴存人贷款。(4)培育和发展住房租赁市场，鼓励自然人和各类机构投资者购买库存商品房，成为租赁市场的房源提供者，鼓励发展以住房租赁为主营业务的专业化企业。(5)通过政策性银行中长期贷款支持、减免行政事业性收费等措施，引导鼓励有条件的企业收购或长期租赁库存商品房，面向社会出租。(6)对符合条件的居民实施货币化租金补助，把公租房范围扩大到非户籍人口，实现公租房货币化。2016 年，政府不再新建公租房。

3. 鼓励农民进城购房。(1)深化农村产权制度改革，维护好进城落户农民的土地承包经营权、宅基地使用权、集体收益分配权，将农民的户口变动与"三权"脱钩。探索进城落户农民自愿有偿退出土地承包经营权、宅基地使用权和集体收益分配权机制。(2)对自愿退宅进城农民购买普通商品住房的，当地政府可给予一次性购房奖励或其他补助。(3)推进惠农安居贷款，简化收入证明要件和担保手续，对农民实行灵活的还款方式。(4)健全财政转移支付同农业转移人口落户数量挂钩机制，建立城镇建设用地增加规模同吸纳农业转移人口落户数量挂钩机制。

4. 大力推进棚改货币化安置。(1)提高棚改货币化安置比例，更好满足新市民的住房需求，2016 年城市棚户区改造货币化安置比例原则上不低于 50%。(2)对在售商品住房消化周期超过 2 年的，原则上不再安排新建棚改安置住房；确需实物安置的，政府原则上不再直接组织安置房建设，公开从市场购买安置房。

5. 推进结构调整和产业重组。(1)鼓励房地产开发企业顺应市场规律调整营销策略，适当降低商品房价格，利用房地产调整时机，促进房地产业兼并重组，提高产业集中度。(2)在符合城乡规划的前提下，鼓励房地产开发企业将库存工业、商业地产改造为科技企业孵化器、众创空间，将库存商品房改造为商务居住复合式地产、电商用房、都市型工业地产、养老地产、旅游地产等。(3)做好制度设计，取消过时的限制性措施，营造主要靠市场进行产业重组的可预期环境。

6. 加快消化农产品库存。(1)优化农业生产结构和区域布局，加快构建粮经饲兼顾、农牧渔结合、生态循环发展的新型种养结构。推进种植业、畜牧业、渔业结构调整，发展精准农业，适应市场需求调优、调高、调精。(2)鼓励各地出台农产品产地初加工扶持政策，支持粮食主产区发展粮食精深加工和特色加工，推进主食产业化，全面推进“放心粮油工程”和“主食厨房工程”，减少陈化损失，消化过大的农产品库存量。

(三)围绕防风险，推进去杠杆

2018 年，全省银行业金融机构杠杆率控制在合理水平，直接融资占全部融资比重力争超过 25%，金融业务主要风险指标达到监管要求。2020 年，直接融资占全部融资比重达到 30%，证券化率达到 60%，企业资产负债率控制在合理水平，政府负债率和债务率控制在警戒线以内。

1. 扩大企业直接融资规模。(1)推进符合条件的企业在主板、中小板、创业板、“新三板”、省区域性股权交易市场上市(挂牌)。推动上市公司股债并举，公募私募并行，多渠道再融资。探索设立小微证券公司。(2)大力发展股权投资，充分发挥安徽产业发展基金作用，加快发展天使投资、创业投资等各类股权投资基金。争取国家在我省开展股权众筹融资试点。(3)鼓励企业扩大债券融资规模，不断优化融资结构，降低融资成本。支持各类企业发行公司债、可转换债和可交换债、企业债券、短期融资券、中期票据、中小企业集合票据、永续债等债务融资工具。争取国家在我省开展绿色债券、不良资产证券化、基础设施证券化等创新试点。

2. 有效防范政府债务风险。(1)严格控制新增债务规模和融资成本，对政府债务实行限额管理，融资利率一律不得超过同期银行贷款基准利率的 1.3 倍。(2)严格举债程序，各级政府在限额内举债，举债项目分别列入年度一般公共预算或政府性基金预算，并报本级人大或其常委会批准。(3)做好地方政府存量债务置换工作，用 3 年左右时间实现政府存量债务全置换。(4)完善全口径政府债务管理，加快建立以政府债券为主体的地方政府举债融资机制，实行政府债务管控和限额管理，对政府或有债务加强统计分析和监管。(5)推动政府融资平台市场化转型和融资，鼓励政府融资平台存量公共服务项目转化为政府和社会资本合作(PPP)项目，降低地方政府存量债务。(6)开展风险预警监测，运用债务率、新增债务率、逾期债务率等指标进行风险评估，新增地方政府债券额度分配和债务风险挂钩。

3. 有效防范和化解金融风险。(1)规范各类金融活动，加强对新型金融业态的监管，持续开展互联网金融风险整治和监管，解决好新的“三角债”问题，做好各类交易场所清理整顿，依法打击和遏制非法集资。落实属地管理责任和监管部门责任，加强风险监测预警，妥善处理风险案件，坚决守住不发生系统性和区域性金融风险的底线。(2)建立政府引导、市场化运作的金融征信体系。建立包括银行业、证券业、保险业机构以及各类具有金融交易行为和金融服务的企事业机构在内的信息采集和综合统计体系，推进与省公共信用信息平台交换和共享。健全金融行业守信激励和失信惩戒制度。全面开展中小微企业和农村信用体系建设。(3)支持金融机构增资扩股，足额提取拨备，有序处置不良资产，推动债务重组，增强金融市场主体实力。(4)在风险可控前提下，按照"一项目一对策"和市场化处置原则，妥善处置各类融资信托产品、私募资产管理产品等出现的兑付问题，主动释放信用违约风险，及时依法妥善处置信用违约。支持成立融资指导委员会、债权人委员会，有针对性地对已出现资金风险信号的企业实施帮扶。开展不良贷款真实性核查，加快商业银行不良贷款核销和处置进度。积极对接国家合意贷款管理模式调整，促进金融机构扩大有效信贷投入。

(四)围绕提效益，推进降成本

落细落实降成本举措，打好组合拳，到2018年，企业综合成本比2015年下降5%～8%。2020年，制度性交易、人工、税负、社保、财务、电力、物流等成本降幅高于全国平均水平，减轻企业负担，增强企业发展活力。

1. 降低制度性交易成本。(1)衔接落实国务院取消和调整行政审批项目等事项，进一步清理规范中介服务、社会服务，简政放权，放管结合，优化服务，降低服务成本。(2)深化政府权责清单制度建设，适时推出清单"升级版"。逐项制定事中事后监管细则、行政处罚裁量权基准，强化权力规范运行和制约监督。(3)探索建立市场准入负面清单制度，建立行政审批中介服务收费清单、基本公共服务清单，推动市场主体依法平等进入清单之外领域。(4)深化商事制度改革，扎实推进"三证合一、一照一码"登记制度改革。(5)加快全省统一的电子政务平台建设，推进政务服务网上申请、网上受理、网上办理、网上审核、网上监督等全程电子化。

2. 降低人工成本。(1)降低基本养老保险、失业保险缴费费率，降低企业住房公积金缴存比例。(2)落实钢铁、煤炭等行业内部退养、内部安置等政策，妥善做好富余人员分流安置，实现减员增效。(3)建立与经济发展水平相适应的最低工资标准调整机制，合理确定最低工资标准，调整幅度原则上不超过社会平均工资增长幅度。(4)支持企业实施"机器换人"，提高劳动生产率。

3 降低企业税费负担。(1)进一步正税清费，清理各种不合理收费特别是垄断性中介服务收费，营造公平的税负环境。(2)落实国家结构性减税、企业研发费用税前加计扣除，以及小微企业、高新技术企业税收优惠等政策，全面实施营改增、资源税从价计征改革。(3)进一步落实省、市、县三级涉企收费清单制度，降低收费标准。停止省级涉企行政事业性收费项目立项审批。开展涉企收费专项督查，坚决遏制各种乱收费。

4. 降低企业财务成本。(1)发挥市场利率定价自律机制协调作用，引导金融机构合理定价，抑制企业融资成本不合理上升。(2)加大对银行业违规收费清理规范和督查处罚力度，禁止质价不符的收费和无服务的乱收费。降低登记、公证、评估、抵押等财务费用，公布收费价格清单。(3)支持大中型企业发行各类中长期债券、票据等。(4)2016年起，进一步降低政策性融资担保机构为中小微企业贷款担保费率。

5. 降低电力价格。(1)推进电价市场化改革，完善煤电价格联动机制。(2)实施输配电价改革，适时下调工商业用电价格。(3)继续扩大电力直接交易范围，探索将电力直接交易范围由现行工业用户扩大到符合条件的一般工商业用户，完善省内交易平台，鼓励发用电双方通过平台参与竞价交易。

6. 降低物流成本。(1)推进流通体制改革，提升流通网络化、信息化、集约化水平。(2)深入推进电子商务进农村综合示范县建设，培育打造一批省级电子商务进农村示范县、示范乡镇和“电商村”。大力发展跨境电子商务，推进合肥跨境电子商务综合试验区建设，完善合肥、芜湖跨境电子商务综合服务平台。(3)加强现代物流园区和智慧物流建设，开展商贸物流标准化专项行动，推进物流标准化试点。(4)平衡各种运输方式，提高运输效率。进一步理顺铁路专用线价格，适当降低收费公路收费标准。

7. 降低农业生产成本。(1)支持多种类型的新型农业经营主体和服务主体开展土地托管、代耕代种、联耕联种等专业化规模化服务。鼓励农民在自愿前提下以土地经营权入股合作社、龙头企业，形成土地流转、土地托管、土地入股等多种规模经营模式。(2)开展农业社会化服务示范创建，示范推广一批高产高效、资源节约、绿色环保技术，大力推广节水、节肥、节药等节本增效技术，深入开展测土配方施肥和农作物病虫害绿色防控，全面推进绿色增效示范行动，实施化肥和农药使用量零增长行动。

(五)围绕增后劲，推进补短板

加强薄弱环节，改造提升传统产业，培育发展战略性新兴产业，发展现代服务业，加强基础设施建设，到2020年，基础设施支撑力持续增强，创新发展能力大幅提升，生态环境明显改善，公共产品和公共服务体系进一步健全，经济社会发展的协调性、平衡性显著增强。

1. 系统推进全面创新改革试验。(1)建设有重要影响力的综合性国家科学中心和产业创新中心，在产学研用合作、科技成果“三权”管理、股权和分红激励、科研人员离岗创业与职务发明、科技人才流动等方面先行先试，加快形成一批科技、产业、人才、改革成果。(2)着力打造创新战略平台，建设合芜蚌综合创新示范区，加强前沿关键技术攻关，努力形成一批突破性创新成果。(3)支持更多符合条件的高新技术企业和科技型中小企业实施股权、期权和分红激励，吸引集聚高层次创新人才和领军人才。(4)深化军民融合，推进合肥高新区国家级应急产业基地、芜湖高新区国家级军民结合产业示范基地建设，深化电子信息、航空航天、轨道交通等领域军民先进技术合作。

2. 大力发展战略性新兴产业。(1)深入实施“调转促”行动计划，增强创新驱动发展引擎作用，加快推进产业迈向中高端。(2)按照高端化、智能化、绿色化、服务化的方向，实施好《中国制造2025安徽篇》、“互联网+”行动计划，加快技术、产品、业态、模式等创新。(3)高标准建设战略性新兴产业集聚发展基地，引导各地建设一批战略性新兴产业发展集聚区，支持新型显示、工业机器人、新能源汽车、高性能集成电路、生物医药、高端装备制造等产业成长。(4)积极对接国家重大专项、国家战略性产业发展基金，争取获得更多支持。

3. 提升企业创新能力。(1)抓好创新型省份“1+6+2”以及企业研发费用加计扣除、高新技术企业所得税减免、股权和分红激励等政策落实，支持企业加大研发力度。(2)抢抓国家修订高新技术企业认定标准机遇，实施高新技术企业培育计划。(3)实施创新型领军企业培育行动，培育一批在国内外具有影响力的创新型领军企业。引导中小微企业向“专精特新”发展，培育壮大一批科技小巨人。(4)依托骨干企业，建设一批重点(工程)实验室、工程

（技术）研究中心、企业技术中心、工业设计中心、博士后科研工作站等创新平台，力争到2020年，战略性新兴产业集聚发展基地全部建有国家级创新平台。（5）大力发展职业教育，加快推进技工大省建设，努力把人口优势转化为人力资本优势。

4. 支持企业技术改造和设备更新。（1）启动新一轮重大技术改造升级工程，大幅度增加企业技术改造投入，更多采用后补助、贴息等方式，以政府投资助力社会投资。创新金融支持方式，提高企业技术改造投资能力。（2）加快新一代信息技术与制造业深度融合，推动传统制造业与大数据、物联网、工业设计等深度融合，推进人机智能交互、智能物流管理等技术和装备应用，建设一批智能工厂、数字车间示范工程。（3）提高产品和建筑物技术标准，倒逼企业技术进步。

5. 扩大消费品有效供给。（1）开展改善消费品供给专项行动，以改善供给引领消费需求。（2）制定轻工、纺织、食品、医药等产业创新提升实施方案，开展个性化定制、柔性化生产，培育服装家纺、家居等时尚产品，开发生态有机食品、绿色家电等新品种，发展现代中药、养生保健、康复器械等健康产品。（3）加强信息消费试点城市建设，推广智能穿戴、智能安防等新型信息产品，扩大信息消费和信息服务。（4）落实新能源汽车推广计划，鼓励购买使用新能源汽车。（5）扩大使用绿色建材、高强度钢筋、钢结构、高强度混凝土和铝型材等。

6. 加快发展现代服务业。（1）大力发展现代金融、现代物流、工业设计、科技服务、信息技术服务、检验检测认证、节能环保服务、电子商务、服务外包等生产性服务业，推动向专业化转变和价值链高端延伸。（2）加快发展教育培训、健康、养老、休闲旅游、文化创意和设计等生活性服务业，促进向精细化和高品质提升。（3）综合运用移动互联网、大数据、物联网等，推动服务业业态创新、管理创新。（4）深入推进黄山市国家服务业综合改革试点，择优筛选发展基础好、工作制度完善的市申报新一轮国家试点。（5）依托中心城市、工业集聚地、交通枢纽等，规划建设一批现代服务业集聚区和示范园区。

7. 推进新型城镇化。（1）加快新型城镇化试点省建设，推动更多人口融入城镇，促进有能力在城镇稳定就业和生活的农业转移人口举家进城落户，加快实现基本公共服务常住人口全覆盖。（2）落实户籍制度改革意见，允许农业转移人口等非户籍人口在就业地落户，全面落实居住证制度。（3）尊重城市发展规律，加强城市科学规划、特色设计和精细治理，构建“两圈一带一群”城镇空间格局。

8. 扩大对外开放。（1）发挥我省沿江近海、居中靠东和处于“一带一路”、长江经济带重要节点的区位优势，积极融入国家战略，推进开放大通道大平台大通关建设，加快打造内陆开放新高地。（2）加强与“一带一路”沿线国家务实合作，全面参与长江经济带建设，深化长三角一体化发展，打造长江经济带重要的战略支撑。（3）打造对外开放大通道，开展长江干流和淮河航道整治，推进铁路、公路、航空、油气管网和信息通道建设，加快形成网络化、标准化、智能化的综合立体交通走廊。加强岸线资源开发和港口建设，完善集疏运体系，推动江海联运、多式联运，形成功能互补、联动发展的港口群。（4）构筑对外开放大平台，进一步融入长三角一体化发展，推进市场深度融合和体制机制等高对接，加快综合保税区、出口加工区和保税物流园区建设，加强进境货物检验检疫指定口岸建设。（5）加快推进中国（合肥）跨境电子商务综合试验区建设，持续推进区域通关一体化和关检合作“三个一”改革，强化互联互通、协同协作，提升通关便利化水平。（6）坚持引进来走出去并重、引资引技引智并举，积极参与公共产品供给。

9. 激励大众创业万众创新。(1)大力推进创业苗圃、创业咖啡、创新工场、青年创业园等新型孵化载体建设,发展众创、众包、众筹、众扶等新型创新创业模式,完善从众创空间到产业基地的梯级孵化体系。(2)实施"创业江淮"行动计划、"江淮双创汇"行动,加快建设"双创"示范基地,办好"双创"活动周,搭建汇聚信息、人才、导师、项目和资金的创新创业平台。(3)支持有条件的银行设立子公司从事科技创新创业股权投资,争取国家在我省开展投贷联动试点。

10. 加快发展现代农业。(1)以市场需求为导向,调整农业生产结构和产品结构,扩大市场紧缺、潜在需求大的农产品生产,发展农产品储藏、保鲜、加工、营销,推进农村一二三产业融合和产业升级。(2)以科技和农田水利建设为支撑,强化农业科技支撑,强化农业物质基础,加大对农田水利、中低产田改造、高标准农田建设、农机作业配套设施等能力建设支持力度,落实藏粮于地、藏粮于技战略,提高农业物质技术装备水平。(3)以增加农民收入和实现可持续发展为目标,大力发展生态农业、休闲农业等,完善农业产业链利益联结机制,让农民更多分享农村产业融合增值收益。(4)以深化农村土地制度改革为主线,坚持以家庭承包经营为基础、统分结合的双层经营体制,完善"三权分置"有效办法,依法推进土地经营权有序流转,引导实现多种形式的农业适度规模经营。积极推进农村土地征收、集体经营性建设用地入市、宅基地制度改革试点。

11. 加强生态文明建设。(1)高度重视生态环境保护,保护好山水资源,实现绿水青山和金山银山有机统一,着力建设绿色江淮美好家园。(2)加大环境污染治理力度,深入实施大气、水、土壤污染防治行动计划,实行联防联控和流域综合治理。扎实推进农村环境连片整治、美丽乡村建设、农村生活垃圾3年整治专项行动、"三线三边"环境整治。(3)逐步降低煤炭等化石能源消费比重,加快发展风能、太阳能、生物质能、地热能等新能源。(4)大力发展循环经济,推行企业循环式生产、产业循环式组合、园区循环式改造,推进生产系统和生活系统循环链接。全面节约和高效利用资源,培育壮大节能环保产业。(5)实施新一轮新安江流域横向生态补偿试点,进一步完善大别山区水环境生态补偿机制。落实生态环境损害责任终身追究制,对领导干部离任后出现重大生态环境损害并认定其需要承担责任的,实行终身追责。

12. 健全金融服务体系。(1)推进省农信社改革,推进管理去行政化和履职规范化,强化服务职能。(2)推动农商行治理机制转换,鼓励符合条件的农商行跨区域发展。支持符合条件的商业银行设立村镇银行投资管理行,提升批量化组建、集约化经营和专业化服务水平。(3)支持徽商银行探索开展综合化经营,争取商业银行设立基金管理公司试点。(4)推进民营银行设立相关工作,力争2016年取得突破。(5)支持符合条件的企业集团财务公司开展延伸产业链金融服务试点,拓展汽车金融公司业务范围。(6)改善农村地区支付环境,实现惠农金融服务室行政村全覆盖。(7)支持法人金融机构通过增资扩股,A股、H股上市或"新三板"挂牌等途径补充资本,鼓励符合条件的发行二级资本债券或优先股,发展多元化资本工具。(8)大力发展政策性融资担保体系,加强政策性担保机构建设,深入推进"4321"政银担风险分担机制,建立省级融资担保风险补偿专项基金。

13. 打好脱贫攻坚战。(1)认真贯彻省委、省政府关于打赢脱贫攻坚战的决定要求,坚持精准识别、精准施策、精准帮扶、精准脱贫，瞄准建档立卡贫困人口，以增加贫困群众收入为核心，以改善贫困地区生产生活条件为重点，以实现贫困人口“两不愁、三保障”为目标，加大资金、政策等支持力度，提高扶贫水平。(2)大力实施脱贫攻坚十大工程，健全综合扶贫投入体系，通过发展生产和促进就业、易地搬迁、生态保护和补偿、智力提升和社会兜底等，确保到 2020 年全面实现“人脱贫、村出列、县摘帽”。

14. 加强基础设施建设。(1)加快铁路、公路、航道、机场、水利等基础设施重大项目建设。(2)加快水电气路、新一代信息基础设施、新能源汽车充电桩、海绵城市、城际交通基础设施互联互通、生态保护和环境治理等建设。(3)建好、管好、护好、运营好农村基础设施，促进城乡基础设施互联互通、共建共享。(4)加强引江济淮等重大水利基础设施建设，加快城乡防洪抗旱排涝重点工程建设。(5)创新补短板投入机制，推动形成市场化、可持续的投入机制和运营机制。

15. 保障和改善民生。(1)按照守住底线、突出重点、完善制度、引导预期的工作思路，集中力量做好普惠性、基础性、兜底性民生建设。(2)坚持以人为本、统筹兼顾、量力而行、雪中送炭、突出绩效、共建共享，以项目化手段继续实施好 33 项民生工程。(3)深入实施就业优先战略和更加积极的就业政策，着力做好结构调整中的失业人员再就业工作，创造更多就业岗位，落实和完善援助措施，通过鼓励企业吸纳、公益性岗位安置、社会政策托底等多种渠道，帮助就业困难人员尽快就业，确保零就业家庭动态“清零”。(4)建立更加公平更可持续的社会保障制度，统筹城乡社会保障体系建设，推进社会保险关系转移接续等改革。(5)优先发展教育事业，促进教育公平，提高教育质量。重视学前教育，鼓励普惠性幼儿园发展。推动实施教育扶贫全覆盖。逐步普及 15 年基本教育，推进教育信息化。(6)深化医药卫生体制综合改革，推动医疗、医保、医药“三医联动”，提高医疗卫生服务可及性、服务质量、服务效率和群众满意度。(7)完善公共文化服务体系，提质升级文化惠民工程。

四、实施方法和步骤

(一)启动实施(2016 年)

按照“情况要摸清，目的要明确，任务要具体，责任要落实，措施要有力”的要求，深入调查研究，搞好基础数据测算，摸清我省特困企业、房地产市场、企业成本构成、金融风险点、发展薄弱环节等情况，制定“1＋8＋4”工作方案、实施意见和实施办法，排出工作重点，细化具体目标、工作任务、重大项目、节点计划、推进举措等内容。对照实施方案，迅速启动相关工作，建立问题清单、责任清单和措施清单，以项目化手段、工程化措施，推进实施方案、实施意见落地。有序退出、淘汰落后产能和过剩产能，出台“三煤一钢”化解过剩产能实现脱困发展实施办法及配套政策，完成年度煤炭、钢铁行业退出过剩产能任务；建立购租并举的住房制度，提高棚户区改造货币安置比例，严格调控房地产用地供应，减少商品房库存 500 万平方米左右，棚改货币化安置比例超过 50%；优化融资结构，有效管控政府债务，直接融资占全部融资比重进一步提高，政府负债率和债务率低于全国平均水平，银行业金融机构不良贷款率低于全国平均水平；开展降低实体经济企业成本行动，全面落实减税降费政策，降低基本养老保险、失业保险缴费费率、用电成本、物流成本等；全面实施“调转促”行动计划，加快战略性新兴产业集聚发展，实施新一轮技术改造升级工程和服务业主导产业培育计划，开工建设一批重大补短板项目。

（二）深入推进（2017—2018 年）

针对薄弱环节，继续完善工作机制，把握好节奏、力度和关键点，及时跟踪、检查、评估工作进展情况，全面落实各项重点工作任务。推进“僵尸企业”市场基本出清，基本完成钢铁、煤炭行业过剩产能退出任务，支持国有特困企业基本脱困。完善房地产市场调控机制，因城施策，分类指导，逐步减少商品房库存。健全防风险机制，扩大直接融资，有效管控政府债务。全面降低制度性交易、人工、税负、社保、财务、电力、物流等成本，持续减轻企业负担。加大有效投资力度，科学配置要素资源，推进具有全局性、基础性、战略性的重大工程项目建设。

（三）巩固提升（2019—2020 年）

开展“去降补”工作完成情况“回头看”，全面梳理存在问题，找缺补差，推动整改落实。适时委托第三方机构对任务完成情况进行评估，科学评估实施效果，通报和发布实施情况。全面完成“去降补”目标任务，形成适应经济发展新常态的新理念、新机制、新动能，建立适应需求变化的供给体系，为全面建成小康社会提供强大经济支撑。

五、组织保障

（一）加强组织领导

成立省扎实推进供给侧结构性改革工作领导小组，省政府常务副省长任组长，省政府有关负责同志任副组长，省直有关单位主要负责同志为成员，协调解决供给侧结构性改革实施中的重大问题，领导小组办公室设在省政府办公厅。各市、县也要建立相应的领导机制和工作推进机制，充实领导力量，扎实推进供给侧结构性改革。省财政安排资金，按有关规定对各市及有关企业推进“去降补”工作给予奖补。

（二）压实工作责任

各牵头领导对供给侧结构性改革负主管责任。市、县是推动供给侧结构性改革的责任主体，主要负责同志负直接责任。省直各责任单位要切实按照职责落实工作责任，主要负责同志为直接责任人。各市和省直有关部门要密切跟踪国家政策，研究制定贯彻落实意见和配套政策措施。省直有关部门要积极向国家部委汇报衔接，争取更多支持。各级各部门要巩固党的群众路线教育实践活动成果，深入践行“三严三实”，扎实开展“两学一做”学习教育，加强协作配合，创新工作举措，精心组织实施，形成工作合力，推动各项工作有力有效实施。

（三）强化督查落实

把供给侧结构性改革落实情况列入落实中央和省委、省政府决策部署监督检查的重要内容，纳入对各市目标责任考核重要内容，加强督办、巡查、考核评价，对工作开展情况较好的地方和单位予以奖励，对未完成任务的地方和单位予以问责。领导小组办公室要做好调度协调、督察调研、绩效评估、对账盘点等工作，建立信息通报、发布制度，重大事项及时报告省委、省政府。各地要紧盯供给侧结构性改革落实中的关键环节和难点问题，深入实地，跟踪督办，紧抓不放，确保各项部署落地生根。

（四）营造良好环境

各地各部门要结合工作开展情况，通过报刊、广播、电视、互联网等多种形式，广泛宣传供给侧结构性改革的重大意义和经验做法，加强政策解读，回应社会关切，引导社会预期。充分调动各方面支持、参与供给侧结构性改革的积极性，最大限度凝聚推动经济社会持续健康较快发展的正能量。

安徽省人民政府加快调结构转方式促升级行动计划

皖发〔2015〕13 号

大力发展战略性新兴产业，加快调结构、转方式，推动产业转型升级，是新常态下实现新发展的关键举措。根据党中央、国务院一系列决策部署，制定本行动计划。

一、总体思路

全面贯彻党的十八大和十八届三中、四中全会精神，深入学习贯彻习近平总书记系列重要讲话精神，坚持立足现有、放眼前沿，创新驱动、开放合作，重点突破、整体推进，质量优先、绿色发展，因地制宜、协同推进，市场主导、政府推动，以实现创新驱动发展转型为目标，以战略性新兴产业集聚发展基地建设为突破口，统筹规划、整合资源、上下联动、多措并举，努力推动我省增长动力实现新转换、产业发展保持中高速、产业结构迈向中高端，走出一条符合中央要求、具有安徽特色的新型工业化道路，为全面建成小康社会、建设美好安徽提供强大支撑。

二、发展目标

到 2020 年，全省产业结构明显优化，创新能力大幅增强，质量效益显著提升，发展活力不断激发，制造强省地位初步建立，基本形成以战略性新兴产业为先导、先进制造业为主导、现代服务业为支撑、现代农业为基础的现代产业新体系。

(一)产业结构优化

三次产业结构和产业内部结构进一步优化，达到国内先进水平。科技进步对各产业增长的贡献率明显提升。高新技术产业增加值占规模以上工业的比重力争达到 50%，现代服务业增加值占服务业比重力争达到 60%，农产品加工产值与农业产值之比达到 2.5。新产品、新技术、新业态、新模式不断涌现。

(二)质量效益提升

经济效益、社会效益、生态效益进一步提高，财政收入突破 6500 亿元。中国驰名商标超过 400 个。主营业务收入超百亿元的企业达到 150 家。单位地区生产总值能耗和主要污染物排放达到国内先进水平。

(三)经济总量扩大

经济增长速度全国争先、中部领先，总量再上新台阶，由现在的 2 万亿元向 4 万亿元冲刺。规模以上工业企业数力争突破 3 万家，培育一批跻身全国前列的经济强市、强县和园区。

(四)人均指标前移

人均主要经济指标在全国的位次进一步提升，人均地区生产总值力争达到 1 万美元(按目前汇率)。城乡居民收入增幅高于地区生产总值增幅，人均收入达到全国平均水平。基本公共服务水平进一步提高，确保与全国同步全面建成小康社会。

三、工作重点

（一）战略性新兴产业集聚发展工程

以加快建设第一批 14 个战略性新兴产业集聚发展基地为突破口，扎实推进国家级和省级战略性新兴产业集聚发展基地建设，充分发挥基地在产业转型升级中的示范带动效应。重点发展市场前景好、产业关联度高、带动能力强的新一代信息技术、智能装备、先进轨道交通装备、海洋工程装备和高端船舶、航空航天装备、节能和新能源汽车、新材料、新能源、节能环保、生物医药和高端医疗器械等新兴产业。坚持高水平规划、高标准建设、高强度推进后续批次基地建设，鼓励相关市县和园区发挥区域优势，突出产业特色，加快推动战略性新兴产业集聚发展。通过专项资金引导、扩大基金投入、强化要素保障、创新体制机制等政策措施，引导企业、资金、技术、人才等资源加速集聚，构建战略性新兴产业加快发展新格局。到 2020 年，打造 20 个左右在国内外具有重要影响力的战略性新兴产业集聚发展基地，形成一批具有国际竞争力的产业集群，战略性新兴产业集聚发展基地工业总产值突破 1.5 万亿元，其中 10 个左右基地产值突破千亿元，成为全省经济发展的重要支撑。

（二）传统产业改造提升工程

围绕新技术应用、新产品开发、新业态拓展，加快云计算、大数据、物联网等新一代信息技术与制造业深度融合，促进工业产品研发设计、流程控制、企业管理、市场营销等环节数字化、网络化、智能化和管理现代化。引导企业加大智能化和绿色化改造，促进钢铁、有色、化工、煤炭、电力、家电、工程机械、农业机械、绿色食品、轻纺鞋服、资源再生利用等传统产业向价值链高端发展，提升产业整体素质和核心竞争力。支持资源型城市加快发展接续产业，积极推行低碳化、循环化和集约化，推进资源高效循环利用。推进军民融合深度发展，重点在航空航天、电子信息、船舶及配套、轨道交通、机械装备和特种车辆、新材料、物联网等领域实施军民先进技术相互渗透，建成一批军民融合产业示范基地。发挥市场机制作用，综合运用法律、经济、技术及必要的行政手段，稳步持续化解过剩产能。到 2020 年，传统优势产业智能制造和绿色发展水平明显提升，新产品销售收入占比达到 20%左右。

（三）服务业加快发展工程

以市场化、产业化、品质化、社会化为方向，推进生产性服务业向专业化、高端化发展，促进生活性服务业向精细化发展，加快发展研发设计、技术转移、创业孵化、知识产权、科技咨询等科技服务业，全面推动服务业发展提速、比重提高、水平提升。积极拓展新领域、发展新业态，壮大金融服务、现代物流、信息技术服务、文化旅游、体育产业、健康养老、电子商务、服务外包、工业设计、节能环保服务、检验检测、品牌和标准化服务、人力资源服务等重点产业。依托中心城市、工业集聚地和交通枢纽，创新服务业功能区发展模式，建设一批现代服务业集聚区和示范园区。积极扩大服务业对外开放，支持服务业企业“走出去”。完善服务业市场法规和监管机制，构建统一开放、竞争有序的市场体系。到 2020 年，建成 200 个省级服务业集聚区，全国 500 强服务业企业力争达到 25 家。

（四）农业现代化推进工程

以构建现代农业产业体系、生产体系和经营体系为重点，加快形成粮经饲统筹、种养加一体、一二三产融合发展新格局。深化农村土地产权制度改革，积极发展多种形式的适度规模经营。改进农业生产经营方式，构建以龙头企业为核心、专业大户和家庭农场为基础、专业合作社为纽带，集生产、加工和服务于一体的现代农业产业化联合体。深入实施高标准农田建设规划，改造中低产田，建设一批粮食生产大县和现代农业示范区。推广农业物联网等新技术，创新农业新业态和商业模式。实施绿色增效、品牌建设、科技推广、主体培育、改革创新“五大示范行动”，推进现代生态农业产业化示范市县、示范区、示范主体建设。到2020年，家庭农场力争达到10万家，主营业务收入超过20亿元的农产品加工企业50家以上。

（五）创新驱动发展工程

坚持需求导向，让创新成果变成实实在在的产业增长点。在系统推进全面创新改革试验中，深化科技成果使用、处置和收益权改革，进一步用好利益分配杠杆，让创新人才获利，让创新企业家获利。建立以企业为主体的技术创新体系，改造提升和新建一批研发平台。实施创新企业百强计划，打造一批引领产业高端发展的创新型龙头企业。支持产业链上下游企业、高校院所组建产业战略联盟。推动开放创新，引进或并购境内外创新能力强的企业和研发机构。实施省科技重大专项，在新型显示、集成电路、语音技术、量子通信、“互联网+”、机器人、智能家电、数控系统、轨道交通装备、通用航空、新能源、新材料、现代中药、生物医药等领域加强攻关。力争到2020年，规模以上工业企业研发机构覆盖率达到40%，国家级创新平台超过160家，高新技术企业力争达到5000家。

（六）民营经济提升工程

引导优质资源向民营企业集中，推动企业走“专精特新”和集约发展之路。深化与全国知名民营企业合作发展，引进更多省外境外企业家、战略投资者、技术和管理人才来皖投资兴业，推动更多徽商“凤还巢”。把发展民营经济和促进“大众创业、万众创新”紧密结合起来，推动更多社会成员兴办经济实体，以民办公助等形式支持一批融技术、风投、培训、服务于一体的创新工场等新型孵化器建设。按照“非禁即准”的原则，全面放开投资领域，鼓励推动民营资本投资金融、教育、医疗、文化、保障性住房建设和铁路、电力等领域，切实做到平等准入、放手发展。鼓励民营资本通过出资入股、收购股权、认购可转债、股权置换等多种方式，参与国有企业改制重组或国有控股上市公司增资扩股以及企业经营管理。实行同股同权，切实维护各类股东合法权益。搭建信息平台、做好示范推进，扎实有序开展政府和社会资本合作(PPP)。到2020年，民营经济对经济发展的贡献率明显提高，经营环境进一步改善，新增注册企业70万家以上。

（七）园区转型升级工程

坚持集群发展、绿色集约、产城融合、示范带动，实现开发区由数量发展向质量提升转变。明确各类开发区集群化发展方向，增强开发区集聚要素能力，支持具备条件的开发区聚焦发展战略性新兴产业，做大做强主导产业。推动绿色低碳发展，支持创建国家级循环化改造示范试点园区、低碳工业园区等绿色园区。加大对低效用地的处置力度，探索存量用地二次开发机制，创新闲置土地盘活方式，切实提高土地利用效率。推进开发区产城一体化试点，优化开发区产业、城市、生态功能。鼓励符合条件的省级开发区申报国家级开发区，支持开发区创建国家产城融合示范区、长江经济带国家级转型升级示范开发区。深化园区合作共建机制，着力提高发展质量。到2020年，把开发园区打造成战略性新兴产业集聚发展和产业转型升级的主要平台，全省开发区高新技术产业产值占开发区工业总产值比重超过50%，形成一批主导产业经营收入超千亿元的园区。

（八）县域经济振兴工程

坚持分类指导、突出特色、绿色生态、转型发展，以提高企业核心竞争力、经济发展质量和效益为中心，充分调动创新创业积极性，不断释放发展活力动力，奋力推动县域经济加快发展。突出项目带动，进一步扩大有效投入；突出特色优势，进一步加快产业转型升级步伐；突出招商引资，进一步强化开放发展；突出规划建设管理，进一步加快新型城镇化建设；突出统筹协调，进一步加快城乡一体化发展；突出金融创新发展，进一步增强要素保障能力。到2020年，县域经济总量突破1.5万亿元，超过50%的县域经济总量突破200亿元，县均财政收入超过25亿元。

（九）质量品牌升级工程

以争创中国质量奖、安徽省政府质量奖、中国驰名商标等为引领，以培育“名企、名牌”为抓手，推动“安徽品牌”向“中国品牌”升级。坚持招大引强与内生培育相结合，支持企业推进管理对标、流程再造、兼并重组、项目建设，打造一批具有较强国际竞争力和全球资源整合能力的跨国公司，培育一批具有核心竞争力、引领行业发展的优秀企业。实施工业产品质量提升计划，建立食品、药品、母婴用品、汽车等重点消费品领域覆盖产品全生命周期的质量管理和追溯制度。开展质量标杆和领先企业示范行动，推广先进质量管理技术和方法。完善质量监管体系，加大对质量违法和假冒品牌行为的打击和惩处力度。加强检验检测技术保障体系，建设一批高水平的质量公共服务平台。大力推进商标品牌建设，支持企业争创驰名著名商标和国际国内名牌。加强品牌宣传保护力度，营造全社会创牌、用牌、护牌的良好氛围。每年评选一批省级综合性和专业性品牌产品并给予奖励。到2020年，安徽名牌产品达到2000个，品牌经济比重超过60%。

（十）人才高地建设工程

造就集聚一批企业家、高层次创新人才、高技能人才队伍，增强对产业发展的支撑引领作用。激发企业家精神，把握创新为源、质量为本、管理为基、绿色为重、人才为先五个关键点，推动企业在竞争合作、优胜劣汰中做优做强做大，多措并举扶持企业优秀经营人才在市场竞争中成长。在全社会营造尊重、爱护、服务、成就企业家的浓厚氛围。依托骨干企业和高校院所，加强高层次创新人才培育与引进。以国际化视野建立完善引人、用人和育人机制。加大高校院所科研人员在科技成果转化收益方面的奖励力度，引导高新技术企业和科技型中小企业实施高层次创新人才股权和期权激励。加快发展现代职业教育，实施高技能人才培训工程，建设一批公共职业训练基地和高技能人才培养基地，完善以企业为主体、职业院校为基础、学校教育与职业培训相衔接、政府推动与社会支持相结合的高技能人才终身培养培训体系，打造高素质产业工人队伍。创新人才评价机制，推进职称制度和职业资格制度改革，建立健全人才激励机制，加大对优秀人才表彰和奖励力度。到2020年，造就一批优秀企业家、一批创新型领军人才，引进一批国内一流创业团队。

四、保障措施

（一）强化项目带动

项目是发展的载体，是调结构转方式促升级的重要支撑。坚持经济工作项目化、项目工作责任化，抓好转型升级重点工程项目库建设，补强短板、增强后劲，争取更多项目列入国家规划。围绕新建、续建、竣工、储备等关键环节，注重统筹、突出重点、创新机制、精准发力，建立“四督四保”（督新建保开工、督续建保竣工、督竣工保达产、督储备保转化）推进机制，着力提高开工率、竣工率、达产率和转化率。健全省领导联系和分层分级调度机制，完善项目服务保障机制。加快水电路网和污染物处理等基础设施建设，完善技术研发、检验检测、人才培养、社会保障等公共服务体系，不断增强产业承载能力。

（二）强化改革创新

深化行政体制改革，加快转变政府职能，推动简政放权，按照法律、法规和国务院规定取消、下放行政审批事项，扎实推进四级政府权力清单和责任清单制度落地和网上运行工作。深化商事制度改革，推进“三证合一”、“一照一码”、“先照后证”、登记注册全程电子化管理等改革。深化国有企业改革，完善现代企业制度，以管资本为主完善国有资产管理体制，主业处于充分竞争行业和领域的商业类国有企业，原则上都要实行公司制股份制改革，积极引入其他国有资本或各类非国有资本实现股权多元化，发展混合所有制经济，国有资本可以绝对控股、相对控股，也可以参股，允许将部分国有资本转化为优先股，并着力推进整体上市，增强国有经济的活力、控制力、影响力和抗风险能力。

（三）强化开放发展

坚持把招商引资和招才引智放在重中之重的位置，针对产业链核心环节和薄弱环节，坚持理念创新、方式创新、政策创新、服务创新，有计划、有步骤在全球范围内实施精准招商、以商招商和产业链招商，加快提升产业规模和发展水平。抢抓国家“一带一路”、长江经济带、“中国制造 2025”、“互联网＋”以及国际产能和装备制造合作等重大战略机遇，积极参与长三角一体化发展，推动“引进来”和“走出去”更好结合，支持企业在全球范围内整合资源，拓展国际市场空间，加速融入国际经济大循环，以大开放推动产业转型升级。

（四）强化环境营造

全面推行政府权力清单、责任清单和涉企收费清单制度，改进新技术、新产品、新商业模式的准入管理，探索建立产业准入负面清单制度，加快建设法治化营商环境。整合建立统一的公共资源交易平台，促进和规范公共资源交易活动。清理和废除妨碍统一市场和公平竞争的规定和做法，打破行业垄断和市场分割，加快形成统一开放、竞争有序的现代市场体系。强化知识产权运用和保护，依法惩处垄断、不正当竞争和侵权行为，鼓励创新创造。推进社会信用体系建设，探索应用信用手段加强事中事后监管。

（五）强化政策支持

进一步聚焦发展重点，突出目标导向，整合省财政支持产业发展专项资金，发挥好每年 20 亿～30 亿元的战略性新兴产业集聚发展基地建设专项引导资金作用，设立总规模 800 亿～1000 亿元的产业发展基金，支持新兴产业发展和传统产业改造提升。加快多层次资本市场建设，加大企业上市力度，扩大资本市场融资规模。深入推进“4321”政银担风险分担机制，省财政每年安排 30 亿元左右的担保类资金，支持中小微企业加速成长。全面开展“税融通”业务，引导银行扩大贷款规模，降低企业融资成本，切实缓解企业融资困难。进一步促进金融租赁和融资租赁业健康发展，创新金融服务，支持产业升级，拓宽中小微企业融资渠道。

五、组织领导

大力发展战略性新兴产业、推动调结构转方式促升级是事关全局的一项重要工作，全省上下必须高度重视。要始终保持昂扬向上的精神状态，以“三严三实”的精神推进调结构转方式促升级工作。省委、省政府成立由主要负责同志任组长的领导小组，领导小组办公室设在省发展改革委，具体承担协调落实领导小组议定的各项任务和日常服务工作。每个重点工程成立专项推进小组，由省委、省政府分管负责同志任组长、副组长，相关省直牵头部门和配合部门主要负责同志为成员，重点工程推进小组办公室设在牵头部门，具体承担工程实施计划的制定，协调落实重点工程推进小组议定的事项和日常服务工作，办公室主任由牵头部门主要负责同志担任。各市县要比照成立相应领导机构。

各地、各部门要以项目化手段、工程化措施，推进行动计划落地生根。省直各牵头部门会同有关部门，抓紧制定十大重点工程实施方案并尽快组织实施。各地结合本地产业发展实际，抓紧提出贯彻落实意见。做好实施方案与“十三五”国民经济和社会发展规划和各重点专项规划的对接，突出系统性、科学性和协同性。明确实施方案的具体目标、基本原则、工作任务、重大项目、节点计划、推进举措等内容，确保重点工程推进不断深入、取得实效。各地、各部门要建立高效的重大项目跟踪调度和区域协作机制。建立情况通报制度，完善信息发布机制，引入第三方进行评估，定期发布评估报告。建立严格的奖惩制度，加强贯彻落实情况的监督检查。加强战略性新兴产业集聚发展基地建设和产业转型升级的宣传工作，努力营造调结构转方式促升级的浓厚氛围。

中共安徽省委、安徽省人民政府

安徽省住房和城乡建设厅关于加快推进钢结构建筑发展的指导意见

建科〔2016〕229号

各市住房城乡建设委(城乡建设委、规划建设委),广德、宿松县住房城乡建设委(局),各有关单位:

钢结构建筑具有工业化程度高、建造周期短、使用寿命长、抗震性能好、可循环利用等优点。加快推进钢结构建筑发展,对于促进城乡建设绿色发展和建筑产业转型升级具有重要的推动作用。为贯彻落实国务院《关于大力发展装配式建筑的指导意见》以及省政府《关于加快推进建筑产业现代化的指导意见》,加快推进全省钢结构建筑发展,现提出以下意见:

一、明确工作目标

在全省城乡建设中大力推广钢结构建筑发展,把安徽省的钢结构建筑产业打造成为中部领先、辐射周边的新兴建筑产业。用3～5年时间,逐步完善政策制度、技术标准和监管体系,培育5～8家具有较强实力的钢结构产业集团,并初步形成具有一定规模的建筑钢结构配套产业集群,建立健全钢结构建筑主体和配套设施从设计、生产到安装的完整产业体系,实现全省规模以上钢结构企业销售产值突破300亿元。“十三五”期间,力争新建公共建筑选用钢结构建筑比例达20%以上,不断提高城乡住宅建设中钢结构使用比例。

二、扩大推广范围

大力推广钢结构在公共建筑和工业建筑中应用,其中重点抗震设防类公共建筑、大型公共建筑、政府投资公共建筑要率先采用钢结构建筑技术,大跨、超高建筑及工业厂房原则上采用钢结构建筑技术;推动市政交通基础设施采用钢结构技术产品,交通枢纽、公交站台、公共停车楼等市政基础设施优先采用钢结构设计建造。积极稳妥推进钢结构住宅项目建设,鼓励保障性住房和棚户区改造安置住房采用钢结构,支持商品住房采用钢结构。探索轻钢结构在旅游度假、农村居民自建住房、危房改造中的推广应用。

三、完善标准技术体系

加快编制钢结构建筑地方标准,支持企业编制标准,鼓励社会组织编制团体标准,促进关键技术和成套技术研究成果转化为标准规范,逐步建立完善覆盖设计、生产、施工和使用维护全过程的装配式建筑标准规范体系。整合高等院校、科研院所、设计单位、钢构企业、建材企业技术能力,提升科研成果转化和技术集成水平。集中力量攻克防火防腐、隔声防水、节点连接、抗震节能等核心技术。推广高强钢、耐候钢等绿色建材在建筑工程中的应用,鼓励施工现场采用螺栓连接,减少现场焊接。

四、提高设计施工能力

推动钢结构建筑设计建造通用化、模数化、标准化,积极应用建筑信息模型技术,提高各专业协同设计能力。支持部品部件生产企业提高自动化和柔性加工技术水平。鼓励施工企业创新施工组织方式,提高部品部件的装配施工连接质量和建筑安全性能。支持施工企业总结编制施工工法,提高装配施工技能。加强对工程技术人员技术培训,鼓励企业与高等院校、职业学校联合办学培养钢结构技术人才,建立装配式建筑省级培训基地。

五、培育产业集群

鼓励钢材和传统钢结构企业加快技术改造、转型升级。引导钢结构部品部件生产企业合理布局,提高产业集聚度,培育一批技术先进、专业配套、管理规范的龙头企业和产业基地。支持鼓励我省具有相应资质的钢结构企业申报对外承包工程资格和援外成套项目实施企业资格。培育形成若干个产业集中度高、规模集聚效益优、区域影响力强的钢结构生产和应用核心城市,辐射带动周边地区。

六、组建产业联盟

组建包括钢结构的省级建筑产业现代化战略联盟,整合钢结构建筑产品投资、研发、设计、生产、施工和销售资源,合力攻关钢结构建筑的关键技术问题,促进钢结构建筑产业链上下游合作,实现人才、技术、信息、市场资源共享,推动钢结构建筑选材、设计、研发、制作、安装、围护、物流、检测、维护、回收一体化建设,促进钢结构建筑产业集聚发展,提升钢结构建筑水平。

七、推行工程总承包

钢结构建筑原则上应采用工程总承包模式和设计施工一体化,可按照技术复杂类工程项目招投标。工程总承包企业对工程质量、安全、进度、造价负总责。支持钢结构企业向工程总承包企业转型。各地要健全与钢结构建筑总承包相适应的发包承包、施工许可、分包管理、工程造价、质量安全监管、竣工验收制度,实现工程设计、部品部件生产、施工及采购的统一管理和深度融合,优化项目管理方式。

八、推进建筑全装修

实行钢结构建筑装饰装修与主体结构、机电设备协同施工。积极推广标准化、集成化、模块化的装修模式,促进整体厨卫、轻质隔墙等材料、产品和设备管线集成化技术的应用,提高装配化装修水平。

九、健全监管体系

建立适宜钢结构建筑推广应用的设计审图、施工监理、质监验收等环节的导则要点。建立结构体系、现场装配与施工、部品部件与整体建筑评价认证制度,健全检验检测体系,强化防火、防腐等安全环节的检查和验收。建立全过程质量追溯制度,加大抽查抽测力度,严肃查处质量安全违法违规行为。

十、落实扶持政策

支持符合战略性新兴产业、高新技术企业和创新型企业条件的钢构企业享受相关优惠政策。优先推荐钢结构等装配式建筑项目参评“黄山杯”、“鲁班奖”、勘察设计奖、科技进步奖,积极支持钢结构建筑项目参评绿色建筑示范项目,大力扶持钢构企业申报建筑产业现代化示范基地。各地应结合实际,制定落实钢结构建筑在规划审批、工程招投标、基础设施配套等方面的扶持政策。

十一、加强组织实施

各地要因地制宜研究提出发展钢结构建筑的目标任务，完善配套政策，建立各部门协同推进工作机制，强化组织落实。各级住房城乡建设部门要提请地方政府加强对推动钢结构建筑发展的组织领导和统筹协调，主动争取发改、经信、财政、科技等有关部门支持，强化监督检查，督促任务落实。将钢结构建筑发展推进情况纳入对各市住房城乡建设领域节能目标和城市规划建设管理工作监督考核指标体系，每年通报考核结果。

十二、做好宣传引导

各地、有关部门要通过报纸、电视、电台和网络等媒体，大力宣传钢结构建筑应用的重要意义，广泛宣传钢结构建筑的基本知识，促进市场主体参与钢结构建筑的积极性，提高社会公众对钢结构建筑的认知度，营造各方共同关注、支持钢结构建筑发展的良好氛围。

2016 年 10 月 19 日

安徽省人民政府办公厅关于大力发展装配式建筑的通知

皖政办秘〔2016〕240 号

各市、县人民政府，省政府各部门、各直属机构：

为深入贯彻落实《国务院办公厅关于大力发展装配式建筑的指导意见》（国办发〔2016〕71 号，以下简称《指导意见》），经省政府同意，现就大力发展我省装配式建筑通知如下：

一、明确工作目标

以我省长三角城市群城市和建筑产业现代化综合试点城市为重点推进地区，其他城市为积极推进地区，大力发展装配式混凝土结构和钢结构建筑，因地制宜发展现代木结构建筑，推动形成一批设计、施工、部品部件规模化生产企业，创新建造方式，提高工程质量，促进建筑产业转型升级。到 2020 年，装配式施工能力大幅提升，力争装配式建筑占新建建筑面积的比例达到 15%。到 2025 年，力争装配式建筑占新建建筑面积的比例达到 30%。

二、完善技术标准体系

支持高等院校、科研院所以及设计、生产、施工企业围绕装配式建筑的先进适用技术、工法工艺和产品开展科研攻关，集中力量攻克节点连接、防火、防腐、防水、抗震等核心技术。加快编制装配式建筑地方标准，支持企业编制标准，鼓励社会组织编制团体标准，强化建筑材料标准、部品部件标准、工程标准之间的衔接，逐步建立完善覆盖设计、生产、施工和使用维护全过程的装配式建筑标准规范体系。

三、强化实施能力建设

推动装配式建筑设计、生产、施工过程的通用化、模数化、标准化，积极应用建筑信息模型技术，提高建筑领域各专业协同设计能力。引导装配式部品部件生产企业合理布局，提高产业集聚度，培育一批技术先进、专业配套、管理规范的龙头企业和产业基地。鼓励施工企业创新施工组织方式，提高部品部件的装配施工连接质量和建筑安全性能。提高高强混凝土、高强钢、耐候钢等绿色建材在装配式建筑中的应用比例和应用范围。积极培育装配式建筑咨询、监理、检测等中介服务机构，完善专业化分工协作机制。大力培养装配式建筑设计、生产、施工、管理等专业人才，加快建立培训基地。成立装配式建筑产业联盟，整合投资、研发、设计、生产、施工和销售资源，实现人才、技术、资金、市场等信息共享，促进产业链上下游合作。

四、推行工程总承包

装配式建筑原则上应采用工程总承包模式，可按照技术复杂类工程项目招投标。工程总承包企业对工程质量、安全、进度、造价负总责。健全与装配式建筑总承包相适应的发包承包、施工许可、分包管理、工程造价、质量安全监管、竣工验收制度，实现工程设计、部品部件生产、施工及采购的统一管理和深度融合。

五、健全监管体系

制定适应装配式建筑推广应用需求的设计、审图、施工、监理、质监、验收等环节的技术导则，建立结构体系、现场装配与施工、部品部件与整体建筑评价认证制度。健全检验检测体系，重点强化对防火、防腐处理等环节的检查验收。建立全过程质量追溯制度，加大抽查抽测力度，严肃查处质量安全违法违规行为。

六、强化组织领导

各市政府要加强对发展装配式建筑工作的组织领导，明确目标任务，制定实施方案和年度实施计划。2017 年 3 月底前，各地将实施方案和 2017 年实施计划报省住房城乡建设厅；以后每年年底前，将下年度实施计划报省住房城乡建设厅。各地要全面落实《指导意见》及《安徽省人民政府办公厅关于加快推进建筑产业现代化的指导意见》（皖政办〔2014〕36 号）要求和具体支持政策，结合实际出台支持装配式建筑发展的规划审批、土地供应、基础设施配套、财政金融等相关政策措施。在土地供应中，可将发展装配式建筑的相关要求纳入供地方案，并落实到土地使用合同中。要健全行业统计制度，建立项目档案和台账，加强对装配式建筑项目的动态监管。

省政府将装配式建筑发展情况纳入城市规划建设管理工作监督考核指标体系和各市政府节能目标考核体系，每年通报考核结果。省住房城乡建设厅要督促各地认真落实实施方案和年度实施计划，会同省有关部门适时对工作进展情况开展监督检查。

安徽省人民政府办公厅

2016 年 12 月 28 日